建筑材料

主　编　申淑荣　徐锡权

副主编　李颖颖　张　培

北京理工大学出版社

BEIJING INSTITUTE OF TECHNOLOGY PRESS

内 容 提 要

本书依据高等院校的教学规律和学生学习特点，以适应现代岗位需求为宗旨，以理论知识适度、强调技术应用和实际动手能力为目标，组织基本内容的编写。编写时力求内容实用、精练、突出重点，注重与建设工程行业规范、建筑材料标准紧密结合。全本书主要包括建筑材料的基本知识、胶凝材料、普通混凝土、建筑砂浆、建筑钢材、砌筑块材、防水材料、装饰材料、建筑材料检测等。

本书具有较强的针对性、实用性和通用性，可作为高等院校土建类相关专业的教材，也可作为中专、函授、成人教育、继续教育的学习用书，还可供有关建筑工程技术人员参考。

版权专有　侵权必究

图书在版编目（CIP）数据

建筑材料 / 申淑荣，徐锡权主编 .-- 北京：北京
理工大学出版社，2021.10
　ISBN 978-7-5763-0535-7

　Ⅰ.①建… 　Ⅱ.①申… ②徐… 　Ⅲ.①建筑材料－教
材　Ⅳ.① TU5

中国版本图书馆 CIP 数据核字（2021）第 213163 号

出版发行／北京理工大学出版社有限责任公司
社　　　址／北京市海淀区中关村南大街 5 号
邮　　　编／100081
电　　　话／（010）68914775（总编室）
　　　　　　（010）82562903（教材售后服务热线）
　　　　　　（010）68944723（其他图书服务热线）
网　　　址／http://www.bitpress.com.cn
经　　　销／全国各地新华书店
印　　　刷／北京紫瑞利印刷有限公司
开　　　本／787 毫米 ×1092 毫米　1/16
印　　　张／21　　　　　　　　　　　　　　责任编辑／钟　博
字　　　数／510 千字　　　　　　　　　　　文案编辑／钟　博
版　　　次／2021 年 10 月第 1 版　2021 年 10 月第 1 次印刷　　责任校对／周瑞红
定　　　价／86.00 元　　　　　　　　　　　责任印制／边心超

图书出现印装质量问题，请拨打售后服务热线，本社负责调换

　　"建筑材料"是高等院校土建类相关专业的一门重要技术基础课。本书主要介绍了建筑材料的组成与构造、性能与应用、技术标准、检测方法以及建筑材料的储运、保管等知识。通过对本书的学习，学习者能够正确、合理地选择实用、常用建筑材料，并为后续专业课程的学习打下基础。

　　本书依据最新的建筑材料相关规范编写。在编写过程中，注重理论与实践相结合，以应用为主，力求反映当前先进的材料技术知识。本书内容精练，信息量大，引导学生扩大知识面、了解新型建筑材料的发展趋势。同时，为适应社会实践需要，本书在内容设计上与材料员考试大纲接轨，使课堂与岗位需求的结合更加紧密。

　　本书建议教学课时为 50～64 课时，其中为提高学生的实践和动手能力而编写的实训部分建议安排 20 课时。

　　本书由日照职业技术学院申淑荣、徐锡权、李颖颖、张培编写。具体编写分工如下：申淑荣编写建筑材料概述，胶凝材料，建筑钢材，装饰材料以及水泥和混凝土砂石性能检测等内容；徐锡权编写绝热材料、建筑塑料以及建筑钢材的检测等内容；李颖颖编写建筑材料的基本性质、砌筑块材、建筑装饰木材以及砌筑材料检测和建筑防水材料检测等内容；张培编写普通混凝土和建筑砂浆以及混凝土性能检测部分。

　　本书在编写过程中参阅了大量文献资料的内容，借鉴了国内外许多同行专家新的研究成果和经验，已在参考文献中列出，谨在此表示衷心的感谢。

　　由于编者水平有限，书中不足之处在所难免，敬请读者批评指正，并提出宝贵意见，以便修订完善。

编　者

CONTENTS 目录

CONTENTS

模块 1　建筑材料的基本知识

案例导入

1. 某工程顶层欲加保温层，图 1-1 所示为两种材料的剖面。请问选择何种材料？

思维导图

（a）　　　　　　　　　　　　　（b）

图 1-1　材料剖面

2. 某地发生历史罕见的洪水。洪水退后，许多砖房倒塌，其砌筑使用的砖多为未烧透的多孔烧结砖，如图 1-2 所示。请分析砖房倒塌原因。

案例分析

案例 1 中，选作保温材料的应该是图 1-1（a）所示的材料。保温层可以减少外界温度变化对室内的影响。材料保温性能的主要描述指标为导热系数和热容量。其中，导热系数

图 1-2　未烧透的多孔烧结砖

越小，材料的保温隔热性能越好。观察两种材料的剖面，可知图 1-1（a）所示材料为多孔材料，图 1-1（b）所示材料为密实结构。多孔材料的导热系数较小，适用于保温层材料，故选用图 1-1（a）所示的材料作为保温材料。

案例 2 中，这些烧结砖没有烧透，砖内开口孔隙率大，吸水率高。吸水后，烧结砖强度下降，特别是当有水进入砖内时，未烧透的黏土遇水分散，强度下降更大，不能承受房屋的重量，从而导致房屋倒塌。

1.1　建筑材料概述

建筑物是由各种材料建成的，用于建筑工程中的材料的性能对建筑物的各种性能具有重要的影响。因此，建筑材料不仅是建筑物的物质基础，也是决定建筑工程质量和使用性能的关键因素。为使建筑物具有安全、性能可靠、耐久、美观、经济实用的综合品质，必须合理选择且正确使用建筑材料。

1.1.1 建筑材料的定义及其分类

1. 建筑材料的定义

建筑材料是建筑工程中所使用的各种材料及制品的总称。建筑材料是构成建筑工程的物质基础。图 1-3 所示为建筑物的组成。广义的建筑材料是指除用于建筑物本身的各种材料外，还包括给水排水、供热、供电、供燃气、电信及楼宇控制等配套工程所需的设备与器材。另外，在施工过程中的暂设工程，如围墙、脚手架、板桩、模板等所涉及的器具与材料，也应囊括其中。本课程讨论的是狭义的建筑材料，即构成建筑物本身的材料，包括地基基础、墙或柱、楼地层、楼梯、屋盖、门窗等所需的材料。

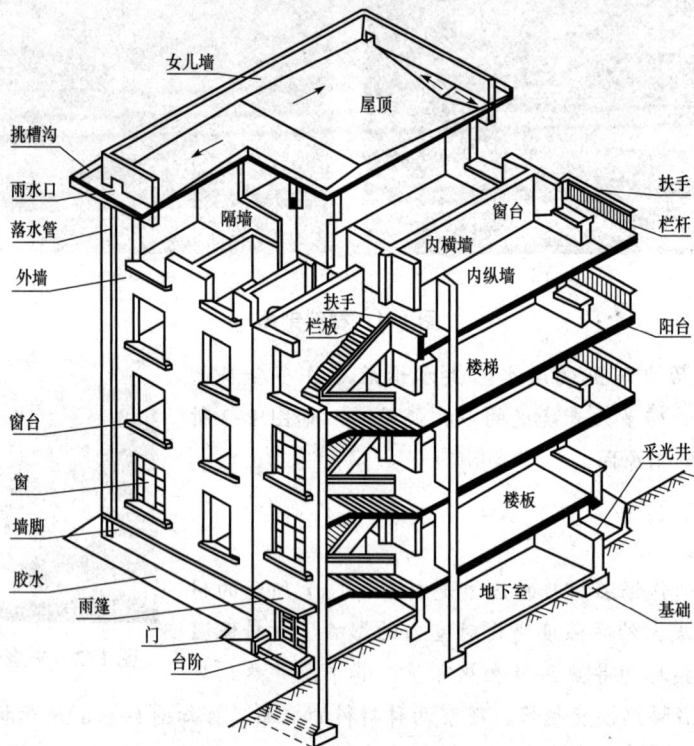

图 1-3 建筑物组成

2. 建筑材料的分类

建筑材料的种类繁多，性能各异，用途也不尽相同，为了便于区分和应用，工程中通常从不同的角度对建筑材料进行分类。

（1）按材料的化学成分分类。根据材料的化学成分，可分为有机材料、无机材料及复合材料三大类，见表 1-1。

表 1-1 建筑工程材料按化学成分分类

分类	种类	举例
有机材料	植物材料	木材、竹材等
	沥青材料	石油沥青、煤沥青、沥青制品等
	合成高分子材料	塑料、涂料、胶粘剂等

分类	种类		举例
无机材料	金属材料	有色金属	铝、铜、锌、铅及其合金
		黑色金属	钢、铁、锰、铬及其各类合金等
	非金属材料	天然材料	砂、石及石材制品
		烧土制品	砖、瓦、陶瓷
		胶凝材料	石灰、石膏、水泥、水玻璃等
		混凝土及硅酸盐制品	混凝土、砂浆、硅酸盐制品
		无机纤维材料	玻璃纤维、矿物棉等
复合材料	无机非金属材料与有机材料复合		聚合物混凝土、玻璃纤维增强塑料、沥青混凝土等
	金属材料与无机非金属材料复合		钢筋混凝土
	金属材料与有机材料复合		轻质金属夹芯板

（2）按材料的使用功能分类。根据建筑材料的功能及特点，可分为建筑结构材料、墙体材料和建筑功能材料。

1）建筑结构材料。建筑结构材料主要是指构成建筑物受力构件和结构所用的材料。如梁、板、柱、基础、框架及其他受力件和结构等所用的材料都属于这一类。对这类材料主要技术性能的要求是强度和耐久性。目前，所用的主要结构材料有砖、石、水泥混凝土和钢材及两者的复合物——钢筋混凝土和预应力钢筋混凝土。在相当长的时期内，钢筋混凝土和预应力钢筋混凝土仍是我国建筑工程中的主要结构材料之一。随着工业的发展，轻钢结构和铝合金结构所占的比例将会逐渐增大。图1-4所示为某厂房钢材承重。

2）墙体材料。墙体材料是指建筑物内、外及分隔墙体所用的材料。其分为承重和非承重两类。由于墙体在建筑物中占有很大比例，故认真选用墙体材料，对降低建筑物的成本、节能和使用安全耐久等都是很重要的。目前，我国大量采用的墙体材料为砌墙砖、混凝土及加气混凝土砌块等。另外，还有混凝土墙板、石膏板、金属板材和复合墙体等，特别是轻质多功能的复合墙板发展较快。图1-5所示为某框架结构的填充墙。

3）建筑功能材料。建筑功能材料主要是指担负某些建筑功能的非承重用材料。如防水材料、绝热材料、吸声和隔声材料、采光材料、装饰材料等。这类材料的品种、形式繁多，功能各异，随着国民经济的发展及人民生活水平的提高，这类材料将会越来越多地应用于建筑物上。图1-6所示为装饰后的建筑物室内环境。

一般来说，建筑物的可靠度与安全度，主要取决于由建筑结构材料组成的构件和结构体系，而建筑物的使用功能与建筑品质，主要取决于建筑功能材料。另外，对某一种具体材料来说，可能兼有多种功能。

图1-4　某厂房钢材承重　　图1-5　某框架结构的填充墙　　图1-6　装饰后的建筑物室内环境

1.1.2 建筑材料在工程中的地位

任何一种建筑物或构筑物都是用建筑材料按某种方式组合而成的，没有建筑材料，就没有建筑工程，因此，建筑材料是建筑业发展的物质基础。正确地选择、合理地使用建筑材料，以及开发利用新材料对建筑业的发展意义非凡。

1. 材料的质量决定建筑物的质量

建筑材料是建筑业发展的物质基础，材料的质量、性能直接影响建筑物的使用、耐久和美观。建筑材料的品种、质量及规格直接影响建筑的坚固性、耐久性和适用性。材料质量的优劣、配制是否合理、选用是否恰当直接影响建筑工程质量。

2. 材料的发展影响结构性质及施工方法

任何一个建筑工程都由建筑、材料、结构、施工四个方面组成。其中，材料决定了结构形式，如木结构、钢结构、钢筋混凝土结构等，结构形式一旦确定，施工方法也随之而定。建筑工程中许多技术问题的突破，往往依赖建筑材料问题的解决，新材料的出现，将促使建筑设计、结构设计和施工技术革命性的变化。例如，黏土砖的出现产生了砖木结构；水泥和钢筋的出现产生了钢筋混凝土结构；轻质高强材料的出现，推动了现代建筑向高层和大跨度方向发展；轻质材料和保温材料的出现对减轻建筑物的自重、提高建筑物的抗震能力、改善工作与居住环境条件等起到了十分有益的作用，并推动了节能建筑的发展；新型装饰材料的出现使得建筑物的造型及建筑物的内外装饰发生明显变化。总之，新材料的出现远比通过结构设计与计算和采用先进施工技术对建筑工程的影响大，建筑工程归根结底是围绕着建筑材料来开展的生产活动，建筑材料是建筑工程的基础和核心。工程中许多技术问题的突破，往往依赖建筑材料问题的解决，而新材料的出现又将促使结构设计及施工技术的革新。

3. 材料的费用影响建筑工程的造价

建筑材料使用量大，在我国，在一般建筑物的总造价中，材料费占 50% ～ 60%。因此，材料的选用、管理是否合理，直接影响到建筑工程的造价。只有学习并掌握建筑材料知识，才能合理选择和使用材料，充分利用材料的各种功能，提高材料的利用率，在满足使用功能的前提下节约材料，进而降低工程造价。

建筑材料的发展是随着人类社会生产力的不断发展和人民生活水平的不断提高而向前发展的。现代科学技术的发展，使生产力水平不断提高，人民生活水平不断改善，这就要求建筑材料的品种和性能更加完备，不仅要求经久耐用，而且要求建筑材料具有轻质、高强、美观、保温、吸声、防水、防震、防火、节能等功能。

1.1.3 建筑材料的发展

建筑材料的发展史是人类文明史的一部分，利用建筑材料改造自然、促进人类物质文明的进步，是人类社会发展的一个重要标志。建筑材料是随着社会生产力和科学技术水平的发展而发展的，原始时代人们利用天然材料（木材、岩石、竹、黏土）建造房屋用于遮风避雨。石器、铁器时代人们开始加工和生产材料，如著名的金字塔使用的材料是石材、石灰、石膏；万里长城使用的材料是条石、大砖、石灰砂浆；布达拉宫使用的材料是石材、石灰砂浆。图 1-7 所示为石墙，图 1-8 所示为传统吊脚楼，图 1-9 所示为木结构房屋。18 世纪中叶建筑材料中开始出现钢材、水泥；19世纪出现钢筋混凝土；20世纪出现预应力混凝土、高分子材料；21世纪出现轻质、高强、节能、高性能绿色建材。

图1-7 石墙　　　　　　　图1-8 传统吊脚楼　　　　　　图1-9 木结构房屋

近几十年来，随着科学技术的进步和建筑工程发展的需要，一大批新型建筑材料应运而生，出现了塑料、涂料、新型建筑陶瓷与玻璃、新型复合材料（纤维增强材料、夹层材料等），但当代主要结构材料仍为钢筋混凝土。随着社会的进步、环境保护和节能降耗的需要，对建筑工程材料提出了更高、更多的要求。因而，今后一段时间内，建筑材料将向以下几个方向发展。

1．轻质高强

现今钢筋混凝土结构材料质量大（每立方米质量约为2 500 kg），限制了建筑物向高层、大跨度方向进一步发展。通过减轻材料自重，以尽量减轻结构物自重，可提高经济效益。目前，世界各国都在大力发展高强度混凝土、加气混凝土、轻集料混凝土、空心砖、石膏板等材料，以适应建筑工程发展的需要。

2．节约能源

建筑材料的生产能耗和建筑物使用能耗，在国家总能耗中一般占20%～35%，研制和生产低能耗的新型节能建筑工程材料，是构建节约型社会的需要。

3．利用废渣

充分利用工业废渣、生活废渣、建筑垃圾生产建筑材料，将各种废渣尽可能资源化，以保护环境、节约自然资源，使人类社会可持续发展。

4．多功能化

利用复合技术生产多功能材料、特殊性能材料及高性能材料，对提高建筑物的使用功能、经济性及加快施工速度等具有十分重要的作用。

5．智能化

所谓智能化材料，是指材料本身具有自我诊断和预告破坏、自我修复的功能，以及可重复利用性。建筑材料向智能化方向发展，是人类社会向智能化社会发展过程中降低成本的需要。

6．绿色化

产品的设计是以改善生产环境、提高生活质量为宗旨的，产品具有多功能，不仅无损，而且有益人的健康；产品可循环或回收再利用，或形成无污染环境的废弃物。因此，生产材料所用的原料尽可能少用天然资源，大量使用废渣、垃圾、废液等废弃物；采用低能耗制造工艺和对环境无污染的生产技术；在产品配制和生产过程中，不使用对人体和环境有害的污染物质。

7. 再生化

工程中使用材料是开发生产的可再生循环和回收利用，建筑物拆除后不会造成二次污染。

1.1.4　建筑材料的技术标准

目前，我国绝大多数建筑材料都有相应的技术标准，这些技术标准涉及产品规格、分类、技术要求、验收规则、代号与标志、运输与存储及抽样方法等内容。

建筑材料的技术标准是产品质量的技术依据。对于生产企业，必须按照标准生产，控制其质量，同时，它可促进企业改善管理，提高生产技术和生产效率。对于使用部门，则按照标准选用、设计、施工，并按标准验收产品。我国建筑材料的监测标准见表 1-2。

表 1-2　监测标准

标准级别	表示内容	代号	表示方法
国家标准	国家标准	GB	由标准名称、标准代号、发布顺序号、发布年号组成，例如： 《通用硅酸盐水泥》　　GB 175—2007 发布年号 发布顺序号 标准代号 标准名称
国家标准	国家推荐标准	GB/T	
国家标准	工程建设国家标准	GBJ	
行业标准（部分）	建筑工业行业标准	JG	
行业标准（部分）	建设部行业标准	JGJ	
行业标准（部分）	冶金行业标准	YB	
行业标准（部分）	交通部行业标准	JT	
行业标准（部分）	水电标准	SD	
行业标准（部分）	建筑材料行业标准	JC	
地方标准	地方强制性标准	DB	
地方标准	地方推荐性标柱	DB/T	
企业标准	适用于本企业	QB	

技术标准是根据一定时期的技术水平制订的，因而，随着技术的发展与使用要求的不断提高，需要对标准进行修订，修订标准实施后，旧标准自动废除。

工程中使用的建筑材料除必须满足产品标准外，有时还必须满足有关的设计规范、施工及验收规范或规程等的规定。这些规范或规程对建筑材料的选用、使用、质量要求及验收等还有专门的规定（其中，有些规范或规程的规定与建筑材料产品标准的要求相同）。

无论是国家标准还是部门行业标准，都是全国通用标准，属于国家指令性技术文件，均必须严格遵照执行，尤其是强制性标准。在学习有关标准时，应注意到黑体字标志的条文为强制性条文。工程中有时还涉及美国 ASTM（American Society for Testing Materials）、英国标准 BS（British Standard）、日本标准 JIS、德国标准 DIN（Deutsch Industrie Normen）、法国标准 NF、国际标准 ISO（International Standard Organization）等。

1.1.5　本课程主要内容和学习任务

本课程主要讲述常用建筑材料的品种、规格、技术性质、质量标准、检验方法、选用及保管等基本内容，要求掌握建筑材料的技术性质性能与合理选用，并具备对常用建筑材料的主要技术指标进行检测的能力。

本课程包括理论课和试验课两个部分。学习目的是使学生掌握主要建筑材料的性质、用途、制备和使用方法及检测和质量控制方法，并了解工程材料性质与材料结构的关系，以及性能改善的途径。通过本课程的学习，应能针对不同工程合理选用材料，并能与后续课程密切配合，了解材料与设计参数及施工措施选择的相互关系。

为了学好建筑材料与检测这门课程，学习时应从材料科学的观点和方法及实践的观点出发，从以下几个方面来进行。

1. 抓住重点内容

这门课的特点与力学、数学等完全不同，初次学习难免产生枯燥无味之感，但必须克服这一心理状态，必须静下心来反复阅读，适当背记，背记后再回想和理解。重点内容就是常用建筑材料的技术性能与选用、检测标准与方法等。在学习程中要抓住每种材料"原料—生产工艺—组成、成分—构造—性质—应用—检验—储存及它们之间的相互关系"这条主线。

2. 及时总结，发现规律

这门课虽然各项目之间自成体系，但材料的组成、结构、性质和应用之间有内在的联系，通过分析对比，掌握它们的共性。每一情景学习结束后，及时总结。

3. 观察工程，认真检测

学习过程中注意理论与实践相结合。建筑材料是一门实践性很强的课程，学习时应注意理论联系实际，为了及时理解课堂讲授的知识，应利用一切机会观察周围已经建成的或正在施工的工程，在实践中理解和验证所学内容。材料性能检测是本课程的重要教学环节，通过材料性能检测可验证所学的基本理论，学会检验常用建筑材料的检测方法，掌握一定的检测技能，并能对检测结果进行正确的分析和判断，这可培养学生学习与工作能力及严谨的科学态度。

1.2   建筑材料的基本性质

1.2.1   材料的基本物理性质

1. 与材料构造有关的性质

（1）材料的体积。体积是材料占有的空间尺寸。由于材料具有不同的物理状态，因而表现出不同的体积。

1）材料的绝对密实体积（V）。材料的绝对密实体积是指不包括孔隙在内的固体物质部分的体积，也称实体积，一般用 V 来表示。在自然界中，绝大多数固体材料内部都存在孔隙，因此固体材料的总体积（V_0）应由固体物质部分体积（V）和孔隙体积（V_p）两部分组成。而材料内部的孔隙又根据是否与外界相连通被分为开口孔隙（浸渍时能被液体填充，其体积用 V_k 表示）和闭口孔隙（与外界不相连通，其体积用 V_b 表示）。固体材料的体积构成如图 1-10 所示。

2）材料的表观体积（V'）。材料的表观体积，即整体材料的外观体积（包括矿质实体和闭口孔隙体积）。一般以 V' 表示材料的表观体积。

3）材料的总体积（V_0）。材料的总体积，即包括材料的矿质实体、闭口孔隙和开口孔隙在内的总体积。一般以 V_0 表示材料的总体积。

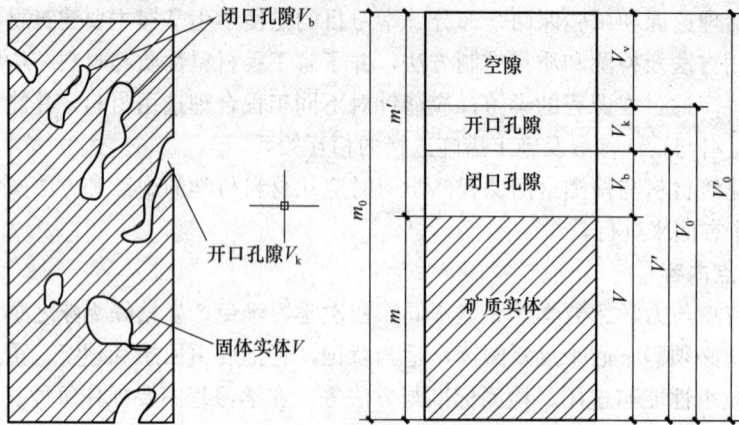

图 1-10 固体材料的体积和质量的关系

4）材料的堆积体积（V'_0）。粉状或粒状材料，在堆积状态下的总体外观体积（含物质固体体积及其闭口孔隙、开口孔隙和颗粒之间的空隙）。根据其堆积状态不同，同一材料表现的体积大小可能不同，松散堆积下的体积较大，密实堆积状态下的体积较小。材料的堆积状态一般以 V'_0 来表示。

（2）材料的密度。

1）密度。材料的密度（又称真实密度）是指材料在规定的条件下（105 ℃ ±5 ℃烘干至恒重），单位矿质实体（不包含孔隙的实体体积）的质量，按下式计算：

$$\rho = \frac{m}{V} \tag{1-1}$$

式中　ρ——密度（kg/m³ 或 g/cm³）；

　　　m——材料的质量（kg 或 g）；

　　　V——材料的绝对密实体积（m³ 或 cm³）。

材料的实体体积是指不包括材料孔隙的固体物质本身的体积，测试时，材料必须是绝对干燥状态。含孔材料应将材料磨成细粉（粒径小于 0.2 mm）以排除其内部孔隙，经干燥至恒重后，用密度瓶（李氏瓶）测定其实际体积，该体积可视为材料绝对密实状态下的体积。材料磨得越细，测定的密度值越精确。

2）表观密度（ρ'）。表观密度（简称视密度）是在规定条件（105 ℃ ±5 ℃烘干至恒重）下，单位表观体积物质的质量，按下式计算：

$$\rho' = \frac{m}{V'} = \frac{m}{V+V_b} \tag{1-2}$$

式中　ρ'——材料的表观密度（kg/m³ 或 g/cm³）；

　　　m——材料的质量（kg 或 g）；

　　　V'——材料的表观体积（m³ 或 cm³）。

细集料（砂）的表观密度的检测方法有标准法和简易法两种。粗集料（石子）的表观密度的检测方法也有标准法和简易法两种［详见《普通混凝土用砂、石质量及检验方法标准》（JGJ 52—2006）］。

3）体积密度（ρ_0）。材料的体积密度是在规定的条件下，单位总体积（包括矿质实体、闭口孔隙和开口孔隙）物质的质量，按下式计算：

$$\rho_0 = \frac{m}{V_0} = \frac{m}{V + V_b + V_k} \tag{1-3}$$

式中 ρ_0——材料的体积密度（kg/m³ 或 g/cm³）；

m——材料的质量（kg 或 g）；

V_0——材料在自然状态下的体积（m³ 或 cm³）。

4）堆积密度（ρ_0'）。散粒状（粉状、粒状、纤维状）材料在自然堆积状态下，单位体积（包含物质固体体积及其闭口孔隙、开口孔隙和颗粒之间的空隙）的质量称为堆积密度，按下式计算：

$$\rho_0' = \frac{m}{V_0'} = \frac{m}{V + V_b + V_k + V_v} \tag{1-4}$$

式中 ρ_0'——材料的堆积密度（kg/m³ 或 g/cm³）；

m——散粒材料的质量（kg 或 g）；

V_0'——散粒材料在自然堆积状态下的体积，又称堆积体积（m³ 或 cm³）；

V_v——散粒材料颗粒与颗粒之间的空隙体积（m³ 或 cm³）。

测定堆积密度时，采用一定容积的容器，将散粒状材料按规定方法装入容器中，测定材料质量，容器的容积即材料的堆积体积，如图 1-11 所示。

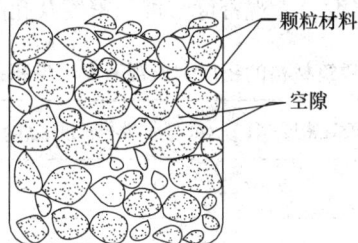

图 1-11 材料的堆积体积

（3）材料的密实度与孔隙率。

1）密实度（D）。密实度是指材料体积被固体物质所充实的程度。用公式表示如下：

$$D = \frac{V}{V_0} \times 100\% = \frac{\rho_0}{\rho} \times 100\% \tag{1-5}$$

2）孔隙率（P）。孔隙率是指材料体积内，孔隙体积占自然状态下总体积的百分率。用公式表示如下：

$$P = \frac{V_0 - V}{V_0} \times 100\% = \left(1 - \frac{V}{V_0}\right) \times 100\% = \left(1 - \frac{\rho_0}{\rho}\right) \times 100\% \tag{1-6}$$

孔隙率一般是通过试验确定的材料密度和体积密度求得。

材料的孔隙率与密实度的关系：$P + D = 1$。

材料的孔隙率与密实度是相互关联的性质，材料孔隙率的大小可直接反映材料的密实程度，孔隙率越大，则密实度越小。

孔隙按构造可分为开口孔隙和封闭孔隙两种；按尺寸的大小又可分为微孔、细孔和大孔三种。材料孔隙率大小、孔隙特征对材料的许多性质会产生一定影响，如材料的孔隙率较大，且连通孔较少，则材料的吸水性较小，强度较高，抗冻性和抗渗性较好，导热性较差，保温隔热性较好。

（4）材料的填充率与空隙率。

1）填充率（D'）。填充率是指装在某一容器的散粒材料，其颗粒填充该容器的程度。用公式表示如下：

$$D' = \frac{V_0}{V'_0} \times 100\% = \frac{\rho'_0}{\rho} \times 100\% \qquad (1-7)$$

2）空隙率（P'）。空隙率是指散粒材料（如砂、石等）颗粒之间的空隙体积占材料堆积体积的百分率。用公式表示如下：

$$P' = \frac{V'_0 - V_0}{V'_0} \times 100\% = \left(1 - \frac{V_0}{V'_0}\right) \times 100\% = \left(1 - \frac{\rho'_0}{\rho_0}\right) \times 100\% \qquad (1-8)$$

式中　ρ_0——颗粒状材料的体积密度（kg/m³ 或 g/cm³）；

ρ'_0——颗粒状材料的堆积密度（kg/m³ 或 g/cm³）。

散粒材料的空隙率与填充率的关系：$P' + D' = 1$。

填充率与空隙率也是相互关联的两个性质，空隙率的大小可直接反映散粒材料的颗粒之间相互填充的程度。散粒状材料的空隙率越大，则填充率越小。在配制混凝土时，砂、石的空隙率是控制集料级配与计算混凝土砂率的重要依据。

土木工程中在计算材料用量、构件自重、配料及确定堆放空间时，均需要用到材料的上述状态参数。常用建筑材料的密度、表观密度、堆积密度及孔隙率见表 1-3。

表 1-3　常用建筑材料的密度、表观密度、堆积密度及孔隙率

材料名称	密度 /(g·cm⁻³)	表观密度 /(kg·cm⁻³)	堆积密度 / (kg·cm⁻³)	孔隙率 /%
钢材	7.8 ~ 7.9	7 850	—	0
花岗岩	2.7 ~ 3.0	2 500 ~ 2 900	—	0.5 ~ 3.0
石灰岩	2.4 ~ 2.6	1 800 ~ 2 600	1 400 ~ 1 700（碎石）	—
砂	2.5 ~ 2.6	—	1 500 ~ 1 700	—
黏土	2.5 ~ 2.7	—	1 600 ~ 1 800	—
水泥	2.8 ~ 3.1	—	1 200 ~ 1 300	—
烧结普通砖	2.6 ~ 2.7	1 600 ~ 1 900		20 ~ 40
烧结空心砖	2.5 ~ 2.7	1 000 ~ 1 480		—
红松木	1.55 ~ 1.60	400 ~ 600		55 ~ 75

2. 与水有关的性质

（1）亲水性与憎水性。材料与水接触时根据材料是否能被水润湿，可将其分为亲水性和憎水性两类。亲水性是指材料表面能被水润湿的性质，憎水性是指材料表面不能被水润湿的性质。

当材料与水在空气中接触时，将出现如图 1-12 所示的两种情况。在材料、水、空气三相

交点处，沿水滴的表面作切线，切线与水和材料接触面所成的夹角称为润湿角（用 θ 表示）。当 θ 越小，表明材料越易被水润湿。一般认为，当 $\theta \leq 90°$ 时，如图 1-12（a）所示，材料表面吸附水分，能被水润湿，材料表现出亲水性；当 $90° < \theta \leq 180°$ 时，如图 1-12（b）所示，则材料表面不易吸附水分，不能被水润湿，材料表现出憎水性。

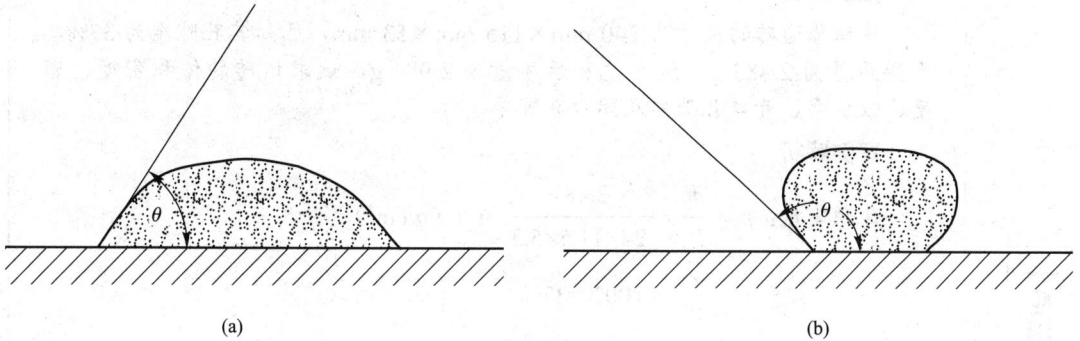

图 1-12　材料被水润湿示意图
（a）亲水性材料；（b）憎水性材料

　　亲水性材料易被水润湿，且水能通过毛细管作用而被吸入材料内部；憎水性材料则能阻止水分渗入毛细管中，从而降低材料的吸水性。建筑材料大多数为亲水性材料，如水泥、混凝土、砂、石、砖、木材等，只有少数材料为憎水性材料，如沥青、石蜡、某些塑料等。建筑工程中憎水性材料常被用作防水材料，或作为亲水性材料的覆面层，以提高其防水、防潮性能。

　　（2）吸水性。材料在水中吸收水分的性质称为吸水性。吸水性的大小用吸水率表示，吸水率有质量吸水率和体积吸水率两种表示方法。

　　1）质量吸水率（ω_a）。质量吸水率是材料在吸水饱和时，所吸收水分的质量占材料干质量的百分率。用公式表示如下：

$$\omega_a = \frac{m_湿 - m_干}{m_干} \times 100\% \qquad (1-9)$$

式中　ω_a——材料的质量吸水率（%）；

　　　　$m_湿$——材料在饱和水状态下的质量（kg 或 g）；

　　　　$m_干$——材料在干燥状态下的质量（kg 或 g）。

　　2）体积吸水率（ω_v）。体积吸水率是材料在吸水饱和时，所吸收水分的体积占干燥材料总体积的百分率。用公式表示如下：

$$\omega_v = \frac{m_湿 - m_干}{V_0} \cdot \frac{1}{\rho_水} \times 100\% \qquad (1-10)$$

式中　ω_v——材料的体积吸水率（%）；

　　　　V_0——干燥材料的总体积（m^3 或 cm^3）；

　　　　$\rho_水$——水的密度（kg/m^3 或 g/cm^3）。

　　常用的建筑材料，其吸水率一般采用质量吸水率表示。对于某些轻质材料，如加气混凝土、木材等，由于其质量吸水率往往超过 100%，一般采用体积吸水率表示。

　　材料吸水率的大小不仅与材料的亲水性或憎水性有关，而且与材料的孔隙率和孔隙特征有关。材料所吸收的水分是通过开口孔隙吸入的。一般来说，孔隙率越大，开口孔隙越多，则材料的吸水率越大；但如果开口孔隙粗大，则不易存留水分，即使孔隙率较大，材料的吸水率也较小；另外，封闭孔隙水分不能进入，吸水率也较小。

应用案例

案例概况

烧结普通砖的尺寸为 240 mm×115 mm×53 mm，已知其孔隙率为 37%，干燥质量为 2 487 g，浸水饱和后质量为 2 984 g。试求该砖的体积密度、密度、吸水率、开口孔隙率及闭口孔隙率。

案例解析

体积密度：$\rho_0 = \dfrac{m}{V_0} = \dfrac{2\,487}{24 \times 11.5 \times 5.3} = 1.7$（g/cm^3）

$P = \dfrac{V_孔}{V_0} \times 100\% = 37\%$

故 $V_孔 = 37\% \times 1\,462.8 = 541.236$（cm^3）

$V = V_0 - V_孔 = 1\,462.8 - 541.236 = 921.6$（cm^3）

密度：$\rho = \dfrac{m}{V} = \dfrac{2\,487}{921.6} = 2.7$（g/cm^3）

吸水率：$\omega_a = \dfrac{m_湿 - m_干}{m_干} \times 100\% = \dfrac{2\,984 - 2\,487}{2\,487} \times 100\% = 20\%$

开口孔隙率：$P_k = \dfrac{m_2 - m_1}{\rho_水} \cdot \dfrac{1}{V_0} \times 100\% = \dfrac{2\,984 - 2\,487}{1\,462.8} \times 100\% = 34\%$

闭口孔隙率：$P_b = P - P_k = 37\% - 34\% = 3\%$

（3）吸湿性。材料在潮湿空气中吸收水分的性质称为吸湿性。吸湿性的大小用含水率表示，用公式表示如下：

$$\omega_含 = \frac{m_含 - m_干}{m_干} \times 100\% \tag{1-11}$$

式中　$\omega_含$——材料的含水率（%）；

$m_含$——材料在吸湿状态下的质量（kg 或 g）；

$m_干$——材料在干燥状态下的质量（kg 或 g）。

材料的含水率随空气的温度、湿度变化而改变。材料既能在空气中吸收水分，又能向外界释放水分，当材料中的水分与空气的湿度达到平衡，此时的含水率就称为平衡含水率。一般情况下，材料的含水率多指平衡含水率。当材料内部孔隙吸水达到饱和时，材料的含水率等于吸水率。材料吸水后，会导致自重增加、保温隔热性能降低、强度和耐久性产生不同程度的下降。材料含水率的变化会引起体积的变化，影响使用。

（4）耐水性。材料长期在饱和水作用下不破坏，强度也不显著降低的性质称为耐水性。材料耐水性用软化系数表示，用公式表示如下：

$$K_软 = \frac{f_饱}{f_干} \tag{1-12}$$

式中　$K_软$——材料的软化系数；

　　　$f_饱$——材料在饱和水状态下的抗压强度（MPa）；

　　　$f_干$——材料在干燥状态下的抗压强度（MPa）。

软化系数的大小反映材料在浸水饱和后强度降低的程度。材料被水浸湿后，强度一般会有所下降，因此，软化系数为 $0 \sim 1$。软化系数越小，说明材料吸水饱和后的强度降低越多，其耐水性越差。工程中将 $K_软 > 0.85$ 的材料称为耐水性材料。对于经常位于水中或潮湿环境中的重要结构的材料，必须选用 $K_软 > 0.85$ 耐水性材料；对于用于受潮较轻或次要结构的材料，其软化系数不宜小于 0.75。

（5）抗渗性。材料抵抗压力水渗透的性质称为抗渗性。材料的抗渗性通常采用渗透系数表示。渗透系数是指一定厚度的材料，在单位压力水头作用下，单位时间内透过单位面积的水量，用公式表示如下：

$$K=\frac{Wd}{AtH} \qquad (1-13)$$

式中　K——材料的渗透系数（cm/h）；

　　　W——透过材料试件的水量（cm^3）；

　　　d——材料试件的厚度（cm）；

　　　A——透水面积（cm^2）；

　　　t——透水时间（h）；

　　　H——静水压力水头（cm）。

渗透系数反映了材料抵抗压力水渗透的能力，渗透系数越大，则材料的抗渗性越差。

材料的抗渗性常采用抗渗等级（P）表示。抗渗等级是指在规定的试验条件下，试件所能承受的最大水压力，以"PN"表示。其中 N 为该材料所能承受的最大水压力（MPa）的 10 倍，如 P8 表示混凝土承受 0.8 MPa 水压力时无渗水现象。混凝土的抗渗等级应以每组 6 个试件中 4 个未出现渗水时的最大水压力乘以 10 来确定。混凝土的抗渗等级应按下式计算：

$$P=10H-1 \qquad (1-14)$$

式中　P——抗渗等级；

　　　H——6 个试件中 3 个渗水时的水压力（MPa）。

材料抗渗性的大小与其孔隙率和孔隙特征有关。材料中存在连通的孔隙，且孔隙率较大，水分容易渗入，故这种材料的抗渗性较差。孔隙率小的材料具有较好的抗渗性。封闭孔隙水分不能渗入，因此对于孔隙率虽然较大，但以封闭孔隙为主的材料，其抗渗性也较好。对于地下建筑、压力管道、水工构筑物等工程部位，因经常受到压力水的作用，要选择具有良好抗渗性的材料；作为防水材料，则要求其具有更高的抗渗性。

（6）抗冻性。材料在饱和水状态下，能经受多次冻融循环作用而不破坏，且强度也不显著降低的性质，称为抗冻性。通常采用 −15 ℃的温度（水在微小的毛细管中低于 −15 ℃才能冻结）冻结后，再在 20 ℃的水中融化，这样的一个冻融过程称为一次循环。

材料经受冻融循环作用后，表面将出现剥落、裂纹，产生质量损失，强度也将会降低。冰冻的破坏作用是由于材料内部孔隙中的水结冰所致。水结冰时体积要增大 9%左右，对孔隙壁产生的压力，当此应力超过材料的抗拉强度时，孔壁将产生局部开裂；随着冻融循环次数的增加，材料孔隙内壁因水的结冰体积膨胀将产生最大达到 100 MPa 的应力。在压力反复作用下，使孔壁开裂。材料在冻融过程中是由表及里逐层进行的。冻融循环次数越多，对材料的破坏作用也越严重，材料表面产生脱屑剥落和裂纹，强度逐渐降低。

材料的抗冻性用抗冻等级表示。抗冻等级是以规定的试件，采用标准试验方法测得其强度降低不超过规定值，并无明显损害和剥落时所能经受的最大冻融循环次数来确定的，以"FN"表示，其中 N 为最大冻融循环次数。

对于不同要求的抗冻材料，经过规定的冻融次数后，质量损失不大于 5%，强度降低不超过 25%，认为该材料已达到某等级的抗冻要求。根据对材料的不同抗冻要求，将材料划分为不同的抗冻等级，如 F10、F15、F25、F50、F100，表示材料在规定试验条件下能承受 10、15、25、50、100 次冻融循环。

判断材料抗冻性的好坏有三个指标，即冻融循环后强度变化、质量损失、外形变化。抗冻性的好坏取决于材料的孔隙率、孔隙的特征、吸水饱和程度和自身的抗拉强度。材料的变形能力大，强度高，软化系数大，则抗冻性较高。一般认为，软化系数小于 0.80 的材料，其抗冻性较差。材料受冻融破坏的程度，与冻融温度、结冰速度、冻融频繁程度等因素有关。环境温度越低、降温越快、冻融越频繁，则材料受冻融破坏越严重。

抗冻性良好的材料，对于抵抗大气温度变化、干湿交替等破坏作用的能力较强，抗冻性常作为考查材料耐久性的一项重要指标。在设计寒冷地区及寒冷环境（如冷库）的建筑物时，必须考虑材料的抗冻性。处于温暖地区的建筑物，虽无冰冻作用，但为抵抗大气的作用，确保建筑物的耐久性，也常对材料提出一定的抗冻性要求。

1.2.2　材料的力学性质

1. 材料的强度

材料在荷载（外力）作用下抵抗破坏的能力称为材料的强度。

根据外力作用形式的不同，材料的强度有抗压强度、抗拉强度、抗弯强度及抗剪强度等，均以材料受外力破坏时单位面积上所承受的力的大小来表示。材料的这些强度是通过静力试验来测定的，故总称为静力强度。材料的静力强度是通过标准试件的破坏试验而测得的，必须严格按照国家规定的试验方法标准进行。材料的强度是大多数材料划分等级的依据。表 1-4 列出了材料的抗压、抗拉、抗剪和抗弯强度的计算公式。

表 1-4　材料受力作用示意图及计算公式

强度	受力示意图	计算公式	附注
抗压强度 f_c/MPa		$f_c = \dfrac{F}{A}$	F——破坏荷载（N）； A——受荷面积（mm²）；
抗拉强度 f_t/MPa		$f_t = \dfrac{F}{A}$	

强度	受力示意图	计算公式	附注
抗剪强度 f_v/MPa		$f_v = \dfrac{F}{A}$	F——破坏荷载（N）； A——受荷面积（mm^2）； l——跨度（mm）； b——试件宽度（mm）； h——试件高度（mm）
抗弯强度 f_m/MPa		$f_m = \dfrac{3Fl}{2bh^2}$	

试验测定的强度值除受材料本身的组成、结构、孔隙率大小等内在因素的影响外，还与试验条件有密切关系，如试件形状、尺寸、表面状态、含水率、环境温度及试验时加荷速度等。为了使测定的强度值准确且具有可比性，必须按规定的标准试验方法测定材料的强度。

材料的强度等级是按照材料的主要强度指标划分的级别。掌握材料的强度等级，对合理选择材料、控制工程质量是十分重要的。

对不同材料进行强度大小的比较可采用比强度。比强度是指材料的强度与其体积密度之比。比强度是衡量材料轻质高强的一个主要指标。以钢材、木材和混凝土为例，见表 1-5。

表 1-5　钢材、木材和混凝土的强度比较

材料	体积密度 /（kg · m^{-3}）	抗压强度 f_c/MPa	比强度 f_c/ρ_0
低碳钢	7 860	415	0.053
松木	500	34.3（顺纹）	0.069
普通混凝土	2 400	29.4	0.012

由表 1-5 中数值可见，松木的比强度最大，是轻质高强材料。混凝土的比强度最小，是质量大而强度较低的材料。

2. 材料的弹性与塑性

材料在外力作用下产生变形，当外力取消后，能够完全恢复原来形状的性质称为弹性，这种变形称为弹性变形，其值的大小与外力成正比；不能自动恢复原来形状的性质称为塑性，这种不能恢复的变形称为塑性变形，塑性变形属于永久性变形。

完全弹性材料是没有的。一些材料在受力不大时只产生弹性变形，而当外力达到一定限度后，即产生塑性变形，如低碳钢，其变形曲线如图 1-13（a）所示。很多材料在受力时，弹性变形和塑性变形同时产生，如普通混凝土，其变形曲线如图 1-13（b）所示。

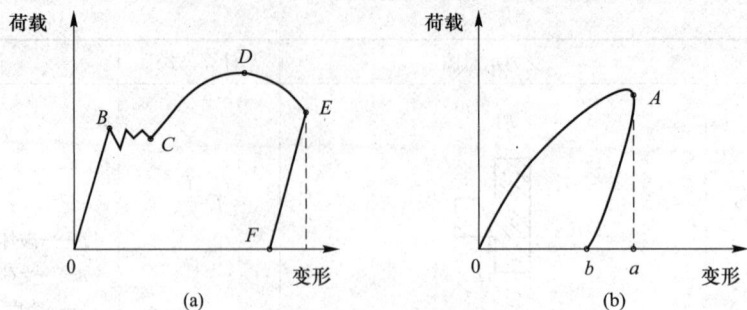

图 1-13　弹性材料的变形曲线

3．材料的脆性与韧性

材料受外力作用，当外力达到一定限度时，材料发生突然破坏，且破坏时无明显塑性变形，这种性质称为脆性，具有脆性的材料称为脆性材料。脆性材料的抗压强度远大于其抗拉强度，因此，其抵抗冲击荷载或振动作用的能力很差。建筑材料中大部分无机非金属材料均为脆性材料，如混凝土、玻璃、天然岩石、砖瓦、陶瓷等。

材料在冲击荷载或振动荷载作用下，能吸收较大的能量，同时产生较大的变形而不破坏的性质称为韧性。材料的韧性用冲击韧性指标表示。

在建筑工程中，对于要求承受冲击荷载和有抗震要求的结构，如起重机梁、桥梁、路面等所用材料，均应具有较高的韧性。

1.2.3　材料的耐久性

材料在使用过程中能长久保持其原有性质的能力，称为耐久性。

材料在使用过程中，除受到各种外力作用外，还长期受到周围环境因素和各种自然因素的破坏作用。这些破坏作用主要有以下几个方面。

1．物理作用

物理作用包括环境温度、湿度的交替变化，即冷热、干湿、冻融等循环作用。材料经受这些作用后，将发生膨胀、收缩或产生应力，长期的反复作用，将使材料逐渐被破坏。

2．化学作用

化学作用包括大气和环境水中的酸、碱、盐等溶液或其他有害物质对材料的侵蚀作用，以及日光、紫外线等对材料的作用。

3．生物作用

生物作用包括菌类、昆虫等的侵害作用，导致材料发生腐朽、虫蛀等而破坏。

4．机械作用

机械作用包括荷载的持续作用，交变荷载对材料引起的疲劳、冲击、磨损等。

耐久性是对材料综合性质的一种评述，它包括抗冻性、抗渗性、抗风化性、抗老化性、耐化学腐蚀性等内容。对材料耐久性进行可靠的判断，需要很长的时间。一般采用快速检验法，这种方法是模拟实际使用条件，将材料在试验室进行有关的快速试验，根据试验结果对材料的耐久性作出判定。在试验室进行快速试验的项目主要有冻融循环、干湿循环、碳化等。

提高材料的耐久性，对节约建筑材料、保证建筑物长期正常使用、减少维修费用、延长建筑物使用寿命等，均具有十分重要的意义。

建筑材料是建筑工程中所使用的各种材料及制品的总称。建筑材料的种类繁多，工程中通常从不同的角度对建筑材料进行分类。建筑材料是建筑业发展的物质基础，正确地选择、合理使用建筑材料，以及开发利用新材料对建筑业的发展来说意义非凡。

建筑材料的发展史是人类文明史的一部分，利用建筑材料改造自然、促进人类物质文明的进步，是人类社会发展的一个重要标志。建筑材料的技术标准是产品质量的技术依据。

要求掌握建筑材料的技术性质性能与合理选用，并具备对常用建筑材料的主要技术指标进行检测的能力。

材料的基本物理性质主要有与构造有关的性质、与水有关的性质和与热有关的性质。与构造有关的性质重点是密度、密实度、空隙率、填充率。密度是单位体积的质量，由于计算密度时选用的体积不同，可分为密度（真密度）、表观密度、堆积密度。与水有关的性质主要有亲水性和憎水性、吸水性、吸湿性、耐水性、抗渗性、抗冻性。

材料的力学性质主要有强度、弹性和塑性、脆性和韧性。根据外力作用形式的不同，材料的强度有抗压强度、抗拉强度、抗弯强度及抗剪强度等，均以材料受外力破坏时单位面积上所承受的力的大小来表示。

材料的耐久性是指材料在使用过程中能长久保持其原有性质的能力。

职业技能知识点考核

一、填空题

1. 按建筑材料的使用功能，可分为_____、_____、_____三大类。

2. 按材料在建筑物中的部位，可分为_____、_____、_____、_____等所用的材料。

3. 材料抗渗性的好坏主要与材料的_____和_____有密切关系。

4. 抗冻性良好的材料，对于抵抗_____、_____等破坏作用的性能也较强，因而常作为考查材料耐久性的一个指标。

5. 同种材料的孔隙率越_____，材料的强度越高；当材料的孔隙率一定时，_____孔和_____孔越多，材料的绝热性越好。

6. 弹性模量是衡量材料抵抗_____的一个指标，其值越_____，材料越不易变形。

7. 比强度是按单位体积质量计算的_____，其值等于_____和_____之比，它是衡量材料_____的指标。

8. 量取 10 L 气干状态的卵石，称其质量为 14.5 kg，又取 500 g 烘干的卵石，放入装有 500 mL 水的量筒中，静置 24 h 后，水面升高为 685 mL。该卵石的堆积密度为_____，表观密度为_____。

二、判断题

1. 建筑材料是建筑工程中所使用的各种材料及制品的总称。 （　　）
2. 结构材料主要是指构成建筑物受力构件和结构所用的材料。 （　　）
3. 材料的费用决定建筑工程的造价。 （　　）
4. 建筑材料是建筑物的物质基础。 （　　）
5. 建筑材料发展迅速，且日益向轻质、高强、多功能方面发展。 （　　）
6. 凡是含孔材料，其干体积密度均比密度小。 （　　）
7. 相同种类的材料，孔隙率大的材料比孔隙率小的材料密度大。 （　　）
8. 材料的密度与表观密度越接近，则材料越密实。 （　　）
9. 某材料含大量开口孔隙，直接用排水法测定其体积，该材料的质量与所测得的体积之比即为该材料的表观密度。 （　　）
10. 材料在空气中吸收水分的性质称为材料的吸水性。 （　　）
11. 材料的孔隙率越大，则其吸水率也越大。 （　　）
12. 材料的比强度值越小，说明该材料轻质高强的性能越好。 （　　）
13. 选择承受动荷载作用的结构材料时，要选择脆性材料。 （　　）
14. 材料的弹性模量越大，则其变形能力越强。 （　　）
15. 一般来说，同组成的表观密度大的材料的耐久性好于表观密度小的。 （　　）

三、单项选择题

1. 当材料的润湿角 θ（　　）时，称为亲水性材料。
   A. $> 90°$　　　　　B. $\leqslant 90°$　　　　　C. $0°$

2. 颗粒材料的密度为 ρ，体积密度为 ρ_0，堆积密度为 ρ_0'，则存在下列关系：（　　）。
   A. $\rho > \rho_0 > \rho_0'$　　B. $\rho_0' > \rho_0 > \rho$　　C. $\rho > \rho_0' > \rho_0$

3. 含水率为 5% 的砂 220 kg，将其干燥后的质量是（　　）kg。
   A. 209　　　　B. 209.52　　　　C. 210　　　　D. 203

4. 材质相同的 A、B 两种材料，已知表观密度 $\rho_{0A} > \rho_{0B}$，则 A 材料的保温效果比 B 材料（　　）。
   A. 好　　　　　B. 差　　　　　C. 差不多　　　　　D. 无法确定

5. 通常，材料的软化系数（　　）时，可以认为是耐水性材料。
   A. > 0.85　　　　B. < 0.85　　　　C. -0.75　　　　D. > 0.75

6. 普通混凝土标准试件经 28 d 标准养护后测得抗压强度为 22.6 MPa，同时又测得同批混凝土水饱和后的抗压强度为 21.5 MPa，干燥状态测得抗压强度为 24.5 MPa，该混凝土的软化系数为（　　）。
   A. 0.96　　　　B. 0.92　　　　C. 0.13　　　　D. 0.88

7. 某材料孔隙率增大，则（　　）。
   A. 表观密度减小，强度降低　　　　　B. 密度减小，强度降低
   C. 表观密度增大，强度提高　　　　　D. 密度增大，强度提高

8. 材料的孔隙率增加，特别是开口孔隙率增加时，会使材料的（　　）。
   A. 抗冻、抗渗、耐腐蚀性提高　　　　　B. 抗冻、抗渗、耐腐蚀性降低
   C. 密度、导热系数、软化系数提高　　　　　D. 密度、绝热性、耐水性降低

9. 材料的比强度是指（　　）。

　　A. 两材料的强度比　　　　　　　　　　B. 材料强度与其表观密度之比

　　C. 材料强度与其质量之比　　　　　　　D. 材料强度与其体积密度之比

10. 为提高材料的耐久性，可以采取的措施有（　　）。

　　A. 降低孔隙率　　　B. 改善孔隙特征　　　C. 加保护层　　　D. 以上都是

11. 建筑材料按（　　）可分为有机材料、无机材料、复合材料。

　　A. 化学成分　　　B. 使用材料　　　C. 使用部位　　　D. 使用功能

12. 建筑材料国家标准的代号为（　　）。

　　A. GB/T　　　B. GB　　　C. GBJ　　　D. JBJ

13. 某粗砂的堆积密度是 $\rho_0' = m/$（　　）。

　　A. V_0　　　B. $V_孔$　　　C. V　　　D. V_0'

14. 散粒材料的体积 $V_0' = $（　　）。

　　A. $V + V_孔$　　　B. $V + V_孔 + V_空$　　　C. $V + V_空$　　　D. $V + V_闭$

15. 下列导热系数最小的是（　　）。

　　A. 水　　　B. 冰　　　C. 空气　　　D. 木材

四、多项选择题

1. 建筑材料的发展方向是（　　）。

　　A. 轻质高强　　　B. 多功能　　　C. 绿色化　　　D. 智能化

2. 下列标准中属于地方标准的是（　　）。

　　A. QB　　　B. DB　　　C. DB/T　　　D. GB

3. 材料的吸水率与（　　）有关。

　　A. 亲水性　　　B. 憎水性　　　C. 孔隙率　　　D. 孔隙形态特征

　　E. 水的密度

4. （　　）属于亲水材料。

　　A. 天然石材　　　B. 砖　　　C. 石蜡　　　D. 混凝土

5. 下列材料中属于韧性材料的是（　　）。

　　A. 钢材　　　B. 木材　　　C. 竹材　　　D. 石材

6. 能够反映材料在动力荷载作用下，材料变形及破坏的性质的是（　　）。

　　A. 弹性　　　B. 塑性　　　C. 脆性　　　D. 韧性

7. 下列说法中错误的是（　　）。

　　A. 空隙率是指材料内孔隙体积占总体积的比例

　　B. 空隙率的大小反映了散粒材料的颗粒互相填充的致密程度

　　C. 空隙率的大小直接反映了材料内部的致密程度

　　D. 孔隙率是指材料内孔隙体积占总体积的比例

五、简答题

1. 材料的密度、表观密度、堆积密度有什么区别？

2. 材料的质量吸水率和体积吸水率有何不同？什么情况下采用体积吸水率来反映材料的吸水性？

3. 材料的强度与强度等级有什么关系？比强度的意义是什么？

4. 生产材料时，在其组成一定的情况下，可采取什么措施来提高材料的强度和耐久性？

5. 影响材料耐腐蚀性的内在因素有哪些？

六、案例题

1. 某一块材料的全干质量为 100 g，自然状态下的体积为 40 cm³，绝对密实状态下的体积为 33 cm³，计算该材料的实际密度、体积密度、密实度和孔隙率。

2. 已知一块烧结普通砖的外观尺寸为 240 mm×115 mm×53 mm，其孔隙率为 37%，干燥时质量为 2 487 g，浸水饱和后质量为 2 984 g，试求该烧结普通砖的体积密度、绝对密度及质量吸水率。

3. 配制混凝土用的某种卵石，其体积密度为 2.65 g/cm³，堆积密度为 1 560 kg/m³，试求其空隙率。若用堆积密度为 1 500 kg/m³ 的中砂填满 1 m³ 上述卵石的空隙，问需多少砂？

4. 对蒸压灰砂砖进行抗压试验，测得干燥状态下的最大抗压荷载为 190 kN，测得吸水饱和状态下的最大抗压荷载为 162.5 kN，若试验时砖的受压面积 A=115 mm×120 mm，求此砖在不同状态下的抗压强度，并试问此砖用在建筑中常与水接触的部位是否可行。

七、实训操作题

根据本学习情景介绍的课程内容和学习要求，结合自己的学习情况和学习条件，制订一份本课程的学习计划。

模块 2　胶凝材料

思维导图

案例导入

某砌筑工程采用了石灰砂浆内墙抹面，干燥硬化后，墙面出现了部分网格状开裂及部分放射状裂纹，如图 2-1 所示，请分析原因。

案例分析

出现引例现象的原因如下：

（1）网状裂纹的主要原因是石灰本身的干燥收缩大（砂掺量偏少）。

（2）放射状裂纹是由于存在过火石灰大颗粒而石灰又未能充分熟化而引起的。在实际工程中，广泛采用含有石灰成分的砂浆，如石灰砂浆、水泥石灰混合砂浆、石灰麻刀（纸筋）灰

图 2-1　墙面裂缝局部示意图

浆等作为内墙或天棚的抹面材料。施工中经常会出现这样一些现象，即在抹灰面施工完成后或使用一个阶段后，抹灰面会出现一个个炸裂的小坑或鼓包，即爆灰。

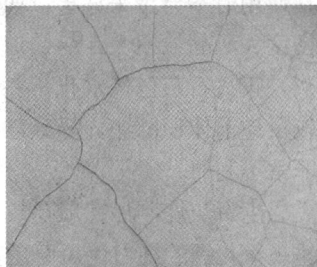

凡在一定条件下，经过自身的一系列物理、化学作用后，能将散粒或块状材料黏结成为具有一定强度的整体的材料，通称为胶凝材料。胶凝材料可分为有机胶凝材料和无机胶凝材料两大类。有机胶凝材料主要有沥青、树脂等，无机胶凝材料按硬化时的条件又可分为气硬性胶凝材料和水硬性胶凝材料。气硬性胶凝材料只能在空气中凝结硬化，保持并发展其强度，典型材料有石灰、石膏、水玻璃等；水硬性胶凝材料既能在空气中硬化又能在水中硬化，保持并继续发展其强度，典型材料是水泥。

2.1　石灰

石灰是建筑上使用时间较长、应用较广泛的一种气硬性胶凝材料。由于其具有原料来源广、生产工艺简单、成本低等优点，因此它被广泛地应用于建筑领域。

2.1.1　石灰的生产和品种

1. 石灰的生产

生产石灰的原料是以碳酸钙（$CaCO_3$）为主要成分的天然矿石，如石灰石、白垩、白云质石灰石等。将原料在高温下煅烧，即可得到石灰（块状生石灰），其主要成分为氧化钙（CaO）。在这一反应过程中由于原料中同时含有一定量的碳酸镁，在高温下会分解为氧化镁及二氧化碳，因此，生成物中也会有氧化镁存在。反应式如下：

$$CaCO_3 \xrightarrow{900\text{ ℃}} CaO + CO_2 \uparrow$$

$$MgCO_3 \xrightarrow{700\text{ ℃}} MgO + CO_2 \uparrow$$

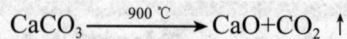

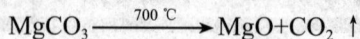

一般来说，在正常温度和煅烧时间所煅烧的石灰具有多孔、颗粒细小、体积密度小与水反应速度快等特点，这种石灰称为正火石灰。而实际生产过程中由于煅烧温度过低或温度过高会产生欠火石灰或过火石灰。

如煅烧温度过低，不仅使煅烧的时间过长，而且石灰块的中心部位还没有完全分解，石灰中含有未分解完的碳酸钙，此时称其为欠火石灰，它会降低石灰的利用率，但欠火石灰在使用时不会带来危害；如煅烧温度过高，使煅烧后得到的石灰结构致密、孔隙率小、体积密度大、晶粒粗大，易被玻璃物质包裹，因此，它与水的化学反应速度极慢，称其为过火石灰。正火石灰已经水化，并且开始凝结硬化，而过火石灰才开始进行水化，且水化后的产物较反应前体积膨胀，导致已硬化后的结构产生裂纹或崩裂、隆起等现象，这对石灰的使用是非常不利的。

生石灰烧制后一般是块状，表面可观察到部分疏松贯通孔隙，由于含有一定杂质，并非呈现氧化钙的纯白色，而是多呈浅白色或灰白色，称为块灰，主要成分是氧化钙（CaO）。

2．石灰的品种

生石灰按现行标准《建筑生石灰》（JC/T 479—2013）的规定，按加工的情况可分为建筑石灰和建筑生石灰粉，按建筑生石灰的成分可分为钙质石灰和镁质石灰两类。钙质石灰主要由氧化钙或氢氧化钙组成，而不添加任何水硬性的或火山灰质的材料；镁质石灰主要由氧化钙和氧化镁（MgO > 5%）、氢氧化钙和氢氧化镁组成，而不添加任何水硬性的或火山灰质的材料。

2.1.2　石灰的熟化和硬化

1．石灰的熟化

石灰的熟化是指生石灰（氧化钙）与水发生水化反应生成熟石灰（氢氧化钙）的过程。这一过程也叫作石灰的消解或消化。其反应方程式为

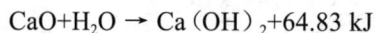

$$CaO + H_2O \rightarrow Ca(OH)_2 + 64.83 \text{ kJ}$$

生石灰熟化具有如下特点：

（1）水化放热大，水化放热速度快。这主要是由生石灰的多孔结构及晶粒细小决定的。其最初 1 h 放出的热量是硅酸盐水泥水化一天放出热量的 9 倍。

（2）水化过程中体积膨胀。生石灰在熟化过程中其外观体积可增大 1～2.5 倍。煅烧良好，氧化钙含量高的生石灰，其熟化速度快、放热量大、体积膨胀也大。

生石灰的熟化主要是通过以下过程来完成的：首先将生石灰块置于化灰池中，加入生石灰量的 3～4 倍的水熟化成石灰乳，通过筛网过滤渣子后流入储灰池，经沉淀除去表层多余水分后得到的膏状物称为石灰膏，石灰膏含水率约为 50%，体积密度为 1 300～1 400 kg/m³。一般 1 kg 生石灰可熟化成 1.5～3 L 的石灰膏。为了消除过火石灰在使用过程中造成的危害，通常将石灰膏在储灰池中存放两周以上，使过火石灰在这段时间内充分的熟化，这一过程叫作"陈伏"。陈伏期间，石灰膏表面应敷盖一层水（也可用细砂）以隔绝空气，防止石灰浆

表面碳化。此种方法称为化灰法。

消石灰粉的熟化方法：每半米高的生石灰块，淋适量的水（生石灰量的60%～80%），直至数层，经熟化得到的粉状物称为消石灰粉。加水量以消石灰粉略湿，但不成团为宜。这种方法称为淋灰法。

2．石灰的硬化

石灰的硬化过程主要有结晶硬化和碳化硬化两个过程。

（1）结晶硬化。结晶硬化过程也可称为干燥硬化过程，在这一过程中，石灰浆体的水分蒸发，氢氧化钙从饱和溶液中逐渐结晶出来。干燥和结晶使氢氧化钙产生一定的强度。

（2）碳化硬化。碳化硬化过程实际上是水与空气中的二氧化碳首先生成碳酸，然后再与氢氧化钙反应生成碳酸钙，同时析出多余水分蒸发，这一过程的反应式为

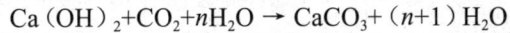

$$Ca(OH)_2 + CO_2 + nH_2O \rightarrow CaCO_3 + (n+1)H_2O$$

生成的碳酸钙晶体互相共生，或与氢氧化钙颗粒共生，构成紧密交织的结晶网，从而使浆体强度提高。上述两个过程是同时进行的，在石灰浆体的内部，对强度起主导作用的是结晶硬化过程，而在浆体表面与空气接触的部分进行的是碳化硬化，由于外部碳化硬化形成的碳酸钙膜达到一定厚度时就会阻止外界的二氧化碳向内部渗透和内部水分向外蒸发，再加上空气中二氧化碳的浓度较低，所以碳化过程一般较慢。

2.1.3 石灰的现行标准与技术要求

根据现行行业标准《建筑生石灰》（JC/T 479—2013）的规定，建筑生石灰的分类见表2-1。

表2-1　建筑生石灰的分类

类别	名称	代号
钙质石灰	钙质石灰90	CL90
	钙质石灰85	CL85
	钙质石灰75	CL75
镁质石灰	镁质石灰85	ML85
	镁质石灰80	ML80

生石灰的识别标志由产品名称、加工情况和产品依据标准编号组成。生石灰块在代号后加Q，生石灰粉在代号后加QP。示例：符合JC/T 479—2013的钙质生石灰粉标记为CL 90-QP JC/T 479—2013。建筑生石灰的化学成分应符合表2-2的要求。

表2-2　建筑生石灰的化学成分（JC/T 479—2013）

名称	氧化钙＋氧化镁（CaO+MgO）	氧化镁（MgO）	二氧化碳（CO_2）	三氧化硫（SO_3）
CL 90-Q CL 90-QP	≥ 90	≤ 5	≤ 4	≤ 2

名称	氧化钙＋氧化镁（CaO+MgO）	氧化镁（MgO）	二氧化碳（CO_2）	三氧化硫（SO_3）
CL85-Q CL85-QP	≥ 85	≤ 5	≤ 7	≤ 2
CL75-Q CL75-QP	≥ 75	≤ 5	≤ 12	≤ 2
ML85-Q ML85-QP	≥ 85	> 5	≤ 7	≤ 2
ML80-Q ML80-QP	≥ 80	> 5	≤ 7	≤ 2

建筑生石灰的物理性质应符合表 2-3 的要求。

表 2-3　建筑生石灰的物理性质（JC/T 479—2013）

名称	产浆量／[dm³·（10 kg）⁻¹]	细度	
		0.2 mm 筛余量 /%	90 μm 筛余量 /%
CL90-Q CL90-QP	≥ 26 —	— ≤ 2	≤ 7
CL85-Q CL85-QP	≥ 26 —	— ≤ 2	≤ 7
CL75-Q CL75-QP	≥ 26 —	— ≤ 2	≤ 7
ML85-Q ML85-QP		— ≤ 2	≤ 7
ML80-Q ML80-QP		— ≤ 7	≤ 2

2.1.4　石灰的技术性质及应用

1. 石灰的技术性质

（1）保水性、可塑性好。材料的保水性就是石灰加水后，由于氢氧化钙的颗粒细小，其表面吸附一层厚厚的水膜，降低了颗粒之间的摩擦力，具有良好的塑性，易铺摊成均匀的薄层，而这种颗粒数量多，总表面积大，所以，石灰又具有很好的保水性（材料保持水分不泌出的能力）。又由于颗粒之间的水膜使得颗粒之间的摩擦力较小，使得石灰浆具有良好的可塑性。石灰的这种性质常用来改善水泥砂浆的和易性。

（2）凝结硬化慢、强度低。石灰是一种气硬性胶凝材料，因此它只能在空气中硬化，而空气中 CO_2 含量低，且碳化后形成的较硬的 $CaCO_3$ 薄膜阻止外界 CO_2 向内部渗透，同时，又阻止了内部水分向外蒸发，结果导致 $CaCO_3$ 及 $Ca(OH)_2$ 晶体生成的量少且速度慢，使硬化体的强度较低。另外，虽然理论上生石灰消化需要约 32.13％ 的水，而实际上用水量却很大，多余的水分蒸发后在硬化体内留下大量孔隙，这也是硬化后石灰强度很低的一个原因。经测定，石灰砂浆（1：3）的 28 d 抗压强度仅为 0.2 ～ 0.5 MPa。

（3）耐水性差。由于石灰浆体硬化慢，强度低，在硬化石灰体中大部分仍是尚未碳化的 $Ca(OH)_2$，而 $Ca(OH)_2$ 易溶于水，从而使硬化体溃散，故石灰不宜用于潮湿环境中。

（4）硬化时体积收缩大。由于石灰浆中存在大量的游离水，硬化时大量水分因蒸发失去，导致内部毛细管失水紧缩，从而引起体积收缩，所以除用石灰乳做薄层粉刷外，不宜单独使用。常在施工中掺入砂、麻刀、无机纤维等，以抵抗收缩引起的开裂。

（5）吸湿性强。生石灰吸湿性强，保水性好，是一种传统的干燥剂。

（6）化学稳定性差。石灰是一种碱性材料，遇酸性物质时易发生化学反应生成新物质。因此，石灰材料容易遭受酸性介质的腐蚀。

2. 石灰的应用

（1）制作石灰乳涂料。将石灰加水调制成石灰乳，可用作内、外墙及顶棚涂料，一般多用于内墙涂料。

（2）拌制建筑砂浆。将消石灰粉与砂子、水混合拌制石灰砂浆或消石灰粉与水泥、砂子、水混合拌制石灰水泥混合砂浆，用于抹灰或砌筑，后者在建筑工程中用量很大。

（3）拌制三合土和灰土。将生石灰粉、黏土按一定的比例配合，并加水拌和得到的混合料叫作灰土，如工程中的三七灰土、二八灰土（分别表示生石灰和黏土的体积比例为 3：7 和 2：8）等，夯实后可以作为建筑物的基础、道路路基及垫层。将生石灰粉、黏土、砂按一定比例配合，并加水拌和得到的混合料叫作三合土，可夯实后作为路基或垫层。

（4）生产硅酸盐制品。将石灰与硅质原料（石英砂、粉煤灰、矿渣等）混合磨细，经成形、养护等工序后可制得人造石材，由于它以水化硅酸钙为主要成分，因此又叫作硅酸盐混凝土。这种人造石材可以加工成各种砖及砌块。

（5）地基加固。对于含水的软弱地基，可以将生石灰块灌入地基的桩孔捣实，利用石灰消化时体积膨胀所产生巨大膨胀压力而将土壤挤密，从而使地基土获得加固效果，俗称石灰桩。

2.1.5　石灰的储运

生石灰要在干燥的条件下运输和存储。运输中要有防雨措施，不得与易燃易爆等危险液体物品混合存放和运输。如长时间存放生石灰，则必须密闭防水、防潮，一般不超过一个月。应做到"随到随化"，将存储期变为熟化期。消石灰储运时应包装密封，以隔绝空气，防止碳化。

2.2　石膏

2.2.1　石膏的原料及生产

1. 石膏的原料

生产石膏的原料有天然二水石膏、天然无水石膏和化工石膏等。

天然二水石膏又称软石膏或生石膏。它的主要成分为含两个结晶水的硫酸钙（$CaSO_4 \cdot 2H_2O$），二水石膏晶体无色透明，当含有少量杂质时，呈灰色、淡黄色或淡红色，其密度为 $2.2 \sim 2.4 \ g/cm^3$，难溶于水，它是生产建筑石膏和高强度石膏的主要原料。

2．石膏的生产

（1）建筑石膏。将天然石膏入窑经低温煅烧后，磨细即得建筑石膏，其反应式如下：

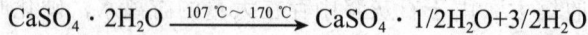

$$CaSO_4 \cdot 2H_2O \xrightarrow{107\,℃\sim170\,℃} CaSO_4 \cdot 1/2H_2O + 3/2H_2O$$

天然二水石膏的成分为二水硫酸钙，建筑石膏的成分为半水硫酸钙，由此可见，建筑石膏是天然二水石膏脱去部分结晶水得到的 β 型半水石膏。建筑石膏为白色粉末，松散堆积密度为 $800 \sim 1\,000 \ kg/m^3$，密度为 $2\,500 \sim 2\,800 \ kg/m^3$。

（2）高强度石膏。将二水石膏置于蒸压锅内，经 0.13 MPa 的水蒸气（125 ℃）蒸压脱水，得到的晶粒比 β 型半水石膏粗大的产品，称为 α 型半水石膏，将此石膏磨细得到的白色粉末称为高强度石膏。

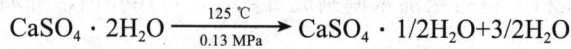

$$CaSO_4 \cdot 2H_2O \xrightarrow[0.13\,MPa]{125\,℃} CaSO_4 \cdot 1/2H_2O + 3/2H_2O$$

高强度石膏由于晶体颗粒较粗，表面积小，拌制相同稠度时需水量比建筑石膏少（约为建筑石膏的一半），因此，该石膏硬化后结构密实、强度高，7 d 可达 $15 \sim 40$ MPa。高强度石膏生产成本较高。主要用于室内高级抹灰、装饰制品和石膏板等。若掺入防水剂，可制成高强度抗水石膏，在潮湿的环境中使用。

2.2.2 石膏的凝结与硬化

建筑石膏与适量水拌和后形成浆体，然后是水分逐渐蒸发，浆体失去可塑性，逐渐形成具有一定强度的固体。其反应式为

$$CaSO_4 \cdot 1/2H_2O + 3/2H_2O \rightarrow CaSO_4 \cdot 2H_2O$$

这一反应是建筑石膏生产的逆反应，其主要区别在于此反应是在常温下进行的。另外，由于半水石膏的溶解度高于二水石膏，所以上述可逆反应总体表现为向右进行，即表现为沉淀反应。就其物理过程来看，随着二水石膏沉淀的不断增加也会产生结晶。随着结晶体的不断生成和长大，晶体颗粒之间便产生了摩擦力和黏结力，造成浆体开始失去可塑性，这一现象称为石膏的初凝。而后，随着晶体颗粒之间摩擦力和黏结力的增加，浆体最终完全失去可塑性，这种现象称为石膏的终凝。整个过程称为石膏的凝结。石膏终凝后，其晶体颗粒仍在不断长大和连生，形成相互交错且孔隙率逐渐减小的结构，其强度也会不断增大，直至水分完全蒸发，形成硬化后的石膏结构，这一过程称为石膏的硬化。建筑石膏的水化、凝结及硬化是一个连续的不可分割的过程，水化是前提，凝结硬化是结果。

2.2.3 建筑石膏的技术要求

纯净的建筑石膏为白色粉末，密度为 $2.60 \sim 2.75 \ g/cm^3$，堆积密度为 $800 \sim 1\,000 \ kg/m^3$。建筑石膏按原材料种类可分为天然建筑石膏（N）、脱硫建筑石膏（S）和磷建筑石膏（P）三类；按 2 h 抗折强度可分为 3.0、2.0、1.6 三个等级。牌号标记按产品名称、代号、等级及标准编号顺序标记，如等级为 2.0 的天然石膏标记为：建筑石膏 N2.0 GB/T 9776—2008。建筑石膏物理力学性能指标有细度、凝结时间和强度，具体要求见表 2-4。

表 2-4 建筑石膏物理力学性能（GB/T 9776—2008）

等级	细度（0.2 mm 方孔筛筛余）/%	凝结时间 /min		2 h 强度 /MPa	
		初凝时间	终凝时间	抗折强度	抗压强度
3.0				≥ 3.0	≥ 6.0
2.0	≤ 10	≥ 3	≤ 30	≥ 2.0	≥ 4.0
1.6				≥ 1.6	≥ 3.0

将浆体开始失去可塑性的状态称为浆体初凝，从加水至失去可塑性这段时间称为初凝时间，至浆体完全失去可塑性，并开始产生强度称为浆体终凝，从加水至完全失去可塑性称为浆体的终凝时间。

2.2.4 建筑石膏的性质

1．凝结硬化快

建筑石膏加水拌和后，几分钟便开始初凝，30 min 内终凝，2 h 后抗压强度可达 3 ～ 6 MPa，7 d 即可接近最高强度（为 8 ～ 12 MPa）。凝结时间过短不利于施工，一般使用时常掺入硼砂、骨胶、纸浆废液等缓凝剂，延长凝结时间，延缓其凝结速度。

2．硬化时体积微膨胀

建筑石膏硬化时具有微膨胀性，其体积膨胀率为 0.05% ～ 0.15%。石膏的这一特性使得它的制品表面光滑，棱角清晰，线脚饱满，装饰性好，常用来制作石膏制品。

3．孔隙率大，表观密度小，强度低，保温、吸声性好

建筑石膏的水化反应理论上需水量仅为 18.6%，但在搅拌时为了使石膏充分溶解、水化，并使得石膏浆体具有施工要求的流动度，实际加水量达 50% ～ 70%，而多余的水分蒸发后，在石膏硬化体的内部将留下大量的孔隙，其孔隙率可达 50% ～ 60%。由于这一特性，石膏制品导热系数小［仅为 0.121 ～ 0.205 W/（m·K）］，保温隔热性能好，但其强度较低。由于硬化体的多孔结构特点，建筑石膏具有质轻、保温隔热、吸声性强等优点。

4．具有一定的调温、调湿作用

建筑石膏制品的热容量大、吸湿性强，因此，对室内空气具有一定调节温度和湿度的作用。

5．防火性好，耐火性差

建筑石膏制品的导热系数小，传热速度慢，且二水石膏受热脱水产生的水蒸气蒸发并吸收热量，能有效阻止火势的蔓延。但二水石膏脱水后，强度显著下降，故建筑石膏制品不耐火。

6．装饰性好，可加工性好

建筑石膏制品表面平整，色彩洁白，并可以进行锯、刨、钉、雕刻等加工，具有良好的装饰性和可加工性。

7．耐水性和抗冻性差

建筑石膏是气硬性胶凝材料，吸水性大，长期在潮湿的环境中，其晶粒之间的结合力会削弱，直至溶解，故石膏的耐水性差。另外，建筑石膏中的水分一旦受冻会产生破坏，即抗冻性差。

2.2.5 建筑石膏的应用

1. 室内抹灰及粉刷

建筑石膏加水、砂及缓凝剂拌和成石膏砂浆，用于室内抹灰或作为油漆打底使用，其特点是隔热保温性能好，热容量大，吸湿性强，因此可以一定限度地调节室内温度、湿度，保持室温的相对稳定，另外，这种抹灰墙面还具有阻火、吸声、施工方便、凝结硬化快、黏结牢固等特点，因此可称其为室内高级粉刷及抹灰材料。石膏砂浆抹灰的墙面和天棚，可直接涂刷油漆或粘贴墙布及墙纸等。

2. 建筑石膏制品

随着框架轻板结构的发展，石膏板的生产和应用也迅速发展起来。由于石膏板具有原料来源广泛、生产工艺简便、轻质、保温、隔热、吸声、不燃及可锯可钉性等，因此它被广泛应用于建筑行业。常用的石膏板有纸面石膏板、纤维石膏板、装饰石膏板、空心石膏板、吸声用穿孔石膏板等。以模型石膏为主要原料，掺加少量纤维增强材料和胶料，加水搅拌成石膏浆体，将浆体注入模具中，就得到了各种建筑装饰制品。如多孔板、花纹板、浮雕板等。

石膏在运输存储的过程中应注意防水、防潮。另外，长期存储会使石膏的强度下降很多（一般存储三个月后，强度会下降30%左右），因此，建筑石膏不宜长期存储。一旦存储时间过长，应重新检验确定等级。

2.3 水玻璃

2.3.1 水玻璃的组成

水玻璃俗称泡花碱，是由碱金属氧化物和二氧化硅按不同比例化合而成的一种可溶于水的硅酸盐。常用的水玻璃有硅酸钠（$Na_2O \cdot nSiO_2$）水溶液（钠水玻璃）和硅酸钾（$K_2O \cdot nSiO_2$）水溶液（钾水玻璃）。水玻璃分子式中 SiO_2 与 Na_2O（或 K_2O）的分子数比值 n 叫作水玻璃的模数。水玻璃的模数越大，越难溶于水，越容易分解硬化，硬化后黏结力、强度、耐热性与耐酸性越高。

液体水玻璃因所含杂质不同，呈青灰色、绿色或黄色，以无色透明的液体水玻璃为最好，建筑上常用钠水玻璃的模数 n 为 $2.5 \sim 3.5$，密度为 $1.3 \sim 1.4 \ g/cm^3$。

2.3.2 水玻璃的硬化

水玻璃溶液在空气中吸收 CO_2 气体，析出无定形二氧化硅凝胶（硅胶）并逐渐干燥硬化，反应式为

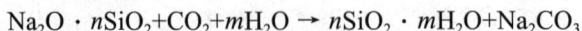

$$Na_2O \cdot nSiO_2 + CO_2 + mH_2O \rightarrow nSiO_2 \cdot mH_2O + Na_2CO_3$$

由于空气中 CO_2 浓度较低，为加速水玻璃的硬化，可加入氟硅酸钠（Na_2SiF_6）作为促硬剂，以加速硅胶的析出，反应式为

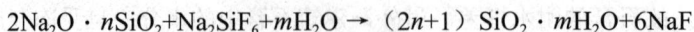

$$2Na_2O \cdot nSiO_2 + Na_2SiF_6 + mH_2O \rightarrow (2n+1) SiO_2 \cdot mH_2O + 6NaF$$

氟硅酸钠的适宜加入量为水玻璃质量的 $12\% \sim 15\%$，加入氟硅酸钠后，水玻璃的初凝时

间可缩短到 30 ～ 50 min，终凝时间可缩短到 240 ～ 360 min，7 d 基本达到最高强度；如其加入量超过 15%，则凝结硬化速度很快，造成施工困难。

2.3.3　水玻璃的性质

1．黏结力强，强度较高

水玻璃硬化具有良好的黏结能力和较高的强度，主要是在硬化过程中析出的硅酸凝胶具有很强的黏附性，因而，水玻璃有良好的黏结能力，用水玻璃配制的是玻璃混凝土，抗压强度可达到 15 ～ 40 MPa。

2．耐酸性好

硬化后水玻璃的主要成分是硅酸凝胶，而硅酸凝胶不与酸类物质反应，因而，水玻璃具有很好的耐酸性。可抵抗除氢氟酸、过热磷酸外的几乎所有的无机酸和有机酸。

3．耐热性好

硅酸凝胶具有高温干燥增加强度的特性，因而，水玻璃具有很好的耐热性。水玻璃的耐热温度可达 1 200 ℃。

2.3.4　水玻璃的应用

1．涂刷材料表面，提高材料的抗风化能力

硅酸凝胶可填充材料的孔隙，使材料致密，提高了材料的密实度、强度、抗渗性、抗冻性及耐水性等，从而提高了材料的抗风化能力。但不能用以涂刷或浸渍石膏制品，因二者会发生反应，在制品孔隙中生成硫酸钠结晶，体积膨胀，将制品胀裂。

2．配制耐酸的混凝土、砂浆

水玻璃具有较高的耐酸性，用水玻璃和耐酸粉料、粗细集料配合，可配制成防腐工程的耐酸胶泥、耐酸砂浆和耐酸混凝土等。

3．配制耐热的混凝土、砂浆

水玻璃硬化后形成 SiO_2 非晶态空间网状结构，具有良好的耐火性，因此，可与耐热集粒一起配制成耐热砂浆、耐热混凝土及耐热胶泥等。

4．配制速凝防水剂

水玻璃加两种、三种或四种矾，即可配制成二矾、三矾、四矾速凝防水剂，从而提高砂浆的防水性。其中，四矾防水剂凝结迅速，一般不超过 1 min，适用于堵塞漏洞、缝隙等局部抢修工程。但由于凝结过快，不宜调配用作屋面或地面的刚性防水层的水泥防水砂浆。

5．加固土壤

将水玻璃与氯化钙溶液分别压入土壤中，两种溶液会发生反应生成硅酸凝胶，这些凝胶体包裹土壤颗粒，填充空隙、吸水膨胀，使土壤固结，提高地基的承载力，同时使其抗渗性也得到提高。

🔩 **知识链接**

菱苦土是一种镁质胶凝材料，主要成分是 MgO，白色粉末，无味，是由菱镁矿在 600 ℃～800 ℃的温度下煅烧后磨细而成的。菱苦土暴露在空气中，容易吸收水分和二氧化碳。菱苦土不能用水拌和，可用氯化镁、硫酸镁、氯化铁等盐类溶液作拌合剂。其中以氯化镁最好，拌和后凝结快，硬化后强度高。但该产品吸湿性大，抗水性差，吸湿后容易变形。为了提高其抗水性，可加入一定量的硫酸亚铁或磷酸、磷酸盐，或加入磨细的黏土砖粉、粉煤灰、沸石凝灰岩等。

菱苦土只能用于干燥环境，不适用于防潮、遇水和受酸类侵蚀的地方。菱苦土应保存在干燥场所，储运中都要避免受潮，也不可久存。

菱苦土碱性较弱，对有机物无腐蚀性。菱苦土制品在硬化过程中体积稍有膨胀而不产生收缩裂缝；配以竹筋、苇筋制成混凝土，有较好的抗裂性能；也可以胶结木屑、刨花等制成板材，代替木材制作家具、地板、墙体材料；加入泡沫剂或轻质集料，可制保温材料。

2.4 水泥

引例

水泥是建筑工程中重要的建筑材料之一。随着我国现代化建设的高速发展，水泥的应用越来越广泛。不仅大量应用于工业与民用建筑，而且广泛应用于公路、铁路、水利电力、海港和国防等工程。

三峡永久船闸输水隧洞分别布置在船闸左、右两侧（各一条）及中隔墩。地下输水隧洞水泥回填、固结灌浆工程量大、工期紧、任务重，"千年大计，质量第一"，质量控制特别重要，请问对水泥的质量该如何保证？

知识链接

在现代工程建筑中，水泥是不可缺少的重要原料。现代意义上的水泥是1824年由英国建筑工人阿斯普丁发明的，通过煅烧石灰石与黏土的混合料得出一种胶凝材料，它制成砖块很像由波特兰半岛采下来的波特兰石，由此将这种胶凝材料命名为"波特兰水泥"。自波特兰水泥问世以来，水泥和水泥基材料已成为当今世界最大宗的人造材料。

水泥是一种粉状矿物胶凝材料，它与水混合后形成浆体，经过一系列物理化学变化，由可塑性浆体变成坚硬的石状体，并能将散粒材料胶结成为整体。水泥浆体不仅能在空气中凝结硬化，更能在水中凝结硬化，是一种水硬性胶凝材料。

水泥自问世以来，以其独有的特性被广泛地应用在建筑工程中，水泥用量大、应用范围广、品种繁多。土木工程中应用的水泥品种众多，按其化学组成可分为硅酸盐系水泥、铝酸盐系水泥、硫铝酸盐系水泥、铁铝酸盐系水泥、磷酸盐系水泥、氟铝酸盐系水泥等系列。

按照国家标准《水泥的命名原则和术语》（GB/T 4131—2014）的规定，按水泥的性能及用途可分为通用水泥和特种水泥两大类，见表2-5。

表2-5 水泥按性能和用途的分类

水泥品种	性能与用途	主要品种
通用水泥	通用水泥是指一般土木工程通常采用的水泥。此类水泥的用量大，适用范围广	硅酸盐水泥、普通硅酸盐水泥、矿渣硅酸盐水泥、火山灰质硅酸盐水泥、粉煤灰硅酸盐水泥和复合硅酸盐水泥六大硅酸盐系水泥

水泥品种		性能与用途	主要品种
特种水泥	专用水泥	具有专门用途的水泥	道路水泥、砌筑水泥和油井水泥等
	特性水泥	某种性能比较突出的水泥	快硬硅酸盐水泥、白色硅酸盐水泥、抗硫酸盐硅酸盐水泥、低热硅酸盐水泥和膨胀水泥

2.4.1 硅酸盐水泥

按照国家标准《通用硅酸盐水泥》（GB 175—2007）规定，凡由硅酸盐水泥熟料、0%～5% 石灰石或粒化高炉矿渣、适量石膏磨细制成的水硬性胶凝材料，称为硅酸盐水泥（国外通称波特兰水泥）。硅酸盐水泥分两类：不掺加混合材料的称Ⅰ型硅酸盐水泥，代号 P·Ⅰ；在水泥粉磨时掺入不超过水泥质量5%的石灰石或粒化高炉矿渣的称Ⅱ型硅酸盐水泥，代号 P·Ⅱ。

1. 硅酸盐水泥的原料及生产工艺

生产硅酸盐水泥的原料主要是石灰石、黏土和铁矿石粉，煅烧一般用煤作燃料。石灰石主要提供 CaO，黏土主要提供 SiO_2、Al_2O_3 和 Fe_2O_3，另外，还根据需要加入校正材料。硅酸盐水泥的生产工艺流程可用图 2-2 表示。

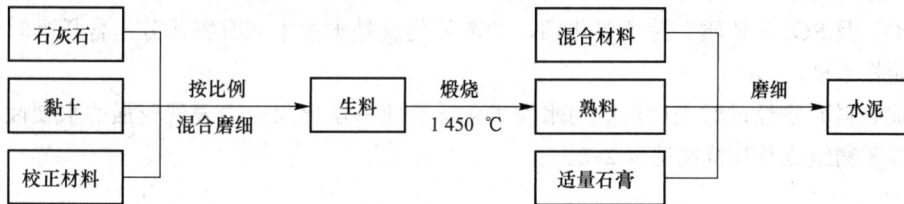

图 2-2　硅酸盐水泥的生产工艺流程

📖 知识链接

水泥生产工艺按生料制备时加水制成料浆的称为湿法生产，干磨成粉料的称为干法生产；由于生料煅烧成熟料是水泥生产的关键环节，因此，水泥的生产工艺也常以煅烧窑的类型来划分。生料在煅烧过程中要经过干燥、预热、分解、烧成和冷却五个环节，通过一系列物理、化学变化，生成水泥矿物，形成水泥熟料，为使生料能充分反应，窑内烧成温度要达到 1 450 ℃。目前，我国水泥熟料的煅烧主要有以悬浮预热和窑外分解技术为核心的新型干法生产工艺、回转窑生产工艺和立窑生产工艺等几种。由于新型干法生产工艺具有规模大、质量好、消耗低、效率高的特点，其已经成为发展方向和主流，而传统的回转窑和立窑生产工艺由于技术落后、消耗高、效率低正逐渐被淘汰。硅酸盐水泥生产中，须加入适量石膏和混合材料，加入石膏的作用是延缓水泥的凝结时间，以满足使用的要求；加入混合材料则是为了改善其品种和性能，扩大其使用范围。

硅酸盐水泥的生产也可以归纳为生料制备、熟料煅烧和水泥粉磨。这三大环节的主要设备是生料粉磨机、水泥熟料煅烧窑和水泥粉磨机，其生产过程常形象地概括为"两磨一烧"。

在整个工艺流程中熟料煅烧是核心，所有的矿物都是在这一过程中形成的。在生料中主要有 CaO、SiO_2、Al_2O_3、Fe_2O_3。其含量见表 2-6。

表 2-6　水泥生料化学成分的合适含量

化学成分	含量范围 /%	化学成分	含量范围 /%
CaO	62 ～ 67	Al_2O_3	4 ～ 7
SiO_2	20 ～ 24	Fe_2O_3	2.5 ～ 6.0

2．硅酸盐水泥熟料的组成

硅酸盐系列水泥熟料是在高温下形成的，其名称和含量范围见表 2-7。

表 2-7　水泥熟料的主要矿物组成

矿物成分名称	基本化学组成	矿物成分简写	一般含量范围 /%
硅酸三钙	$3CaO \cdot SiO_2$	C_3S	36 ～ 60
硅酸二钙	$2CaO \cdot SiO_2$	C_2S	15 ～ 37
铝酸三钙	$3CaO \cdot Al_2O_3$	C_3A	7 ～ 15
铁铝酸四钙	$4CaO \cdot Al_2O_3 \cdot Fe_2O_3$	C_4AF	10 ～ 18

除以上四种矿物成分外，硅酸盐水泥中还含有少量的游离氧化钙（f–CaO）、游离氧化镁（f–MgO）及 SO_3 等杂质。游离氧化钙、游离氧化镁是水泥中的有害成分，含量高时会引起水泥安定性不良。

水泥熟料矿物经过磨细后均能与水发生化学反应 – 水化反应，表现较强的水硬性。水泥熟料主要矿物组成及其特性见表 2-8。

表 2-8　水泥熟料主要矿物组成及其特性

矿物名称　　项目	硅酸三钙	硅酸二钙	铝酸三钙	铁铝酸四钙
化学式简写	$3CaO \cdot SiO_2$（C_3S）	$2CaO \cdot SiO_2$（C_2S）	$3CaO \cdot Al_2O_3$（C_3A）	$4CaO \cdot Al_2O_3 \cdot Fe_2O_3$（$C_4AF$）
质量含量 /%	50 ～ 60	15 ～ 37	7 ～ 15	10 ～ 18
凝结硬化速度	快	慢	最快	快
水化时放热量	多	少	最多	中
强度　高低	最大	大	小	小
强度　发展	快	慢	最快	较快
抗化学侵蚀性	较小	最大	小	大
干燥收缩	中	中	大	小

知识链接

由表 2-8 可知，硅酸三钙的水化速度较快，水化热较大，且主要是早期放出，其强度最高，是决定水泥强度的主要矿物；硅酸二钙的水化速度最慢，水化热最小，且主要是后期放热，是保证水泥后期强度的主要矿物；铝酸三钙是凝结硬化速度最快、水化热最快的矿物，且硬化时体积收缩最大；铁铝酸四钙的水化速度也较快，仅次于铝酸三钙，其水化热性中等，有利于提高水泥的抗拉强度。水泥是几种熟料矿物的混合物，改变矿物成分间比例时，水泥性质即发生相应的变化，可制成不同性能的水泥。如提高硅酸三钙含量，可制得快硬高强水泥；降低硅酸三钙、铝酸三钙和提高硅酸二钙的含量可制得水化热低的低热水泥；提高铁铝酸四钙含量、降低铝酸三钙含量可制得道路水泥。图 2-3 所示为水泥不同熟料矿物的强度增长曲线。

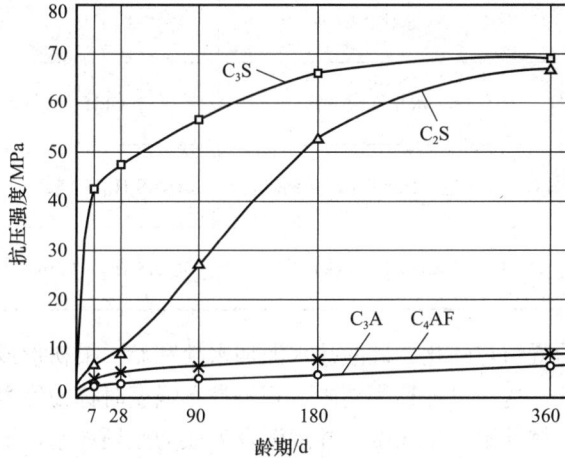

图 2-3　水泥不同熟料矿物的强度增长曲线

3. 硅酸盐水泥的水化与凝结硬化

水泥加水拌和而成的浆体，经过一系列物理化学变化，浆体逐渐变稠失去塑性而成为水泥石的过程称为凝结，水泥石强度逐渐发展的过程称为硬化。水泥的凝结过程和硬化过程是连续进行的。凝结过程较短暂，一般几小时即可完成，硬化过程是一个长期的过程，在一定的温度和湿度条件下可持续几十年。

（1）硅酸盐水泥熟料矿物的水化。水泥与水拌和均匀后，颗粒表面的熟料矿物开始溶解并与水发生化学反应，形成新的水化产物，放出一定的热量，固相体积逐渐增加。

各种水泥熟料矿物的水化反应为

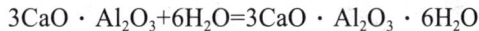

$$2（3CaO \cdot SiO_2）+6H_2O=3CaO \cdot 2SiO_2 \cdot 3H_2O+3Ca（OH）_2$$

$$2（2CaO \cdot SiO_2）+4H_2O=3CaO \cdot 2SiO_2 \cdot 3H_2O+Ca（OH）_2$$

$$3CaO \cdot Al_2O_3+6H_2O=3CaO \cdot Al_2O_3 \cdot 6H_2O$$

$$4CaO \cdot Al_2O_3 \cdot Fe_2O_3+7H_2O=3CaO \cdot Al_2O_3 \cdot 6H_2O+CaO \cdot Fe_2O_3 \cdot H_2O$$

水泥熟料中的铝酸三钙首先与水发生化学反应，水化反应迅速，有明显的发热现象，形成的水化铝酸钙很快析出，会使水泥产生瞬凝。为调节水泥的凝结时间，在生产水泥时掺入适量石膏（占水泥质量的 5% ～ 7% 的天然二水石膏）后，发生二次反应：

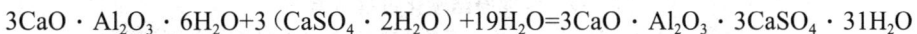

$$3CaO \cdot Al_2O_3 \cdot 6H_2O+3（CaSO_4 \cdot 2H_2O）+19H_2O=3CaO \cdot Al_2O_3 \cdot 3CaSO_4 \cdot 31H_2O$$

生成高硫型水化硫铝酸钙为难溶于水的物质，从而延缓了水泥的凝结。

表 2-9 中列出了各种硅酸盐水泥的主要水化产物名称、代号及含量范围。

表 2-9　硅酸盐水泥的主要水化产物名称、代号及含量范围

水化产物分子式	名称	代号	所占比例
$3CaO \cdot 2SiO_2 \cdot 3H_2O$	水化硅酸钙	$C_3S_2H_3$ 或 C-S-H	70
$Ca(OH)_2$	氢氧化钙	CH	20
$3CaO \cdot Al_2O_3 \cdot 6H_2O$	水化铝酸钙	C_3AH_6	不定
$CaO \cdot Fe_2O_3 \cdot H_2O$	水化铁酸一钙	CFH	不定
$3CaO \cdot Al_2O_3 \cdot 3CaSO_4 \cdot 31H_2O$	高硫型水化硫铝酸钙（钙矾石）	$C_3AS_3H_{31}$（AFt）	不定
$3CaO \cdot Al_2O_3 \cdot CaSO_4 \cdot 12H_2O$	低硫型水化硫铝酸钙	$3C_3AS_3H_{12}$（AFm）	不定

（2）硅酸盐水泥的凝结与硬化。硅酸盐水泥加水拌和后，最初形成具有可塑性的浆体，然后逐渐变稠失去塑性，这一过程称为初凝；开始具有强度时称为终凝。由初凝到终凝的过程为凝结。之后水泥浆体开始产生强度，并逐渐发展成为坚硬的水泥石，这一过程称为"硬化"。水泥的水化与凝结硬化是一个连续的过程，水化是凝结硬化的前提，凝结硬化是水化的结果。凝结与硬化是同一过程的不同阶段，但凝结硬化的各阶段是交错进行的，不能截然分开。

知识链接

关于水泥凝结硬化机理的研究，已经有 100 多年的历史，并有多种理论进行解释，随着现代测试技术的发展应用，其研究还在不断深入。一般认为，水泥浆体凝结硬化过程可分为早、中、后三个时期，分别相当于一般水泥在 20 ℃温度环境中水化 3 h、20～30 h 及更长时间。水泥凝结硬化过程如图 2-4 所示。

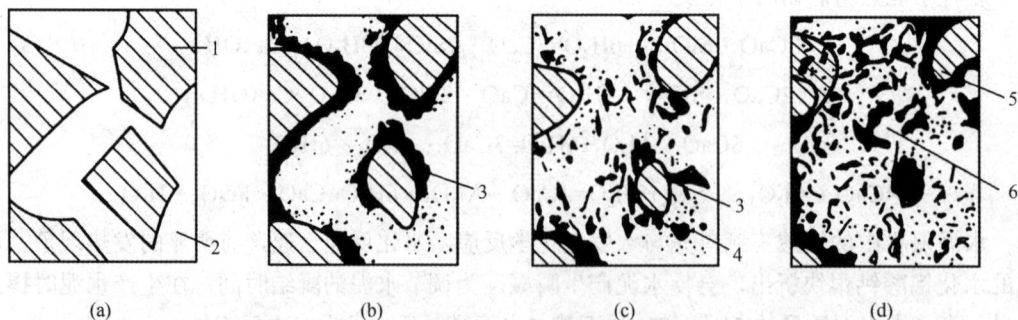

图 2-4　水泥凝结硬化过程示意图
（a）分散在水中的水泥颗粒；（b）在水泥颗粒表面；（c）膜层长大并互相关联；
（d）水泥产物进一步发展，形成水化物膜层连接（凝结）填充毛细孔（硬化）
1—水泥颗粒；2—水；3—凝胶；4—晶体；5—未水化水泥内核；6—毛细孔

水泥加水后，水泥颗粒迅速分散于水中，如图2-4（a）所示。在水化早期，大约是加水搅和到初凝时止，水泥颗粒表面迅速发生水化反应，几分钟内即在表面形成凝胶状膜层，并从中析出六方片状的氢氧化钙晶体，1 h左右即在凝胶膜外及液体中形成粗短的棒状钙矾石晶体，如图2-4（b）所示。这一阶段，由于晶体太小不足以在颗粒之间搭接使之连接成网状结构，水泥浆既有可塑性又有流动性。

在水化中期，约有30%的水泥已经水化，以水化硅酸钙、氢氧化钙和钙矾石的快速形成为特征，由于颗粒之间间隙较大，水化硅酸钙呈长纤维状。此时水泥颗粒被水化硅酸钙形成的一层包裹膜完全包住，并不断向外增厚，逐渐在膜内沉积。同时，膜的外侧生长出长针状钙矾石晶体，膜内侧则生成低硫型水化硫铝酸钙，氢氧化钙晶体在原先充水的空间形成。这期间膜层和长针状钙矾石晶体长大，将各颗粒连接起来，使水泥凝结。同时，大量形成的水化硅酸钙长纤维状晶体和钙矾石晶体一起，使水泥石网状结构不断致密，逐步发挥出强度。

水化后期大约是1 d以后直到水化结束，水泥水化反应渐趋减缓，各种水化产物逐渐填满原来由水占据的空间，由于颗粒之间间隙较小，水化硅酸钙呈短纤维状。水化产物不断填充水泥石网状结构，使之不断致密，渗透率降低，强度增加。随着水化的进行，凝胶体膜层越来越厚，水泥颗粒内部的水化越来越困难，经过几个月甚至若干年的水化后，多数颗粒仍剩余未水化的内核。所以，硬化后的水泥浆体是由凝胶体、晶体、未水化的水泥颗粒内核、毛细孔及孔隙中的水与空气组成的，是固－液－气三相多孔体系，具有一定的机械强度和孔隙率，外观和性能与天然石材相似，因而称之为水泥石。其在不同时期的相对数量变化，影响着水泥石性质的变化。水泥石强度、孔隙、渗透性的发展情况如图2-5所示。

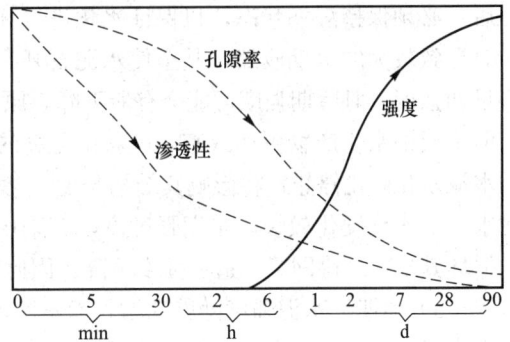

图 2-5 水泥石强度、孔隙、渗透性的发展情况

（3）影响硅酸盐水泥凝结硬化的主要因素。

1）熟料的矿物组成。各矿物的组成比例不同、性质不同，对水泥性质的影响也不同。如硅酸钙占熟料的比例最大，它是水泥的主导矿物，其比例决定了水泥的基本性质；C_3A的水化和凝结硬化速率最快，是影响水泥凝结时间的主要因素，加入石膏可延缓水泥凝结，但石膏掺量不能过多，否则会引起安定性不良；当C_3S和C_3A含量较高时，水泥凝结硬化快、早期强度高，水化放热量大。熟料矿物对水泥性质的影响是各矿物的综合作用，不是简单叠加，其组成比例是影响水泥性质的根本因素，调整水泥熟料比例结构可以改善水泥性质和产品结构。

2）细度。水泥的细度并不改变其根本性质，但直接影响水泥的水化速率、凝结硬化、强度、干缩和水化放热等性质。因为水泥的水化是从颗粒表面逐步向内部发展的，颗粒越细小，其表面积越大，与水的接触面积就越大，水化作用就越迅速越充分，使凝结硬化速率加快，早期强度越高。

水泥颗粒过细时，在磨细时消耗的能量和成本会显著提高且水泥易与空气中的水分和二氧化碳反应，使之不易久存；另外，过细的水泥，达到相同稠度时的用水量增加，硬化时会产生较大的体积收缩，同时水分蒸发产生较多的孔隙，会使水泥石强度下降。因此，水泥的细度要控制在一个合理的范围。

3）水胶比。水泥加水拌和后成为水泥浆，水泥浆中水与水泥用量的比值称为水胶比（W/B）。

通常，水泥水化时的理论需水量大约是水泥质量的23%，但为了使水泥浆体具有一定的流动性和可塑性，实际的加水量远高于理论需水量，如配制混凝土时的水胶比（水与水泥质量之比）一般在0.4～0.7。不参加水化的"多余"水分，使水泥颗粒间距增大，会延缓水泥浆的凝结时间，并在硬化的水泥石中蒸发形成毛细孔，拌合用水量越多，水泥石中的毛细孔越多，孔隙率就越高，水泥的强度越低，硬化收缩越大，抗渗性、抗侵蚀性能就越差。因此，在实际工程中，为提高水泥石的硬化速度和强度应尽可能降低水胶比。

4）环境湿度、温度。温度高，水泥的水化速度加快，强度增长快，硬化速度也快；温度较低时，硬化速度慢，当温度降至0 ℃以下时，水结冰，硬化过程停止。而水是保证水泥凝结硬化的必需条件，因此，砂浆及混凝土要在潮湿的环境下才能够充分水化。所以，要想使水泥能够正常的水化、凝结及硬化，需保持环境适宜的温度、湿度。

硅酸盐水泥是水硬性胶凝材料，水化反应是水泥凝结硬化的前提。因此，水泥加水拌和后，必须保持湿润状态，以保证水化进行和获得强度增长。若水分不足，会使水化停止，同时导致较大的早期收缩，甚至使水泥石开裂。提高养护温度，可加速水化反应，提高水泥的早期强度，但后期强度可能会有所下降。原因是在较低温度（20 ℃以下）下虽水化硬化较慢，但生成的水化产物更加致密，可获得更高的后期强度。当温度低于0 ℃时，由于水结冰而使水泥水化硬化停止，将影响其结构强度。一般水泥石结构的硬化温度不得低于−5 ℃。硅酸盐水泥的水化硬化较快，早期强度高，若采用较高温度养护，反而还会因水化产物生长过快，损坏其早期结构网络，造成强度下降。因此，硅酸盐水泥不宜采用蒸汽等湿热方法养护。

5）龄期。水泥强度随龄期增长而不断增长。硅酸盐系列水泥，在3～7 d龄期范围内，强度增长速度快；在7～28 d龄期范围内，强度增长速度较快；28 d以后，强度增长速度逐渐下降，但强度增长会持续很长时间。

4. 硅酸盐水泥的技术性质

（1）密度与堆积密度。硅酸盐水泥的密度一般在3.1～3.2 g/cm³（实际进行混凝土配合比设计时通常取3.1 g/cm³），堆积密度一般在1 300～1 600 kg/m³。

（2）细度（选择性指标）。细度是指水泥颗粒的粗细程度。水泥细度不仅影响水泥的水化速度、强度，而且影响水泥的生产成本。通常情况下，对强度起决定作用的是水泥颗粒尺寸，水泥颗粒太粗，强度低；水泥颗粒太细，磨耗增高，生产成本上升，且水泥硬化收缩也较大。水泥细度可用筛析法和比表面积法来检测。

筛析法是以方孔筛的筛余百分数来表示其细度；比表面积是以1 kg水泥所具有的总表面积来表示，单位是m²/kg，用透气法比表面积仪测定。硅酸盐水泥的细度用比表面积来衡量，要求比表面积大于300 m²/kg。

（3）标准稠度用水量。由于加水量的多少对水泥的一些技术性质（如凝结时间、体积安定性等）的测定值影响很大，故测定这些性质时，必须在一个规定的稠度下进行。这个规定的稠度，称为标准稠度。水泥净浆达到标准稠度时所需的拌合用水量（以占水泥质量的百分比表示），称为标准稠度用水量（也称需水量）。

硅酸盐水泥的标准稠度用水量，一般在24%～30%。水泥熟料矿物成分不同时，其标准稠度用水量也有所差异。水泥磨得越细，标准稠度用水量越大。

一般来说，标准稠度用水量较大的水泥，拌制同样稠度的混凝土，加水量也较大，故硬化时收缩较大，硬化后的强度及密度也较差。因此，当其他条件相同时，水泥标准稠度用水量越小越好。

（4）凝结时间。凝结时间是指水泥从加水拌和开始到失去流动性，即从可塑状态发展到固体状态所需要的时间。水泥的凝结时间又可分为初凝时间和终凝时间。初凝时间是指自水泥加水时起至水泥浆开始失去可塑性所需的时间，终凝时间是指水泥自加水起至水泥浆完全失去可塑性并开始产生强度所需的时间。水泥凝结时间的测定是以标准稠度的水泥净浆，在规定的温度和湿度下，用凝结时间测定仪来测定的。硅酸盐水泥初凝时间不得早于 45 min，终凝时间不得迟于 6.5 h。

水泥的凝结时间在施工中具有重要的意义。初凝时间不宜过快，以便在初凝前混凝土与砂浆有充分的时间进行搅拌、运输、浇捣和砌筑等各工序的施工操作；终凝也不宜过迟，以便混凝土和砂浆在浇筑完毕后尽早完成凝结并硬化，具有一定的强度，以利于下一步施工工作的进行。

（5）体积安定性。水泥的体积安定性是指水泥在凝结硬化过程中体积变化的均匀性。

🛢 知识链接

水泥安定性不良主要是由于水泥熟料中游离氧化钙、游离氧化镁过多或是石膏掺量过多等因素产生的三氧化硫过多造成的，其原因为：水泥熟料中的氧化钙是在约 900 ℃时石灰石分解产生的，大部分结合成熟料矿物，未形成熟料矿物的游离部分成为过烧的 CaO，在水泥凝结硬化后，会缓慢与水生成 $Ca(OH)_2$。该反应体积膨胀可达 1.5～2 倍，使水泥石发生不均匀体积变化。游离氧化钙对安定性的影响不仅与其含量有关，还与水泥的煅烧温度有关，故难以定量。沸煮可加速氧化钙的水化，故需用沸煮法检验水泥的体积安定性。水泥中的氧化镁（MgO）呈过烧状态，结晶粗大，在水泥凝结硬化后，会与水生成 $Mg(OH)_2$。该反应比过烧的氧化钙与水的反应更加缓慢，且体积膨胀，会在水泥硬化几个月后导致水泥石开裂。当石膏掺量过多或水泥中 SO_3 过多时，水泥硬化后，在有水存在的情况下，它还会继续与固态的水化铝酸钙反应生成高硫型水化硫铝酸钙（钙矾石），体积约增大 1.5 倍，引起水泥石开裂。氧化镁和三氧化硫已在国家标准中作了定量限制，硅酸盐水泥中三氧化硫的含量不得超过 3.5%，游离氧化镁的含量不得超过 5.0%，如果水泥经压蒸试验合格，则水泥中游离氧化镁的含量允许放宽到 6.0%，以保证水泥安定性良好。

对于由游离氧化钙引起的安定性不良，可采用沸煮法检验，包括试饼法和雷氏夹法，有争议时以雷氏法为准（详见试验部分）。测试方法按国家标准《水泥标准稠度用水量、凝结时间、安定性检验方法》（GB/T 1346—2011）进行。

当水泥浆体硬化过程发生不均匀的体积变化时，就会导致水泥石膨胀开裂、翘曲，甚至失去强度，这即是安定性不良。安定性不良的水泥会降低建筑物质量，甚至引起严重事故。任何工程中不得使用。

（6）强度及强度等级。水泥强度是水泥的主要技术性质，是评定其质量的主要指标。根据国家相关标准规定，采用《水泥胶砂强度检验方法（ISO 法）》（GB/T 17671—1999）

测定水泥强度，该法是将水泥、标准砂和水按质量计以 1 ∶ 3 ∶ 0.5 混合，按规定方法制成 40 mm×40 mm×160 mm 的标准试件，在标准条件下养护，分别测定其 3 d 和 28 d 的抗折强度和抗压强度。根据试验结果，硅酸盐水泥可分为 42.5、42.5R、52.5、52.5R、62.5 和 62.5R 六个等级；普通硅酸盐水泥可分为 42.5、42.5R、52.5、52.5R 四个强度等级；复合硅酸盐水泥可分为 42.5、42.5R、52.5、52.5R 四个强度等级；其他通用水泥的强度等级增加了 32.5 等级，而减少了 62.5 的等级。另外，依据水泥 3 d 的不同强度，可分为普通型和早强型两种类型；其中，有代号 R 者为早强型水泥。通用硅酸盐水泥的各等级、各龄期强度不得低于表 2-10 数值的规定。各龄期强度指标全部满足规定者为合格，否则为不合格。

表 2-10　不同强度通用硅酸盐水泥的强度等级（GB 175—2007）　　　　MPa

品种	强度等级	抗压强度		抗折强度	
		3 d	28 d	3 d	28 d
硅酸盐水泥	42.5	≥ 17.0	≥ 42.5	≥ 3.5	≥ 6.5
	42.5R	≥ 22.0		≥ 4.0	
	52.5	≥ 23.0	≥ 52.5	≥ 4.0	≥ 7.0
	52.5R	≥ 27.0		≥ 5.0	
	62.5	≥ 28.0	≥ 62.5	≥ 5.0	≥ 8.0
	62.5R	≥ 32.0		≥ 5.5	
普通硅酸盐水泥	42.5	≥ 17.0	≥ 42.5	≥ 3.5	≥ 6.5
	42.5R	≥ 22.0		≥ 4.0	
	52.5	≥ 23.0	≥ 52.5	≥ 4.0	≥ 7.0
	52.5R	≥ 27.0		≥ 5.0	
矿渣硅酸盐水泥 火山灰质硅酸盐水泥 粉煤灰硅酸盐水泥	32.5	≥ 10.0	≥ 32.5	≥ 2.5	≥ 5.5
	32.5R	≥ 15.0		≥ 3.5	
	42.5	≥ 15.0	≥ 42.5	≥ 3.5	≥ 6.5
	42.5R	≥ 19.0		≥ 4.0	
	52.5	≥ 21.0	≥ 52.5	≥ 4.0	≥ 7.0
	52.5R	≥ 23.0		≥ 4.5	
复合硅酸盐水泥	42.5	≥ 15.0	≥ 42.5	≥ 3.5	≥ 6.5
	42.5R	≥ 19.0		≥ 4.0	
	52.5	≥ 21.0	≥ 52.5	≥ 4.0	≥ 7.0
	52.5R	≥ 23.0		≥ 4.5	

（7）水化热。水泥在水化过程中放出的热量，称为水泥的水化热（kJ/kg）。水泥水化热的大部分是在水泥水化初期（7 d 内）放出的，后期放热逐渐减少。水泥水化热的大小主要与水泥的细度及矿物组成有关。水泥颗粒越细，水化热越大；矿物中 C_3S、C_3A 含量越大，水化热越高。

水化热在混凝土工程中既有有利的影响，也有不利的影响。高水化热的水泥在大体积混凝土工程中是不利的。这主要是由于水泥水化热放出的热量积聚在混凝土内部散发非常缓慢，混凝土表面与内部因温差过大而导致温差应力，致使混凝土受拉而开裂破坏，因此，在大体积混凝土工程中，应选择低热水泥。但在混凝土冬期施工时，水化热却有利于水泥的凝结、硬化和防止混凝土受冻。

（8）碱含量（选择性指标）。水泥中碱含量按 $Na_2O+0.658K_2O$ 计算值表示。若使用活性集料，用户要求提供低碱水泥时，水泥中的碱含量应不大于 0.60% 或由买卖双方协商确定。

硅酸盐水泥中除主要矿物成分外，还含有少量其他化学成分，如钠和钾的氧化物（碱性物质）。当水泥中的碱含量过高，集料又有一些活性物质时，会在潮湿或有水的环境中发生有害的碱 – 集料反应，同时，也影响水泥与外加剂的适应性。

5．硅酸盐水泥的腐蚀与防治

在通常条件下，硬化水泥石具有较好的耐久性，但在某些含侵蚀性物质的介质中，有害介质会侵入水泥石内部，使硬化的水泥石结构遭到破坏，强度降低，最终甚至造成建筑物的破坏，这种现象称为水泥石的腐蚀。它对水泥的耐久性影响较大，必须采取有效措施予以防治。

（1）水泥石的主要腐蚀类型。

1）软水腐蚀（溶出性腐蚀）。

$Ca(OH)_2$ 晶体是水泥的主要水化产物之一，如果水泥结构所处环境的溶液（如软水）中，$Ca(OH)_2$ 的浓度低于其饱和浓度时，则其中的 $Ca(OH)_2$ 被溶解或分解，从而造成水泥石的破坏。所以，软水腐蚀是一种溶出性的腐蚀。

雨水、雪水、蒸馏水、冷凝水、含碳酸盐较少的河水和湖水等都是软水，当水泥石长期与这些水接触时，$Ca(OH)_2$ 会被溶出。在静水无压或水量不多的情况下，由于 $Ca(OH)_2$ 的溶解度较小，溶液易达到饱和，故溶出作用仅限于表面，并很快停止，其影响不大。但在流水、压力水或大量水的情况下，$Ca(OH)_2$ 会不断地被溶解流失。一方面使水泥石孔隙率增大，密实度和强度下降，水更易向内部渗透；另一方面，水泥石的碱度不断降低，引起水化产物分解，最终变成胶结能力很差的产物，使水泥石结构受到破坏。软水腐蚀的程度与水的暂时硬度（水中重碳酸盐即碳酸氢钙和碳酸氢镁的含量）有关，碳酸氢钙和碳酸氢镁能与水泥石中的 $Ca(OH)_2$ 反应生成不溶于水的碳酸钙。其反应式如下：

$$Ca(OH)_2 + Ca(HCO_3)_2 = 2CaCO_3 + 2H_2O$$

生成的碳酸钙沉淀在水泥石的孔隙内而提高其密实度，并在水泥石表面形成紧密不透水层，从而可以阻止外界水的侵入和内部 $Ca(OH)_2$ 的扩散析出。所以，水的暂时硬度越高，腐蚀作用越小。应用这一性质，对须与软水接触的混凝土制品或构件，可先在空气中硬化，再进行表面碳化，形成碳酸钙外壳，可起到一定的保护作用。

溶出性侵蚀的强弱程度与水泥的硬度有关。当环境水的水质较硬，即水重碳酸盐含量较高时，$Ca(OH)_2$ 的溶解度较小，侵蚀性较弱；反之，水质越软，侵蚀性越强。

2）盐类腐蚀。

①硫酸盐腐蚀（膨胀腐蚀）。在海水、湖水、盐沼水、地下水、某些工业污水、流经高炉矿渣或煤渣的水中，常含钾、钠和氨等的硫酸盐。它们与水泥石中的 $Ca(OH)_2$ 发生置换反应，生成硫酸钙。硫酸钙与水泥石中的水化铝酸钙作用会生成高硫型水化硫铝酸钙（钙矾石）。其反应式为

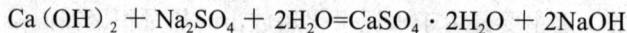

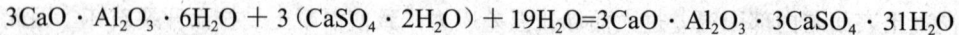

$$Ca(OH)_2 + Na_2SO_4 + 2H_2O = CaSO_4 \cdot 2H_2O + 2NaOH$$

$$3CaO \cdot Al_2O_3 \cdot 6H_2O + 3(CaSO_4 \cdot 2H_2O) + 19H_2O = 3CaO \cdot Al_2O_3 \cdot 3CaSO_4 \cdot 31H_2O$$

生成的高硫型水化硫铝酸钙晶体比原有水化铝酸钙体积增大 $1 \sim 1.5$ 倍，硫酸盐浓度高时还会在孔隙中直接结晶成二水石膏，比 $Ca(OH)_2$ 的体积增大 1.2 倍以上。由此引起水泥石内部膨胀，致使结构胀裂、强度下降而遭到破坏。因为生成的高硫型水化硫铝酸钙晶体呈针状，又形象地称为"水泥杆菌"。

②镁盐腐蚀。在海水及地下水中，常含有大量的镁盐，主要是硫酸镁和氯化镁，它们可与水泥石中的 $Ca(OH)_2$ 发生如下反应：

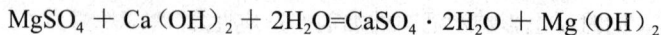

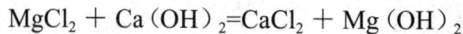

$$MgSO_4 + Ca(OH)_2 + 2H_2O = CaSO_4 \cdot 2H_2O + Mg(OH)_2$$

$$MgCl_2 + Ca(OH)_2 = CaCl_2 + Mg(OH)_2$$

生成的 $Mg(OH)_2$ 松软而无胶凝性，$CaCl_2$ 易溶于水，会引起溶出性腐蚀，二水石膏又会引起膨胀腐蚀。所以，硫酸镁对水泥起硫酸盐和镁盐的双重腐蚀作用，危害更严重。

3）酸类腐蚀。

①碳酸腐蚀。在工业污水、地下水中常溶解有二氧化碳，二氧化碳与水泥石中的 $Ca(OH)_2$ 反应，生成碳酸钙。

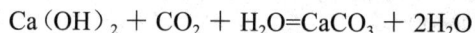

$$Ca(OH)_2 + CO_2 + H_2O = CaCO_3 + 2H_2O$$

当水中的 CO_2 含量较低时，由于 $CaCO_3$ 沉淀到水泥石表面的孔隙中而使腐蚀停止；当水中的 CO_2 含量较高时，上述反应还会继续进行。碳酸钙与 CO_2 反应生成 $Ca(HCO_3)_2$，反应式如下：

$$CaCO_3 + CO_2 + H_2O = Ca(HCO_3)_2$$

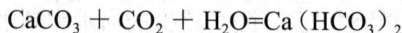

重碳酸钙易溶于水，若被流动的水带走，化学平衡遭到破坏，反应不断向右边进行，则水泥石中的石灰浓度不断降低，水泥石结构逐渐破坏。

②一般酸的腐蚀。水泥水化生成大量 $Ca(OH)_2$，因而呈碱性，一般酸都会对它有不同的腐蚀作用。主要原因是一般酸都会与 $Ca(OH)_2$ 发生中和反应，其反应的产物或易溶于水，或体积膨胀，使水泥石性能下降，甚至导致破坏；无机强酸还会与水泥石中的水化硅酸钙、水化铝酸钙等水化产物反应，使之分解，而导致腐蚀破坏。一般来说，有机酸的腐蚀作用较无机酸弱；酸的浓度越大，腐蚀作用越强。

$$Ca(OH)_2 + 2HCl = CaCl_2 + 2H_2O$$

$$Ca(OH)_2 + 2H_2SO_4 = CaSO_4 \cdot 2H_2O$$

上述反应中，$CaCl_2$ 为易溶于水的盐，而 $CaSO_4 \cdot 2H_2O$ 则结晶膨胀，都对水泥的结构有破坏作用。

4）强碱的腐蚀。浓度不高的碱类溶液，一般对水泥石无害。但若长期处于较高浓度（大于 10%）的含碱溶液中也能发生缓慢腐蚀，主要是化学腐蚀和结晶腐蚀。

①化学腐蚀：如氢氧化钠与水化产物反应，生成胶结力不强、易溶析的产物。

$$3CaO \cdot Al_2O_3 \cdot 6H_2O + 2NaOH = 3Ca(OH)_2 + Na_2O \cdot Al_2O_3 + 4H_2O$$

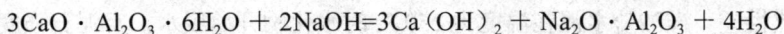

②结晶腐蚀：如氢氧化钠渗入水泥石后，与空气中的二氧化碳反应生成含结晶水的碳酸钠，碳酸钠在毛细孔中结晶，体积膨胀，使水泥石开裂破坏。

5）其他腐蚀。除上述四种主要的腐蚀类型外，一些其他物质也对水泥石有腐蚀作用，如糖、氨盐、酒精、动物脂肪、含环烷酸的石油产品及碱－集料反应等。它们或是影响水泥的水化，或是影响水泥的凝结，或是体积变化引起开裂，或是影响水泥的强度，从不同的方面造成水泥石的性能下降甚至破坏。

在实际工程中，水泥石的腐蚀是一个复杂的物理化学作用过程，腐蚀的作用往往不是单一的，而是几种同时存在、相互影响的。

（2）腐蚀的防治。水泥石腐蚀的产生原因：一是水泥石中存在易被腐蚀的组分，主要是 $Ca(OH)_2$ 和水化铝酸钙；二是有能产生腐蚀的介质和环境条件；三是水泥石本身不密实。防治水泥石的腐蚀，一般可采取以下措施：

1）根据环境介质的侵蚀特性，合理选用水泥品种。水泥品种不同，其矿物组成也不同，对腐蚀的抵抗能力不同。水泥生产时，调整矿物的组成，掺加相应耐腐蚀性强的混合材料，就可制成具有相应耐腐蚀性能的特性水泥。水泥使用时必须根据腐蚀环境的特点，合理地选择品种。

2）提高水泥石的密实度。通过合理的材料配合比设计降低水胶比、掺加某些可堵塞空隙的物质、改善施工方法、加强振捣，均可以获得均匀密实的水泥石结构，避免或减缓水泥石侵蚀。

3）设置保护层。当腐蚀作用较强时，应在水泥石表面加做不透水的保护层，隔断腐蚀介质的接触，保护层材料选用耐腐蚀性强的石料、陶瓷、玻璃、塑料、沥青和涂料等。也可用化学方法进行表面处理，形成保护层，如表面碳化形成致密的碳酸钙、表面涂刷草酸形成不溶的草酸钙等。对于特殊抗腐蚀的要求，则可采用抗蚀性强的聚合物混凝土。

6．硅酸盐水泥的特性及应用

（1）凝结硬化快，强度高。由于硅酸盐水泥中的 C_3S 和 C_3A 较高，使硅酸盐水泥水化凝结硬化速度加快，强度（主要是早期强度）发展也快。因此，其适用于早期强度要求高的工程——高强度混凝土结构和预应力混凝土结构。

（2）水化热高。硅酸盐水泥中的 C_3S 和 C_3A 较高，其水泥早期放热大，放热速率快，其 3 d 内的水化放热量约占其中放热量的 50%。这对于大体积混凝土工程施工不利，不适用于大坝等大体积混凝土工程。但这种现象对冬期施工较为有利。

（3）抗冻性能好。硅酸盐水泥拌合物不易发生泌水现象，硬化后的水泥石较密实，所以抗冻性好，适用于高寒地区的混凝土工程。

（4）抗碳化能力强。硅酸盐水泥硬化后水泥石呈碱性，而处于碱性环境中的钢筋可在其表面形成一层钝化膜保护钢筋不锈蚀。而空气中的 CO_2 会与水化物中的 $Ca(OH)_2$ 发生反应，生成 $CaCO_3$ 从而消耗 $Ca(OH)_2$ 的量，最终使水化物内碱性变为中性，使钢筋没有碱性环境的保护而发生锈蚀，造成混凝土结构的破坏。硅酸盐水泥中由于 $Ca(OH)_2$ 的含量高，所以抗碳化能力强。

（5）耐腐蚀能力差。由于硅酸盐水泥中有大量的 $Ca(OH)_2$ 及水化氯酸三钙，容易受到软水、酸类和一些盐类的侵蚀，因此不适用于受流动水、压力水、酸类及硫酸盐侵蚀的混凝土工程。

（6）耐热性差。硅酸盐水泥在温度为 250 ℃时水化物开始脱水，水泥石强度下降，当受热温度达到 700 ℃以上时就会遭到破坏。因此，硅酸盐水泥不宜单独用于耐热工程。

（7）温热养护效果差。硅酸盐水泥在常规养护条件下硬化快、强度高。但经过蒸汽养护，再经自然养护至 28 d，测得的抗压强度常低于蒸汽养护至 28 d 测得的抗压强度。

2.4.2　掺有混合材料的硅酸盐水泥

凡在硅酸盐水泥熟料中掺入一定量的混合材料和适量石膏共同磨细制成的水硬性胶凝材料称为掺有混合材料的硅酸盐水泥。在磨制水泥时加入的天然或人工矿物材料称为混合材料。

1. 掺加混合材料的作用

在硅酸盐水泥熟料中，掺加一定量的混合材料有以下三个方面的好处：

（1）改善水泥性能。如增加水泥的抗腐蚀性、降低水泥的水化热等。

（2）增加水泥品种。由于混合材料的种类多，不同品种的混合材料呈现不同的性能，从而生产出不同品种的水泥，为适应不同的工程需求提供了方便。

（3）降低水泥成本。由于混合材料大多数是工业副产品或天然矿物质，价格低廉，掺入硅酸盐水泥中可代替部分水泥，可增加水泥产量，降低成本。

2. 混合材料的种类

混合材料包括活性混合材料、非活性混合材料和窑灰。其中，活性混合材料的应用量最大。

（1）活性混合材料。在常温下，加水拌和后能与水泥、石灰或石膏发生化学反应，生成具有一定水硬性的胶凝产物的混合材料称为活性混合材料。因活性混合材料的掺加量较大，改善水泥性质的作用更加显著，而且当其活性激发后可使水泥后期强度大大提高，甚至与同等级的硅酸盐水泥相同。常用的活性混合材料有粒化高炉矿渣、火山灰质混合材料和粉煤灰等。

1）粒化高炉矿渣。粒化高炉矿渣是高炉冶炼生铁时，将浮在铁水表面的熔融物经水淬等急冷处理而成的松散颗粒，又称为水淬矿渣。粒化高炉矿渣的主要化学成分是 CaO、SiO_2、Al_2O_3 和少量 MgO、Fe_2O_3。急冷的矿渣结构为不稳定的玻璃体，具有较大的化学潜能，其主要活性成分是活性 SiO_2 和活性 Al_2O_3。常温下能与 $Ca(OH)_2$ 反应，生成水化硅酸钙、水化铝酸钙等具有水硬性的产物，从而产生强度。在用石灰石作熔剂的矿渣中，含有少量 C_2S，本身就具有一定的水硬性，加入激发剂磨细就可制得无熟料水泥。

2）火山灰质混合材料。天然火山灰材料是火山喷发时形成的一系列矿物，如火山灰、凝灰岩、浮石、沸石和硅藻土等；人工火山灰是与天然火山灰成分和性质相似的人造矿物或工业废渣，如烧黏土、粉煤灰、煤矸石渣和煤渣等。火山灰的主要活性成分是活性 SiO_2 和活性 Al_2O_3，在激发剂作用下，可发挥出水硬性。粉煤灰是火力发电厂以煤粉作燃料，燃烧后收集下来的极细的灰渣颗粒，为球状玻璃体结构，也是一种火山灰质材料。

（2）非活性混合材料。在常温下，加水拌和后不能与水泥、石灰或石膏发生化学反应的混合材料称为非活性混合材料，又称填充性混合材料。非活性混合材料加入水泥中的作用是提高水泥产量，降低生产成本，降低强度等级，减少水化热，改善耐腐蚀性和和易性等。这类材料有磨细的石灰石、石英砂、慢冷矿渣、黏土和各种符合要求的工业废渣等。由于非活性混合材料会降低水泥强度，其加入量一般较少。

（3）窑灰。窑灰是水泥回转窑窑尾废气中收集下的粉尘，活性较低，一般作为非活性混合材料加入，以减少污染，保护环境。

为确保工程质量，凡国家标准中没有规定的混合材料品种，严格禁止使用。

3. 掺混合材料的硅酸盐水泥

工程中，常用的掺混合材料的水泥有普通硅酸盐水泥、矿渣硅酸盐水泥、火山灰质硅酸盐水泥、粉煤灰硅酸盐水泥和复合硅酸盐水泥等。

（1）普通硅酸盐水泥。普通硅酸盐水泥简称普通水泥。根据国家标准《通用硅酸盐水泥》（GB 175—2007）的规定，普通硅酸盐水泥是指（熟料和石膏）组分≥80%且＜95%，掺加＞5%且≤20%的粉煤灰、粒化高炉矿渣或火山灰等活性混合材料的水泥。其中，允许用不超过水泥质量8%的非活性混合材料或不超过水泥质量5%的窑灰来代替活性材料，共同磨细制成的水硬性胶凝材料，代号为 P·O。

国家标准《通用硅酸盐水泥》（GB 175—2007）对硅酸盐水泥的技术要求如下：

1）细度。用比表面积表示，根据规定应不小于 300 m^2/kg。

2）凝结时间。初凝时间不小于 45 min，终凝时间不大于 600 min。

3）强度。普通硅酸盐水泥的强度等级可分为 42.5、42.5R、52.5、52.5R 四个强度等级。各强度等级各龄期的强度不得低于表 2-10 规定的数值。

4）烧失量。普通水泥中的烧失量不得大于 5.0%。

普通硅酸盐水泥的体积安定性及氧化镁、三氧化硫、碱含量、氯离子等技术要求与硅酸盐水泥相同，普通硅酸盐水泥的成分中绝大多部分仍是硅酸盐水泥熟料，故其基本特征与硅酸盐水泥相近。但由于普通硅酸盐水泥中掺入了少量混合材料，故某些性能与硅酸盐水泥稍有些差异。

普通硅酸盐水泥被广泛应用于各种混凝土或钢筋混凝土工程，是我国目前主要的水泥品种之一。

（2）矿渣硅酸盐水泥（简称矿渣水泥）、火山灰质硅酸盐水泥（简称火山灰水泥）、粉煤灰硅酸盐水泥（简称粉煤灰水泥）、复合硅酸盐水泥（简称复合水泥）。

1）组成。通用硅酸盐水泥的组分应符合表 2-11 的规定。

表 2-11　通用硅酸盐水泥组分　　　　　　　　　　%

品种	代号	组分				
		熟料＋石膏	粒化高炉矿渣	火山灰质混合材料	粉煤灰	石灰石
硅酸盐水泥	P·Ⅰ	100	—	—	—	—
	P·Ⅱ	≥ 95	≤ 5	—	—	—
		≥ 95	—	—	—	≤ 5
普通硅酸盐水泥	P·O	≥ 80 且＜ 95	＞ 5 且≤ 20			
矿渣硅酸盐水泥	P·S·A	≥ 50 且＜ 80	＞ 20 且≤ 50	—	—	—
	P·S·B	≥ 30 且＜ 50	＞ 50 且≤ 70	—	—	—
火山灰质硅酸盐水泥	P·P	≥ 60 且＜ 80	—	＞ 20 且≤ 40	—	—
粉煤灰硅酸盐水泥	P·F	≥ 60 且＜ 80	—	—	＞ 20 且≤ 40	—
复合硅酸盐水泥	P·C	≥ 50 且＜ 80	＞ 20 且≤ 50			

2）技术性质。

①细度。矿渣硅酸盐水泥、火山灰质硅酸盐水泥、粉煤灰硅酸盐水泥和复合硅酸盐水泥的细度以筛余表示，其 80 μm 方孔筛筛余不大于 10% 或 45 μm 方孔筛筛余不大于 30%。

②凝结时间和体积安定性。要求与普通硅酸盐水泥相同。

③氧化镁。熟料中氧化镁的含量不宜超过 5.0%。如水泥经压蒸安定性试验合格，则熟料中氧化镁的含量允许放宽到 6.0%。熟料中氧化镁的含量为 5.0% ～ 6.0% 时，如矿渣水泥中混合材料总掺量大于 40%，或火山灰水泥和粉煤灰水泥中混合材料掺加量大于 30%，制成的水泥可不做压蒸试验。

④三氧化硫。矿渣水泥中三氧化硫的含量不得超过 4.0%；火山灰水泥和粉煤灰水泥中三氧化硫的含量不得超过 3.5%。

⑤强度。水泥强度等级按规定龄期的抗压强度和抗折强度来划分，分为 32.5、32.5R、42.5、42.5R、52.5、52.5R。各强度等级水泥的各龄期强度不得低于表 2-10 规定的数值。

⑥碱。水泥中碱含量按 $Na_2O+0.658K_2O$ 计算值表示。若使用活性集料，用户要求提供低碱水泥时，水泥中的碱含量应不大于 0.60% 或由买卖双方协商确定。

3）特性与应用。硅酸盐系水泥的主要性质相同或相似。掺混合材料的水泥与硅酸盐系水泥相比，又具有其自身的特点。

①几种水泥的共性特点与应用。

a. 凝结硬化慢、早期强度低和后期强度增长快。因为水泥中熟料比例较低，而混合材料的二次水化较慢，所以其早期强度低，后期二次水化的产物不断增多，水泥强度发展较快，达到甚至超过同等级的硅酸盐水泥。因此，这几种水泥不宜用于早期强度要求高的工程、冬期施工工程和预应力混凝土等工程，且应加强早期养护。

b. 温度敏感性高，适宜高温湿热养护。这几种水泥在低温下水化速率和强度发展较慢，而在高温养护时水化速率大大提高，强度发展加快，可得到较高的早期强度和后期强度。因此，适合采用高温湿热养护，如蒸汽养护和蒸压养护。

c. 水化热低，适合大体积混凝土工程。由于熟料用量少，水化放热量大的矿物 C_3S 和 C_3A 较少，水泥的水化热大大降低，适用于大体积混凝土工程，如大型基础和水坝等。适当调整组成比例就可生产出大坝专用的低热水泥品种。

d. 耐腐蚀性能强。由于熟料用量少，水化生成的 $Ca(OH)_2$ 少，且二次水化还要消耗大量 $Ca(OH)_2$，使水泥石中易腐蚀的成分减少，水泥石的耐软水腐蚀、耐硫酸盐腐蚀、耐酸性腐蚀等能力大大提高，可用于有耐腐蚀要求的工程中。但如果火山灰水泥掺加的是以 Al_2O_3 为主要成分的烧黏土类混合材料时，因水化后生成水化铝酸钙较多，其耐硫酸盐腐蚀的能力较差，不宜用于有耐硫酸盐腐蚀要求的场合。

e. 抗冻性差，耐磨性差。由于加入较多的混合材料，水泥的需水性增加，用水量较多，易形成较多的毛细孔或粗大孔隙，且水泥早期强度较低，使抗冻性和耐磨性下降。因此，不宜用于严寒地区水位升降范围内的混凝土工程和有耐磨性要求的工程。

f. 抗碳化能力差。由于水化产物中 $Ca(OH)_2$ 少，水泥石的碱度较低，遇有碳化的环境时，表面碳化较快，碳化深度较深，对钢筋的保护不利。若碳化深度达到钢筋表面，会导致钢筋锈蚀，使钢筋混凝土产生顺筋裂缝，降低耐久性。但是，在一般环境中，这三种水泥对钢筋都具有良好的保护作用。

②几种水泥的个别特性。

a.矿渣硅酸盐水泥。由于矿渣是在高温下形成的材料，所以矿渣水泥具有较强的耐热性。可用于温度不高于 200 ℃的混凝土工程，如轧钢、铸造、锻造、热处理等高温车间及热工窑炉的基础等；也可用于温度达 300 ℃～400 ℃的热气体通道等耐热工程。

粒化高炉矿渣玻璃体对水的吸附力差，导致矿渣水泥的保水性差，易泌水产生较多的连通孔隙，水分的蒸发增加，使矿渣水泥的抗渗性差，干燥收缩较大，易在表面产生较多的细微裂缝，影响其强度和耐久性。

b.火山灰质硅酸盐水泥。火山灰水泥具有较好的抗渗性和耐水性。因为火山灰质混合材料的颗粒有大量的细微孔隙，保水性良好，泌水性低，并且水化中形成的水化硅酸钙凝胶较多，水泥石结构比较致密，具有较好的抗渗性和抗淡水溶析的能力，可优先用于有抗渗性要求的工程。

火山灰水泥的干燥收缩比矿渣水泥更加显著，在长期干燥的环境中，其水化反应会停止，已经形成的凝胶还会脱水收缩，形成细微裂缝，影响水泥石的强度和耐久性。因此，火山灰水泥施工时要加强养护，较长时间保持潮湿状态，且不宜用于干热环境。

c.粉煤灰水泥。粉煤灰水泥的干缩性较小，甚至优于硅酸盐水泥和普通水泥，具有较好的抗裂性。因为粉煤灰颗粒呈球形，较为致密，吸水性差，加水拌和时的内摩擦阻力小，需水性小，所以其干缩小，抗裂性好，同时配制的混凝土、砂浆和易性好。由于粉煤灰吸水性差，水泥易泌水，形成较多连通孔隙，干燥时易产生细微裂缝，抗渗性较差，不宜用于干燥环境和抗渗要求高的工程。

d.复合水泥。复合水泥的早期强度接近普通水泥，性能略优于其他掺混合材料的水泥，适用范围较广。它掺加了两种或两种以上的混合材料，有利于发挥各种材料的优点，为充分利用混合材料生产水泥，扩大水泥应用范围，提供了广阔的途径。

通用硅酸盐系列水泥的技术性质见表 2-12。

表 2-12　通用硅酸盐系水泥的技术性质

项目	硅酸盐水泥		普通水泥	矿渣水泥		火山灰水泥	粉煤灰水泥	复合水泥
	P·Ⅰ	P·Ⅱ	P·O	P·S·A	P·S·B	P·P	P·F	P·C
不溶物含量	≤ 0.75%	≤ 1.50%	—					
烧失量	≤ 3.0%	≤ 3.5%	≤ 5.0%					
细度	比表面积＞ 300 m²/kg			80 μm 方孔筛的筛余量≤ 10% 或 45 μm 方孔筛的筛余量≤ 30%				
初凝时间	≥ 45 min							
终凝时间	≤ 390 min		≤ 10 h					
MgO 含量	≤ 5.0①			60②		≤ 6.0		
SO₃ 含量≤	≤ 3.5%			≤ 4.0%		≤ 3.5%		
安定性	沸煮法合格							
强度	各强度等级水泥的各龄期强度不得低于各标准规定的数值							
碱含量	按 Na₂O+0.658K₂O 计算值表示。若使用活性集料，用户要求提供低碱水泥时，水泥中的碱含量应不大于 0.60% 或由买卖双方协商确定							

项目		硅酸盐水泥		普通水泥	矿渣水泥	火山灰水泥	粉煤灰水泥	复合水泥
		P·Ⅰ	P·Ⅱ	P·O	P·S·A P·S·B	P·P	P·F	P·C
组成	组成	熟料 0%～5% 混合材料石膏		熟料 6%～15% 混合材料石膏	熟料 20%～70% 矿渣石膏	熟料 20%～50% 火山灰石膏	熟料 20%～40% 粉煤灰石膏	熟料 15%～50% 混合材料石膏
	区别	无或很少混合材料		少量混合材料	多量活性混合材料			多量混合材料
					矿渣	火山灰	粉煤灰	两种或两种以上
性能		凝结硬化快,早期、后期强度高,水化热大、放热快、抗冻性好、耐磨性好、抗碳化性好、干缩小、耐腐蚀性差、耐热性差		基本同硅酸盐水泥。早期强度、水化热、抗冻、耐磨性和抗碳化性略有降低,耐腐蚀性、耐热性略有提高	凝结硬化较慢,早期强度低,后期强度高温度敏感性好、水化热低、耐腐蚀性好、抗冻性差、抗碳化性差			早期强度较高
					耐热性好、泌水性大、抗渗性差、干缩较大	保水性好、抗渗性好、干缩大	干缩小、抗裂性好、泌水性大、抗渗性较好	与掺入种类比例有关

①如果水泥压蒸试验合格,则水泥中氧化镁(MgO)的含量(质量分数)允许放宽至60%。
②如果水泥中氧化镁(MgO)的含量(质量分数)大于6.0%,需进行水泥压蒸安定性试验并合格。

　　硅酸盐水泥、普通硅酸盐水泥、矿渣硅酸盐水泥、粉煤灰硅酸盐水泥、火山灰质硅酸盐水泥、复合硅酸盐水泥是我国广泛使用的六种水泥(常用水泥或通用水泥)。在混凝土结构工程中,这六种水泥的选用可参照表 2-13 选择。

表 2-13　硅酸盐系常用水泥的选用

工程特点及所处环境条件			优先选用	可以选用	不宜选用
普通混凝土	1	一般气候环境	普通水泥	矿渣水泥、火山灰水泥、粉煤灰水泥、复合水泥	—
	2	干燥环境	普通水泥	矿渣水泥	火山灰水泥、粉煤灰水泥
	3	高温或长期处于水中	矿渣水泥、火山灰水泥、粉煤灰水泥、复合水泥	—	—
	4	厚大体积	矿渣水泥、火山灰水泥、粉煤灰水泥、复合水泥	—	硅酸盐水泥、普通水泥
有特殊要求的混凝土	1	要求快硬、高强(＞C40)、预应力	硅酸盐水泥	普通水泥	矿渣水泥、火山灰水泥、粉煤灰水泥、复合水泥
	2	严寒地区冻融条件	硅酸盐水泥		
	3	严寒地区水位升降范围内	普通水泥强度等级＞42.5		
	4	蒸汽养护	矿渣水泥、火山灰水泥、粉煤灰水泥、复合水泥	—	硅酸盐水泥普通水泥
	5	有耐热要求	矿渣水泥		
	6	有抗渗要求	火山灰水泥、普通水泥		矿渣水泥
	7	受腐蚀作用	矿渣水泥、火山灰水泥、粉煤灰水泥、复合水泥		硅酸盐水泥普通水泥

应用案例

案例概况

水泥过期和受潮案例：

某车间于×××年10月2日开工，当年12月7—9日浇筑完大梁混凝土，12月26—29日安装完成屋盖预制板，接着进行屋面防水层施工；次年1月3日拆完大梁底模板和支撑，1月4日下午房屋全部倒塌并发现大梁压区混凝土被压碎。

案例解析

钢筋混凝土大梁原设计为C20混凝土。施工时，使用的是进场已3个多月并存放在潮湿地方已有部分硬块的32.5级水泥。这种受潮水泥应通过试验按实际强度用于不重要的构件或砌筑砂浆，但施工单位仍用于浇筑大梁，且采用人工搅拌和振捣，无严格配合比。致使大梁在混凝土浇筑28 d后（倒塌后）用回弹仪测定的平均抗压强度只有5 MPa左右；有些地方竟测不到回弹值。

2.4.3　其他品种水泥

通用硅酸盐系水泥品种不多，但用量是最大的。除此之外，水泥品种的大部分是特性水泥和专用水泥，又称为特种水泥，其用量虽然不大，但应用很广泛。特种水泥又以硅酸盐系水泥为主。

1.白色硅酸盐水泥

白色硅酸盐水泥熟料是以适当成分的生料烧至部分熔融，所得的以硅酸钙为主要成分、氧化铁含量较少的熟料。由氧化铁含量少的硅酸盐水泥熟料、适量石膏及标准规定的混合材料，磨细制成的水硬性胶凝材料称为白色硅酸盐水泥，简称白水泥，代号为P·W。

（1）白色硅酸盐水泥的技术要求。按照国家标准《白色硅酸盐水泥》（GB/T 2015—2017）的规定，白水泥的细度、安定性、凝结时间、强度、白度及等级等技术性质要求如下：

1）水泥中SO_3的含量应不超过3.5%。

2）细度要求为45 μm方孔筛筛余不得超过30.0%。

3）凝结时间，初凝不早于45 min，终凝不迟于10 h。

4）体积安定性，用沸煮法检验必须合格。

5）水泥白度，水泥白度值1级白度（P·W-1）不低于89；2级白度（P·W-2）应不低于87。

6）白水泥的强度按规定的抗压强度和抗折强度来划分，各龄期应符合表2-14的规定。

表2-14　白水泥各龄期强度值

强度等级	抗压强度 /MPa		抗折强度 /MPa	
	3 d	28 d	3 d	28 d
32.5	≥ 12.0	≥ 32.5	≥ 3.0	≥ 6.0
42.5	≥ 17	≥ 42.5	≥ 3.5	6.5
52.5	≥ 22	≥ 52.5	≥ 4.0	≥ 7.0

（2）白色硅酸盐水泥的应用。

1）配制彩色水泥浆。白色硅酸盐水泥具有强度高、色泽洁白等特点，在建筑装饰工程中常用来配制彩色水泥浆，用于工业建筑和仿古建筑的饰面刷浆。另外，还多用于室外墙面装饰，可以呈现各种色彩、线条和花样，具有特殊的装饰效果。

2）配制装饰混凝土。以白色水泥和彩色水泥为胶凝材料，加入适当品种的集料配制的白色水泥或彩色水泥混凝土，既能克服普通混凝土颜色灰暗、单调的缺点，获得良好的装饰效果，又能满足结构的物理力学性能。

3）配制各种彩色砂浆用于装饰抹灰。

4）制造各种彩色水磨石、人造大理石、水刷石、斧剁石、拉毛、喷涂、干粘石等。

2. 道路硅酸盐水泥

按照国家标准《道路硅酸盐水泥》（GB/T 13693—2017）的规定，由道路硅酸盐水泥熟料、适量石膏，加入标准规定的混合材料，磨细制成的水硬性胶凝材料，称为道路硅酸盐水泥（简称道路水泥），代号为 P·R。

对道路水泥的性能要求是耐磨性好、收缩小、抗冻性好、抗冲击性好，有较高的抗折强度和良好的耐久性。道路水泥的上述特性，主要依靠改变水泥熟料的矿物组成、粉磨细度、石膏加入量及外加剂来达到。一般适当提高熟料中 C_3S 和 C_4AF 的含量，限制 C_3A 和游离氧化钙的含量。C_4AF 的脆性小，抗冲击性强，体积收缩最小，提高 C_4AF 的含量，可以提高水泥的抗折强度及耐磨性。水泥的粉磨细度增加，虽然可以提高强度，但水泥的细度增加，收缩增加很快，从而易产生微细裂缝，使道路易于破坏。研究表明，当细度从 $2\,720\ cm^2/g$ 增至 $3\,250\ cm^2/g$ 时，收缩增加不大，因此，生产道路水泥时，水泥的比表面积一般可控制在 $3\,000 \sim 3\,200\ cm^2/g$，$0.08\ mm$ 方孔筛筛余宜控制在 $5\% \sim 10\%$。适当提高水泥中的石膏加入量，可提高水泥的强度和降低收缩，对制造道路水泥是有利的。另外，为了提高道路混凝土的耐磨性，可加入 5% 以下的石英砂。

道路水泥的熟料矿物组成要求 $C_3A \leqslant 5\%$，$C_4AF \geqslant 15\%$，$f\text{-}CaO$ 不得大于 1.0%。道路水泥中氧化镁含量不得超过 5.0%，三氧化硫不得超过 3.5%，烧失量不得大于 3.0%，碱含量不得大于 0.6% 或供需双方协商；比表面积为 $300 \sim 450\ m^2/kg$，初凝时间不早于 $1.5\ h$，终凝时间不迟于 $12\ h$，沸煮法安定性检验必须合格，$28\ d$ 干缩率不大于 0.10%，$28\ d$ 磨耗量应不大于 $3.00\ kg/m^2$。道路水泥的各龄期强度应符合表 2-15 规定的数值。

表 2-15 道路水泥各龄期强度表

强度等级	抗折强度 /MPa		抗压强度 /MPa	
	3 d	28 d	3 d	28 d
7.5	$\geqslant 4.0$	$\geqslant 7.5$	$\geqslant 21.0$	$\geqslant 42.5$
8.5	$\geqslant 5.0$	$\geqslant 8.5$	$\geqslant 26.0$	$\geqslant 52.5$

道路水泥可以较好地承受高速车辆的车轮摩擦、循环负荷、冲击和振荡、货物起卸时的骤然负荷，较好地抵抗路面与路基的温差和干湿度差产生的膨胀应力，抵抗冬季的冻融循环。使用道路水泥铺筑路面，可减少路面裂缝和磨耗，减小维修量，延长使用寿命。道路水泥主要用于道路路面、机场跑道路面和城市广场等工程。

3．膨胀硅酸盐水泥与自应力硅酸盐水泥

膨胀硅酸盐水泥（简称膨胀水泥）和自应力硅酸盐水泥（简称自应力水泥）都是硬化时具有一定体积膨胀的水泥品种。通用硅酸盐水泥在空气中硬化，一般都表现为体积收缩，平均收缩率为 0.02% ~ 0.035%。混凝土成型后，7 ~ 60 d 的收缩率较大，以后趋向缓慢。收缩使水泥石内部产生细微裂缝，导致其强度、抗渗性、抗冻性下降；用于装配式构件接头、建筑连接部位和堵漏补缝时，水泥收缩会使结合不牢，达不到预期效果。而使用膨胀水泥就能改善或克服上述的不足。另外，在钢筋混凝土中，利用混凝土与钢筋的握裹力，使钢筋在水泥硬化发生膨胀时被拉伸，而混凝土内侧产生压应力，钢筋混凝土内由组成材料（水泥）膨胀而产生的压应力称为自应力。自应力的存在使混凝土抗裂性提高。

膨胀水泥膨胀值较小，主要用于补偿收缩；自应力水泥膨胀值较大，用于生产预应力混凝土。使水泥产生膨胀主要有三种途径，即氧化钙水化生成 $Ca(OH)_2$、氧化镁水化生成 $Mg(OH)_2$、铝酸盐矿物生成钙矾石。因前两种反应不易控制，一般多采用以钙矾石为膨胀组分生产各种膨胀水泥。

自应力水泥的自应力指水泥水化硬化后体积膨胀使砂浆或混凝土在限制条件下产生的可资应用的化学预应力，自应力值是通过测定水泥砂浆的限制膨胀率计算得到的。要求其 28 d 自由膨胀率不得大于 3%，膨胀稳定期不得迟于 28 d。

自应力硅酸盐水泥适用于制造自应力钢筋混凝土压力管及其配件，制造一般口径和压力的自应力水管和城市煤气管。

4．低水化热硅酸盐水泥

低水化热硅酸盐水泥原称大坝水泥，是专门用于要求水化热较低的大坝和大体积工程的水泥品种。其主要品种有两种，国家标准《中热硅酸盐水泥、低热硅酸盐水泥》（GB/T 200—2017）对这两种水泥作出了规定。

以适当成分的硅酸盐水泥熟料，加入适量石膏，磨细制成的具有中等水化热的水硬性胶凝材料，称为中热硅酸盐水泥（简称中热水泥），代号为 P·MH。

以适当成分的硅酸盐水泥熟料，加入适量石膏，磨细制成的具有低水化热的水硬性胶凝材料，称为低热硅酸盐水泥（简称低热水泥），代号为 P·LH。

生产低水化热水泥，主要是降低水泥熟料中的高水化热组分 C_2S、C_2A 和 f-CaO 的含量。中热水泥熟料中 C_3S 不超过 55%，C_3A 不超过 6%，f-CaO 不超过 1%；低热水泥熟料中 C_2S 不低于 40%，C_3A 不超过 6%，f-CaO 不超过 1%。各水泥的强度、水化热应满足表 2-16 的要求。

表 2-16　低水化热水泥各龄期强度、水化热

品种	强度等级	抗压强度 /MPa			抗折强度 /MPa			水化热 /（kJ·kg⁻¹）	
		3 d	7 d	28 d	3 d	7 d	28 d	3 d	7 d
中热水泥	42.5	≥ 12.0	≥ 22.0	≥ 42.5	≥ 3.0	≥ 4.5	≥ 6.5	≤ 251	≤ 293
低热水泥	32.5	—	≥ 10.0	≥ 32.5	—	≥ 3.0	≥ 5.5	≤ 197	≤ 230
	42.5	—	≥ 13.0	≥ 42.5	—	≥ 3.5	≥ 6.5	≤ 230	≤ 260

中热水泥主要适用于大坝溢流面的面层和水位变动区等要求较高耐磨性和抗冻性的工程，低热水泥主要适用于大坝或大体积建筑物内部及水下工程。

5. 砌筑水泥

目前，我国建筑，尤其在住宅建筑中，砖混结构仍占很大比例，砌筑砂浆成为需要量很大的建筑材料。通常，在施工配制砌筑砂浆时，会采用最低强度即 32.5 级或 42.5 级的通用水泥，而常用砂浆的强度仅为 2.5 MPa、5.0 MPa，水泥强度与砂浆强度的比值大大超过了 4 ～ 5 倍的经济比例，为了满足砂浆和易性的要求，又需要用较多的水泥，造成砌筑砂浆强度等级超高，形成较大浪费。因此，生产专为砌筑用的低强度水泥非常必要。

《砌筑水泥》（GB/T 3183—2017）规定，凡由一种或一种以上的水泥混合材料，加入适量硅酸盐水泥熟料和石膏，经磨细制成的工作性能较好的水硬性胶凝材料，称为砌筑水泥，代号为 M。

砌筑水泥用混合材料可采用粒化高炉矿渣、粉煤灰、火山灰质混合材料、粒化电炉磷渣、粒化高炉钛矿渣、石灰、石粉。凝结时间要求初凝不早于 60 min，终凝不迟于 12 h；按砂浆吸水后保留的水分计，保水率应不低于 80%。砌筑水泥的各龄期强度应符合表 2-17 的要求。

表 2-17　砌筑水泥的各龄期强度值

水泥等级	抗压强度 /MPa			抗折强度 /MPa		
	3 d	7 d	28 d	3 d	7 d	28 d
12.5	—	≥ 7.0	≥ 12.5	—	≥ 1.5	≥ 3.0
22.5	—	≥ 10.0	≥ 22.5	—	≥ 2.0	≥ 4.0
32.5	≥ 10.0	—	≥ 32.5	≥ 2.5	—	≥ 5.5

砌筑水泥适用于砌筑砂浆、内墙抹面砂浆及基础垫层；允许用于生产砌块及瓦等制品。砌筑水泥一般不得用于配制混凝土，通过试验，允许用于低强度等级混凝土，但不得用于钢筋混凝土等承重结构。

2.4.4　水泥的验收、储存与运输

1. 水泥的验收

以抽取实物试样的检验结果为验收依据时，买卖双方应在发货前或交货地共同取样和签封。取样方法按《水泥取样方法》（GB/T 12573—2008）进行，取样数量为 20 kg，缩分为二等份。一份由卖方保存 40 d，另一份由买方按标准规定的项目和方法进行检验。

在 40 d 以内，买方检验认为产品质量不符合标准要求，而卖方又有异议时，则双方应将卖方保存的另一份试样送省级或省级以上国家认可的水泥质量监督检验机构进行仲裁检验。水泥安定性仲裁检验应在取样之日起 10 d 内完成。

2. 水泥的存储与运输

水泥应该存储在干燥的环境里。如果水泥受潮，其部分颗粒会因水化而结块，从而失去胶结能力，强度严重降低。即使在良好的干燥条件下，也不宜存储过久。因为水泥会吸收空气中的水分和二氧化碳，发生缓慢水化和碳化现象，使强度下降。通常，存储三个月的水

泥，强度下降 10% ～ 20%；存储六个月的水泥，强度下降 15% ～ 30%；存储一年后，强度下降 25% ～ 40%。所以，水泥的存储期一般规定不超过三个月。

水泥在存储和运输时主要是防止受潮，不同品种、强度等级和出厂日期的水泥应分别储运，不得混杂，避免错用并应考虑先存先用，不得存储过久。

小 结

本模块重点介绍了工程中常用的胶凝材料。胶凝材料可分为气硬性胶凝材料和水硬性胶凝材料两种类型。两者硬化条件不同，适用范围不同，在使用时应注意合理地选择。

生石灰熟化时要放出大量的热量，且体积膨胀，故必须充分熟化后方可使用，否则会影响施工质量。石灰浆体具有良好的可塑性和保水性，硬化慢、强度低，硬化时收缩大，所以不宜单独使用。主要用于配制砂浆、拌制灰土和三合土及生产硅酸盐制品。石灰在储运过程中要注意防潮，且存储时间不宜过长。

建筑石膏凝结硬化快，硬化体孔隙率大，属多孔结构材料。其成本低、质量轻，有良好的保温隔热、隔声吸声效果，有较好的防火性及一定范围内的温度、湿度调节能力，是一种具有节能意义和发展前途的新型轻质墙体材料和室内装饰材料。

水玻璃常用于加固地基、涂刷或浸渍制品；配制耐酸、耐热砂浆或混凝土；堵塞漏洞、填缝和局部抢修等。

水泥应掌握硅酸盐水泥、水泥的水化与凝结硬化、水泥的技术性质、水泥石的腐蚀与防治、混合材料、掺混合材料的硅酸盐水泥、其他品种水泥等知识。重点学习硅酸盐类水泥，可按"原材料—熟料矿物及其特性—水化硬化—水化产物—水泥石结构—技术性质—水泥石腐蚀与防治"这一主线来学习。水泥是本课程的重点内容之一，它是水泥混凝土最重要的组成材料。这一部分主要讨论了通用硅酸盐的六种常用水泥，对特性水泥和专用水泥作了简单介绍。

职业技能知识点考核

一、填空题

1．无机胶凝材料按其硬化条件分为_____和_____。

2．生产石膏的原料为天然石膏，或称_____，其化学式为_____。

3．建筑石膏从加水拌和一直到浆体刚开始失去可塑性，这段时间称为_____。从加水拌和直到浆体完全失去可塑性，这段时间称为_____。

4．生产石灰的原料是以_____为主的天然岩石。

5．石膏是以_____为主要成分的气硬性胶凝材料。

6．石灰浆体的硬化过程主要包括_____和_____两部分。

7．生石灰熟化成熟石灰的过程中体积将_____；而硬化过程中体积将_____。

8．石灰膏陈伏的主要目的是_____。

9．石膏在凝结硬化过程中体积将略有_____。

10. 水玻璃 $Na_2O \cdot nSiO_2$ 中的 n 称为_____；该值越大，水玻璃黏度越_____，硬化越_____。

11. 生产硅酸盐水泥的主要原料是_____和_____，有时为调整化学成分还需加入少量_____。为调节凝结时间，熟料粉磨时还要掺入适量的_____。

12. 硅酸盐水泥的主要水化产物是_____、_____、_____、_____及_____；它们的结构相应为_____体、_____体、_____体、_____体及_____体。

13. 硅酸盐水泥熟料矿物组成中，_____是决定水泥早期强度的组分，_____是保证水泥后期强度的组分，_____矿物凝结硬化速度最快。

14. 生产硅酸盐水泥时，必须掺入适量石膏，其目的是_____，当石膏掺量过多时会造成_____，同时易导致_____。

15. 引起水泥体积安定性不良的原因，一般是熟料中所含的游离_____多，也可能是熟料中所含的游离_____过多或掺入的_____过多。体积安定性不合格的水泥属于_____，不得使用。

16. 硅酸盐水泥的水化热，主要由其_____和_____矿物产生，其中矿物_____的单位放热量最大。

17. 硅酸盐水泥根据其强度大小分为_____、_____、_____、_____、_____、_____六个强度等级。

18. 硅酸盐水泥的技术要求主要包括_____、_____、_____、_____、_____等。

19. 造成水泥石腐蚀的常见介质有_____、_____、_____、_____、_____等。

20. 水泥在储运过程中，会吸收空气中的_____和_____，逐渐出现_____现象，使水泥丧失_____，因此储运水泥时应注意_____。

二、判断题

1. 气硬性胶凝材料只能在空气中凝结硬化，而水硬性胶凝材料只能在水中硬化。　　（　　）

2. 建筑石膏的分子式是 $CaSO_4 \cdot 2H_2O$。　　（　　）

3. 因为普通建筑石膏的晶体较细，其调成可塑性浆体时，需水量较大，硬化后强度较低。　　（　　）

4. 石灰在水化过程中要吸收大量的热量，其体积也有较大收缩。　　（　　）

5. 石灰硬化较慢，而建筑石膏则硬化较快。　　（　　）

6. 石膏在硬化过程中体积略有膨胀。　　（　　）

7. 水玻璃硬化后耐水性好，因此可以涂刷在石膏制品的表面以提高石膏的耐水性。　　（　　）

8. 石灰硬化时的碳化反应是：$Ca(OH)_2 + CO_2 = CaCO_3 + H_2O$。　　（　　）

9. 生石灰加水水化后立即用于配制砌筑砂浆，用于砌墙。　　（　　）

10. 在空气中存储过久的生石灰，可照常使用。　　（　　）

11. 硅酸盐水泥中 C_2S 早期强度低，后期强度高，而 C_3S 正好相反。　　（　　）

12. 硅酸盐水泥中游离氧化钙、游离氧化镁及石膏过多，都会造成水泥的体积安定性不良。   （   ）

13. 用沸煮法可以全面检验硅酸盐水泥的体积安定性是否良好。   （   ）

14. 按规定，硅酸盐水泥的初凝时间不迟于 45 min。   （   ）

15. 因水泥是水硬性的胶凝材料，所以运输和存储中均不需防潮防水。   （   ）

16. 任何水泥在凝结硬化过程中都会发生体积收缩。   （   ）

17. 道路硅酸盐水泥不仅要有较高的强度，而且要有干缩值小、耐磨性好等性质。
                                                                           （   ）

18. 测定水泥的凝结时间和体积安定性时都必须采用标准稠度的浆体。   （   ）

三、单项选择题

1. 熟石灰粉的主要成分是（   ）。
   A. CaO   B. Ca(OH)$_2$ C. CaCO$_3$ D. CaSO$_4$

2. 石灰膏应在储灰坑中存放（   ）d 以上才可使用。
   A. 3   B. 7   C. 14   D. 28

3. 石灰熟化过程中的陈伏是为了（   ）。
   A. 有利于硬化   B. 蒸发多余水分
   C. 消除过火石灰的危害   D. 散发热量

4. 水玻璃中常掺入（   ）作为促硬剂。
   A. NaOH   B. Na$_2$SO$_4$ C. NaHSO$_4$ D. Na$_2$SiF$_6$

5. 建筑石膏的分子式是（   ）。
   A. CaSO$_4$·2H$_2$O   B. CaSO$_4$·1/2H$_2$O   C. CaSO$_4$ D. Ca(OH)$_2$

6. 普通建筑石膏的强度较低，这是因为其调制浆体时的需水量（   ）。
   A. 大   B. 小   C. 中等   D. 可大可小

7. 硅酸盐水泥的细度用（   ）表示。
   A. 颗粒粒径   B. 筛余率   C. 比表面积   D. 细度模数

8. 国家标准规定，水泥的强度等级是以水泥胶砂试件在（   ）龄期的强度来评定的。
   A. 28 d   B. 3 d、7 d 和 28 d   C. 3 d 和 28 d   D. 7 d 和 28 d

9. 国家标准规定，水泥（   ）检验不合格时，需作废品处理。
   A. 强度   B. 初凝时间   C. 终凝时间   D. 水化热

10. 引起水泥体积安定性不良的原因可能是（   ）。
    A. 水泥的细度过大   B. 水泥的凝结时间过短
    C. 水泥中游离氧化钙过多   D. 水泥中碱含量过高

11. 厚大体积混凝土不宜使用（   ）。
    A. 硅酸盐水泥   B. 矿渣水泥   C. 粉煤灰水泥   D. 复合水泥

12. 硅酸盐水泥适用于（   ）的混凝土工程。
    A. 早期强度要求高 B. 大体积   C. 有耐高温要求   D. 有抗渗要求

13. 在硅酸盐水泥中掺入适量石膏，其目的是对水泥起（   ）作用。
    A. 促凝   B. 缓凝   C. 提高产量   D. 释放热量

14. 引起硅酸盐水泥体积安定性不良的原因之一是（   ）。
    A. CaO   B. f-CaO   C. Ca(OH)$_2$ D. CaSO$_4$

15. 对硅酸盐水泥强度贡献最大的矿物是（　　）。

    A. C_3S B. C_2S C. C_4AF D. C_3A

16. 硅酸盐水泥熟料矿物中，（　　）的水化速度最快，且放热量最大。

    A. C_3S B. C_2S C. C_3A D. C_4AF

17. 为硅酸盐水泥提供氧化硅成分的原料是（　　）。

    A. 石灰石   B. 白垩   C. 铁矿石   D. 黏土

18. 硅酸盐水泥在最初四周内的强度实际上是由（　　）决定的。

    A. C_3S B. C_2S C. C_3A D. C_4AF

19. 生产硅酸盐水泥时加适量石膏主要起（　　）作用。

    A. 促凝   B. 缓凝   C. 助磨   D. 膨胀

20. 水泥的体积安定性即指水泥浆在硬化时（　　）的性质。

    A. 体积不变化   B. 体积均匀变化   C. 不变形   D. 不收缩

21. 属于活性混合材料的是（　　）。

    A. 粒化高炉矿渣   B. 慢冷矿渣   C. 磨细石英砂   D. 石灰石粉

22. 在硅酸盐水泥熟料中，（　　）矿物含量最高。

    A. C_3S B. C_2S C. C_3A D. C_4AF

23. 用沸煮法检验水泥体积安定性，只能检查出（　　）的影响。

    A. 游离氧化钙   B. 游离氧化镁   C. 石膏   D. 氢氧化钙

24. 对干燥环境中的工程，应选用（　　）。

    A. 火山灰水泥   B. 普通水泥   C. 粉煤灰水泥   D. 硅酸盐水泥

25. 大体积混凝土工程应选用（　　）。

    A. 硅酸盐水泥   B. 高铝水泥   C. 矿渣水泥   D. 普通水泥

四、多项选择题

1. 硅酸盐水泥熟料中含有（　　）矿物成分。

    A. C_3S B. C_2S C. CA D. C_3A

    E. CaO

2. 下列水泥中，属于通用水泥的有（　　）。

    A. 硅酸盐水泥   B. 高铝水泥   C. 膨胀水泥   D. 矿渣水泥

    E. 普通水泥

3. 硅酸盐水泥的特性有（　　）。

    A. 强度高   B. 抗冻性能好   C. 耐腐蚀性好   D. 耐热性好

    E. 抗碳化性好

4. 下列材料中属于活性混合材料的有（　　）。

    A. 烧黏土   B. 粉煤灰   C. 硅藻土   D. 石英砂

    E. 沸石粉

5. 高铝水泥具有的特点有（　　）。

    A. 水化热低   B. 早期强度增长快   C. 耐高温   D. 不耐碱

    E. 抗冻性能好

6. 对于高温车间工程用水泥，可以选用（　　）。

A. 普通水泥 B. 矿渣水泥 C. 高铝水泥 D. 硅酸盐水泥

E. 硅酸盐水泥

7. 大体积混凝土施工应选用（　　　）。

A. 矿渣水泥 B. 硅酸盐水泥 C. 粉煤灰水泥 D. 火山灰水泥

E. 高铝水泥

8. 紧急抢修工程应选用（　　　）。

A. 硅酸盐水泥 B. 矿渣水泥 C. 粉煤灰水泥 D. 火山灰水泥

E. 高铝水泥

9. 有硫酸盐腐蚀的环境中，宜选用（　　　）。

A. 硅酸盐水泥 B. 矿渣水泥 C. 粉煤灰水泥 D. 火山灰水泥

E. 高铝水泥

10. 有抗冻要求的混凝土工程，应选用（　　　）。

A. 矿渣水泥 B. 硅酸盐水泥 C. 普通水泥 D. 火山灰水泥

E. 高铝水泥

11. 下列材料中属于气硬性胶凝材料的有（　　　）。

A. 水泥 B. 石灰 C. 石膏 D. 混凝土

E. 砂浆

12. 石灰的硬化过程包含（　　　）过程。

A. 水化 B. 干燥 C. 结晶 D. 碳化

E. 凝结

13. 天然二水石膏在不同条件下可制得（　　　）产品。

A. $CaSO_4$ B. β型 $CaSO_4 \cdot 1/2H_2O$

C. $CaSO_4 \cdot 2H_2O$ D. α型 $CaSO_4 \cdot 1/2H_2O$

E. CaO

14. 建筑石膏依据（　　　）等性质分为三个质量等级。

A. 凝结时间 B. 细度 C. 抗折强度 D. 抗压强度

E. 抗压强度

15. 下列材料中属于胶凝材料的有（　　　）。

A. 水泥 B. 石灰 C. 石膏 D. 混凝土

E. 水玻璃

五、简答题

1. 气硬性胶凝材料和水硬性胶凝材料的区别有哪些？

2. 石灰的熟化有什么特点？

3. 欠火石灰和过火石灰有何危害？如何消除？

4. 石灰和石膏作为气硬性胶凝材料，二者技术性质有何区别，有什么共同点？

5. 石灰硬化后不耐水，为什么制成灰土、三合土可以用于路基、地基等潮湿的部位？

6. 建筑石膏的技术性质有哪些？

7. 为什么说石膏是一种较好的室内装饰材料？为什么不适用于室外？

8. 我国有哪些主要水泥系列，各有哪些主要品种？

9. 硅酸盐水泥熟料的主要矿物是什么，各有什么水化硬化特性？

10. 什么是非活性混合材料和活性混合材料？它们掺入水泥中各起什么作用？

11. 硅酸盐水泥中加入石膏的作用是什么？膨胀水泥中加石膏的作用是什么？

12. 通用水泥有哪些品种，各有什么性质和特点？

13. 水泥的体积安定性是什么含义，如何检验水泥的安定性？安定性不良的主要原因是什么，为什么？

14. 简述硅酸盐水泥凝结硬化的机理。影响水泥凝结硬化的主要因素是什么？

15. 硅酸盐水泥的强度如何测定，其强度等级如何评定？

16. 硅酸盐水泥的腐蚀有哪些类型，如何防治水泥石的腐蚀？

17. 白色硅酸盐水泥与普通硅酸盐水泥在组成成分、生产方法上有什么差异？

18. 如何提高硅酸盐水泥的快硬早强性质？

19. 道路水泥的组成有何特点，应用性质如何？

20. 降低水泥水化热的方法有哪些？低热水泥有哪些用途？

21. 砌筑水泥的特点是什么，有什么技术经济意义？

22. 表2-18所列混凝土工程中宜选用哪种水泥，不宜选用哪种水泥，为什么？

表2-18　水泥适用环境

序号	混凝土工程所处环境	宜选用水泥种类	不宜选用水泥种类	原因
1	海港工程			
2	混凝土地面或道路			
3	有抗渗要求			
4	严寒地区受冻融			
5	高温设备或窑炉的基础			
6	水下			
7	处于干燥环境中			
8	采用湿热养护			
9	预应力混凝土			
10	高强度混凝土			
11	厚大体积基础、水坝			
12	与流动水接触			
13	有耐磨性要求			

六、计算题

试验测得某硅酸盐水泥各龄期的破坏荷载见表 2-19，请确定该水泥的强度等级。

表 2-19　某硅酸盐水泥各龄期的破坏荷载

破坏类型	抗折荷载 /N		抗压荷载 /kN	
龄期	3 d	28 d	3 d	28 d
试验结果	1 750	3 100	61	125
			70	120
	1 800	3 300	62	126
			59	138
	1 760	3 200	60	125
			58	130

七、案例题

1. 某住宅楼的内墙使用石灰砂浆抹面，交付使用后在墙面个别部位发现了鼓包等缺陷。试分析上述现象产生的原因，如何防治？

2. 某住户喜爱石膏制品，用普通石膏浮雕板作室内装饰，使用一段时间后，客厅、卧室效果相当好，但厨房、厕所、浴室的石膏制品出现发霉变形。请分析原因，并提出改善措施。

3. 某工人用建筑石膏粉拌水制成一桶石膏浆，用以在光滑的天花板上直接粘贴石膏饰条，前后半小时完工。几天后最后粘贴的两条石膏饰条突然坠落，请分析原因，并提出改善措施。

模块 3　普通混凝土

案例导入

思维导图

1. 2010 年 1 月 12 日 16 时 53 分（北京时间 13 日 5 时 53 分）海地发生里氏 7.0 级地震，首都太子港及全国大部分地区受灾情况严重，截至 2010 年 1 月 26 日，世界卫生组织确认，此次海地地震已造成 11.3 万人丧生，19.6 万人受伤。图 3-1 所示为海地地震中破裂的混凝土。

2. 某混凝土搅拌站原混凝土配方均可生产出性能良好的泵送混凝土。后因供应的问题进了一批针片状多的碎石。当班技术人员未引起重视，仍按原配方配制混凝土，后发觉混凝土坍落度明显下降，难以泵送，临时现场加水泵送。

请问什么是混凝土的坍落度？坍落度的数值对混凝土的配制有什么重要意义？从工程看，出现坍落度下降的原因有哪些？如何改善呢？

图 3-1　海地地震中破裂的混凝土

案例分析

引例 1 中混凝土破坏的原因主要有两个方面：一方面，据法国一个建筑工程师组织表示，海地首都太子港在地震中遭遇如此大规模灾难的原因之一就是建筑质量不过关。海地地震发生之后，该建筑专家组经考察，发现当地大量建筑为"豆腐渣"工程，钢筋、混凝土的质量差。专家组在震后考察时认为，海地不仅建筑材料质量差，盖楼时也有偷工减料现象。人们为省钱，使用劣质钢筋、不足量的水泥和混凝土，这些建筑使用的螺纹钢筋很软，甚至可以用手把它折弯。另一方面，从混凝土角度来看，水泥调配比例不当，导致混凝土质量不过关。这些专家所说的表明了一个观点，就是此次"天灾"所造成的很大一部分损失是由"人祸"所为的，而该"人祸"的起因就是使用不合格的混凝土建造房屋建筑。

引例 2 中，当坍落度下降难以泵送时，简单的现场加水虽可解决泵送问题，但对混凝土的强度及耐久性都有不利影响，还会引起泌水等问题。引起混凝土坍落度下降的原因是供应的碎石针片状集料增多，使集料表面积增大，在其他材料及配方不变的条件下，流动性变差，其坍落度必然下降。

知识链接

混凝土的发展

混凝土可以追溯到古老的年代，其所使用的胶凝材料为黏土、石灰、石膏、火山灰等。自 19 世纪 20 年代出现了波特兰水泥后，由于用它配制成的混凝土具有工程所需要的强度和耐久性，而且原料易得，造价较低，特别是能耗较低，因而用途极为广泛（见无机胶凝材料）。20世纪初，有人发表了水胶比等学说，初步奠定了混凝土强度的理论基础。之后，相继出现了轻集料混凝土、加气混凝土及其他混凝土，各种混凝土外加剂也开始使用。20世纪60年代以来，广泛应用减水剂，并出现了高效减水剂和相应的流态混凝土；高分子材料进入混凝土材料领域，出现了聚合物混凝土；多种纤维被用于分散配筋的纤维混凝土。现代测试技术也越来越多地应用于混凝土材料科学的研究。

从广义上说，混凝土是由胶凝材料、水和粗细集料，有时掺入外加剂和掺合料，按适当比例混合，经均匀拌和、密实成型及养护硬化而成的人造石材。

混凝土是现代土木工程中用量最大、用途最广的建筑材料之一。作为最大宗的人造石材，混凝土极大地改善了人类的居住环境、工作环境和出行环境，尤其是钢筋混凝土的诞生，使其应用技术不断进步，逐步成为工业与民用建筑、水利水电工程、道路桥梁、地下工程及国防工程的主导材料。目前全世界每年生产的混凝土材料超过100亿吨。因此，熟练掌握混凝土的性能和应用，是非常重要的。

3.1　混凝土的分类及特点

3.1.1　混凝土的分类

1．按干表观密度分类

（1）重混凝土。重混凝土是干表观密度大于 $2\,800\ kg/m^3$ 的混凝土，采用重晶石、铁矿石或钢屑等作集料制成，对 X 射线、射线有较高的屏蔽能力，又称防辐射混凝土，广泛用于核工业屏蔽结构。

（2）普通混凝土。普通混凝土是干表观密度为 $2\,000\sim2\,800\ kg/m^3$ 的混凝土，以水泥为胶凝材料，天然的砂、石作粗细集料。它是建筑工程中应用最广、用量最大的混凝土，主要用作各种建筑的承重结构材料。本模块主要介绍这类混凝土。

（3）轻混凝土。轻混凝土是干表观密度小于 $1\,950\ kg/m^3$ 的混凝土。其又可分为三类：轻集料混凝土，采用浮石、陶粒、火山灰等多种轻集料制成，干表观密度范围在 $800\sim1\,950\ kg/m^3$；多孔混凝土，由水泥浆或水泥砂浆与稳定的泡沫制成，干表观密度范围在 $300\sim1\,000\ kg/m^3$，如加气混凝土和泡沫混凝土；大孔混凝土，无细集料而只由粗集料和胶凝材料配制而成，干表观密度在 $500\sim1\,500\ kg/m^3$。

2．按胶凝材料分类

混凝土按所用胶凝材料可分为水泥混凝土、石膏混凝土、水玻璃混凝土、沥青混凝土、聚合物混凝土、树脂混凝土等。

3．按用途分类

混凝土按用途可分为结构混凝土、大体积混凝土、防水混凝土、耐热混凝土、膨胀混凝土、防辐射混凝土、道路混凝土等。

4．按生产工艺和施工方法分类

混凝土按生产方式可分为预拌混凝土和现场搅拌混凝土；按施工方法可分为碾压混凝土

（图 3-2）、喷射混凝土（图 3-3）、挤压混凝土（图 3-4）、离心混凝土（图 3-5）、泵送混凝土等（图 3-6）。

图 3-2　碾压混凝土

图 3-3　喷射混凝土

图 3-4　挤压混凝土

图 3-5　离心混凝土

图 3-6　泵送混凝土

5. 按强度等级分类

（1）低强度混凝土，抗压强度小于 30 MPa。

（2）中强度混凝土，抗压强度为 30～60 MPa。

（3）高强度混凝土，抗压强度大于或等于 60 MPa。

（4）超高强度混凝土，抗压强度在 100 MPa 以上。

混凝土的品种虽然繁多，但在实践工程中还是以普通的水泥混凝土应用最为广泛，如果没有特殊说明，狭义上通常称其为混凝土。

3.1.2　混凝土的特点

（1）混凝土在工程中能够得到广泛的应用是因为它与其他材料相比具有以下一系列优点：

1）原料丰富、价格低廉。混凝土中 80% 以上用量的砂石集料资源丰富；可以就地取材，取材方便、价格低廉。

2）使用灵活、施工方便。混凝土拌合物有良好的可塑性，可根据工程需要浇筑成各种形状尺寸的构件及构筑物。

3）可调整性能。调整各组成材料的品种及数量，可获得不同性能（稠度、强度及耐久性）的混凝土来满足工程上的不同要求。

4）强度高。混凝土具有较高的抗压强度，且可与钢筋有良好的配合，组成钢筋混凝土，弥补混凝土抗拉、抗折强度低的缺点，使混凝土能够用于各种工程部位。

5）耐久性好。性能良好的混凝土具有很高的抗冻性、抗渗性、耐腐蚀性等，使得混凝土长期使用仍能保持原有性能。

（2）混凝土的缺点主要表现在以下几个方面：

1）自重大、比强度小。因此导致建筑物的抗震性能差，工程成本提高。

2）抗拉强度小、呈脆性、易开裂。混凝土的抗拉强度只是其抗压强度的 1/10 左右，导致受拉区混凝土过早开裂。

3）体积不稳定。尤其是当水泥浆量过大时，这一缺陷表现得更加突出。随着温度、环境介质的变化，容易引发体积变化，产生裂纹等缺陷，直接影响混凝土的耐久性。

4）导热系数大、保温隔热性能差。

5）硬化速度慢、生产周期长。

6）混凝土的质量受施工环节的影响比较大，难以得到精确控制。

随着混凝土技术的不断发展，混凝土的不足正在不断被克服，如在混凝土中掺入少量短碳纤维和掺合料，明显提高混凝土的强度和耐久性；加入早强剂，缩短混凝土的硬化周期；采用预拌混凝土，可减少现场称料、搅拌不当对混凝土质量的影响，而且使施工现场的环境得到进一步的改善。

3.2 普通混凝土的组成材料

普通混凝土（以下简称混凝土）是指以水泥、水、细集料（砂）、粗集料（石）等作为基本材料（有时为了改善混凝土的某些性能加入适量的外加剂和外掺料），按适当比例配制，经搅拌均匀而成的浆体，称为混凝土拌合物，再经凝结硬化成为坚硬的人造石材，称为硬化混凝土。硬化后的混凝土结构如图 3-7 所示。

在混凝土中，水泥与水形成水泥浆包裹砂、石颗粒表面，并填充砂石间的空隙，作为砂石之间的润滑材料，使混凝土拌合物具有流动性，并通过水泥浆的硬化将集料胶结成整体。混凝土中的石子和砂起骨架作用，

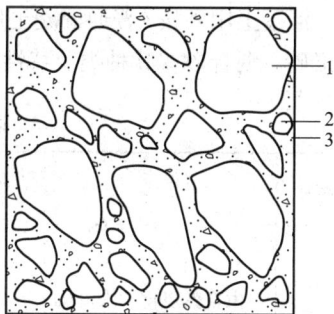

图 3-7　硬化后的混凝土结构
1—粗集料；2—细集料；3—水泥浆

称为"集料"或"集料"。石子为"粗集料"，砂为"细集料"。砂填充石子的空隙，砂石构成的坚硬骨架还可以抑制由于水泥浆硬化和水泥石干燥而产生的收缩，减少水泥用量，提高混凝土的强度和耐久性。

混凝土的技术性质在很大程度上是由原材料性质及其相对含量决定的，同时与施工工艺（搅拌、振捣、养护等）有关。因此，必须先了解混凝土组成材料的性质、作用及其质量要求，然后才能进一步了解混凝土的其他性能。

3.2.1 水泥

水泥是混凝土组成材料中最重要的材料，也是影响混凝土强度、耐久性、经济性的最重要的因素，应予以高度重视。配制混凝土所用的水泥应符合现行国家标准有关规定。除此之外，在配制时应合理地选择水泥品种和强度等级。

1. 水泥品种的选择

水泥品种应根据工程特点、所处的环境及设计、施工的要求进行选择。配制混凝土一般选择硅酸盐水泥、普通硅酸盐水泥、矿渣硅酸盐水泥、火山灰质硅酸盐水泥和粉煤灰硅酸盐

水泥、复合硅酸盐水泥等通用水泥，必要时也可选择专用水泥或特性水泥。水泥品种的选用原则见表2-13。

2．水泥强度等级的选择

水泥强度等级应与混凝土设计强度等级相一致。原则上，高强度等级的水泥配制高强度等级的混凝土，低强度等级的水泥配制低强度等级的混凝土。若用高强度等级的水泥配制低强度等级的混凝土，较少的水泥用量即可满足混凝土的强度要求，但水泥用量过少，严重影响混凝土拌合物的和易性和耐久性；若用低等级水泥配制高等级混凝土，势必增大水泥用量，减少水胶比，结果影响混凝土拌合物的流动性，并显著增加混凝土的水化热和混凝土的干缩、徐变，混凝土的强度也得不到保证。

通常中低强度等级的混凝土（C60以下），水泥强度等级为混凝土强度等级的1.5～2.0倍；高强度等级（大于等于C60）的混凝土，水泥强度等级为混凝土强度等级的0.9～1.5倍。但是随着混凝土强度等级的不断提高、新工艺的不断出现及高效外加剂的应用，高强度、高性能混凝土的配合比要求将不受此比例限制。

3.2.2 细集料

混凝土用砂按《普通混凝土用砂、石质量及检验方法标准》（JGJ 52—2006）可分为天然砂、人工砂、混合砂。其种类及特性见表3-1。

表3-1 混凝土用砂的种类及特性

分类	定义	组成	特点
天然砂	由自然风化、水流搬运和分选堆积形成的公称粒径小于5.00 mm的岩石颗粒	河砂、海砂、湖砂	长期受水流的冲刷作用，颗粒表面比较光滑，且产源较广，与水泥黏结性差，用它拌制的混凝土流动性好，但强度低。海砂中含有贝壳碎片及可溶性盐类等有害杂质，不利于混凝土结构
		山砂	表面粗糙、棱角多，与水泥黏结性好，但含泥量和有机质含量多
人工砂	岩石经除土开采、机械破碎、筛分而成的公称粒径小于5.00 mm的岩石颗粒	机制砂	颗粒富有棱角，比较洁净，但砂中片状颗粒及细粉含量较多，且成本较高
		混合砂	有机制砂、天然砂混合制成的砂。当仅靠天然砂不能满足用量需求时，可采用混合砂

《普通混凝土用砂、石质量及检验方法标准》（JGJ 52—2006）对砂子的质量要求主要有以下几个方面。

1．颗粒级配及粗细程度

在混凝土拌合物中，水泥浆包裹集料的表面，并填充集料的空隙，为了节省水泥，降低成本，并使混凝土结构达到较高密实度，选择集料时，应尽可能选用总表面积小、空隙率小的集料，而砂子的总表面积与粗细程度有关，空隙率则与颗粒级配有关。

（1）颗粒级配。颗粒级配是指粒径大小不同的砂粒互相搭配的情况。同样粒径的砂空隙率最大，若大颗粒之间空隙由中颗粒填充，而中颗粒之间空隙又由小颗粒填充，这样逐级填充使砂形成较密实的体积，空隙率达到最小（图3-8）。级配良好的砂不仅可节省水泥用量，而且混凝土结构密实，和易性、强度、耐久性得以加强，还可减少混凝土的干缩及徐变。

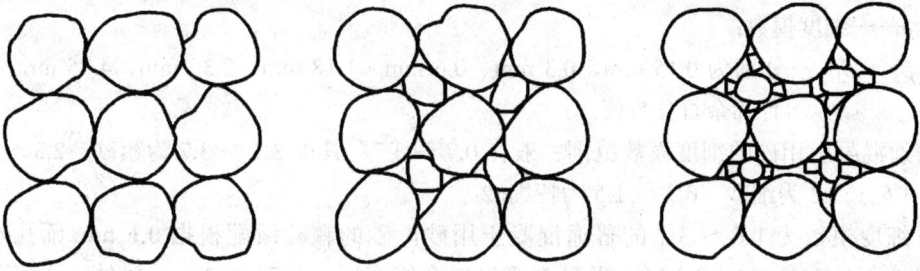

图 3-8　砂颗粒级配

（2）粗细程度。粗细程度是指不同粒径砂粒混合在一起的总体粗细程度。在相同质量的条件下，粗砂的总表面积小，包裹砂表面所需的水泥浆就少；反之，细砂总表面积大，包裹砂表面所需的水泥浆量就多。因此，在和易性要求一定的条件下，采用粗砂配制混凝土，可减少拌合用水量，节约水泥用量。但砂过粗，易使混凝土拌合物产生分层、离析和泌水等现象。一般采用中砂拌制混凝土较好。

在拌制混凝土时，砂的粗细程度和颗粒级配应同时考虑。当砂含有较多的粗颗粒，并以适当的中颗粒及少量的细颗粒填充其空隙时，则既具有较小的空隙率又有较小的总表面积，不仅水泥用量少，而且还可以提高混凝土的密实性与强度。

（3）砂的粗细程度与颗粒级配的评定。砂的粗细程度和颗粒级配用筛分析方法测定。用细度模数表示粗细程度，用级配区表示砂的级配。

根据《普通混凝土用砂、石质量及检验方法标准》（JGJ 52—2006），筛分析是用一套孔径为 4.75 mm、2.36 mm、1.18 mm、0.6 mm、0.3 mm、0.15 mm 的方孔标准筛，将 500 g 干砂由粗到细依次过筛，称量各筛上的筛余量 m_i（g），计算各筛上的分计筛余率（各筛上的筛余量占砂样总重量的百分率），再计算累计筛余率 β_i（%）（各筛与比该筛粗的所有筛的分计筛余百分率之和）。分计筛余百分率和累计筛余百分率的计算关系见表3-2。

表 3-2　累计筛余与分计筛余的计算关系

筛孔尺寸 /mm	筛余量 /g	分计筛余 /%	累计筛余 /%
4.75	m_1	$m_1/500$	$\beta_1 = m_1/500$
2.36	m_2	$m_2/500$	$\beta_2 = m_1/500 + m_2/500$
1.18	m_3	$m_3/500$	$\beta_3 = m_1/500 + m_2/500 + m_3/500$
0.6	m_4	$m_4/500$	$\beta_4 = m_1/500 + m_2/500 + m_3/500 + m_4/500$
0.3	m_5	$m_5/500$	$\beta_5 = m_1/500 + m_2/500 + m_3/500 + m_4/500 + m_5/500$
0.15	m_6	$m_6/500$	$\beta_6 = m_1/500 + m_2/500 + m_3/500 + m_4/500 + m_5/500 + m_6/500$

细度模数根据下式计算（精确至 0.01）：

$$\mu_f = \frac{(\beta_2 + \beta_3 + \beta_4 + \beta_5 + \beta_6) - 5\beta_1}{100 - \beta_1} \qquad (3-1)$$

式中　μ_f——细度模数；

　　$\beta_6 \sim \beta_1$——分别为 0.15 mm、0.3 mm、0.6 mm、1.18 mm、2.36 mm、4.75 mm 筛的累计筛余百分数值。

普通混凝土用砂的细度模数范围一般在 0.7 ~ 3.7，其中 3.1 ~ 3.7 为粗砂，2.3 ~ 3.0 为中砂，1.6 ~ 2.2 为细砂，0.7 ~ 1.5 为特细砂。

对细度模数为 1.6 ~ 3.7 的普通混凝土用砂，砂的颗粒级配根据 0.6 mm 筛孔对应的累计筛余百分率 β_4，分成 I 区、II 区和 III 区三个级配区，见表 3-3。一般处于 I 区的砂较粗，其保水性较差，应适当提高砂率，并保证足够的水泥用量，以满足混凝土的和易性；III 区的砂细颗粒多，配制混凝土的黏聚性、保水性易满足，但混凝土干缩性大，容易产生微裂缝，宜适当降低砂率；II 区砂粗细适中，级配良好，拌制混凝土时宜优先选用。实际使用的砂颗粒级配可能不完全符合要求，除 4.75 mm 和 0.6 mm 对应的累计筛余率外，其余各档允许有 5% 的超界，当某一筛档累计筛余率超界 5% 以上时，说明砂级配很差，视作不合格。

表 3-3　砂的颗粒级配

筛孔尺寸 /mm	累计筛余 /%		
	I 区	II 区	III 区
9.50	0	0	0
4.75	10 ~ 0	10 ~ 0	10 ~ 0
2.36	35 ~ 5	25 ~ 0	15 ~ 0
1.18	65 ~ 35	50 ~ 10	25 ~ 0
0.6	85 ~ 71	70 ~ 41	40 ~ 16
0.3	95 ~ 80	92 ~ 70	85 ~ 55
0.15	100 ~ 90	100 ~ 90	100 ~ 90

为了更直观地反映砂的颗粒级配，可以以累计筛余百分率为纵坐标、筛孔尺寸为横坐标，根据表 3-3 绘制 I、II、III 级配区的筛分曲线，如图 3-9 所示。在筛分曲线上可以直观地分析砂的颗粒级配优劣。如果筛分曲线偏向右下方，表示砂较粗；如果筛分曲线偏向左上方，表示砂较细。

如果砂的自然级配不符合要求，应采用人工级配的方法来改善。最简单的措施是将粗、细砂按适当比例进行掺配，或砂过筛后剔除过粗或过细的颗粒。

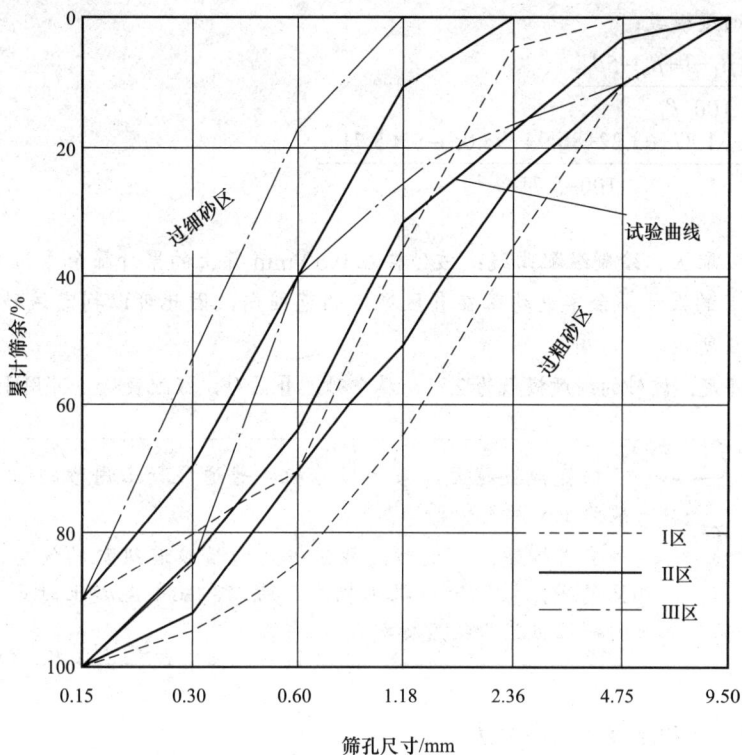

图 3-9 筛分曲线

【例 3-1】 某工程用砂，经烘干、称量、筛分析，测得各号筛上的筛余量列于表 3-4 中。试评定该砂的粗细程度（μ_f）和级配情况。

表 3-4 筛分析试验结果

筛孔尺寸 /mm	4.75	2.36	1.18	0.6	0.3	0.15	底盘	合计
筛余量 /g	28.5	57.6	73.1	156.6	118.5	55.5	9.7	499.5

解： （1）将分计筛余率和累计筛余率计算结果列于表 3-5 中。

表 3-5 分计筛余和累计筛余计算结果

筛孔尺寸 /mm	4.75	2.36	1.18	0.6	0.3	0.15	底盘	合计
筛余量 /g	28.5	57.6	73.1	156.6	118.5	55.5	9.7	499.5
分计筛余率 /%	5.71	11.53	14.63	31.35	23.72	11.11	1.94	—
累计筛余率 /%	5.71	17.24	31.87	63.22	86.94	98.05	99.99	—

（2）计算细度模数：

$$\mu_f = \frac{(\beta_2+\beta_3+\beta_4+\beta_5+\beta_6)-5\beta_1}{100-\beta_1}$$

$$= \frac{(17.24+31.87+63.22+86.94+98.05)-5\times5.71}{100-5.71}$$

$$=2.85$$

（3）确定级配区、绘制级配曲线：该砂样在 0.60 mm 筛上的累计筛余率为 63.22，落在 Ⅱ区，其他各筛上的累计筛余率也均落在 Ⅱ区规定的范围内，因此可以判定该砂为 Ⅱ区砂。级配曲线如图 3-9 所示。

（4）结果评定：该砂的细度模数为 2.85，属中砂；Ⅱ区砂，级配良好。可用于配制混凝土。

特别提示

细度模数越大，表示砂越粗。普通混凝土用砂的细度模数范围一般为 1.6～3.7。

应当注意：砂的细度模数并不能反映其级配的优劣，细度模数相同的砂，级配可以很不相同。所以，配制混凝土时必须同时考虑砂的颗粒级配和细度模数。

2. 含泥量、石粉含量和泥块含量

含泥量为天然砂中公称粒径小于 80 μm 的颗粒含量；泥块含量是指砂中公称粒径大于 1.25 mm，经水浸洗、手捏后小于 630 μm 的颗粒含量。

泥通常包裹在砂颗粒表面，妨碍了水泥浆与砂的黏结，使混凝土的强度降低，除此之外，泥的表面积较大，含量多会降低混凝土拌合物的流动性，或者在保持相同流动性的条件下，增加水和水泥用量，从而导致混凝土的强度、耐久性降低，干缩、徐变增大。

天然砂的含泥量和泥块含量应符合表 3-6 的规定。

表 3-6　天然砂的含泥量和泥块含量

项目	指标		
	Ⅰ类	Ⅱ类	Ⅲ类
含泥量（按质量计）/%	≤ 2.0	≤ 3.0	≤ 5.0
泥块含量（按质量计）/%	≤ 0.5	≤ 1.0	≤ 2.0
注：砂按技术要求分为Ⅰ类、Ⅱ类、Ⅲ类。Ⅰ类用于强度等级 ≥ C60 的混凝土；Ⅱ类用于强度等级在 C30～C55 级的混凝土；Ⅲ类宜用于强度等级 ≤ C25 的混凝土和砂浆；对有抗冻、抗渗或其他特殊要求的小于或等于 C25 的混凝土用砂，其含泥量不应大于 3.0%，泥块含量不应大于 1.0%。			

石粉含量是人工砂中粒径小于 80 μm 的颗粒含量。其中既有黏土颗粒，也有与被加工母岩化学成分相同的石粉，过多的石粉含量会妨碍水泥与集料的黏结，对混凝土无益。但适量的石粉含量可弥补人工砂颗粒多棱角对混凝土带来的不利，反而对混凝土有益。

石粉的粒径小于 80 μm，但真正的石粉与天然砂中的泥成分不同，粒径分布不同，在使用中所起的作用也不同。天然砂中的泥对混凝土是有害的，必须严格控制；而人工砂适量的石粉存在对混凝土是有益的。人工砂由机械破碎制成，其颗粒尖锐有棱角，这对集料和水泥之间的

结合是有利的，但对混凝土和砂浆的和易性是不利的，特别是强度等级低的混凝土和水泥砂浆的和易性很差，而适量石粉的存在，则弥补了这一缺陷。另外，石粉主要是由 40～75 μm 的微细粒组成，它的掺入对完善混凝土细集料的级配、提高混凝土密实性都是有益的，进而提高混凝土的综合性能。因此，人工砂石粉含量分别定为 3%、5%、7%，比天然砂中泥含量放宽 2%，为防止人工砂在开采、加工等中间环节掺入过量泥土，测石粉含量前必须先通过亚甲蓝试验检验。

亚甲蓝 MB 值的检验或快速检验专门用于检测小于 80 μm 的物质是纯石粉还是泥土。亚甲蓝 MB 值检验合格的人工砂，石粉含量按 5%、7%、10% 控制使用；亚甲蓝 MB 值不合格的人工砂，石粉含量按 2%、3%、5% 控制使用，这就避免了因人工砂石粉中泥土含量过多而给混凝土带来的负面影响。

人工砂或混合砂中的石粉含量应符合表 3-7 的规定。

表 3-7　人工砂的石粉含量和泥块含量

	项目			指标		
				Ⅰ类	Ⅱ类	Ⅲ类
1	亚甲蓝试验	MB 值 <1.4（合格）	石粉含量（按质量计）/%	≤ 5.0	≤ 7.0	≤ 10.0
2						
3		MB 值 ≥ 1.4（不合格）		≤ 2.0	≤ 3.0	≤ 5.0
4						

3. 有害物质含量

普通混凝土用细集料中要求清洁不含杂质以保证混凝土的质量。砂中不应混有草根、树叶、树枝、塑料、炉渣、煤块等杂物。集料中有机物易腐烂，腐烂后析出的有机酸对水泥石有腐蚀作用；硫化物及硫酸盐对水泥石有腐蚀作用，从而影响混凝土的性能。

因此，对有害杂质含量必须加以限制。其含量要符合表 3-8 的规定。除上面两项外，还有云母、轻物质（指密度小于 2 000 kg/m³）也须符合表 3-8 的规定，它们黏附于砂表面或夹杂其中，严重降低水泥与砂的黏结强度，从而降低混凝土的强度、抗渗性和抗冻性，增大混凝土的收缩。

另外，由于氯离子对钢筋有严重的腐蚀作用，当采用海砂配制钢筋混凝土时，海砂中氯离子含量要求小于 0.06%（以干砂重计）；对预应力混凝土不宜采用海砂，若必须采用海砂，需经淡水冲洗至氯离子含量小于 0.02%。用海砂配制素混凝土，氯离子含量不予限制。

表 3-8　有害物质含量

项目	质量指标
云母含量（按质量计）/%	≤ 2.0
轻物质含量（按质量计）/%	≤ 1.0
有机物含量（用比色法试验）	颜色不应深于标准色。当颜色深于标准色时，应按水泥胶砂强度试验方法进行强度对比试验，抗压强度比不应低于 0.95
硫化物及硫酸盐含量（折算成 SO_3 按质量计）/%	≤ 1.0
注：对于有抗冻、抗渗要求的混凝土用砂，其云母含量不应大于 1.0%。当砂中含有颗粒状的硫酸盐或硫化物杂质时，应进行专门检验，确定能满足混凝土耐久性要求后，方可采用。	

海砂中贝壳含量应符合表 3-9 的规定。

表 3-9　海砂中贝壳含量

混凝土强度等级	≥ C40	C35 ~ C30	C25 ~ C15
贝壳含量（按质量计）/%	≤ 3	≤ 5	≤ 8

对比较特殊或重要的工程混凝土用砂还应进行碱 – 集料反应试验，主要是检验硅质集料与混凝土中水泥及外加剂中的碱发生潜在碱 – 集料反应的危害性。

4. 坚固性

砂的坚固性是指砂在自然风化和其他外界物理、化学因素作用下，抵抗破坏的能力。

天然砂采用硫酸钠溶液法进行试验，将砂分成 $300 \sim 600 \ \mu m$、$0.6 \sim 1.18 \ mm$、$1.18 \sim 2.36 \ mm$、$2.36 \sim 4.75 \ mm$ 4 个粒级备用，称取各粒级试样各 100 g，放入硫酸钠溶液中循环 5 次，过规定的筛后，按式（3-2）计算出各粒级试样质量损失率，再按式（3-3）计算出试样的总质量损失百分率。

各粒级试样质量损失百分率 P_i：

$$P_i = \frac{G_1 - G_2}{G_1} \times 100\% \qquad (3-2)$$

式中　P_i——各粒级试样质量损失百分率（%）；

　　　G_1——各粒级试样试验前的质量（g）；

　　　G_2——各粒级试样试验后的筛余量（g）。

试样的总质量损失百分率 P：

$$P = \frac{\partial_1 P_1 + \partial_2 P_2 + \partial_3 P_3 + \partial_4 P_4}{\partial_1 + \partial_2 + \partial_3 + \partial_4} \qquad (3-3)$$

式中　P——试样的总质量损失率（%）；

　　　P_1、P_2、P_3、P_4——各粒级试样质量损失的百分率（%）；

　　　∂_1、∂_2、∂_3、∂_4——各粒级质量占试样总质量百分率（%）。

不同类别的天然砂，其质量损失应符合表 3-10 的要求。

表 3-10　坚固性指标

混凝土所处的环境条件及其性能要求	5 次循环后的质量损失 /%
在严寒及寒冷地区室外使用并经常处于潮湿或干湿交替状态下的混凝土 有抗疲劳、耐磨、抗冲击要求的混凝土 有腐蚀介质作用或经常处于水位变化区的地下结构混凝土	≤ 8
其他条件下使用的混凝土	≤ 10

人工砂采用压碎指标值来判断砂的坚固性。称取 330 g 单粒级试样倒入已组装的受压钢模内，以每秒 500 N 的速度加荷，加荷至 25 kN 稳荷 5 s 后，以同样的速度卸荷。倒出压过的试样，然后用该粒级的下限筛（如粒级为 4.75 ~ 2.36 mm 时，则其下限筛为孔径 2.36 mm 的筛）进行筛分，称出试样的筛余量和通过量，第 i 级砂样的压碎指标按式（3-4）计算：

$$Y_i = \frac{G_2}{G_1 + G_2} \times 100\% \qquad\qquad (3-4)$$

式中　Y_i——第 i 级单粒级压碎指标值（%）；

　　　G_1——试样的筛余量（g）；

　　　G_2——通过量（g）。

取最大单粒级压碎指标值作为其压碎指标值，人工砂的总压碎指标值应小于30%。压碎指标值越小，表示砂抵抗压碎破坏能力越强，砂子越坚固。

5．表观密度、堆积密度、空隙率

砂表观密度、堆积密度、空隙率应符合表观密度大于 2 500 kg/m³、松散堆积密度大于 1 350 kg/m³、空隙率小于47%的规定。

6．碱 - 集料反应

碱 - 集料反应是指混凝土原材料水泥、外加剂、混合材料和水中的碱（Na_2O 或 K_2O）与集料中的活性成分反应，在混凝土浇筑成形后若干年逐渐反应，反应生成物吸水膨胀使混凝土产生应力，膨胀开裂，导致混凝土失去设计功能。

对于长期处于潮湿环境的重要混凝土结构用砂，应采用砂浆棒（快速法）或砂浆长度法进行集料的碱活性检验。经上述检验判断为有潜在危害时，应控制混凝土中的碱含量不超过 3 kg/m³ 或采用能抑制碱 - 集料反应的有效措施。

3.2.3　粗集料

公称粒径大于 5.00 mm 的集料称为粗集料，俗称石。其常用的有碎石及卵石两种，如图 3-10 所示。碎石是天然岩石或卵石经机械破碎、筛分制成的粒径小于 4.75 mm 的岩石颗粒；卵石是由经自然风化、水流搬运、堆积而成的粒径大于 4.75 mm 的岩石颗粒。卵石按产源不同可分为河卵石、海卵石、山卵石等。碎石与卵石相比，表面比较粗糙、多棱角，表面积大、空隙率大，与水泥的黏结强度较高。因此，在水胶比相同的条件下，用碎石拌制的混凝土，流动性较小，但强度较高；而卵石则正好相反，流动性较大，但强度较低。因此，在配制高强度混凝土时，宜采用碎石。

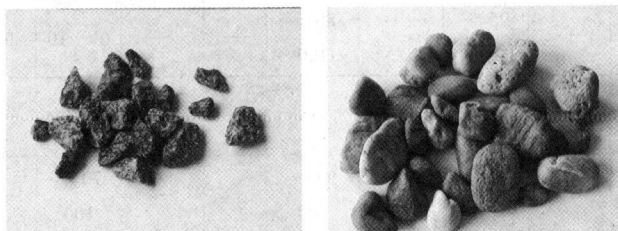

图 3-10　混凝土用粗集料（碎石和卵石）

《普通混凝土用砂、石质量及检验方法标准》（JGJ 52—2006）对粗集料的技术要求如下。

1．颗粒级配和最大粒径

粗集料的颗粒级配对混凝土性能的影响与细集料相同，且其影响程度更大。良好的粗集料，对提高混凝土强度、耐久性，节约水泥用量是极为有利的。

粗集料颗粒级配好坏的判定也是通过筛分法进行的。取一套孔径为 2.36 mm、4.75 mm、9.50 mm、16.0 mm、19.0 mm、26.5 mm、31.5 mm、37.5 mm、53.0 mm、63.0 mm、75.0 mm

及 90 mm 的标准方孔筛进行试验。按各筛上的累计筛余百分率划分级配。各级配的累计筛余百分率必须满足表 3-11 的规定。

表 3-11 粗集料的颗粒级配

级配情况	公称粒径/mm	累计筛余（按质量计）/%											
		方孔筛筛孔边长尺寸/mm											
		2.36	4.75	9.50	16.0	19.0	26.5	31.5	37.5	53.0	63.0	75.0	90
连续粒级	5~10	95~100	80~100	0~15	0	—	—	—	—	—	—	—	—
	5~16	95~100	85~100	30~60	0~10	0	—	—	—	—	—	—	—
	5~20	95~100	90~100	40~80	—	0~10	0	—	—	—	—	—	—
	5~25	95~100	90~100	—	30~70	—	0~5	0	—	—	—	—	—
	5~31.5	95~100	90~100	70~90	—	15~45	—	0~5	0	—	—	—	—
	5~40	—	95~100	70~90	—	30~65	—	—	0~5	0	—	—	—
单粒级	10~20	—	95~100	85~100	—	0~15	0	—	—	—	—	—	—
	16~31.5	—	95~100	—	85~100	—	—	0~10	0	—	—	—	—
	20~40	—	—	95~100	—	80~100	—	—	0~10	0	—	—	—
	31.5~63	—	—	—	95~100	—	—	75~100	45~75	—	0~10	0	—
	40~80	—	—	—	—	95~100	—	—	70~100	—	30~60	0~10	0

　　粗集料的颗粒级配按供应情况分为连续粒级和单粒级。连续粒级是指颗粒由小到大连续分级，每一级粗集料都占有一定的比例，且相邻两级粒径相差较小（比值 <2），连续粒级的级配大小颗粒搭配合理，配制的混凝土拌合物和易性好，不易发生分层、离析现象，且水泥量小，目前多采用连续粒级。单粒级是从 1/2 最大粒径至最大粒径，粒径大小差别小，单粒级一般不单独使用，主要用于组合成具有级配要求的连续粒级，或与连续粒级混合使用，以改善级配或配成较大粒度的连续粒级，这种专门组配的集料级配易于保证混凝土质量，便于大型搅拌站使用。

最大粒径是用来表示粗集料粗细程度的。公称粒级的上限称为该集料的最大粒径。

当集料粒径增大时，其总表面积减小，因此，包裹它表面所需的水泥浆数量相应减少，可节约水泥，所以在条件许可的情况下，对中低强度的混凝土，粗集料最大粒径应尽量用得大些，但一般不宜超过 40 mm；配制高强度混凝土时最大粒径不宜大于 20 mm，因为减少用水量获得的强度提高，被大粒径集料造成的黏结面减少和内部结构不均匀抵消。

根据《混凝土结构工程施工质量验收规范》（GB 50204—2015）的规定，混凝土粗集料的最大粒径不得超过结构截面最小尺寸的 1/4，同时不得大于钢筋之间最小净距的 3/4；对于混凝土实心板，集料的最大粒径不宜超过板厚的 1/3，且不得超过 40 mm；对于泵送混凝土，集料最大粒径与输送管内径之比，碎石不宜大于 1：3，卵石不宜大于 1：2.5。石子粒径过大，对运输和搅拌都不方便。

2．泥、泥块及有害物质的含量

粗集料中泥、泥块及有害物质对混凝土性质的影响与细集料相同，但由于粗集料的粒径大，因而造成的缺陷或危害更大。粗集料中含泥量是指公称粒径小于 80 μm 的颗粒含量；泥块含量是指石中公称粒径大于 5.00 mm，经水浸洗、手捏后小于 2.50 mm 的颗粒含量。粗集料中泥、泥块及有害物含量应符合表 3-12 的规定。

表 3-12　粗集料的含泥量和泥块含量

项目	指标		
	Ⅰ类	Ⅱ类	Ⅲ类
含泥量（按质量计）/%	≤ 0.5	≤ 1.0	≤ 2.0
泥块含量（按质量计）/%	≤ 0.2	≤ 0.5	≤ 0.7

注：①Ⅰ类宜用于强度等级 ≥ C60 的混凝土；Ⅱ类宜用于强度等级为 C30～C55 的混凝土；Ⅲ类宜用于强度等级 ≤ C25 的混凝土。
②对于有抗冻、抗渗或其他特殊要求的混凝土，其所用碎石或卵石中含泥量不应大于 1.0%。当碎石或卵石的含泥量是非黏土质的石粉时，其含泥量可分别提高到 1.0%、1.5%、3.0%。
③对于有抗冻、抗渗或其他特殊要求的强度等级小于 C30 的混凝土，其所用碎石或卵石中泥块含量不应大于 0.5%。

表 3-13　碎石或卵石中的有害物质含量

项目	质量要求
硫化物及硫酸盐含量（折算成 SO_3，按质量计）/%	≤ 1.0
卵石中有机物含量（用比色法试验）	颜色不深于标准色。当颜色深于标准色时，应配制混凝土进行强度对比试验，抗压强度比应不低于 0.95

3．针片状颗粒含量

卵石和碎石颗粒的长度大于该颗粒所属相应粒级的平均粒径 2.4 倍者为针状颗粒；厚度小于平均粒径 0.4 倍者为片状颗粒（平均粒径是指粒级上下限粒级的平均值）。针片状颗粒易折断，且会增大集料的空隙率和总表面积，使混凝土拌合物的和易性、强度、耐久性降低，因此应限制其在粗集料中的含量。针片状颗粒含量可采用针状和片状规准仪测得。其含量规定见表 3-14。

表 3-14　针片状颗粒含量

项目	指标		
	I 类	II 类	III 类
针片状颗粒（按质量计）/%	≤ 8	≤ 15	≤ 25

4. 强度

为保证混凝土的强度必须保证粗集料具有足够的强度。粗集料的强度指标有岩石抗压强度和压碎指标值两个。

（1）岩石抗压强度。岩石抗压强度是将母岩制成 50 mm×50 mm×50 mm 的立方体试件或 φ50 mm×50 mm 的圆柱体试件，在水中浸泡 48 h 以后，取出擦干表面水分，测得其在饱和水状态下的抗压强度值。《普通混凝土用砂、石质量及检验方法标准》（JGJ 52—2006）规定，岩石的抗压强度应比所配制的混凝土强度至少高 20%。当混凝土强度等级大于或等于 C60 时，应进行岩石抗压强度检验。

（2）压碎指标值。压碎指标值是将 3 000 g 气干状态的 10.0 ~ 20.0 mm 的颗粒装入压碎值测定仪内，放好压头置于压力机上，开动压力机，在 160 ~ 300 s 内均匀地加荷到 200 kN 并稳荷 5 s。卸荷后，用孔径 2.36 mm 的筛筛除被压碎的细粒，称出留在筛上的试样质量，按式（3-5）计算压碎指标值。

$$Q_\varepsilon = \frac{G_1 - G_2}{G_1} \times 100\% \tag{3-5}$$

式中　Q_ε——压碎指标值（%）；

　　　G_1——试样的质量（g）；

　　　G_2——压碎试验后筛余的试样质量（g）。

压碎指标值是测定碎石或卵石抵抗压碎的能力，可间接地推测其强度的高低。压碎指标值应符合表 3-15 和表 3-16 的规定。

表 3-15　碎石压碎指标值

岩石品种	混凝土强度等级	碎石压碎值指标 /%
沉积岩	C60 ~ C40	≤ 10
	≤ C35	≤ 16
变质岩或深成的火成岩	C60 ~ C40	≤ 12
	≤ C35	≤ 20
喷出的火成岩	C60 ~ C40	≤ 13
	≤ C35	≤ 30
注：沉积岩包括石灰岩、砂岩等；变质岩包括片麻岩、石英岩等；深成的火成岩包括花岗岩、正长岩、闪长岩和橄榄岩等；喷出的火成岩包括玄武岩和辉绿岩等。		

表 3-16　卵石压碎指标值

混凝土强度等级	C60～C40	≤C35
压碎值指标 /%	≤ 12	≤ 16

岩石立方体强度比较直观，但试件加工困难，其抗压强度反映不出石子在混凝土中的真实强度，所以，对经常性的生产质量控制常用压碎指标值，而在选择采石场或对粗集料强度有严格要求或对其质量有争议时，宜采用岩石抗压强度做检验。

5. 坚固性

坚固性是指卵石、碎石在自然风化和其他外界物理化学因素作用下抵抗破裂的能力。对粗集料坚固性要求及检验方法与细集料基本相同，采用硫酸钠溶液法进行试验，碎石和卵石经 5 次循环后，其质量损失应符合表 3-17 的规定。

表 3-17　坚固性指标

混凝土所处的环境条件及其性能要求	5 次循环后的质量损失 /%
在严寒及寒冷地区室外使用，并经常处于潮湿或干湿交替状态下的混凝土，有腐蚀性介质作用或经常处于水位变化区的地下结构或有抗疲劳、耐磨、抗冲击等要求的混凝土	≤ 8
在其他条件下使用的混凝土	≤ 12

6. 碱 - 集料反应

对于长期处于潮湿环境的重要结构混凝土，其所使用的碎石或卵石应进行碱活性检验。

进行碱活性检验时，首先应采用岩相法检验碱活性集料的品种、类型和数量。当检验出集料中含有活性二氧化硅时，应采用快速砂浆棒法或砂浆长度法进行碱活性检验；当检验出集料中含有活性碳酸盐时，应采用岩石柱法进行碱活性检验。

经上述检验，当判定集料存在潜在碱 - 碳酸盐反应时，不宜用作混凝土集料，否则应通过专门的混凝土试验，做最后评定。当判定集料存在碱 - 硅反应危害时，应控制混凝土中的碱含量不超过 3 kg/m³，或采用能抑制碱的有效措施。

3.2.4　混凝土用水

1. 混凝土用水的质量要求

混凝土用水按水源不同可分为饮用水、地表水、地下水、海水及经适当处理过的工业废水。

混凝土拌合及养护用水的质量要求如下：

（1）不影响混凝土的和易性及凝结；

（2）不会有损混凝土强度发展；

（3）不降低混凝土的耐久性；不加快钢筋腐蚀及导致预应力钢筋脆断；

（4）不污染混凝土表面。

混凝土拌合及养护用水不得含有影响水泥正常凝结硬化的有害物质。凡是能引用的自来水及清洁的天然水都能用来拌制和养护混凝土。污水、pH 值小于 4 的酸性水、含硫酸盐（按

SO₂ 计）超过 1% 的水均不能使用。当对水质有疑问时，可将该水与洁净水分别配制混凝土，做强度对比试验，如强度不低于用洁净水拌制的混凝土，则此水可以用。一般情况下不得用海水拌制混凝土，因海水中含有的硫酸盐、镁盐和氯化物会侵蚀水泥石与钢筋。

2．混凝土拌合用水的规定

混凝土拌合用水的具体规定应符合《混凝土用水标准》（JGJ 63—2006）。

（1）混凝土拌合用水水质要求应符合表 3-18 的规定。对于设计使用年限为 100 年的结构混凝土，氯离子含量不得超过 500 mg/L；对使用钢丝或经热处理钢筋的预应力混凝土，氯离子含量不得超过 350 mg/L。

表 3-18　混凝土拌合用水水质要求

项目	预应力混凝土	钢筋混凝土	素混凝土
pH 值	≥ 5.0	≥ 4.5	≥ 4.5
不溶物含量 /(mg·L⁻¹)	≤ 2 000	≤ 2 000	≤ 5 000
可溶物含量 /(mg·L⁻¹)	≤ 2 000	≤ 5 000	≤ 10 000
氯化物含量（以 Cl⁻ 计）/(mg·L⁻¹)	≤ 500	≤ 1 000	≤ 3 500
硫酸盐含量（以 SO₄²⁻ 计）/(mg·L⁻¹)	≤ 600	≤ 2 000	≤ 2 700
碱含量 /(mg·L⁻¹)	≤ 1 500	≤ 1 500	≤ 1 500
注：碱含量按 $Na_2O+0.658K_2O$ 计算值来表示。采用非碱活性集料时，可不检验碱含量。			

（2）地表水、地下水、再生水的放射性应符合现行国家标准《生活饮用水卫生标准》（GB 5749—2006）的规定。

（3）被检验水样应与饮用水样进行水泥凝结时间对比试验。对比试验的水泥初凝时间差及终凝时间差均不应大于 30 min；同时，初凝和终凝时间应符合现行国家标准《通用硅酸盐水泥》（GB 175—2007）的规定。

（4）被检验水样应与饮用水样进行水泥胶砂强度对比试验，被检验水样配制的水泥胶砂 3 d 和 28 d 强度不应低于饮用水配制的水泥胶砂 3 d 和 28 d 强度的 90%。

（5）混凝土拌合用水不应有漂浮明显的油脂和泡沫，不应有明显的颜色和异味。

（6）混凝土企业设备洗刷水不宜用于预应力混凝土、装饰混凝土、加气混凝土和暴露于腐蚀环境的混凝土；不得用于使用碱活性或潜在碱活性集料的混凝土。

（7）未经处理的海水严禁用于钢筋混凝土和预应力混凝土。

（8）在无法获得水源的情况下，海水可用于素混凝土，但不宜用于装饰混凝土。

应用案例

含糖分水使混凝土两天仍未凝结

案例概况

某糖厂建宿舍，以自来水拌制混凝土，浇筑后用曾装食糖的麻袋覆盖于混凝土表面，再淋水养护。后发现该水泥混凝土两天仍未凝结，而水泥经检验无质量问题，请分析此异常现象的原因。

案例解析

由于养护水淋于曾装食糖的麻袋，养护水已成糖水，而含糖分的水对水泥的凝结有抑制作用，故使混凝土凝结异常。

3.2.5　外加剂

混凝土外加剂是一种在混凝土搅拌之前或拌制过程中加入的、用以改善新拌混凝土和（或）硬化混凝土性能的材料。其掺量一般不超过水泥量的5%。

外加剂的应用促进了混凝土技术的飞速进步，技术经济效益十分显著，使得高强度、高性能混凝土的生产和应用成为现实，并解决了许多工程技术难题。如远距离运输和高耸建筑物的泵送问题，紧急抢修工程的早强速凝问题，大体积混凝土工程的水化热问题，纵长结构的收缩补偿问题，地下建筑物的防渗漏问题等。目前，外加剂已成为除水泥、水、砂子、石子外的第五组成材料。

1. 外加剂的分类

根据《混凝土外加剂术语》（GB/T 8075—2017），混凝土外加剂按其主要功能可分为以下四类：

第一类：能显著改善混凝土拌合物流变性能的外加剂。主要有各种减水剂、引气剂和泵送剂等。

第二类：能调节混凝土凝结时间、硬化性能的外加剂。主要有缓凝剂、早强剂和速凝剂等。

第三类：能改善混凝土耐久性的外加剂。主要有引气剂、防水剂和阻锈剂等。

第四类：能改善混凝土其他性能的外加剂。主要有膨胀剂、防冻剂、防潮剂、减缩剂、着色剂等。

混凝土外加剂的品种很多。常用的外加剂有减水剂、早强剂、引气剂、缓凝剂和泵送剂等。

2. 常用的外加剂的品种

（1）减水剂。减水剂也称塑化剂，它可以增大新拌水泥浆或混凝土拌合物的流动性，或配制出用水量减小（水胶比降低）而流动性不变的混凝土，因此获得提高强度或节约水泥的效果。

1）减水剂的作用机理。减水剂是一种表面活性剂，其分子由亲水基团和憎水基团两个部分组成。减水剂溶于水中后，其分子中的亲水基团指向溶液，憎水基团指向空气、固体或非极性液体并作定向排列，形成定向吸附膜，降低水的表面张力［图3-11（a）］。当水泥浆体中加入减水剂后，其憎水基团定向吸附于水泥颗粒表面，亲水基团指向水溶液。即在水泥颗粒表面形成单分子或多分子吸附膜，并使之带有相同的电荷。在静电斥力作用下，使絮凝结构解体［图3-11（b）］。被束缚在絮凝结构中的游离水释放出来。由于减水剂分子产生的吸附、分散及溶剂化水膜的增厚润滑作用［图3-11（c）］，水泥混凝土的流动性显著增加。

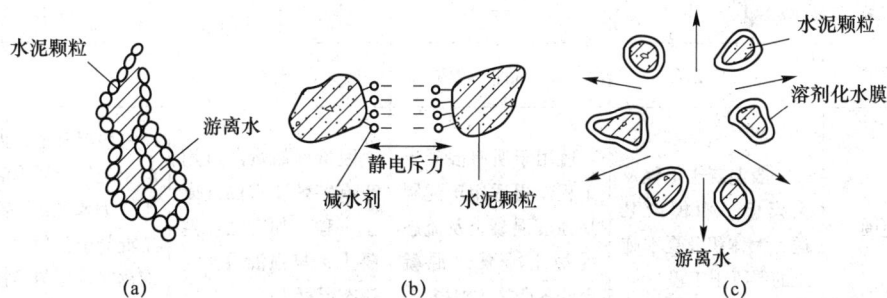

图3-11　减水剂作用机理

2）减水剂的主要经济技术效果。

①提高流动性：在用水量及水泥用量不变的条件下，混凝土拌合物的坍落度可增大100～200 mm，流动性明显提高，而且不影响混凝土的强度。泵送混凝土或其他大流动性混凝土均需掺入高效减水剂。

②提高混凝土强度：在保持混凝土拌合物流动性不变的情况下，可减少用水量10%～20%，若水泥用量也不变，则可降低水胶比，提高混凝土的强度，特别是可大大提高混凝土的早期强度。掺入高效减水剂是制备早强、高强、高性能混凝土的技术措施之一。

③节约水泥：在保持流动性及强度不变的情况下，可以在减少拌合用水量的同时，相应减少水泥用量，节约水泥用量5%～20%，降低混凝土成本。

④改善混凝土的耐久性：由于减水剂的掺入，减少了拌合物的泌水、离析现象，还显著改善了混凝土的孔结构，使混凝土的密实度提高，透水性降低，从而可提高混凝土抗渗、抗冻、抗腐蚀等能力。

3）减水剂的常用品种与效果。减水剂是使用最广泛、效果最显著的一种外加剂，按起作用效果分为普通减水剂和高效减水剂两类；按凝结时间分为标准型、缓凝型、早强型三种；按是否引气分为引气型和非引气型两种；按其主要化学成分分为木质素系、萘系、水溶树脂系、糖蜜系等。具体见表3-19。

表3-19 常用减水剂

种类	木质素系	萘系	树脂系	糖蜜系
类别	普通减水剂	高效减水剂	早强减水剂	缓凝减水剂
主要品种	木质素磺酸钙（木钙粉、M型减水剂）、木钠、木镁等	NNO、NF、建1、FDN、UNF、JN、HN、MF等	SM	长城牌、天山牌
适宜掺量（占水泥质量）/%	0.2～0.3	0.2～1.2	0.5～2	0.1～3
减水量	10%～11%	12%～25%	20%～30%	6%～10%
早强效果	—	显著	显著（7 d可达28 d强度）	—
缓凝效果	1～3 h	—	—	3 h以上
引气效果	1%～2%	部分品种<2%	—	—
适用范围	一般混凝土工程及大模板、滑模、泵送、大体积及夏季施工的混凝土工程	适用于所有混凝土工程，更适用于配制高强度混凝土及流态混凝土、泵送混凝土、冬期施工混凝土	因价格昂贵，宜用于有特殊要求的混凝土工程，如高强度混凝土、早强混凝土、流态混凝土等	一般混凝土、大体积混凝土浇筑及夏季混凝土施工（如滑模），多用于水工混凝土工程。一般工程应用时，可与早强剂复合使用

特别提示

减水剂以溶液掺加时,溶液中的水量应从拌合水中扣除。

液体减水剂宜与拌合水同时加入搅拌机内,粉剂减水剂宜与胶凝材料同时加入搅拌机内,需二次添加外加剂时,应通过试验确定,混凝土搅拌均匀方可出料。掺普通减水剂、高效减水剂的混凝土采用自然养护时,应加强初期养护;采用蒸养时,混凝土应具有必要的结构强度才能升温,蒸养制度应通过试验确定。

(2)早强剂。早强剂是指加速混凝土早期强度发展的外加剂。其质量应符合《混凝土外加剂》(GB 8076—2008)的规定。

从混凝土开始拌和到凝结硬化形成一定的强度需要一段较长的时间,为了缩短施工周期,例如,加速模板及台座的周转、缩短混凝土的养护时间、快速达到混凝土冬期施工的临界强度等,常需要掺入早强剂。目前,常用的早强剂有氯盐类、硫酸盐类、有机胺类和复合早强剂。

1)氯盐类早强剂。氯盐类早强剂主要有氯化钙($CaCl_2$)、氯化钠($NaCl$)、氯化钾(KCl)、氯化铁($FeCl_3$)、氯化铝($AlCl_3$)等。其中,氯化钙($CaCl_2$)是国内外应用最为广泛的一种早强剂。

氯盐类早强剂均有良好的早强作用。原因是氯化钙与铝酸三钙作用生成不溶性的复盐,这些复盐的形成增加了水泥浆的固相比例,增长了强度,同时,氢氧化钙的消耗也会促进C_2S、C_3S的水化,从而提高混凝土的早期强度。

氯化钙($CaCl_2$)的适宜掺量为1%~2%。由于Cl对钢筋有腐蚀作用,故钢筋混凝土中掺量应控制在1%以内。氯化钙($CaCl_2$)早强剂能使混凝土3 d强度提高50%~100%,7 d强度提高20%~40%,但后期强度不一定提高,甚至可能低于基准混凝土。另外,氯盐类早强剂对混凝土的耐久性有一定影响。为消除氯化钙($CaCl_2$)对钢筋的锈蚀作用,通常要求与阻锈剂亚硝酸钠复合使用。

2)硫酸盐类早强剂。硫酸盐类早强剂包括硫酸钠(Na_2SO_4)、硫代硫酸钠($Na_2S_2O_3$)、硫酸钙($CaSO_4$)、硫酸钾(K_2SO_4)、硫酸铝[$Al_2(SO_4)_3$]。其中,硫酸钠(Na_2SO_4)应用最广。

在混凝土中掺入Na_2SO_4后,Na_2SO_4与水泥水化产物$Ca(OH)_2$迅速发生化学反应:

$$Ca(OH)_2 + Na_2SO_4 + 2H_2O \rightarrow CaSO_4 \cdot 2H_2O + 2NaOH$$

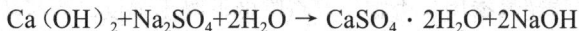

该反应生成高分散性的硫酸钙,分布均匀,极易与C_3A作用,能迅速生成水化硫铝酸钙,体积增大,有效提高了混凝土早期结构密实程度,同时,也加快了水泥的水化速度,强度得到提高。

硫酸钠掺量应有一个最佳控制量,一般在1%~3%,掺量低于1%早强作用不明显,掺量太大则后期强度损失也大,另外,还会引起硫酸盐腐蚀。一般在1.5%左右。

3)有机胺类(三乙醇胺、三异丙醇胺)。最常用的是三乙醇胺。三乙醇胺早强作用机理与前两种不同,它不参与水化反应,不改变水泥的水化产物。它是一种表面活性剂,能降低水溶液的表面张力,使水泥颗粒更易于润湿,且可增加水泥的分散程度,因而加快了水泥的水化速度,对水泥的水化起到催化作用,水化产物增多,使水泥石的早期强度提高。

三乙醇胺的掺量为水泥质量的0.02%~0.05%,可使3 d强度提高20%~40%,对后期强度影响较小，抗冻、抗渗等性能有所提高，对钢筋无锈蚀作用。三乙醇胺对水泥有一定的缓凝作用，应严格控制掺量，掺量过多时，会造成混凝土严重缓凝和混凝土强度下降。单独掺加三乙醇胺会增加混凝土的收缩，特别是早期收缩，使用时应予以注意。

4）复合早强剂。复合早强剂可以是无机材料与有机材料的复合，也可以是有机材料与有机材料的复合。以上三类早强剂在使用时，通常复合使用效果更佳。复合早强剂往往比单组分早强剂具有更优良的早强效果，掺量也可以比单组分早强剂有所降低。众多复合型早强剂中以三乙醇胺与无机盐类复合早强剂效果最好，应用最广。

（3）引气剂。引气剂是指在混凝土搅拌过程中能引入大量均匀分布、稳定而封闭的微小气泡，且能保留在硬化混凝土中以减少混凝土拌合物泌水、离析，改善和易性，并能显著提高硬化混凝土抗冻性、耐久性的外加剂。其质量应符合《混凝土外加剂》（GB 8076—2008）的规定。

1）引气剂的作用机理。引气剂是表面活性物质，其界面活性作用与减水剂基本相同，区别在于减水剂界面活性作用主要发生在液－固界面上，而引气剂的界面活性主要发生在气－液界面上。当搅拌混凝土拌合物时，会混入一些气体，引气剂分子定向排列在气泡上，形成坚固不易破裂的液膜，故可在混凝土中形成稳固、封闭球形气泡，气泡大小均匀，在拌合物中均匀分散，可使混凝土的很多性能改善。

2）引气剂的作用效果。

①改善混凝土拌合物的和易性：气泡具有滚珠作用，能够减小拌合物的摩擦阻力从而提高流动性；同时，气泡的存在阻止固体颗粒的沉降和水分的上升，从而减少了拌合物的分层、离析和泌水，使混凝土的和易性得到明显改善。

②显著提高混凝土的抗冻性和抗渗性：大量均匀分布的封闭气泡一方面阻塞了混凝土中毛细管渗水的通路；另一方面具有缓解水分结冰产生的膨胀压力的作用，从而提高了混凝土的抗渗性和抗冻性。

③降低弹性模量及强度：气泡的弹性变形，使混凝土弹性模量降低。另外，气泡的存在使混凝土强度降低，含气量每增加 1%，强度要损失 3%～5%，但是由于和易性的改善，可以通过保持流动性不变减少用水量，使强度不降低或部分得到补偿。

3）引气剂的品种。引气剂主要有松香树脂类、烷基苯磺碱盐类、脂肪醇磺酸盐类等。最常用的为松香热聚树脂和松香皂两种。掺量一般为水泥质量的 0.005%～0.01%，含气量控制在 3%～6% 为宜。严防超量掺用，否则将严重降低混凝土强度。当采用高频振捣时，引气剂掺量可适当提高。

引气剂适用于配制抗冻混凝土，泵送混凝土，港口混凝土，防水混凝土，一级集料质量差、泌水严重的混凝土，不适宜配制蒸汽养护的混凝土。

> **特别提示** 混凝土工程中可采用由引气剂与减水剂复合而成的早强减水剂。

（4）缓凝剂。缓凝剂是能延长混凝土凝结时间，而不影响混凝土后期强度的外加剂。缓凝剂的种类很多，主要有羟基羧酸及其盐类、含糖碳水化合物类、无机盐类和木质素磺酸盐类等。常用的有木质素磺酸盐类缓凝剂、糖蜜缓凝剂和羟基羧酸及其盐类缓凝剂。

1）木质素磺酸盐类缓凝剂。常用的是木钙，掺量一般为水泥质量的 0.2%～0.3%，混凝土凝结时间可延长 2～3 h。

2）糖蜜缓凝剂。糖蜜缓凝剂主要成分为己糖钙、蔗糖钙等。掺量一般为水泥质量的 0.1%～0.3%，混凝土的凝结时间可延长 2～4 h。

3）羟基羧酸及其盐类缓凝剂。常用的是酒石酸、柠檬酸等。此类缓凝剂的掺量一般为水泥质量的 0.03%～0.10%，混凝土凝结时间可延长 4～10 h。但是，这类缓凝剂会增加混凝土的泌水性，使用时应予以注意。

缓凝剂能使混凝土拌合物在较长时间内保持塑性状态，以利于浇筑成型，提高施工质量，而且可以延缓水化放热时间，降低水化热，对大体积混凝土或分层浇筑的混凝土十分有利。

缓凝剂及缓凝减水剂可用于大体积混凝土、炎热气候条件下施工的混凝土，以及需长时间停放或长距离运输的混凝土。缓凝剂及缓凝减水剂不宜用于日最低气温 5 ℃以下施工的混凝土，也不宜单独用于有早强要求的混凝土及蒸养混凝土。柠檬酸、酒石酸钾钠等缓凝剂，不宜单独使用于水泥用量较低、水胶比较大的贫混凝土。在用硬石膏或工业废料石膏作调凝剂的水泥中掺用糖类缓凝剂时，应先做水泥适应性试验，合格后方可使用。

特别提示　掺缓凝剂、缓凝减水剂及缓凝高效减水剂的混凝土浇筑、振捣后，应及时抹压并始终保持混凝土表面潮湿，终凝以后应浇水养护，当气温较低时，应加强保温、保湿养护。

（5）膨胀剂。膨胀剂是指使混凝土（砂浆）在水化过程中产生一定的体积膨胀，并在有约束条件下产生适宜自应力的外加剂。

目前应用较多的膨胀剂及适用范围见表 3-20。

表 3-20　膨胀剂的种类及适用范围

膨胀剂种类	膨胀混凝土（砂浆）	
	种类	适用范围
硫铝酸钙类、氯化钙类、氯化钙 - 硫铝酸钙类、氧化镁类	补偿收缩混凝土	地下、水中、海水中、隧道等构筑物，大体积混凝土（除大坝外），配筋路面和板、屋面与厕浴间防水、构件补强、渗漏修补、预应力混凝土、回填槽等
	灌浆用膨胀砂浆	机械设备的底座灌浆、地脚螺栓的固定、梁柱接头、构件补强、加固等
	填充用膨胀混凝土	结构后浇带、隧道堵头、钢管与隧道之间的填充等
	自应力混凝土	仅用于常温下使用的自应力钢筋混凝土压力管

（6）防冻剂。防冻剂是指能使混凝土在负温下硬化，并在规定养护条件下达到预期性能的外加剂。其质量应符合《混凝土防冻剂》（JC 475—2004）的规定。

防冻剂能显著降低混凝土的冰点，使混凝土液相不冻结或仅部分冻结，以保证水泥的水化作用，并在一定的时间内获得预期强度。

为提高防冻剂的防冻效果，目前，工程上使用的防冻剂都是复合外加剂，由防冻组分、早强组分、引气组分、减水组分复合而成。

常用的防冻剂有氯盐类，如氯化钙、氯化钠或以氯盐为主的与其他早强剂、引气剂、减水剂复合的外加剂；氯盐阻锈类，以氯盐与阻锈剂（亚硝酸钠）为主复合的外加剂；无氯盐类，以亚硝酸盐、硝酸盐、碳酸盐、乙酸钠或尿素为主复合的外加剂。

防冻剂可用于负温条件下施工的混凝土。

> **特别提示**
>
> 掺防冻剂混凝土的养护，应符合下列规定：
>
> （1）在负温条件下养护时，不得浇水，混凝土浇筑后，应立即用塑料薄膜及保温材料覆盖，严寒地区应加强保温措施。
>
> （2）初期养护温度不得低于规定温度。
>
> （3）当混凝土温度降到规定温度时，混凝土强度必须达到受冻临界强度；当最低气温不低于 -10 ℃时，混凝土抗压强度不得小于 3.5 MPa；当最低温度不低于 -15 ℃时，混凝土抗压强度不得小于 4.0 MPa；当最低温度不低于 -20 ℃时，混凝土抗压强度不得小于 5.0 MPa。
>
> （4）拆模后混凝土的表面温度与环境温度之差大于 20 ℃时，应采用保温材料覆盖养护。

（7）速凝剂。速凝剂是指能使混凝土迅速凝结硬化的外加剂。其质量应符合《喷射混凝土用速凝剂》（JC 477—2005）的规定。

速凝剂与水泥加水拌和后立即反应，使水泥中的石膏丧失缓凝作用，从而促使 C_3A 迅速水化，产生快速凝结。

速凝剂适宜掺量为 2.5%～4.0%，能使混凝土在 5 min 内初凝，10 min 内终凝，1 h 产生强度，但有时后期强度会降低。

速凝剂主要用于喷射混凝土、紧急抢修工程、军事工程、防洪堵水工程等，如矿井、隧道、引水涵洞、地下工程岩壁衬砌、边坡和基坑支护、堵漏等。

> **特别提示**
>
> 喷射混凝土施工时，应采用新鲜的硅酸盐水泥、普通硅酸盐水泥、矿渣硅酸盐水泥，不得使用过期或受潮结块的水泥。

3. 外加剂的选择与使用

工程中选用外加剂时，除应满足前面所述有关国家标准或行业标准外，还应符合《混凝土外加剂中释放氨的限量》（GB 18588—2001）的规定，混凝土外加剂中释放的氨量必须小于或等于 0.10%（质量分数）。该标准适用于各类具有室内使用功能的混凝土外加剂，而不适用于桥梁、公路及其他室外工程用混凝土外加剂。

混凝土中应用外加剂时，须满足《混凝土外加剂应用技术规范》（GB 50119—2013）的规定。另外，还应注意以下几点：

（1）外加剂品种的选择。外加剂品种、品牌很多，效果各异，尤其是对不同水泥效果不同。选择外加剂时，应根据工程需要、现场的材料条件、产品说明书通过试验确定，见表 3-21。

表 3-21　各种混凝土工程对外加剂的选择

序号	工程项目	选用目的	外加剂类型
1	自然条件下的混凝土工程和构件	改善工作性、提高早期强度、节约水泥	各种减水剂，常用木质素类
2	太阳直射下施工	缓凝	缓凝减水剂，常用糖蜜类
3	大体积混凝土	减少水化热	缓凝剂、缓凝减水剂
4	冬期施工	早强、防寒、抗冻	早强减水剂、早强剂、抗冻剂
5	流态混凝土	提高流动度	非引气型减水剂，常用 FDN、UNF
6	泵送混凝土	减少坍落度损失	泵送剂、引气剂、缓凝减水剂，常用 FDNP、UNF-5
7	高强度混凝土	C50 以上混凝土	高效减水剂、非引气减水剂、密实剂
8	灌浆、补强、填缝	防止混凝土收缩	膨胀剂
9	蒸养混凝土	缩短蒸养时间	非引气高效减水剂、早强减水剂
10	预制构件	缩短生产周期，提高模具周转率	高效减水剂、早强减水剂
11	滑模工程	夏季宜缓凝	普通减水剂木质素类或糖蜜类
		冬季宜早强	普通减水剂或早强减水剂
12	钢筋密集的构造物	提高和易性，利于浇筑	普通减水剂、高效减水剂
13	大模板工程	提高和易性，1 d 强度能拆模	高效减水剂或早强减水剂
14	耐冻融混凝土	提高耐久性	引气高效减水剂
15	灌注桩基础	改善和易性	普通减水剂、高效减水剂
16	商品混凝土	节约水泥，保证运输后的和易性	普通减水剂、缓凝型减水剂

（2）外加剂掺量的确定。混凝土外加剂均有适宜掺量。掺量过小，往往达不到预期效果；掺量过大，则会影响混凝土质量，甚至造成质量事故。因此，必须通过试验试配，确定最佳掺量。

（3）外加剂的掺加方法。外加剂的掺量很小，必须保证其均匀分散，一般不能直接加入混凝土搅拌机内。对于可溶于水的外加剂，应先配制成一定浓度的溶液，使用时连同拌合水一起加入搅拌机内；对于不溶于水的外加剂，应与适量水泥或砂混合均匀后，再加入搅拌机内。

外加剂的掺入时间，对其效果发挥也有很大影响，如减水剂有同掺法、后掺法、分掺法三种方法。同掺法是减水剂在混凝土搅拌时一起掺入；后掺法是搅拌好混凝土后间隔一定时间，然后再掺入；分掺法是一部分减水剂在混凝土搅拌时掺入，另一部分间隔一段时间后再掺入。实践证明，后掺法最好，能充分发挥减水剂的功能。

案例概况

北京某旅馆的一层钢筋混凝土工程在冬期施工，为使混凝土防冻，在浇筑混凝土时掺入水泥用量3%的氯盐。建成使用两年后，在A柱柱顶附近掉下一块约40 mm直径的混凝土碎块。停业查找事故原因，发现除设计有失误外，其中一个重要原因是在浇筑混凝土时掺加的氯盐防冻剂，不仅对混凝土有影响，而且腐蚀钢筋，观察底层柱破坏处钢筋，纵向钢筋及箍筋均已生锈，原直径 $\phi6$ 锈为 $\phi5.2$ 左右。细及稀的箍筋难以承受柱端截面上纵向筋侧向压屈所产生的横拉力，使箍筋在最薄弱处断裂，断裂后的混凝土保护层易剥落，混凝土碎块下掉。

案例解析

施工时加氯盐防冻，应同时对钢筋采取相应的阻锈措施。该工程因混凝土碎块下掉，引起了使用者的高度重视，停业卸去活荷载，并采取对已有柱外包钢筋混凝土的加固措施，使房屋倒塌事故得以避免。

3.2.6　掺合料

混凝土掺合料是指在混凝土搅拌前或搅拌过程中，为改善混凝土性能、调节混凝土强度、节约水泥，与混凝土其他组分一起，直接加入的矿物材料或工业废料，掺量一般大于水泥质量的5%。

常用的矿物掺合料有粉煤灰、硅灰、粒化高炉矿渣粉、沸石粉、磨细自然煤矸石粉及其他工业废渣。粉煤灰是目前用量最大、使用范围最广的一种掺合料。

1. 粉煤灰

从煤粉炉烟道气体中收集的粉末称为粉煤灰。在混凝土中掺入一定量粉煤灰后，除粉煤灰本身的火山灰活性作用，生成硅酸钙凝胶，作为胶凝材料一部分起增强作用外，在混凝土的用水量不变的情况下，可以起到显著改善混凝土拌合物和易性的效应，增加流动性和黏聚性，还可以降低水化热。若保持混凝土拌合物原有的和易性不变，则可减少用水量，起到减水的效果，从而提高混凝土的密实度和强度，增强耐久性。

煤粉在炉膛中呈悬浮状态燃烧，燃煤中的绝大部分可燃物都能在炉内烧尽，而煤粉中的不燃物（主要为灰分）大量混杂在高温烟气中。这些不燃物因受到高温作用而部分熔融，同时由于其表面张力的作用，形成了大量细小的球形颗粒，排出后则成为粉煤灰。它是一种火山灰质工业废料活性掺合料，是燃煤电厂的主要固体废物，其颗粒多数呈球形，表面比较光滑，密度为 2.1 ～ 2.9 g/cm³，紧密堆积密度为 1 590 ～ 2 400 kg/m³，松散堆积密度为550 ～ 800 kg/m³。

根据国家标准《用于水泥和混凝土中的粉煤灰》（GB/T 1596—2017）的规定，按产生粉煤灰的煤种不同，可分为F类粉煤灰和C类粉煤灰两种。由无烟煤或烟煤煅烧收集的粉煤灰称为F类粉煤灰，F类粉煤灰是低钙灰；由褐煤或次烟煤煅烧收集的粉煤灰称为C类粉煤灰，C类粉煤灰是高钙灰，其氧化钙含量一般大于10%。用于拌制混凝土和砂浆的粉煤灰，可分为

Ⅰ级、Ⅱ级、Ⅲ级三个等级。其技术要求见表3-22。

表 3-22　拌制混凝土和砂浆用粉煤灰的技术要求

项目	粉煤灰的种类	技术要求		
		Ⅰ级	Ⅱ级	Ⅲ级
细度（0.045 mm方孔筛筛余），不大于 /%	F类粉煤灰	12.0	30.0	45.0
	C类粉煤灰			
需水量比，不大于 /%	F类粉煤灰	95	105	115
	C类粉煤灰			
烧失量，不大于 /%	F类粉煤灰	5.0	8.0	10.0
	C类粉煤灰			
含水量，不大于 /%	F类粉煤灰	—	1.0	—
	C类粉煤灰			
三氧化硫，不大于 /%	F类粉煤灰	—	3.0	—
	C类粉煤灰			
游离氧化钙，不大于 /%	F类粉煤灰	—	1.0	—
	C类粉煤灰	—	4.0	—
安定性、雷氏夹沸煮后增加距离，不大于 /mm	C类粉煤灰	—	5.0	—

2．硅粉

根据《砂浆和混凝土用硅灰》（GB/T 27690—2011）的规定，硅灰按其使用时的状态，可分为硅灰（代号 SF）和硅灰浆（代号 SF-S）。硅灰，在冶炼硅铁合金或工业硅时，通过烟道排出的粉末，经收集得到的以无定形二氧化硅为主要成分的粉状材料；硅灰浆，以水为载体的含有一定数量硅灰的均质浆材。硅粉也称硅灰。在冶炼铁合金或工业硅时，由烟道排出的硅蒸气经收尘装置收集而得到的粉尘称为硅粉。它由非常细的玻璃质颗粒组成，其中 SiO_2 含量高，其比表面积约为 2 000 m^2/kg。掺入少量硅粉，可使混凝土致密、耐磨，增强其耐久性。由于硅灰比表面积大，因而其需水量很大，将其作为混凝土掺合料，必须配以减水剂，方可保证混凝土的和易性。

3．沸石粉

沸石粉是天然的沸石岩磨细而成的一种火山灰质铝硅酸矿物掺合料。含有一定量活性二氧化硅和三氧化铝，能与水泥生成的氢氧化钙反应，生成胶凝物质。沸石粉用作混凝土掺合料可改善混凝土和易性，提高混凝土强度、抗渗性和抗冻性，抑制碱－集料反应。主要用于配制高强度混凝土、流态混凝土及泵送混凝土。

沸石粉具有很大的内表面积和开放性孔结构，还可用于配制湿混凝土等功能混凝土。

4．粒化高炉矿渣粉

粒化高炉矿渣粉是标准规定的粒化高炉矿渣经干燥、粉磨（或添加少量石膏一起粉磨）达到相当细度且符合相应活性指数的粉体。细度大于350。矿渣粉磨时允许加入助磨剂，加入量不得大于矿渣粉质量的1%。

应用案例

案例概况

某工程使用等量的 42.5 级普通硅酸盐水泥、粉煤灰配制 C25 混凝土，工地现场搅拌，为赶进度搅拌时间较短。拆模后检测，发现所浇筑的混凝土强度波动大，部分低于所要求的混凝土强度指标，请分析原因。

案例解析

该混凝土强度等级较低，而选用的水泥强度等级较高，故使用了较多的粉煤灰作掺合剂。由于搅拌时间较短，粉煤灰与水泥搅拌不够均匀，导致混凝土强度波动大，以致部分混凝土强度未达到要求。

3.3　普通混凝土的技术性质

混凝土是由各组成材料按一定比例拌和成的，尚未凝结硬化的材料称为混凝土拌合物；硬化后的人造石材称为硬化混凝土。混凝土拌合物必须具有良好的和易性，以保证获得良好的浇灌质量。硬化混凝土的主要性质为强度、耐久性和变形性能。

3.3.1　混凝土拌合物的性质

（1）和易性的概念。和易性也称为工作性，是指新拌混凝土易于施工操作（搅拌、运输、浇筑、捣实等）并能质量均匀、成型密实的性能。对于非匀质材料的混凝土来讲，和易性是一项综合的技术性质，与其施工工艺要求密切相关。通常有流动性、黏聚性和保水性三个方面的含义。

1）流动性是指新拌混凝土在自重或机械振捣的作用下，能产生流动，并均匀密实地填满模板的性能。流动性的大小反映拌合物的稀稠，它直接影响着浇筑施工的难易和混凝土的质量。若拌合物太干稠，混凝土难以捣实，易造成内部孔隙；若拌合物过稀，振捣后混凝土易出现水泥砂浆和水上浮而石子下沉的分层离析现象，影响混凝土的匀质性。

2）黏聚性是指混凝土拌合物在施工过程中其组成材料之间有一定的黏聚力，不致产生分层离析的现象。混凝土拌合物是由密度、粒径不同的固体材料及水组成的，各组成材料本身存在分层的趋向，如果混凝土拌合物中各种材料比例不当，黏聚性差，则在施工中易发生分层（拌合物中各组分出现层状分离现象）、离析（混凝土拌合物内某些组分的分离、析出现象）、泌水（水从水泥浆中泌出的现象），尤其是对于大流动性的泵送混凝土来说更为重要。在混凝土的施工过程中泌水过多，会使混凝土丧失流动性，从而严重影响混凝土的可泵性和工作性，会给工程质量造成严重后果，致使混凝土硬化后产生"蜂窝""麻面"等缺陷，影响混凝土的强度和耐久性。

3）保水性是指拌合物保持水分不易析出的能力。混凝土拌合物中的水，一部分是保持水泥水化所需的水量；另一部分是为保证混凝土具有足够的流动性便于浇捣所需的水量。前者以化合水的形式存在于混凝土中，水分不易析出；而后者，若保水性差，则会发生泌水现象，泌水会在混凝土内部形成泌水通道，使混凝土密实性变差，降低混凝土的质量。

由上述内容可知，混凝土拌合物的流动性、黏聚性、保水性有其各自的内容。通常情况下，混凝土拌合物的流动性越大，则保水性和黏聚性越差，反之亦然，相互之间存在一定的矛盾。因此，不能简单地将流动性大的混凝土称为和易性好，或者将流动性减小说成和易性变差。良好的和易性既是施工的要求也是获得质量均匀密实混凝土的基本保证。

（2）和易性的评定。和易性的内涵比较复杂，到目前为止，还没有找到一个全面、准确的测试方法和定量指标。通常的方法是用定量方法来测定流动性的大小，再辅以直观经验来评定拌合物的黏聚性和保水性。根据《普通混凝土拌合物性能试验方法标准》（GB/T 50080—2016）规定，拌合物的流动性大小用坍落度与坍落度扩展度法和维勃稠度法测定。坍落度与坍落扩展度法适用于最大粒径不大于 40 mm，坍落度值不小于 10 mm 的塑性和流动性混凝土拌合物；维勃稠度法适用于集料最大粒径不大于 40 mm，维勃稠度值在 5 ~ 30 s 的干硬性混凝土拌合物。

1）坍落度和坍落扩展度的测定。该方法是将新拌混凝土按规定方法装入标准无底的圆锥形坍落度筒内，装满刮平后，垂直提起坍落度筒，新拌混凝土因自重而向下坍落。坍落后的高度差称为坍落度（mm），作为流动性指标。坍落度越大，表示流动性越大。

坍落度在 10 ~ 220 mm 对混凝土拌合物的稠度具有良好的反映能力，但当坍落度大于 220 mm 时，由于粗集料的堆积的偶然性，坍落度不能准确地反映混凝土的稠度，这时测量混凝土扩展后最终的最大直径和最小直径。在最大直径和最小直径的差值小于 50 mm 时，用平均直径作为流动性指标，即坍落扩展度。图 3-12 所示为坍落度与坍落扩展度的试验。

对于混凝土坍落度大于 220 mm 的混凝土，如免振捣自密实混凝土，抗离析性能的优劣至关重要，将直接影响硬化后混凝土的各种性能，包括混凝土的耐久性，应引起人们足够重视。抗离析性能的优劣，从坍落扩展度的表现形状中就能观察出来。抗离析性能强的混凝土，在扩展过程中，始终保持其匀质性，无论是扩展的中心还是边缘，粗集料的分布都是均匀的，也无浆体从边缘析出。如果粗集料在中央集堆、水泥浆从边缘析出，这是混凝土在扩展的过程中产生离析而造成的，说明混凝土抗离析性能很差。

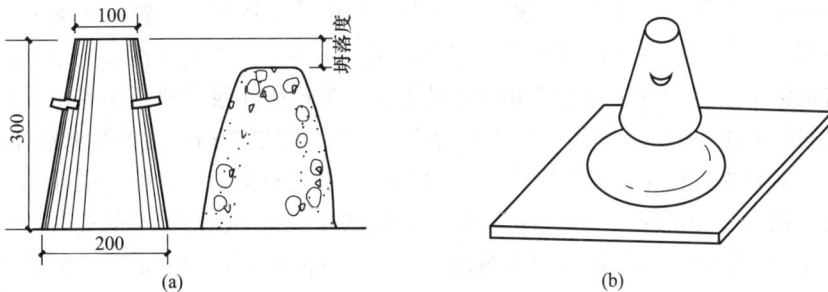

图 3-12　混凝土的坍落度与坍落扩展度的试验
（a）坍落度；（b）坍落扩展度

2）维勃稠度的测定。对于坍落度小于 10 mm 的干硬性混凝土，采用维勃稠度法测定。该法是在坍落度筒中按规定方法装满拌合物，提起坍落度筒，在拌合物试体顶面放一透明圆盘。开启振动台，同时用秒表计时，当透明圆盘的底面完全被水泥浆所布满时，停止计时，关闭振动台。此时所读秒数称为维勃稠度。该法适用于维勃稠度在 5 ~ 30 s 的新拌混凝土的测定。

坍落度与坍落扩展度试验和维勃稠度只适用于集料最大粒径不大于 40 mm 的新拌混凝

土。对于集料最大粒径大于 40 mm 的新拌混凝土，通常是筛除 40 mm 以上颗粒后，采用以上方法测定。新拌混凝土按坍落度和维勃稠度的大小分别分为四级，见表 3-23。

按照《普通混凝土配合比设计规程》（JGJ 55—2011），用维勃时间（s）可以合理表示坍落度很小甚至为零的混凝土拌合物稠度，维勃时间等级划分应符合表 3-23 的规定。用坍落度可以合理表示具有塑性或流动性的混凝土拌合物稠度，坍落度划分应符合表 3-23 的规定。

表 3-23　混凝土拌合物流动性的级别

维勃时间等级	维勃时间 /s	坍落度等级	坍落度 /mm
V0	≥ 31	S1	10 ～ 40
V1	30 ～ 21	S2	50 ～ 90
V2	20 ～ 11	S3	100 ～ 150
V3	10 ～ 6	S4	160 ～ 210
V4	5 ～ 3	S5	≥ 220

3）混凝土拌合物流动性的选择。流动性是保证新拌混凝土均匀密实的前提。流动性的选择应根据施工工艺、结构类型、构件截面大小、钢筋疏密和捣实方法等确定。维勃稠度为 5 ～ 30 s 的干硬性混凝土，主要用于振动捣实条件较好的预制构件的生产和路面及机场道面；坍落度大于 10 mm 的塑性混凝土，主要用于现浇混凝土。

（3）影响混凝土拌合物和易性的因素。影响混凝土和易性的因素很多，主要有原材料的性质、原材料之间的相对含量（水泥浆量、水胶比、砂率）、环境因素及施工条件等。

1）水泥浆量。水泥浆的数量和稠度对新拌混凝土的和易性有显著影响。新拌混凝土中的水泥浆量增多时，流动性增大。但如果水泥浆量过多，将会出现流浆现象，容易发生离析；如果水泥浆量过少，则集料之间缺少黏结物质，黏聚性变差，易出现崩塌和溃散。

水泥浆的稠度与水胶比有关。混凝土中水与水泥的质量比称为水胶比（W/B）。在水泥用量不变的情况下，水胶比越小，水泥浆就越稠，混凝土拌合物的流动性便越小。但水胶比过大，又会造成混凝土拌合物的黏聚性和保水性不良，易产生流浆、离析现象，并严重影响混凝土的强度和耐久性。所以，水胶比的大小应根据混凝土强度和耐久性的要求合理确定。

事实上，对新拌混凝土流动性起决定作用的是用水量的多少。无论是提高水胶比还是增加水泥浆量，都表现为混凝土用水量的增加。大量试验表明，在混凝土的原材料确定时，当混凝土的用水量一定，水泥用量增减不超过 50 ～ 100 kg/m³ 时，新拌混凝土的坍落度大体保持不变，这一规律称为固定用水量法则。应该指出，在拌制混凝土时，不能采用单纯改变用水量的办法来调整新拌混凝土的流动性。单纯加大用水量会降低混凝土的强度和耐久性。因此，应该在保持水胶比不变的条件下，用调整水泥浆量的办法来调整新拌混凝土的和易性。

2）砂率。砂率是指混凝土中砂的质量占砂、石总质量的百分率，可用下式来表示：

$$\beta_s = \frac{m_s}{m_s + m_g} \times 100\% \tag{3-6}$$

式中　β_s——砂率（%）；

　　　m_s——砂的质量（kg）；

　　　m_g——石子的质量（kg）。

砂率的变动会使集料的空隙率和集料总表面积有显著的变化，因此，对混凝土拌合物的和易性的影响非常显著。

①对流动性的影响：在水泥用量和水胶比一定的条件下，一方面，由于砂子与水泥浆组成的砂浆在粗集料之间起到润滑和滚珠作用，可以减小粗集料之间的摩擦力，所以在一定范围内，随砂率增大，混凝土流动性增大；另一方面，由于砂子的比表面积比粗集料大，随着砂率增加，粗细集料的总表面积增大，在水泥浆用量一定的条件下，集料表面包裹的浆量减薄，润滑作用下降，使混凝土流动性降低。所以砂率超过一定范围，流动性随砂率增加而下降，如图 3-13（a）所示。

②对黏聚性和保水性的影响：砂率减小，混凝土的黏聚性和保水性均下降，易产生泌水、离析和流浆现象。砂率增大，黏聚性和保水性增加。但砂率过大，当水泥浆不足以包裹集料表面时，则黏聚性反而下降。

③合理砂率的确定：在进行混凝土配合比设计时，为保证和易性，应选择最佳砂率或合理砂率。合理砂率是指在水泥量、水量一定的条件下，能使混凝土拌合物获得最大的流动性且保持良好的黏聚性和保水性的砂率，或者是使混凝土拌合物获得所要求的和易性的前提下，水泥用量最少的砂率，如图 3-13（b）所示。

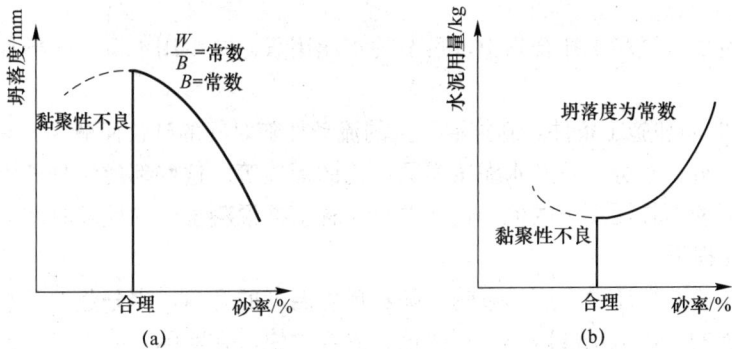

图 3-13　砂率与混凝土流动性和水泥用量的关系

合理砂率的确定可根据上述两个原则通过试验确定。在大型混凝土工程中经常采用。对普通混凝土工程可根据经验或根据《普通混凝土配合比设计规程》（JGJ 55—2011）参照表 3-24 选用。

表 3-24　混凝土砂率选用表

水胶比（W/B）	卵石最大公称粒径 /mm			碎石最大公称粒径 /mm		
	10	20	40	16	20	40
0.40	26～32	25～31	24～30	30～35	29～34	27～32
0.50	30～35	29～34	28～33	33～38	32～37	30～35
0.60	33～38	32～37	31～36	36～41	35～40	33～38
0.70	36～41	35～40	34～39	39～44	38～43	36～41

注：①表中数值是中砂的选用砂率。对于细砂或粗砂，可相应地减少或增大砂率。

②采用人工砂配制混凝土时，砂率可适当增大。

③只用一个单粒级粗集料配制混凝土时，砂率应适当增大。

3）组成材料性质的影响。

①水泥品种及细度：不同的水泥品种，其标准稠度需水量不同，对混凝土的流动性有一定的影响。如火山灰水泥的需水量大于普通水泥的需水量，在用水量和水胶比相同的条件下，火山灰水泥的流动性相应就小。另外，不同的水泥品种，其特性上的差异也导致混凝土和易性的差异。例如，在相同的条件下，矿渣水泥的保水性较差，而火山灰水泥的保水性和黏聚性好，但流动性小。

水泥颗粒越细，其表面积越大，需水量越大，在相同的条件下，混凝土表现为流动性小，但黏聚性和保水性好。

②集料的性质：集料的性质是指混凝土所用集料的品种、级配、粒形、粗细程度、杂质含量、表面状态等。级配良好的集料空隙率小，在水泥浆量一定的情况下，包裹集料表面的水泥浆层较厚，其拌合物流动性较大，黏聚性和保水性较好；表面光滑的集料，其拌合物流动性较大。若杂质含量多，针片状颗粒含量多，则其流动性变差；细砂比表面积较大，用细砂拌制的混凝土拌合物的流动性较差，但黏聚性和保水性较好。

③外加剂和掺合料：在拌制混凝土时，加入某些外加剂，如引气剂、减水剂等，能使混凝土拌合物在不增加水量的条件下，增大流动性、改善黏聚性、降低泌水性，获得很好的和易性。

矿物掺合料加入混凝土拌合物中，可节约水泥用量，减少用水量，改善混凝土拌合物的和易性。

4）温度、时间和施工条件。新拌混凝土的流动性随时间的延长而减小。其原因是水泥水化、集料吸收水分、水分蒸发及水泥浆凝聚结构的形成等。这些都使混凝土中起润滑作用的自由水减少，致使新拌混凝土的流动性变差。这种新拌混凝土流动性随时间的延长而减小的现象称为坍落度损失。

新拌混凝土流动性还受温度的影响。随着环境温度的升高，水分蒸发及水泥水化反应加快，新拌混凝土的初始流动性减小，坍落度损失会加快。在实际工程中，为保证混凝土的施工和易性，必须根据环境温度的变化和新拌混凝土的坍落度损失情况采取相应的调节措施。夏季施工时，为了保持一定的流动性应当提高拌合物的用水量。

采用机械搅拌的混凝土拌合物和易性好于人工拌和的。

针对上述影响混凝土拌合物和易性的因素，在实际工作中，可采用以下措施来改善混凝土拌合物的和易性。

①调节混凝土的组成材料。尽可能降低砂率，采用合理砂率，这样有利于提高混凝土的质量和节约水泥；选用质地优良、级配良好的粗、细集料，尽量采用较粗的砂、石；当混凝土拌合物坍落度太小时，保持水胶比不变，适当增加水和水泥用量，或者加入外加剂；当拌合物坍落度太大，但黏聚性良好时，可保持砂率不变，适当增加砂、石。

②改进混凝土拌合物的施工工艺。采用高效率的强制式搅拌机，可以提高混凝土的流动性，尤其是低水胶比混凝土拌合物的流动性。预拌混凝土在远距离运输时，为了减小坍落度损失，可以采用二次加水法，即在搅拌站只加入大部分水，剩余部分水在快到施工现场时再加入，然后迅速搅拌以获得较好的坍落度。

③掺外加剂和外掺料。使用外加剂是改善混凝土拌合物性能的重要手段。

（4）新拌混凝土的凝结时间。新拌混凝土的凝结是由水泥的水化反应所致，但新拌混凝土的凝结时间与配制混凝土所用水泥的凝结时间并不一致。因为水泥浆凝结时间是以标准稠度的水泥净浆测定的，而一般配制混凝土所用的水胶比与测定水泥凝结时间规定的水胶比是不同的，并且混凝土的凝结还要受到其他各种因素的影响，如环境温度的变化、混凝土中所掺入的外加剂种类等，因此这两者的凝结时间有所不同。

根据《普通混凝土拌合物性能试验方法标准》（GB/T 50080—2016）的规定，混凝土拌合物的凝结时间是用贯入阻力法进行测定的。所用仪器为贯入阻力仪，先用 5 mm 标准圆孔筛从拌合物中筛出砂浆，按标准方法装入规定的砂浆试样筒内，然后每隔一定时间测定砂浆贯入一定深度时的贯入阻力，绘制贯入阻力与时间的关系曲线，以贯入阻力 3.5 MPa 和 28 MPa 画两条平行于时间坐标的直线，直线与曲线交点的时间即分别为混凝土拌合物的初凝时间和终凝时间。初凝时间表示施工时间的极限，终凝时间表示混凝土强度的开始发展。

3.3.2　硬化混凝土的强度

混凝土的强度包括抗压强度、抗拉强度、抗弯强度、抗剪强度及钢筋与混凝土的黏结强度。其中，混凝土的抗压强度最大，抗拉强度最小，为抗压强度的 $1/20 \sim 1/10$。抗压强度与其他强度之间有一定的相关性，可根据抗压强度的大小来估计其他强度值，因此下面着重研究混凝土的抗压强度。

1. 抗压强度与强度等级

根据国家标准《混凝土物理力学性能试验方法标准》（GB/T 50081—2019）的规定，将混凝土拌合物制作成边长为 150 mm 的立方体试件，成型后立即用不透水的薄膜覆盖表面，在温度为 20 ℃ ±5 ℃ 的环境中静置一昼夜至两昼夜，然后在标准条件［温度 20 ℃ ±2 ℃，相对湿度 95％ 以上或在温度为 20 ℃ ±2 ℃ 的不流动的 Ca（OH）$_2$ 饱和溶液］下，养护到 28 d 龄期，经标准方法测试，测得的抗压强度值为混凝土抗压强度，以 f_{cu} 表示。

按照国家标准《混凝土结构设计规范（2015 年版）》（GB 50010—2010），混凝土强度等级应按立方体抗压强度标准值确定。立方体抗压强度标准值是指按标准方法制作和养护的边长为150 mm 的立方体试件（混凝土立方体试模如图 3-14所示），在 28 d 龄期用标准试验方法测得的具有95％ 保证率的抗压强度，以 $f_{cu,k}$ 表示。普通混凝土划分为 14 个强度等级，即 C15、C20、C25、C30、C35、C40、C45、C50、C55、C60、C65、C70、C75 和 C80。强度等级采用符号 C 与立方体抗压强度标准值表示。例如，C25 表示混凝土立方体抗压强度 ≥ 25 MPa 且 <30 MPa 的保证率为 95％，即立方体抗压强度标准值为 25 MPa。

图 3-14　混凝土立方体试模

混凝土强度等级是混凝土结构设计、施工质量控制和工程验收的重要依据。不同的建筑工程及建筑部位需采用不同强度等级的混凝土，一般有一定的选用范围。

2. 轴心抗压强度

在实际工程中，钢筋混凝土结构形式极少是立方体的，大部分是棱柱体形式或圆柱体形式，为了使测得的混凝土强度接近混凝土结构使用的实际情况，在钢筋混凝土结构计算中，计算轴心受压构件时，都以混凝土的轴心抗压强度为设计取值，轴心抗压强度以 f_{ck} 表示。

根据《混凝土物理力学性能试验方法标准》(GB/T 50081—2019)的规定，测轴心抗压强度，采用 150 mm×150 mm×300 mm 的棱柱体作为标准试件（在特殊情况下，可采用 ϕ150 mm×150 mm 的圆柱体标准试件或 ϕ100 mm×200 mm 和 ϕ200 mm×400 mm 的圆柱体非标准试件），其制作与养护同立方体试件。轴心抗压强度 f_{ck} 比同截面的立方体抗压强度值小，棱柱体试件高宽比越大，轴心抗压强度越小。大量试验表明，在立方体抗压强度 $f_{cu} = 10 \sim 55$ MPa 的范围内，轴心抗压强度 f_{ck} 与立方体抗压强度的关系为 $f_{ck} = (0.7 \sim 0.8) f_{cu}$。

3. 混凝土的抗拉强度

混凝土是一种典型的脆性材料，抗拉强度较低，且随着混凝土强度等级的提高，比值有所降低，即抗拉强度的增加不及抗压强度增加得快。因此，在钢筋混凝土结构中一般不依靠混凝土抵抗拉力，而是由其中的钢筋承受拉力。但抗拉强度对混凝土抵抗裂缝的产生具有重要的意义，作为确定抗裂程度的重要指标。

混凝土抗拉试验过去多用 8 字形试件或棱柱体试件直接测定轴向抗拉强度，但是这种方法由于夹具附近局部破坏很难避免，而且外力作用线与试件轴心方向不易调成一致，所以，我国采用立方体或圆柱体试件的劈裂抗拉试验来测定混凝土的抗拉强度，称为劈裂抗拉强度 f_{ts}。

立方体混凝土劈裂抗拉强度采用边长为 150 mm 立方体试件，在试件的两个相对的表面中线上，加上垫条施加均匀分布的压力，则在外力作用的竖向平面内，产生均匀分布的拉应力，该应力可以根据弹性理论计算得出。此方法不仅大大简化了抗拉试件的制作，并且能较正确地反映试件的抗拉强度。劈裂抗拉强度可按式（3-7）计算：

$$f_{ts}= \frac{2F}{\pi A} = 0.637 \frac{F}{A} \tag{3-7}$$

式中　f_{ts}——混凝土劈裂抗拉强度（MPa）；

　　　F——破坏荷载（N）；

　　　A——试件劈裂面面积（mm^2）。

混凝土轴心抗拉强度可按劈裂抗拉强度换算得到，换算系数可由试验确定。

4. 混凝土的抗折强度

根据《混凝土物理力学性能试验方法标准》(GB/T 50081—2019)的规定，混凝土抗折强度试验采用边长为 150 mm×150 mm×550 mm 的棱柱体标准试件，按三分点加荷方式加载测得其抗折强度，计算公式见式（3-8）：

$$f_{cf}= \frac{FL}{bH^2} \tag{3-8}$$

式中　f_{cf}——混凝土弯曲抗拉强度（MPa）；

　　　F——破坏荷载（N）；

　　　L——支座间距（mm）；

　　　b——试件截面宽度（mm）；

　　　H——试件截面高度（mm）。

当采用 100 mm×100 mm×400 mm 非标准试件时，应乘以尺寸换算系数 0.85；当混凝土强度等级≥C60 时，宜采用标准试件。

5. 影响混凝土强度的因素

混凝土受力破坏后，其破坏形式一般有三种：一是集料本身的破坏，这种破坏的可能性很小，因为通常情况下，集料强度大于混凝土强度；二是水泥石的破坏，这种现象在水泥石强度较低时发生；三是集料和水泥石分界面上的黏结面破坏，这是最常见的破坏形式，因为在水泥石与集料的界面往往存在孔隙、潜在微裂缝。所以，混凝土的强度主要取决于水泥石的强度及其与集料表面的黏结强度。而水泥石强度及其与集料的黏结强度又与水泥强度等级、水胶比及集料的性质有密切关系，另外，混凝土的强度还受施工质量、养护条件及龄期的影响。

（1）水泥的强度等级和水胶比。水泥的强度等级和水胶比是决定混凝土强度的最主要因素。水泥是混凝土中的胶结组分，其强度等级的大小直接影响混凝土的强度。在配合比相同的条件下，水泥的强度等级越高，混凝土强度也越高。当用同一种水泥（品种及强度相同）时，混凝土的强度主要取决于水胶比。因为水泥水化时所需的结合水，一般只占水泥质量的23%左右，但在拌制混凝土拌合物时，为了获得必要的流动性，试验加水量为水泥质量的40%～70%，即采用较大的水胶比。当混凝土硬化后，多余的水分或残留在混凝土中形成水泡，或蒸发后形成气孔，使得混凝土内部形成各种不同尺寸的孔隙，这些孔隙削弱了混凝土抵抗外力的能力。因此，满足和易性要求的混凝土，在水泥强度等级相同的情况下，水胶比越小，水泥石的强度越高，与集料的黏结力也越大，混凝土的强度就越高。如果加水太少（水胶比太小），拌合物过于干硬，在一定的捣实成型条件下，无法保证浇灌质量，混凝土中将出现较多的蜂窝、孔洞，强度也将下降。

试验证明，混凝土强度随水胶比的增大而降低，呈曲线关系；随胶水比的增大而增加，呈直线关系，如图3-15所示。

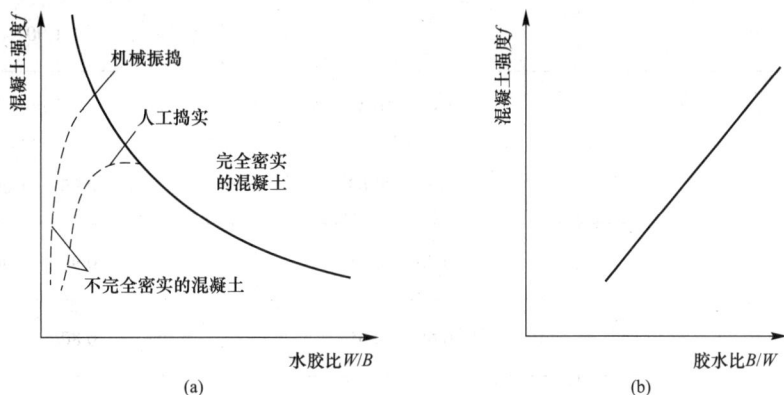

图3-15　混凝土强度与水胶比及胶水比的关系
（a）强度与水胶比的关系；（b）强度与胶水比的关系

在原材料一定的情况下，混凝土28 d龄期抗压强度与水泥实际强度及水胶比之间的关系符合下述经验公式：

$$f_{cu,0}=\alpha_a f_b=\left(\frac{B}{W}-\alpha_b\right) \tag{3-9}$$

式中　$f_{cu,0}$——混凝土28 d龄期抗压强度（MPa）；

　　　W/B——混凝土水胶比；

　　　α_a，α_b——回归系数，通过试验建立的水胶比与混凝土强度关系式来确定；当不具备上述统计资料时，其回归系数可按表3-25选用；

f_b——胶凝材料（水泥与矿物掺合料按使用比例混合）28 d 胶砂强度（MPa），试验方法应按现行国家标准《水泥胶砂强度检验方法（ISO 法）》（GB/T 17671—1999）执行；当无实测值时，可按 $f_b=\gamma_f\gamma_s f_{ce}$ 计算；

γ_f，γ_s——粉煤灰影响系数和粒化高炉矿渣粉影响系数，可按表 3-26 选用。当水泥 28 d 胶砂抗压强度（f_{ce}）无实测值时，可按 $f_{ce}=\gamma_c f_{ce,g}$ 计算，γ_c 为强度等级值的富余系数，可按实际统计资料确定；当缺乏实际统计资料时，也可按表 3-27 选用，$f_{ce,g}$ 为水泥强度等级值（MPa）。

表 3-25　回归系数选用表

系数＼粗集料品种	碎石	卵石
α_a	0.53	0.49
α_b	0.20	0.13

表 3-26　粉煤灰影响系数（γ_f）和粒化高炉矿渣粉影响系数（γ_s）

掺量 /%＼种类	粉煤灰影响系数 γ_f	粒化高炉矿渣粉影响系数 γ_s
0	1.00	1.00
10	0.90～0.95	1.00
20	0.80～0.85	0.95～1.00
30	0.70～0.75	0.90～1.00
40	0.60～0.65	0.80～0.90
50	—	0.70～0.85

注：①采用Ⅰ级、Ⅱ级粉煤灰宜取上限值。

②采用 S75 级粒化高炉矿渣粉宜取下限值，采用 S95 级粒化高炉矿渣粉宜取上限值，采用 S105 级粒化高炉矿渣粉宜取上限值加 0.05。

③当超出表中的掺量时，粉煤灰和粒化高炉矿渣粉影响系数应经试验确定。

表 3-27　水泥强度等级值的富余系数（γ_c）

水泥强度等级值	32.5	42.5	52.5
富余系数	1.12	1.16	1.10

式（3-9）称为混凝土强度公式，又称保罗米公式。一般只适用于流动性混凝土和低流动性且强度等级在 C60 以下的混凝土。利用保罗米公式，可根据所用的水泥强度等级和水胶比来估计 28 d 混凝土的强度，也可根据水泥强度等级和要求的混凝土强度等级来确定所采用的水胶比。

（2）粗集料的品种、规格及质量。水泥与集料的黏结强度除与水泥石强度有关外，还与集料的品种、规格、质量有关。碎石表面比较粗糙，水泥石与其黏结比较牢固，卵石表面比较光滑，黏结性则差。试验证明，当 W/B 小于 0.4 时，用碎石配制的混凝土强度比卵石配制的高 38%，但若保持流动性不变，碎石混凝土所需水胶比增大，两者的差别就不大了。集料的级配良好，针、片状及有害杂质颗粒含量少，且砂率合理，可使集料空隙率减小，组成密实的骨架，有利于混凝土强度的提高。

集料的最大粒径增大，可降低用水量及水胶比，提高混凝土的强度。但对于高强混凝土，较小粒径的粗集料可明显改善粗集料与水泥石界面的强度，反而可提高混凝土的强度。

（3）养护条件。混凝土的养护条件是指混凝土成型后的养护温度和湿度。混凝土的发展过程即水泥的水化和凝结硬化过程，而水泥的水化和凝结硬化只有在一定的温度和湿度条件下才能进行。

养护温度对水泥的水化速度影响显著，养护温度高，水泥的初期水化速度快，混凝土早期强度高。但是，早期的快速水化会导致水化产物分布不均匀，在水泥石中形成密实度低的薄弱区，影响混凝土的后期强度。养护温度降低时，水泥的水化速度减慢，水化产物有充分的时间扩散，从而在水泥石中分布均匀，有利于后期强度的发展，如图 3-16 所示。

如果温度降到冰点以下，混凝土中的水分大部分会结冰，使水泥的水化反应中止，混凝土的强度停止发展。而且孔隙内水分结冰引起的膨胀（水结冰体积可膨胀约 9%）产生相当大的膨胀力，作用在孔隙、毛细管内壁，使混凝土的内部结构破坏，引起混凝土强度降低。混凝土早期强度较低，容易冻坏，所以，应当防止混凝土早期受冻。

湿度对水泥的水化能否正常进行有显著影响，湿度适当时，水泥水化进行顺利，混凝土的强度能充分发展。如果湿度不够，则混凝土会失水干燥，影响水泥水化的正常进行，甚至使水化停止，严重降低混凝土的强度，如图 3-17 所示。而且因水化未完成，混凝土的结构疏松，抗渗性较差，严重时还会形成干缩裂缝，影响混凝土的耐久性。

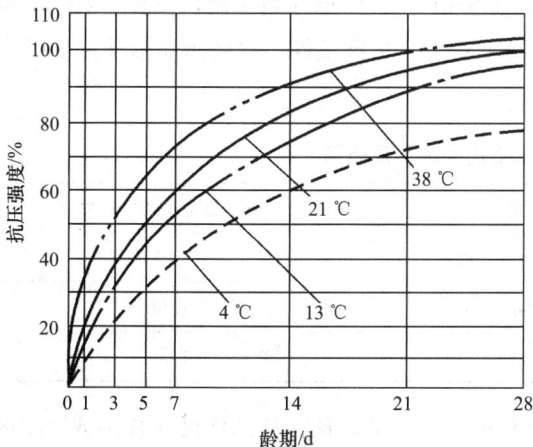

图 3-16　养护温度对混凝土强度的影响

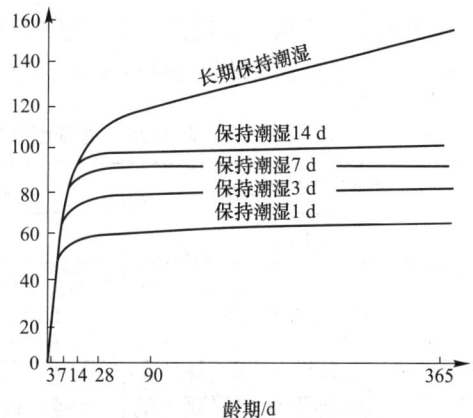

图 3-17　混凝土强度与保湿养护时间的关系

由上可知，为加速混凝土强度的发展，提高混凝土早期强度，在工程中还可采用蒸汽养护和蒸压养护。蒸汽养护是将混凝土放在低于 100 ℃常压蒸汽中进行养护。掺混合材料的矿渣水泥、火山灰水泥及粉煤灰水泥在蒸汽养护条件下，不但可以提高早期强度，其 28 d 强度也会略有提高；蒸压养护是将混凝土放在 175 ℃的温度及 8 个大气压的蒸压釜内进行养护，在高温高压下，加速了活性混合材料的化学反应，使混凝土的强度得以提高。

（4）龄期。龄期是指混凝土在正常养护条件下所经历的时间。混凝土的强度随着龄期增加而增大。最初的 7 ~ 14 d 内，强度增长较快，28 d 以后增长缓慢。在适宜的温度、湿度条件下其增长过程可达数十年之久。

试验证明，用中等等级的普通硅酸盐水泥（非 R 型）配制的混凝土，在标准养护条件下，混凝土强度的发展大致与龄期的对数成正比例关系，可按下式推算：

$$f_n = f_{28} \frac{\lg n}{\lg 28} \tag{3-10}$$

式中　f_n——n d 龄期时的混凝土抗压强度，$n \geqslant 3$；

　　　f_{28}——28 d 龄期时的混凝土抗压强度（MPa）。

式（3-10）可用于估计某龄期的强度，如已知 28 d 龄期的混凝土强度，估算某一龄期的强度；或已知某龄期的强度，推算 28 d 的强度，可作为预测混凝土强度的一种方法。但由于影响混凝土强度的因素很多，故只能作参考。

（5）施工条件。混凝土在施工过程中，应搅拌均匀、振捣密实、养护良好使混凝土硬化后达到预期的强度。采用机械搅拌比人工拌和的拌合物更均匀。一般来说，水胶比越小时，通过振动捣实效果也越显著。当水胶比的比值逐渐增大时，振动捣实的优越性就逐渐降低，其强度提高一般不超过 10%。

另外，采用分次投料搅拌新工艺，也能提高混凝土强度。其原理是将集料和水泥投入搅拌机后，先加少量水拌和，使集料表面裹上一层水胶比很小的水泥浆，有效地改善集料界面结构，从而提高混凝土的强度。这种混凝土称为"造壳混凝土"。

（6）试验条件。在试验过程中，试件的形状、尺寸、表面状态、含水程度及加荷速度都会对混凝土的强度值产生一定的影响。

1）试件的尺寸：在测定混凝土立方体抗压强度时，当混凝土强度等级 <C60 时，可根据粗集料最大粒径选用非标准试块，但应将其抗压强度值按表 3-28 所给出系数换算成标准试块对应的抗压强度值；当混凝土强度等级 ≥ C60 时，宜采用标准试件；当使用非标准试件时，其强度的尺寸换算系数可通过试验确定。

表 3-28　混凝土立方体试件尺寸选用及换算系数

集料最大粒径 /mm	试件尺寸 /mm	强度的尺寸换算系数
31.5	100×100×100	0.95
40	150×150×150	1.00
63	200×200×200	1.05

2）试件的形状：混凝土的抗压强度还与试件的形状有关，棱柱体试件比立方体试件测得的强度值低。棱柱体（或圆柱体）试件的强度与其高宽（径）比有关。高宽（径）比越大，

抗压强度越小。这种现象是"环箍效应"的作用。混凝土立方体试件在压力机上受压时，在沿加荷方向发生纵向变形的同时，也按泊松比（也称侧膨胀系数，是指材料侧向应变和竖向应变的比值）产生横向变形，压力机上下两块钢压板的弹性模量比混凝土的弹性模量大 5 ～ 15 倍，而泊松比则不大于混凝土的两倍，所以在荷载作用下，钢压板的横向应变小于混凝土的横向应变，这样，试件受压面与试验机压板之间的摩擦力对试件的横向膨胀起着约束作用，对强度产生提高作用。这种约束作用称为"环箍效应"。"环箍效应"随着与压板距离的加大而逐渐减小，其影响范围为试件边长的 $\sqrt{3}\,a/2$，"环箍效应"使破坏后的试件上下各呈一较完整的棱锥体，如图 3-18（a）所示。棱柱体试件的高宽比大，中间区段受环箍效应的影响小，因此，棱柱体抗压强度比立方体抗压强度小。

不同尺寸的立方体试块其抗压强度值不同，也可通过"环箍效应"的现象来解释。压力机压板对混凝土试件的横向摩阻力是沿周界分布的，大试块尺寸周界与面积之比较小，"环箍效应"的相对作用小，测得的抗压强度值偏低。另一方面原因是大试块内孔隙、裂缝等缺陷存在的概率大。

综上所述，大试块的立方体抗压强度值偏小而小试块立方体抗压强度值偏大，因此，非标准试块所测强度值应按表 3-28 折算成标准试块的立方体抗压强度。

3）表面状态：当混凝土试件受压面上有油脂类润滑物质时，压板与试件间摩阻力减小，使"环箍效应"影响减弱，试件将出现垂直裂纹而破坏，如图 3-18（b）所示。

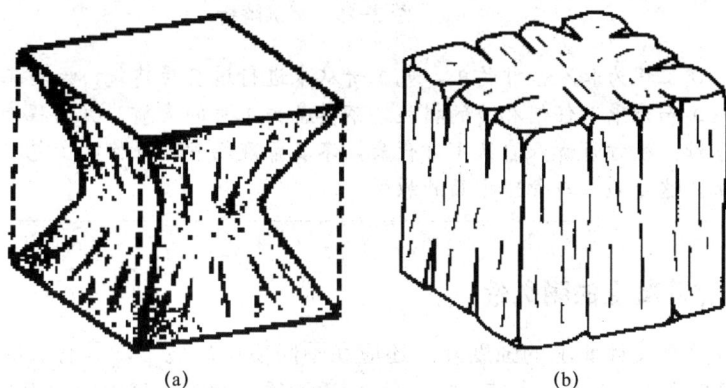

图 3-18　混凝土试件的破坏状态
（a）试块破坏后的棱锥体；（b）不受压板约束时试块破坏情况

4）加荷速度：试验时加荷速度对强度值影响很大。试件破坏是当变形达到一定程度时才发生的，当加荷速度较快时，材料变形的增长落后于荷载的增加，故破坏时强度值偏高。

由上述内容可知，即使原材料、施工工艺及养护条件都相同，但试验条件的不同也会导致试验结果的不同。因此，混凝土的抗压强度的测定必须严格遵守国家有关试验标准的规定。

（7）掺外加剂和掺合料。掺减水剂，特别是高效减水剂，可大幅度降低用水量和水胶比，使混凝土的强度显著提高，掺高效减水剂是配制高强度混凝土的主要措施，掺早强剂，可显著提高混凝土的早期强度。

在混凝土中掺入高活性的掺合料（如优质粉煤灰、硅灰、磨细矿渣粉等），可以与水泥的水化产物进一步发生反应，产生大量的凝胶物质，使混凝土更趋于密实，强度也进一步得到提高。

混凝土强度低导致屋面倒塌

案例概况

某县小学建砖混结构校舍，11月中旬气温已达零下十几摄氏度。因人工搅拌振捣，故把混凝土搅拌得很稀，木模板缝隙又较大，漏浆严重，至12月9日，施工者准备内粉刷，拆去支柱，在屋面上用手推车推卸白灰炉渣以铺设保温层，大梁突然断裂，屋面塌落。

案例解析

由于混凝土水胶比大，混凝土离析严重。从大梁断裂截面可见，上部只剩下砂和少量水泥，下部全为卵石，且相当多的水泥浆已流走，如图3-19所示。现场用回弹仪检测，混凝土强度仅达到设计强度等级的一半。这是屋面坍塌的技术原因。

图 3-19 案例解析

该工程为私人挂靠施工，包工者从未进行过房屋建筑，无施工经验。在冬期施工而未采取任何相应的措施，不具备施工员的素质，且工程未办理任何基建手续。校方负责人自认甲方代表，不具备现场管理资格，由包工者随心所欲施工。这是施工与管理方面的原因。

3.3.3 硬化混凝土的耐久性

混凝土除应具有设计要求的强度外，还应在不同使用环境下，具有长期正常使用的性能。例如，承受压力水作用时，应具有一定的抗渗性能；遭受反复冻融作用时，应具有一定的抗冻性能；遭受环境水侵蚀作用时，应具有与之相适应的抗侵蚀性能等。因此，把混凝土在使用条件下抵抗周围环境各种因素长期作用的能力，称为耐久性。

耐久性是一项综合性质，混凝土所处环境条件不同，其耐久性的含义也不同，有时指某个单一性质，有时指多个性质。混凝土的耐久性通常包含抗渗性、抗冻性、抗侵蚀性、抗碳化及抗碱－集料反应等性能。

1. 混凝土的抗渗性

抗渗性是指混凝土抵抗水、油等液体的压力作用不渗透的性能。抗渗性是混凝土最重要的耐久性指标之一，它直接影响混凝土的抗冻性和抗侵蚀性。混凝土的抗渗性用抗渗等级 PN 表示。抗渗等级是以 28 d 龄期的标准试件，按标准试验方法进行试验（图3-20），用每组 6 个试件中 4 个试件未出现渗水时的最大水压力来表示。混凝土的抗渗等级有 P4、P6、P8、P10、P12 五个等级，相应表示混凝土能抵抗 0.4 MPa、0.6 MPa、0.8 MPa、1.0 MPa 及 1.2 MPa 的静水压力而不渗水。

混凝土的抗渗性主要与其内部孔隙和微裂缝的大小、连通状况有关。

混凝土内部的互相连通的孔隙和毛细管、集料与水泥石界面的微裂缝，以及混凝土因施工振捣不密实产生的蜂窝、孔洞等都会造成混凝土渗水。为了提高混凝土的抗渗性可采取掺加引气剂、减小水胶比、选用级配良好的集料及合理砂率、精心施工、加强养护等措施，尤其是掺加引气剂，在混凝土内部产生不连通的气泡，改变了混凝土的孔隙特征，截断了渗水通道，可以显著提高混凝土的抗渗性。

图 3-20　混凝土抗渗仪

2. 混凝土的抗冻性

混凝土的抗冻性是指混凝土在水饱和状态下，经受多次冻融循环而不破坏，同时，也不严重降低强度的性能。

混凝土在冻融作用下，由于混凝土内部孔隙中的水结冰造成的体积膨胀，产生膨胀应力。当膨胀应力超过混凝土的抗拉强度时，混凝土就会产生微裂缝。反复的冻融循环会使这些微裂缝不断扩展直至结构破坏。

混凝土抗冻试验方法有慢冻法、快冻法和单面冻融法（俗称盐冻法）。慢冻法适用于测定混凝土试件在气冻、水溶条件下，以经受的冻融循环次数来表示的混凝土的抗冻性，用抗冻等级表示，抗冻等级分为 D25、D50、D100、D150、D200、D250、D300、D300 以上，抗冻等级以抗压强度损失率不超过 25% 或质量损失率不超过 5% 时的最大冻融循环次数表示；快冻法适用于混凝土试件在水冻、水溶条件下，以经受的快速冻融循环次数来表示的混凝土的抗冻性，用抗冻等级表示，混凝土抗冻等级应以相对动弹性模量下降至不低于 60% 或质量损失率不超过 5% 时的最大冻融循环次数来确定，并用符号 F 表示；单面冻融法（俗称盐冻法）适用于测定混凝土试件在大气环境中与盐接触的条件下，以能够经受的冻融循环次数或表面剥落质量或超声波对动弹性模量来表示的混凝土抗冻性能。

混凝土产生冻融破坏有两个必要条件，一是混凝土必须接触水或混凝土中有一定的游离水，二是建筑物所处的自然条件存在反复交替的正负温度。当混凝土处于冰点以下时，首先是靠近表面的孔隙中游离水开始冻结，产生 9% 左右的体积膨胀，在混凝土内部产生冻胀应力，从而使未冻结的水分受压向混凝土内部迁移。当迁移受到约束时就产生了静水压力，促使混凝土内部薄弱部分，特别是在受冻初期强度不高的部位产生微裂缝，当遭受反复冻融循环时，微裂缝会不断扩展，逐步造成混凝土剥蚀破坏。

混凝土的抗冻性主要取决于混凝土的构造特征和充水程度。具有较高密实度及含闭口孔隙的混凝土具有较高的抗冻性；混凝土中饱和水程度越高，产生的冰冻破坏越严重。

提高混凝土抗冻性的有效途径是提高混凝土的密实度和改善孔结构。具体来讲，减小水胶比、提高水泥的强度等级及掺入减水剂和引气剂等措施都可以提高混凝土的抗冻性。

3. 混凝土的碳化

混凝土的碳化是指空气中的 CO_2 在适宜湿度的条件下与水泥水化产物 $Ca(OH)_2$ 发生反应，生成碳酸钙和水，使混凝土碱度降低的过程。碳化也称中性化。碳化使混凝土对钢筋的保护作用降低，使钢筋易锈蚀。

硬化后的混凝土内部呈一种碱性环境，混凝土构件中的钢筋在这种碱性环境中，表面形成一层钝化膜，钝化膜能保护钢筋免于生锈。但是当碳化深度穿透混凝土保护层达到钢筋表面时，钢筋表面的钝化膜被破坏，而开始生锈，生锈后的体积比原体积大得多，产生膨胀使混凝土保护层开裂，开裂的混凝土又加速了碳化的进行和钢筋的锈蚀，最后导致混凝土产生顺筋开裂而破坏。

碳化对混凝土也有有利的影响，碳化放出的水分有助于水泥的水化作用，而且碳酸钙可以填充水泥石孔隙，提高混凝土的密实度。

碳化作用是一个由表及里逐步扩散深入的过程。碳化的速度受许多因素的影响，具体如下：

（1）水泥的品种及掺合料的数量。硅酸盐水泥水化生成的氢氧化钙含量较掺混合材料硅酸盐水泥的数量多，因此，碳化速度较掺混合材料的硅酸盐水泥慢；对于掺混合材料的水泥，混合材料数量越多，碳化速度越快。

（2）水胶比。在一定条件下，水胶比越小的混凝土越密实，碳化速度越慢。

（3）环境因素。环境因素主要是指空气中 CO_2 的浓度及空气的相对湿度，CO_2 浓度增高，碳化速度加快，在相对湿度达到 50%～70% 的情况下，碳化速度最快，在相对湿度达到 100%，或相对湿度在 25% 以下时碳化将停止进行。

4. 混凝土的碱－集料反应

混凝土的碱－集料反应是指混凝土中含有活性二氧化硅的集料与所用水泥中的碱（Na_2O 和 K_2O）在有水的条件下发生反应，形成碱－硅酸凝胶，此凝胶具有吸水膨胀特性，会使包裹集料的水泥石胀裂。

碱－集料反应必须具备以下条件，才可以进行：

（1）水泥中含有较高的碱量，水泥中的总碱量（按 $Na_2O + 0.658K_2O$ 计）> 0.6% 时，才会与活性集料发生碱－集料反应。

（2）集料中含有活性 SiO_2 并超过一定数量，它们常存在于流纹岩、安山岩、凝灰岩等天然岩石中。

（3）存在水分，在干燥状态下不会造成碱－集料反应的危害。

三者缺一均不会发生碱－集料反应。但是，如果混凝土内部具备了碱－集料反应因素，就很难控制其反应的发展。以碱－硅酸反应为例，其反应积累期为 10～20 年，即混凝土工程建成投产使用 10～20 年就发生膨胀开裂。当碱－集料反应发展至膨胀开裂时，混凝土力学性能明显降低，其抗压强度降低 40%，弹性模量降低尤为显著。

抑制碱－集料反应的主要措施如下：

（1）控制水泥总碱含量不超过 0.6%。

（2）控制混凝土中碱含量，由于混凝土中碱的来源不仅有水泥，而且有混合材料、外加剂、水，甚至是集料（如海砂），因此控制混凝土各种原材料总碱含量比单纯控制水泥碱含量更为科学。

（3）选用非活性集料。

（4）在水泥中掺活性混合材料，吸收和消耗水泥中的碱，淡化碱－集料反应带来的不利影响。

（5）在担心混凝土工程发生碱－集料反应的部位有效地隔绝水和空气的来源，也可以取得缓和碱－集料反应对工程损害的效果。

5. 混凝土的抗侵蚀性

环境介质对混凝土的化学侵蚀主要是对水泥石的侵蚀，通常有软水侵蚀、硫酸盐侵蚀、镁盐侵蚀、碳酸侵蚀、一般酸侵蚀与强碱侵蚀等。其侵蚀机理详见水泥章节。混凝土除受化学侵蚀作用外，还会受反复干湿作用、盐渍作用、冲磨作用等物理侵蚀。混凝土中的氯离子对钢筋具有锈蚀作用，会使混凝土遭受破坏。

混凝土的抗侵蚀性与所用水泥的品种、混凝土的密实程度和孔隙特征有关。密实和具有闭口孔隙的混凝土，环境水不易侵入，其抗侵蚀性较强。所以，提高混凝土抗侵蚀性的措施主要是合理选择水泥品种、降低水胶比、提高混凝土的密实度和改善孔的结构。

6. 提高混凝土耐久性的措施

从上述对混凝土耐久性的分析来看，耐久性的各个性能都与混凝土的组成材料、混凝土的孔隙率、孔隙构造密切相关，因此，提高混凝土耐久性的措施主要有以下几个：

（1）根据混凝土工程所处的环境条件和工程特点选择合理的水泥品种。

（2）严格控制水胶比，保证足够的水泥用量。混凝土的最大水胶比应符合《混凝土结构设计规范（2015 年版）》（GB 50010—2010）的规定。混凝土结构的环境类别划分见表 3-29。设计使用年限为 50 年的混凝土结构，其混凝土材料宜符合表 3-30 的规定。除配制 C15 及其以下强度等级的混凝土外，混凝土的最小胶凝材料用量应符合表 3-31 的规定。

表 3-29　混凝土结构的环境类别

环境类别	条件
一	室内干燥环境； 无侵蚀性静水浸没环境
二 a	室内潮湿环境； 非严寒和非寒冷地区的露天环境； 非严寒和非寒冷地区与无侵蚀性的水或土壤直接接触的环境； 严寒和寒冷地区的冰冻线以下与无侵蚀性的水或土壤直接接触的环境
二 b	干湿交替环境； 水位频繁变动环境； 严寒和寒冷地区的露天环境； 严寒和寒冷地区冰冻线以上与无侵蚀性的水或土壤直接接触的环境
三 a	严寒和寒冷地区冬季水位变动区的环境； 受除冰盐影响环境； 海风环境
三 b	盐渍土环境； 受除冰盐作用环境； 海岸环境
四	海水环境
五	受人为或自然的侵蚀性物质影响的环境
注：1. 室内潮湿环境是指构件表面经常处于结露或湿润状态的环境； 　　2. 严寒和寒冷地区的划分应符合现行国家标准《民用建筑热工设计规范》（GB 50176—2016）的有关规定； 　　3. 海岸环境和海风环境宜根据当地情况，考虑主导风向及结构所处迎风、背风部位等因素的影响，由调查研究和工程经验确定； 　　4. 受除冰盐影响环境是指受到除冰盐盐雾影响的环境，受除冰盐作用环境是指被除冰盐溶液溅射的环境以及使用除冰盐地区的洗车房、停车楼等建筑； 　　5. 暴露的环境是指混凝土结构表面所处的环境。	

表 3-30　结构混凝土材料的耐久性基本要求

环境等级	最大水胶比	最低强度等级	最大氯离子含量 /%	最大碱含量 / (kg·m⁻³)
一	0.60	C20	0.30	不限制
二 a	0.55	C25	0.20	
二 b	0.50 (0.55)	C30 (C25)	0.15	
三 a	0.45 (0.50)	C35 (C30)	0.15	3.0
三 b	0.40	C40	0.10	

注：1. 氯离子含量是指其占胶凝材料总量的百分比。
　　2. 预应力构件混凝土中的最大氯离子含量为 0.06%；其最低混凝土强度等级宜按表中的规定提高两个等级。
　　3. 素混凝土构件的水胶比及最低强度等级的要求可适当放松。
　　4. 有可靠工程经验时，二类环境中的最低混凝土强度等级可降低一个等级。
　　5. 处于严寒和寒冷地区二 b、三 a 类环境中的混凝土应使用引气剂，并可采用括号中的有关参数。
　　6. 当使用非碱活性集料时，对混凝土中的碱含量可不作限制。

表 3-31　混凝土的最小胶凝材料用量

最大水胶比	最小胶凝材料用量 / (kg·m⁻³)		
	素混凝土	钢筋混凝土	预应力混凝土
0.60	250	280	300
0.55	280	300	300
0.50	320		
≤ 0.45	330		

（3）选用杂质少、级配良好的粗、细集料，并尽量采用合理砂率。

（4）掺引气剂、减水剂等外加剂，可减少水胶比，改善混凝土内部的孔隙构造，提高混凝土的耐久性。

（5）掺入高效活性矿物掺料。

（6）在混凝土施工中，应搅拌均匀、振捣密实、加强养护，增加混凝土密实度，提高混凝土质量。

应用案例

北京西直门旧立交桥混凝土开裂

案例概况

北京二环路西北角的西直门立交桥旧桥于 1978 年 12 月开工，1980 年 12 月完工。建成使用一段时间后，桥中使用混凝土的部位都有不同程度开裂。1999 年 3 月因各种原因拆除部分旧桥改建。在改造过程中，有关科研部门对旧桥东南引桥桥面和桥基钻芯做 K_2O、Na_2O、Cl^- 含量测试。其中，Cl^- 浓度呈明显梯度分布，表面 Cl^- 浓度为 0.15%、0.094% 和 0.15%。距离表面 1 cm 处的 Cl^- 浓度骤增，分别为 0.30%、0.18% 和 0.78%。在 1～2 cm 处 Cl^- 浓度达到最高值，其后随着离开表面距离的增加，Cl^- 浓度逐渐减至 0.1% 左右。

案例解析

20 世纪 80 年代北京市每年化冰盐的撒盐量为 400～600 t，主要用于长安街和城市立交桥。西直门立交桥旧桥混凝土中的 Cl^- 主要来自化冰盐 NaCl。混凝土表面 Cl^- 含量低于距离表面 1～2 cm，是因其表面受雨水冲刷，部分 Cl^- 溶解于雨水中流失。Cl^- 超过最高极限值后，会破坏钢筋的钝化膜，锈蚀钢筋，锈蚀产物体积膨胀，导致钢筋开裂，保护膜脱落。

3.3.4　混凝土的变形性能

混凝土在硬化和使用过程中，受外界各种因素的影响会产生变形，变形是混凝土产生裂缝的重要原因之一。实际使用中的混凝土结构一般会受到基础、钢筋及相邻部位的约束，混凝土的变形会由于约束作用在混凝土内部产生拉应力，当拉应力超过混凝土的抗拉强度时，就会引起混凝土开裂，进而影响混凝土的强度和耐久性。

混凝土的变形包括非荷载作用下的变形和荷载作用下的变形。非荷载作用下的变形包括混凝土的化学收缩、干湿变形及温度变形；荷载作用下的变形可分为短期荷载作用下的变形、长期荷载作用下的变形——徐变。

1．非荷载作用下的变形

（1）化学收缩。混凝土在硬化过程中，水泥水化产物的体积小于水化前反应物体积，从而使混凝土产生收缩，即化学收缩。化学收缩是不可恢复的，其收缩量随混凝土硬化龄期的延长而增加。一般在混凝土成型后 40 d 内增长较快，以后逐渐趋于稳定。化学收缩值很小，一般对混凝土结构没有破坏作用，但在混凝土内部可能产生微细裂缝。

（2）干缩湿胀。混凝土的干缩湿胀是指由于外界湿度变化，致使其中水分变化而引起的体积变化。

混凝土在有水侵入的环境中，由于凝胶体中胶体粒子表面的水膜增厚，使胶体粒子之间的距离增大，混凝土表现出湿胀现象。混凝土在干燥过程中，毛细孔中的自由水分首先蒸发，使混凝土产生收缩，当毛细孔中的自由水分蒸发完毕后，凝胶吸附水开始蒸发，引起收缩。干缩后的混凝土再遇到水，部分收缩变形是可恢复的，但有 30%～50% 是不可恢复的，如图 3-21 所示。

混凝土的湿胀变形很小，一般无破坏作用，但混凝土过大的干缩变形会对混凝土产生较大的危害，使混凝土的表面产生较大的拉应力而引起开裂，严重影响混凝土的耐久性。

混凝土的干燥收缩是水泥石中的毛细孔和凝胶孔失水收缩所致的。因此，混凝土的干缩与水泥品种、水胶比、集料的用量和弹性模量及养护条

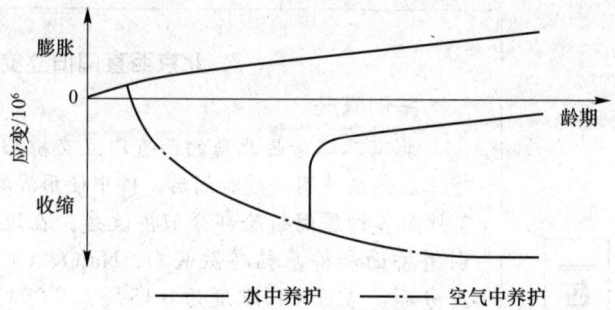

图 3-21　混凝土的干湿变形

件有关。一般来说，采用矿渣水泥的收缩比普通水泥大；水胶比大的混凝土，收缩量较大；水泥用量少、集料用量多的混凝土，收缩量较小；集料的弹性模量越高，混凝土的收缩量越小；水中或潮湿养护可大大减少混凝土的收缩。蒸汽养护可进一步减少收缩，蒸压养护混凝土的收缩更小。

（3）温度变形。混凝土与普通的固体材料一样呈现热胀冷缩现象，相应的变形为温度变形，混凝土的温度变形系数为（1～1.5）×10^{-5}/℃，即温度升降 1 ℃，每米胀缩 0.01～0.015 mm，温度变形对大体积混凝土或大面积混凝土及纵向很长的混凝土极为不利，易使这些混凝土产生温度裂缝。

在混凝土硬化初期，水泥水化放热量较高，且混凝土又是热的不良导体，散热很慢，造成混凝土内外温差很大，有时可达 50 ℃～70 ℃，这将使混凝土产生内胀外缩，在混凝土表面产生拉应力，拉应力超过混凝土的极限抗拉强度时，使混凝土产生微细裂缝。在实际施工中可采取低热水泥，减少水泥用量，采用人工降温和沿纵向较长的钢筋混凝土结构设置温度伸缩缝等措施。

2. 荷载作用下的变形

（1）短期荷载作用下的变形。

1）混凝土是一种非匀质的复合材料，属于弹塑性体。混凝土在短期单轴受压状态下的应力－应变关系可分为四个阶段，如图 3-22 所示。

第一阶段荷载小于"比例极限"（约为极限荷载的 30%），混凝土因泌水、收缩产生的原生界面裂缝基本保持稳定，没有扩展趋势。因此，混凝土的应力－应变关系呈直线形式，是弹性变形阶段。

第二阶段荷载为极限荷载的 30%～50%，这时，混凝土中界面过渡区内的微裂缝在长度、宽度和数量上均随荷载的提高而增加。应变的增大比应力的增长快，两者不再呈直线关系。混凝土的应力－应变关系呈偏向应变轴的曲线形式，有明显的塑性变形产生，混凝土的变形进入弹塑性阶段。但是，在这一阶段，过渡区内的微裂缝仍处于稳定状态，水泥石中的开裂可以忽略。

第三阶段荷载为极限荷载的 50%～75%，在这一阶段，界面过渡区内的裂缝变得不稳定，水泥石中也形成裂缝并逐渐增生，产生不稳定扩展。应力－应变曲线趋向水平。当荷载达到极限荷载的 75% 左右时，混凝土内的裂缝体系变得不稳定。界面裂缝与基体裂缝开始连通，这时的应力水平称为临界应力。

第四阶段荷载大于极限荷载的 75%，随着荷载的增加，界面裂缝与基体裂缝不稳定扩

展，并迅速形成连续的裂缝体系，混凝土产生很大的应变。应力－应变曲线明显弯曲，更趋水平，直到达到极限荷载。在重复荷载作用下的应力－应变曲线，因荷载的大小不同而有不同的形式。当荷载不大于极限荷载的30%～50%时，每次卸荷都残留一部分塑性变形，但随着重复次数的增加，塑性变形的增量逐渐减小，最后曲线稳定于$A'C'$线。它与初始切线大致平行，如图3-23所示。若所加荷载在极限荷载的50%～75%以上重复，随着重复次数的增加，塑性应变逐渐增加，最后导致混凝土疲劳破坏。

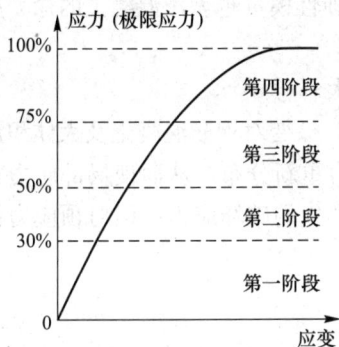

图3-22　混凝土受压应力－应变关系　　图3-23　低应力下重复荷载的应力－应变曲线

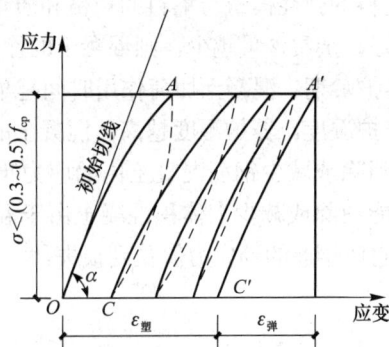

2）混凝土的弹性模量。根据《混凝土物理力学性能试验方法标准》（GB/T 50081—2019）的规定，采用150 mm×150 mm×300 mm的棱柱体作为标准试件，使混凝土的应力在0.5 MPa和$1/3f_{cp}$之间经过至少两次预压，在最后一次预压完成后，应力与应变关系基本上呈直线关系，此时测得的变形模量即该混凝土弹性模量。

混凝土的弹性模量随集料与水泥石的弹性模量而异。在材料质量不变的条件下，混凝土的集料含量较多、水胶比较小、养护条件较好及龄期较长时，混凝土的弹性模量就较大。另外，混凝土的弹性模量一般随强度提高而增大。通常，当混凝土的强度等级由C15增加到C60时，其弹性模量由$1.75×10^4$ MPa增加到$3.60×10^4$ MPa。

（2）长期荷载作用下的变形——徐变。混凝土在长期不变荷载作用下，随时间增长的变形称为徐变。图3-24所示为混凝土在长期荷载作用下变形与荷载作用间的关系。混凝土在加荷的瞬间，产生瞬时变形，随着荷载持续时间的延长，逐渐产生徐变变形。混凝土徐变在加荷早期增长较快，然后逐渐减慢，一般要2～3年才趋于稳定。当混凝土卸荷后，一部分变形瞬间恢复，其值小于在加荷瞬间产生的瞬时变形，在卸荷后的一段时间内变形还会继续恢复，称为徐变恢复，最后残存的不能恢复的变形称为残余变形。

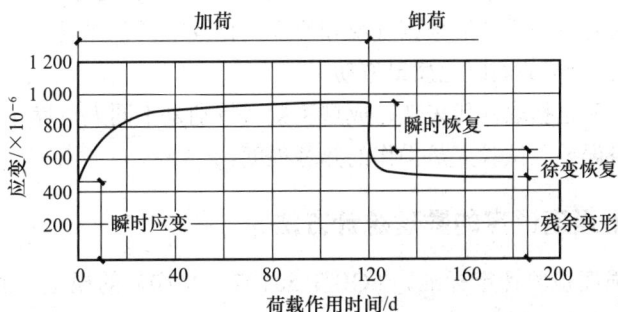

图3-24　混凝土的变形与荷载作用时间的关系曲线

产生徐变的原因，一般认为是水泥石中凝胶体在长期荷载作用下的黏性流动，并向毛细孔内迁移的结果。早期加荷时，水泥尚未充分熟化，所含凝胶体较多且水泥石中毛细孔较多，凝胶体易流动，所以徐变发展较快，而在后期由于凝胶体的移动及水化的进行，毛细孔逐渐减少，且水化物结晶程度不断提高，因此黏性流动变难，徐变的发展减缓。

影响混凝土徐变的主要因素如下：

1）水泥用量与水胶比。水泥用量越多，水胶比越大，混凝土徐变越大。

2）集料的弹性模量与集料的规格和质量。集料的弹性模量越大，混凝土的徐变越小；集料级配越好，杂质含量越少，则混凝土的徐变越小。

3）养护龄期。混凝土加荷作用时间越早，徐变越大。

4）养护湿度。养护湿度越高，混凝土的徐变越小。徐变对钢筋混凝土及大体积混凝土有利，它可消除或减少钢筋混凝土内的应力集中，使应力重新分布，从而使局部应力集中得到缓解，并能消除或减少大体积混凝土由于温度变形所产生的破坏应力；但对预应力钢筋混凝土不利，它使钢筋的预应力值受到损失。

3.4　混凝土配合比设计

3.4.1　混凝土质量波动的原因

在混凝土施工过程中，原材料、施工养护、试验条件、气候因素的变化，均可能造成混凝土质量的波动，影响到混凝土的和易性、强度及耐久性。由于强度是混凝土的主要技术指标，其他性能可从强度得到间接反映，故以强度为例分析波动的因素。

1. 原材料的质量波动

原材料的质量波动主要有：砂细度模数和级配的波动；粗集料最大粒径和级配的波动；集料含泥量的波动；集料含水量的波动；水泥强度（不同批或不同厂家的实际强度可能不同）的波动；外加剂质量的波动（如液体材料的含固量、减水剂的减水率）等。所有这些质量波动，均将影响混凝土的强度。在现场施工或预拌工厂生产混凝土时，必须对原材料的质量加以严格控制，及时检测并加以调整，尽可能减少原材料质量波动对混凝土质量的影响。

2. 施工养护引起的混凝土质量波动

混凝土的质量波动与施工养护有着十分紧密的关系。如混凝土搅拌时间过长或不足；计量时未根据砂石含水量变动及时调整配合比；运输时间过长引起分层、离析；振捣时间过长或不足；浇水养护时间不当或未能根据气温和湿度变化及时调整保温、保湿措施等。

3. 试验条件变化引起的混凝土质量波动

试验条件变化主要是指取样代表性、成型质量（特别是不同人员操作时）、试件的养护条件变化、试验机自身误差及试验人员操作的熟练程度。

3.4.2　混凝土强度评定的数理统计方法

根据《混凝土强度检验评定标准》（GB/T 50107—2010）的规定，混凝土的强度评定方法如下。

1. 统计方法评定

（1）方差已知（或统计方法1）。当连续生产的混凝土，生产条件在较长时间内保持一致，且同一品种、同一强度等级混凝土的强度变异性保持稳定时，应按下列规定进行评定：

$$m_{f_{cu}} \geq f_{cu,k} + 0.7\sigma_0 \tag{3-11}$$

$$f_{cu,min} \geq f_{cu,k} - 0.7\sigma_0 \tag{3-12}$$

检验批混凝土立方体抗压强度的标准差按式（3-13）计算。

$$\sigma_0 = \sqrt{\frac{\sum\limits_{i=1}^{n} f_{cu,i}^2 - n m_{f_{cu}}^2}{n-1}} \tag{3-13}$$

当混凝土强度等级不高于 C20 时，其强度最小值尚应满足下式要求：

$$f_{cu,min} \geq 0.85 f_{cu,k} \tag{3-14}$$

当混凝土强度等级高于 C20 时，其强度的最小值尚应满足下式要求：

$$f_{cu,min} \geq 0.9 f_{cu,k} \tag{3-15}$$

式中　$m_{f_{cu}}$——同一检验批混凝土立方体抗压强度平均值（N/mm²），精确到 0.1 N/mm²；

　　　$f_{cu,k}$——混凝土立方体抗压强度标准值（N/mm²），精确到 0.1 N/mm²；

　　　σ_0——检验批混凝土立方体抗压强度标准差（N/mm²），精确到 0.01 N/mm²，当检验批混凝土强度标准差计算值小于 2.5 N/mm² 时，应取 2.5 N/mm²；

　　　n——前一检验期内的样本容量，在该期间内样本容量不应少于 45；

　　　$f_{cu,min}$——同一检验批混凝土立方体抗压强度最小值（N/mm²），精确到 0.1 N/mm²；

　　　$f_{cu,i}$——前一检验期内同一品种、同一强度等级的第 i 组混凝土试件的立方体抗压强度代表值（N/mm²），精确到 0.1 N/mm²；该检验期不应少于 60 d，也不得大于 90 d。

【例 3-2】 某混凝土构件厂生产的预应力空心板，设计强度等级为 C30，某月 8 批强度数据见表 3-33，该厂前一检验期 16 批混凝土强度数据见表 3-32。

表 3-32　混凝土强度数据

检验批	1	2	3	4	5	6	7	8
	33.0	31.0	32.0	32.5	37.0	33.5	35.2	31.0
强度代表值	32.0	36.2	30.0	32.0	35.0	35.5	32.0	36.0
	35.0	34.0	36.0	33.0	33.0	31.0	34.0	32.0
检验批	9	10	11	12	13	14	15	16
	34.7	34.0	37.5	38.8	38.0	32.0	31.0	32.0
强度代表值	30.5	36.0	32.0	34.0	33.0	37.0	39.0	37.0
	33.0	30.0	33.0	35.0	34.0	34.0	34.0	30.0

解：1）计算标准差：按式（3-13）计算，则

$$\sigma_0 = \sqrt{\frac{\sum\limits_{i=1}^{n} f_{cu,i}^2 - n m_{f_{cu}}^2}{n-1}} = 2.36 \text{ MPa}$$

2）计算验收界限：

$$[m_{f_{cu}}] = 30 + 0.7 \times 2.36 = 31.7 \text{（MPa）}$$
$$[f_{cu,min}] = 30 - 0.7 \times 2.36 = 28.3 \text{（MPa）}$$

3）合格评定，见表 3-33。

表 3-33　预应力空心板某月强度数据 8 批评定结果

检验批	1	2	3	4	5	6	7	8
强度代表值	34.1	29.5	32.0	33.0	31.5*	34.5	37.0	34.5
	32.0	31.0	37.0	32.0*	33.5	33.0	32.0	30.5*
	32.0*	33.0	30.0*	36.0	34.6	29.5*	31.0*	31.6
平均值	32.0	31.2	33.0	33.7	33.2	32.3	33.3	32.2
评定结果	合格	不合格	合格	合格	合格	合格	合格	合格

* 表示该批最小数据。

（2）方差未知（或统计方法 2）。当样本容量不少于 10 组时，其强度应同时满足下列要求：

$$m_{f_{cu}} \geqslant f_{cu,k} + \lambda_1 \cdot S_{f_{cu}} \tag{3-16}$$
$$f_{cu,min} \geqslant \lambda_2 \cdot f_{cu,k} \tag{3-17}$$

同一检验批混凝土立方体抗压强度的标准差应按下式计算：

$$S_{f_{cu}} = \sqrt{\dfrac{\sum\limits_{i=1}^{n} f_{cu,i}^2 - n m_{f_{cu}}^2}{n-1}} \tag{3-18}$$

式中　$S_{f_{cu}}$——同一检验批混凝土立方体抗压强度的标准差（N/mm²），精确到 0.01 N/mm²；当检验批混凝土强度标准差计算值小于 2.5 N/mm² 时，应取 2.5 N/mm²；

λ_1，λ_2——合格判定系数，按表 3-34 取用；

n——本检验期内的样本容量。

表 3-34　混凝土强度的合格评定系数

试件组数	10～14	15～19	≥ 20
λ_1	1.15	1.05	0.95
λ_2	0.90	0.85	

【例 3-3】某混凝土搅拌站生产的 C30 混凝土，本批共留标养试件 27 组，强度数据见表 3-35。评定此批混凝土是否合格。

表 3-35　混凝土同批强度值（$f_{cu,i}$）　　　　MPa

33.8	40.3	39.7	29.5	31.6	32.4	32.1	31.8	30.1
37.9	36.7	30.4	32.0	29.5	30.4	31.2	34.2	36.7
41.9	36.9	31.4	30.7	31.4	30.5	30.7	30.9	32.1

解：1）计算批的平均值和标准差：$m_{f_{cu}}$=33.2 MPa

$$S_{f_{cu}}=\sqrt{\frac{\sum_{i=1}^{n}f_{cu,i}^2-nm_{f_{cu}}^2}{n-1}}=3.55\text{ MPa}$$

2）找出最小值：$f_{cu,min}$=29.5 MPa。

3）选定合格判断系数：$n>20$，λ_1=0.95，λ_2=0.85。

4）计算验收界限：$[m_{f_{cu}}]$=30+0.95×3.55=33.4（MPa）

$$[f_{cu,min}]=0.85\times30=25.5\text{（MPa）}$$

5）结果评定：$m_{f_{cu}}$=33.2 MPa < $[m_{f_{cu}}]$=33.4 MPa（平均值不合格）

$$f_{cu,min}=29.5\text{ MPa} > [f_{cu,min}]=25.5\text{ MPa（最小值合格）}$$

【例 3-4】 某混凝土搅拌站生产的 C60 混凝土，本批共留标养试件 10 组，28 d 强度数据见表 3-36。请评定此批混凝土是否合格。

表 3-36　混凝土 28 d 强度值　　　　　　　　　　　　　　　　　　　　　　MPa

强度代表值	59.1	60.0	67.0	63.0	62.5	58.0	69.1	65.0	63.2	65.2

解：1）计算批的平均值和标准差：

$$m_{f_{cu}}=63.2\text{ MPa}$$

$$S_{f_{cu}}=\sqrt{\frac{\sum_{i=1}^{n}f_{cu,i}^2-nm_{f_{cu}}^2}{n-1}}=3.51\text{ MPa}$$

2）找出最小值：$f_{cu,min}$=58.0 MPa。

3）选定合格判断系数：n=10 ～ 14，λ_1=1.15，λ_2=0.90。

4）计算验收界限：$[m_{f_{cu}}]=f_{cu,k}+\lambda_1\cdot S_{f_{cu}}$=60+1.15×3.51=64.0（MPa）

$$[f_{cu,min}]=0.9\times60=54.0\text{（MPa）}$$

5）结果评定：$m_{f_{cu}}$=63.2 MPa < $[m_{f_{cu}}]$=64.0 MPa（平均值不合格）

$$f_{cu,min}=58.0\text{ MPa} > [f_{cu,min}]=54.0\text{ MPa（最小值合格）}$$

2．非统计方法评定

当用于评定的样本容量小于 10 组时，应采用非统计方法评定混凝土强度。按非统计方法评定混凝土强度时，其强度应同时符合下列规定：

$$m_{f_{cu}}\geqslant\lambda_3\cdot f_{cu,k} \tag{3-19}$$

$$f_{cu,min}\geqslant\lambda_4\cdot f_{cu,k} \tag{3-20}$$

式中　λ_3，λ_4——合格评定系数，应按表 3-37 取用。

表 3-37　混凝土强度的非统计法合格评定系数

混凝土强度等级	< C60	≥ C60
λ_3	1.15	1.10
λ_4	0.95	

3．混凝土强度的合格性判断

当检验结果能满足上述规定时，则该批混凝土强度判为合格；当不满足上述规定时，则该批混凝土强度判为不合格。

对评定为不合格批的混凝土，可按现行国家的有关标准进行处理。

应用案例

某地综合楼倒塌

案例概况

某地综合楼为 7 层框架综合楼。2017 年 8 月开工至次年 5 月下旬完成主体结构。6 月 28 日上午，现场施工人员发现底层柱出现裂缝（上午 10 时提出加固方案。用杉圆木支顶该柱交叉的主次梁。下午柱钢筋已外露，向柱边弯曲。此后再以槽钢为基础支顶到 2 层梁底。柱四周角钢封焊加固。至晚上 8 时，混凝土柱被压破坏）。除设计方面存在严重问题外，所用钢筋的钢种很混乱，在同一梁柱断面中有竹节钢、螺纹钢、圆钢三种混合使用，取样的钢筋试件大部分不合格。混凝土用质地较差的红色碎石作集料，砂细且含泥多，砂多，碎石与水泥砂浆无黏结痕迹，混凝土与钢筋无黏结力。

案例解析

从现象可见，其施工质量差。钢筋混乱使用，且大部分不合格；而且混凝土的级配不当，混凝土强度太低。用钻芯法现场检验混凝土芯样抗压强度，平且均只有 10.2 MPa，最低仅 6.1 MPa，可见，其强度不仅远低于 C20 混凝土强度的要求，而且波动大，质量差。

3.4.3 混凝土配合比设计

普通混凝土配合比是指混凝土中胶凝材料（包括水泥和矿物掺合料）、粗细集料和水等各项组成材料用量之间的比例关系。

配合比的表示方法有两种：一种是以每 1 m³ 混凝土中各项材料的质量表示，例如，胶凝材料 420 kg（水泥 300 kg，矿物掺合料 120 kg），水 190 kg，砂 700 kg，石子 1 200 kg；另一种是以各项材料间的质量比来表示（以胶凝材料质量为 1），将上述质量换算成质量比为：胶凝材料：砂：石子＝1：1.67：2.86，水胶比为 0.45。

1．混凝土配合比设计的基本要求

（1）满足混凝土配制强度。

（2）满足设计拌合物性能。

（3）满足力学性能。

（4）满足耐久性能的设计要求。

2．混凝土配合比设计的 3 个重要参数

为了达到混凝土配合比设计的四项基本要求，关键是要控制好水胶比（W/B）、单位用量和砂率（β_s）3 个基本参数。这 3 个基本参数的确定原则如下：

（1）水胶比。水胶比根据设计要求的混凝土强度和耐久性确定。确定原则为：在满足混凝土设计强度和耐久性的基础上,选用较大的水胶比,以节约水泥,降低混凝土成本。

(2)单位用水量。单位用水量主要根据坍落度要求和粗集料品种、最大粒径确定。确定原则为:在满足施工和易性的基础上,尽量选用较小的单位用水量,以节约水泥。因为当 W/B 一定时,用水量越大,所需水泥用量也越大。

(3)砂率。合理砂率的确定原则为:砂子的用量填满石子的空隙略有富余。砂率对混凝土和易性、强度和耐久性影响很大,也直接影响水泥用量,故应尽可能选用最优砂率,并根据砂子细度模数、坍落度要求等加以调整,有条件时宜通过试验确定。

混凝土配合比 3 个参数之间的关系如图 3-25 所示。

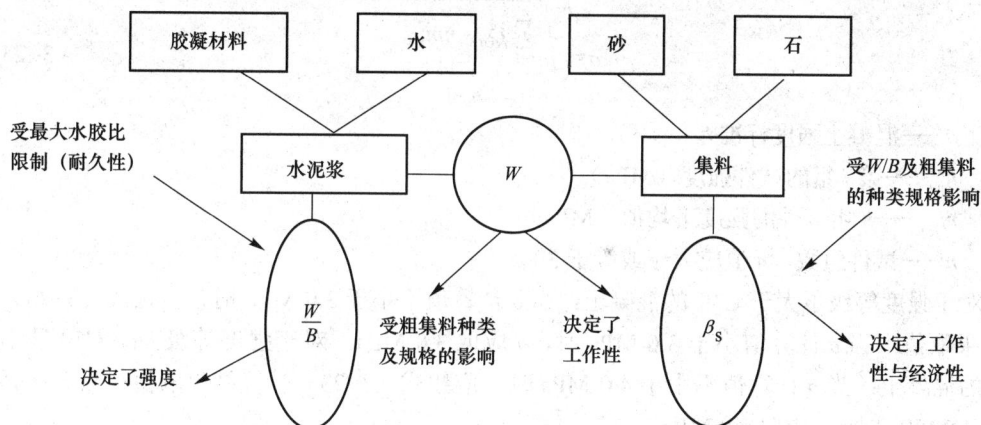

图 3-25　混凝土配合比 3 个参数之间的关系

3．配合比设计的基本资料

进行混凝土配合比设计之前,必须详细掌握下列基本资料:

(1)工程要求和施工条件。掌握设计要求的强度等级,混凝土流动性要求,混凝土耐久性要求(抗渗、抗冻、抗侵蚀等),工程特征(工程所处的环境、结构断面、钢筋最小净距),施工采用的搅拌、振捣方法,施工质量水平等。

(2)各种原材料的性能指标。水泥的品种、强度等级、密度及堆积密度;砂、石集料的品种、级配、表观密度、堆积密度、含水率、石子的最大粒径;混凝土拌合用水的水质及来源;外加剂的品种、性能、适宜掺量、与水泥的相容性及掺入方法等。

4．普通混凝土配合比设计的方法和步骤

根据《普通混凝土配合比设计规程》(JGJ 55—2011)的规定,混凝土的配合比首先根据选定的原材料及配合比设计的基本要求,通过经验公式、经验数据进行初步设计,得出"初步配合比";在"初步配合比"的基础上,经过试拌、检验,调整到和易性满足要求时,得出"试拌配合比";在试验室进行混凝土强度检验、复核(如有其他性能要求,则做相应的检验项目,如抗冻性、抗渗性等),得出"设计配合比"(也称试验室配合比);最后根据现场原材料情况(如砂、石含水情况等)修正"设计配合比",得出"施工配合比"。

(1)初步配合比的确定。

1)确定配制强度($f_{cu,0}$)。当混凝土的设计强度等级小于 C60 时,混凝土的配制强度按式(3-21)确定:

$$f_{cu,0} \geqslant f_{cu,k} + 1.645\sigma \qquad (3-21)$$

式中　$f_{cu,0}$——混凝土的配制强度（MPa）；

　　　$f_{cu,k}$——混凝土立方体抗压强度标准值，这里取设计混凝土强度等级值（MPa）；

　　　σ——混凝土强度标准差（MPa）。

当设计强度等级大于或等于 C60 时，配制强度应按式（3-22）计算：

$$f_{cu,0} \geqslant 1.15 f_{cu,k} \qquad (3-22)$$

混凝土强度标准差应按照下列规定确定：当具有近 1～3 个月的同一品种、同一强度等级混凝土的强度资料时，其混凝土强度标准差 σ 应按下式计算：

$$\sigma = \sqrt{\frac{\sum_{i=1}^{n} f_{cu,i}^2 - n m_{f_{cu}}^2}{n-1}} \qquad (3-23)$$

式中　σ——混凝土强度标准差；

　　　$f_{cu,i}$——第 i 组的试件强度（MPa）；

　　　$m_{f_{cu}}$——n 组试件的强度平均值（MPa）；

　　　n——试件组数，n 值应大于或等于 30。

对于强度等级不大于 C30 的混凝土：当 σ 计算值不小于 3.0 MPa 时，应按式（3-23）计算结果取值；当 σ 计算值小于 3.0 MPa 时，σ 应取 3.0 MPa。对于强度等级大于 C30 且小于 C60 的混凝土：当 σ 计算值不小于 4.0 MPa 时，应按式（3-23）计算结果取值；当 σ 计算值小于 4.0 MPa 时，σ 应取 4.0 MPa。

当没有近期的同一品种、同一强度等级混凝土强度资料时，其强度标准差 σ 可按表 3-38 取值。

表 3-38　标准差 σ 值　　　　　　　　　　　　　　　　　　MPa

混凝土设计强度等级	≤ C20	C25 ～ C45	C50 ～ C55
σ	4.0	5.0	6.0

2）确定水胶比值（W/B）。混凝土强度等级不大于 C60 等级时，混凝土水胶比宜按下式计算：

$$\frac{W}{B} = \frac{\alpha_a f_b}{f_{cu,0} + \alpha_a \alpha_b f_b} \qquad (3-24)$$

知识链接

矿物掺合料在混凝土中的掺量应通过试验确定。钢筋混凝土中矿物掺合料最大掺量宜符合表 3-39 的规定；预应力钢筋混凝土中矿物掺合料最大掺量宜符合表 3-40 的规定。对基础大体积混凝土，粉煤灰、粒化高炉矿渣粉和复合掺合料的最大掺量可增加 5%。采用掺量大于 30% 的 C 类粉煤灰的混凝土应以实际使用的水泥和粉煤灰掺量进行安定性检验。

表 3-39 钢筋混凝土中矿物掺合料最大掺量

矿物掺合料种类	水胶比	最大产量 /%	
		硅酸盐水泥	普通硅酸盐水泥
粉煤灰	≤ 0.40	≤ 45	≤ 35
	> 0.40	≤ 40	≤ 30
粒化高炉矿渣粉	≤ 0.40	≤ 65	≤ 55
	> 0.40	≤ 55	≤ 45
钢渣粉	—	≤ 30	≤ 20
磷渣粉	—	≤ 30	≤ 20
硅灰		≤ 10	≤ 10
复合掺合料	≤ 0.40	≤ 60	≤ 50
	> 0.40	≤ 50	≤ 40

注：1. 采用其他通用硅酸盐水泥时，宜将水泥混合材掺量 20% 以上的混合材量计入矿物掺合料；

2. 复合掺合料各组分的掺量不宜超过单掺量的最大掺量；

3. 在混合使用两种或两种以上矿物掺合料时，矿物掺合料总掺量应符合表中复合掺合料的规定。

表 3-40 预应力钢筋混凝土中矿物掺合料最大掺量

矿物掺合料种类	水胶比	最大产量 /%	
		硅酸盐水泥	普通硅酸盐水泥
粉煤灰	≤ 0.40	≤ 35	≤ 30
	> 0.40	≤ 25	≤ 20
粒化高炉矿渣粉	≤ 0.40	≤ 55	≤ 45
	> 0.40	≤ 45	≤ 35
钢渣粉	—	≤ 20	≤ 10
磷渣粉	—	≤ 20	≤ 10
硅灰	—	≤ 10	≤ 10
复合掺合料	≤ 0.40	≤ 50	≤ 40
	> 0.40	≤ 40	≤ 30

注：1. 采用其他通用硅酸盐水泥时，宜将水泥混合材掺量 20% 以上的混合材量计入矿物掺合料；

2. 复合掺合料各组分的掺量不宜超过单掺量的最大掺量；

3. 在混合使用两种或两种以上矿物掺合料时，矿物掺合料总掺量应符合表中复合掺合料的规定。

3）确定单位用水量（m_{w0}）和外加剂用量。

①干硬性或塑性混凝土的用水量应符合下列规定：

a．混凝土水胶比在 0.40 ～ 0.80 范围时，根据粗集料的品种、粒径及施工要求的混凝土拌合物稠度，其用水量可按表 3-41 和表 3-42 选取。

b．混凝土水胶比小于 0.40 时，可通过试验确定。

表 3-41　干硬性混凝土的用水量　　　　　　　　　　　　　　　　　　　　kg/m³

拌合物稠度		卵石最大粒径 /mm			碎石最大粒径 /mm		
项目	指标	10.0	20.0	40.0	16.0	20.0	40.0
维勃稠度 /s	16 ~ 20	175	160	145	180	170	155
	11 ~ 15	180	165	150	185	175	160
	5 ~ 10	185	170	155	190	180	165

表 3-42　塑性混凝土的用水量　　　　　　　　　　　　　　　　　　　　kg/m³

拌合物稠度		卵石最大粒径 /mm				碎石最大粒径 /mm			
项目	指标	10	20	31.5	40	16	20	31.5	40.0
坍落度 /mm	10 ~ 30	190	170	160	150	200	185	175	165
	35 ~ 50	200	180	170	160	210	195	185	175
	55 ~ 70	210	190	180	170	220	205	195	185
	75 ~ 90	215	195	185	175	230	215	205	195

注：①本表用水量系采用中砂时的平均取值。采用细砂时，每立方米混凝土用水量可增加 5 ~ 10 kg；采用粗砂时，则可减少 5 ~ 10 kg。

②掺用各种外加剂或掺合料时，用水量应相应调整。

②掺外加剂时，每立方米流动性或大流动性混凝土的用水量（m_{w0}）可按下式计算：

$$m_{w0}=m'_{w0}（1-\beta）\tag{3-25}$$

式中　m'_{w0}——满足实际坍落度要求的每立方米混凝土用水量（kg/m³）；

　　　m'_{w0}——未掺外加剂时推定的满足实际坍落度要求的每立方米混凝土的用水量（kg/m³），以表 3-42 中 90 mm 坍落度的用水量为基础，每增大 20 mm 坍落度相应增加 5 kg/m³，当坍落度增大到 180 mm 以上时，随坍落度相应增加的用水量可减少；

　　　β——外加剂的减水率（%），应经混凝土试验确定。

③每立方米混凝土中外加剂用量（m_{a0}）应按下式计算：

$$m_{a0}=m_{b0}\beta_a\tag{3-26}$$

式中　m_{a0}——每立方米混凝土中外加剂用量（kg/m³）；

　　　m_{b0}——计算配合比每立方米混凝土中胶凝材料用量（kg/m³）；

　　　β_a——外加剂掺量（%），应经混凝土试验确定。

4）确定胶凝材料用量、矿物掺合料和水泥用量。

①每立方米混凝土的胶凝材料用量（m_{b0}）应按下式计算：

$$m_{b0} = \frac{m_{w0}}{W/B} \tag{3-27}$$

式中　m_{b0}——计算配合比每立方米混凝土中胶凝材料用量（kg/m^3）；

　　　m_{w0}——计算配合比每立方米混凝土中用水量（kg/m^3）；

　　　W/B——混凝土水胶比。

②每立方米混凝土的矿物掺合料用量（m_{f0}）应按下式计算：

$$m_{f0} = m_{b0}\beta_f \tag{3-28}$$

式中　m_{f0}——计算配合比每立方米混凝土中矿物掺合料用量（kg/m^3）；

　　　β_f——矿物掺合料掺量（%），可按表3-39、表3-40和混凝土配合比设计中水胶比确定原则确定。

③每立方米混凝土的水泥用量（m_{c0}）应按下式计算：

$$m_{c0} = m_{b0} - m_{f0} \tag{3-29}$$

式中　m_{c0}——计算配合比每立方米混凝土中水泥用量（kg/m^3）。

为保证混凝土的耐久性，由上式计算得出的胶凝材料用量应满足表3-31的规定。

5）确定合理砂率（β_s）。

①砂率（β_s）应根据集料的技术指标、混凝土拌合物性能和施工要求，参考既有历史资料确定。

②当缺乏砂率的历史资料时，混凝土砂率的确定应符合下列规定：

a.坍落度小于10 mm的混凝土，其砂率应经试验确定。

b.坍落度为10～60 mm的混凝土，可根据粗集料品种、最大公称粒径及水胶比按表3-25选取。

c.坍落度大于60 mm的混凝土，可经试验确定，也可在表3-25的基础上，按坍落度每增大20 mm、砂率增大1%的幅度予以调整。

6）确定1 m^3混凝土的砂石用量（m_{s0}、m_{g0}）。砂、石用量的确定可采用体积法或质量法求得。

①采用质量法计算粗、细集料用量时，应按下式计算：

$$\begin{cases} m_{f0} + m_{c0} + m_{g0} + m_{s0} + m_{w0} = m_{ce} \\ \beta_s = \dfrac{m_{s0}}{m_{g0} + m_{s0}} \times 100\% \end{cases} \tag{3-30}$$

式中　m_{g0}——每立方米混凝土的粗集料用量（kg/m^3）；

　　　m_{s0}——每立方米混凝土的细集料用量（kg/m^3）；

　　　m_{w0}——每立方米混凝土的用水量（kg/m^3）；

　　　β_s——砂率（%）；

　　　m_{ce}——每立方米混凝土拌合物假定的质量（kg/m^3），可取2 350～2 450 kg/m^3。

②当采用体积法计算混凝土配合比时，砂率和粗、细集料用量应按式（3-31）计算。

$$\begin{cases} \dfrac{m_{c0}}{\rho_c}+\dfrac{m_{f0}}{\rho_f}+\dfrac{m_{s0}}{\rho_s}+\dfrac{m_{g0}}{\rho_g}+\dfrac{m_{w0}}{\rho_w}+0.01\alpha=1 \\[2mm] \beta_s=\dfrac{m_{s0}}{m_{g0}+m_{s0}}\times100\% \end{cases} \qquad (3\text{-}31)$$

式中　ρ_c——水泥密度（kg/m^3），应按《水泥密度测定方法》（GB/T 208—2014）测定，也可取
　　　　　2 900 ～ 3 100 kg/m^3；

　　　　ρ_f——矿物掺合料密度（kg/m^3），可按《水泥密度测定方法》（GB/T 208—2014）测定；

　　　　ρ_g——粗集料的表观密度（kg/m^3），应按现行行业标准《普通混凝土用砂、石质量及检
　　　　　验方法标准》（JGJ 52—2006）测定；

　　　　ρ_s——细集料的表观密度（kg/m^3），应按现行行业标准《普通混凝土用砂、石质量及检
　　　　　验方法标准》（JGJ 52—2006）测定；

　　　　ρ_w——水的密度（kg/m^3），可取 1 000 kg/m^3；

　　　　α——混凝土的含气量百分数，在不使用引气剂或引气型外加剂时，α 可取为 1。

通过上述步骤便可将水、水泥、矿物掺合料、砂和石子用量全部求出，得到初步配合比。

（2）试拌配合比的确定。初步配合比多是借助经验公式或经验资料查得的，因而不一定能满足实际工程的和易性要求。应进行试配与调整，直到混凝土拌合物的和易性满足要求为止，此时得出的配合比即混凝土的基准配合比，可供检验混凝土强度之用。

混凝土试配时，每盘混凝土试配的最小搅拌量应符合表 3-43 的规定，并不应小于搅拌机公称容量的 1/4 且不应大于搅拌机公称容量。

表 3-43　混凝土试配的最小搅拌量

粗集料最大公称粒径 /mm	最小搅拌的拌合物量 /L
≤ 31.5	20
40.0	25

在计算配合比的基础上进行试拌。计算水胶比宜保持不变，并应通过调整配合比其他参数使混凝土拌合物性能符合设计和施工要求，然后修正计算配合比，得出试拌配合比。

混凝土拌合物性能符合设计和施工要求后，测出该拌合物的实际表观密度（$\rho_{c,t}$），并计算出各组成材料的拌合用量：m_{c1}、m_{f1}、m_{w1}、m_{s1}、m_{g1}，则拌合物总量为 $Q_{总}=m_{c0拌}+m_{w0拌}+m_{s0拌}+m_{g0拌}$，由此可计算出 1 m^3 混凝土各组成材料用量，即试拌配合比，见式（3-32）。

$$\begin{cases} m_{c拌}=\dfrac{m_{c1}}{Q_{总}}\times\rho_{c,t} \\[3mm] m_{f拌}=\dfrac{m_{f1}}{Q_{总}}\times\rho_{c,t} \\[3mm] m_{w拌}=\dfrac{m_{w1}}{Q_{总}}\times\rho_{c,t} \\[3mm] m_{s拌}=\dfrac{m_{s1}}{Q_{总}}\times\rho_{c,t} \\[3mm] m_{g拌}=\dfrac{m_{g1}}{Q_{总}}\times\rho_{c,t} \end{cases} \qquad (3\text{-}32)$$

（3）设计配合比的确定。经过上述的试拌和调整所得出的基准配合比仅仅满足混凝土和易性要求，其强度是否符合要求，还需进一步进行强度检验。

检验混凝土强度时，应至少采用三个不同的配合比。当采用三个不同的配合比时，其中一个应为试拌配合比，另外两个配合比的水胶比宜较试拌配合比分别增加和减少 0.05，用水量应与试拌配合比相同，砂率可分别增加和减少 1%（进行混凝土强度试验时，应继续保持拌合物性能符合设计和施工要求）。进行混凝土强度试验时，每个配合比至少应制作一组试件，标准养护到 28 d 或设计规定龄期时试压。根据混凝土强度试验结果，宜绘制强度和胶水比的线性关系图或用插值法确定略大于配制强度的混凝土对应的胶水比，并按下列原则确定每立方米混凝土的材料用量。

1）在试拌配合比的基础上，用水量（m_w）和外加剂用量（m_a）应根据确定的水胶比作调整。

2）胶凝材料用量（m_b）应以用水量乘以确定的胶水比计算得出。

3）粗集料和细集料用量（m_g 和 m_s）应根据用水量和胶凝材料用量进行调整。

4）由强度复核之后的配合比，还应根据实测的混凝土拌合物的表观密度（$\rho_{c,t}$）和计算表观密度（$\rho_{c,c}$）进行校正。校正系数为

$$\delta = \frac{\rho_{c,t}}{\rho_{c,c}} = \frac{\rho_{c,t}}{m_c + m_f + m_s + m_g + m_w} \tag{3-33}$$

式中　δ——混凝土配合比校正系数；

　　　$\rho_{c,t}$——混凝土拌合物表观密度实测值（kg/m^3）；

　　　$\rho_{c,c}$——混凝土拌合物表观密度计算值（kg/m^3）。

当混凝土拌合物表观密度实测值与计算值之差的绝对值不超过计算值的 2% 时，以上定出的配合比即为确定的设计配合比；当两者之差超过计算值的 2% 时，应将配合比中的各项材料用量均乘以校正系数 δ，即为混凝土的设计配合比。

（4）施工配合比的确定。混凝土的设计配合比是以干燥状态的集料为准的，而工地存放的砂、石材料都含有一定的水分，故现场材料的实际用量应按砂、石含水情况进行修正，修正后的配合比为施工配合比。

假设工地砂、石含水率分别为 $a\%$ 和 $b\%$，则施工配合比为

$$\begin{cases} m_b' = m_b \\ m_s' = m_s\,(1 + a\%) \\ m_g' = m_g\,(1 + b\%) \\ m_w' = m_w - m_s \cdot a\% - m_g \cdot b\% \end{cases} \tag{3-34}$$

【例 3-5】某现浇钢筋混凝土梁，混凝土设计强度等级为 C30。施工要求坍落度为 35 ~ 50 mm，使用环境为无冻害的室外。施工单位无该种混凝土的历史统计资料，该混凝土采用统计法评定。所用的原材料情况如下：

水泥：42.5 级普通水泥，实测 28 d 抗压强度为 46.0 MPa，密度为 3 100 kg/m^3；

粉煤灰：I 级 C 类，密度 $\rho_f = 2\,500$ kg/m^3，掺量为 20%；

砂：级配合格，$\mu_f = 2.7$ 的中砂，表观密度 $\rho_s = 2\,650$ kg/m^3；

石子：5 ~ 20 mm 的碎石，表观密度 $\rho_\sigma = 2\,720$ kg/m^3。

试求：（1）该混凝土的设计配合比；（2）施工现场砂的含水率为 3%，碎石的含水率为 1% 时的施工配合比。

解：（1）混凝土初步配合比的确定。

1）配制强度（$f_{cu,0}$）的确定。

$$f_{cu,0}=f_{cu,k}+1.645\sigma$$

查表 3-38，当混凝土强度等级为 C30 时，取 $\sigma=5.0$ MPa，得

$$f_{cu,0}=f_{cu,k}+1.645\sigma=30+1.645\times5.0=38.2\ (\text{MPa})$$

2）计算水胶比（W/B）。胶凝材料无 28 d 胶砂强度实测值，故应用公式 $f_b=\gamma_f\gamma_s f_{ce}$ 计算 f_b，查表 3-26，$\gamma_s=1.00$，取 $\gamma_f=0.80$，$\gamma_{ce}=46.0$ MPa，则

$$f_b=\gamma_f\gamma_s f_{ce}=0.80\times1.00\times46.0=36.8\ (\text{MPa})$$

$$\frac{W}{B}=\frac{\alpha_a f_b}{f_{cu,0}+\alpha_a\alpha_b\times f_b}=\frac{0.53\times36.8}{38.2+0.53\times0.20\times36.8}=0.46$$

由表 3-40 查得最大水胶比为 0.60，可取水胶比为 0.46。

3）确定单位用水量（m_{w0}）。根据混凝土坍落度为 35～50 mm，砂子为中砂，石子为 5～20 mm 的碎石，查表 3-42，可选取单位用水量 $m_{w0}=195$ kg。

4）计算胶凝材料用量（m_{b0}）：

$$m_{b0}=\frac{m_{w0}}{W/B}=\frac{195}{0.46}=424\ (\text{kg})$$

矿物掺合料粉煤灰用量（m_{f0}）：

$$m_{f0}=m_{b0}\beta_f=424\times20\%=85\ (\text{kg})$$

水泥用量（m_{c0}）：

$$m_{c0}=m_{b0}-m_{f0}=424-85=339\ (\text{kg})$$

查表 3-31，得最小胶凝材料用量为 320～330 kg，取胶凝材料用量为 424 kg。

5）选取砂率（β_s）。查表 3-24，$W/B=0.46$ 和碎石最大粒径为 20 mm 时，可取 $\beta_s=33\%$。

6）计算粗、细集料用量（m_{g0}、m_{s0}）。

①质量法。

假定：每立方米新拌混凝土的质量为 2 400 kg。则有

$$\begin{cases} 339+85+m_{g0}+m_{s0}+195=2\,400 \\[2mm] \dfrac{m_{s0}}{m_{s0}+m_{g0}}\times100\%=33\% \end{cases}$$

解联立方程组得：$m_{s0}=588$ kg，$m_{g0}=1\,192$ kg。

因此，该混凝土的初步配合比为：

1 m³ 混凝土的各材料用量：水泥 339 kg，粉煤灰 85 kg，水 195 kg，砂 588 kg，碎石 1 192 kg。

各材料之间的比例：$m_{b0}:m_{w0}:m_{s0}:m_{g0}=1:0.46:1.39:2.81$。

②体积法。取新拌混凝土的含气量 $\alpha=1$，有

$$\begin{cases} \dfrac{339}{3\,100}+\dfrac{85}{2\,500}+\dfrac{m_{g0}}{2\,720}+\dfrac{m_{s0}}{2\,650}+\dfrac{195}{1\,000}+0.01\times1=1 \\[3mm] \dfrac{m_{s0}}{m_{s0}+m_{g0}}\times100\%=33\% \end{cases}$$

解联立方程组得：$m_{s0} = 578$ kg，$m_{g0} = 1\,181$ kg。

因此，该混凝土的初步配合比为：

1 m³ 混凝土的各材料用量：胶凝材料 424 kg（水泥 339 kg，粉煤灰 85 kg），水 195 kg，砂 578 kg，碎石 1 181 kg。

各材料之间的比例：$m_{f0} : m_{w0} : m_{s0} : m_{g0} = 1 : 0.46 : 1.36 : 2.79$。

（2）配合比的试配、调整与确定（以体积法计算配合比为例）。

1）配合比的试配。试拌 20 L 混凝土，各材料用量为

水泥	$0.020 \times 339 = 6.78$（kg）
粉煤灰	$0.020 \times 85 = 1.7$（kg）
水	$0.020 \times 195 = 3.9$（kg）
砂	$0.020 \times 578 = 11.56$（kg）
碎石	$0.020 \times 1\,181 = 23.62$（kg）

拌和均匀后，测得坍落度为 25 mm，低于施工要求的坍落度（35～50 mm），胶凝材料和水增加 5%，测得坍落度为 40 mm，新拌混凝土的黏聚性和保水性良好。经调整后各项材料用量为胶凝材料 8.91 kg（水泥 7.12 kg，粉煤灰 1.79 kg），水 4.10 kg，砂 11.56 kg，碎石 23.62 kg，其总量为 48.21 kg。因此，试拌配合比为：$m_{b1} : m_{w1} : m_{s1} : m_{g1} = 8.91 : 4.10 : 11.56 : 23.62 = 1 : 0.46 : 1.30 : 2.65$。

以试拌配合比为基础，采用水胶比为 0.41、0.46 和 0.51 三个不同的配合比，用水量应与试拌配合比相同，砂率可分别增加和减少 1%。经检验，三组配合比均满足和易性需求，按照上述三组配合比分别将混凝土制成标准试件，养护 28 d 测其抗压强度。

2）设计配合比的调整与确定。三种不同水胶比混凝土的配合比、实测坍落度、表观密度和 28 d 强度见表 3-44。

表 3-44　三种不同水胶比混凝土指标

编号	混凝土配合比					混凝土实测性能		
	水胶比	胶凝材料 /kg	水 /kg	砂 /kg	石 /kg	坍落度 /mm	表观密度 /（kg·m⁻³）	28 d 抗压强度 /MPa
1	0.41	500	205	531	1 130	45	2 395	47.8
2	0.46	446	205	571	1 165	42	2 388	40.2
3	0.51	402	205	614	1 157	39	2 383	34.0

由表 3-44 的结果并经计算可得 $f_{cu,0}$ 对应的 W/B 为 0.48。因此，取水胶比为 0.48，用水量为 205 kg，砂率保持不变。调整后的配合比为：胶凝材料 427 kg（水泥 342 kg，粉煤灰 85 kg），水 205 kg，砂 579 kg，石子 1 175 kg。由以上定出的配合比，还需根据混凝土的实测表观密度 $\rho_{c,t}$ 和计算表观密度 $\rho_{c,c}$ 进行校正。按调整后的配合比实测的表观密度为 2 395 kg，计算表观密度为 2 386 kg，校正系数 δ 为

$$\delta = \frac{\rho_{c,t}}{\rho_{c,c}} = \frac{2\,395}{2\,386} = 1.003$$

由于 $\rho_{c,t} - \rho_{c,c} = 2\,395 - 2\,386 = 9$（kg），该差值小于 $\rho_{c,c}$ 的 2%，所以，不需要调整配合比，以上确定的配合比即试验室设计配合比，即

$1 m^3$ 混凝土的各材料用量：胶凝材料 427 kg（水泥 342 kg，粉煤灰 85 kg）；水 205 kg；砂 579 kg；石子 1 175 kg。各材料之间的比例：$m_b : m_w : m_s : m_g = 1 : 0.48 : 1.36 : 2.75$。

3）现场施工配合比。将设计配合比换算为现场施工配合比时，用水量应扣除砂、石所含水量，砂、石用量则应增加砂、石所含水量。因此，施工配合比为

$m_b' = m_b = 427$ kg

$m_s' = m_s (1 + a\%) = 579 \times (1 + 0.03) = 596$ （kg）

$m_g' = m_g (1 + b\%) = 1\,175 \times (1 + 0.01) = 1\,187$ （kg）

$m_w' = m_w - m_s \cdot a\% - m_g \cdot b\% = 205 - 579 \times 0.03 - 1\,175 \times 0.01 = 176$ （kg）

【例 3-6】掺外加剂普通水泥混凝土配合比设计。

按例 3-5 资料，掺加高效减水剂 UNF-5，掺加量为 0.5%，减水率 $\beta = 10\%$。设计该混凝土配合比。

解： 设计步骤如下：

（1）确定试配强度和水胶比。

由前述计算得试配强度 $f_{cu,0} = 38.2$ MPa，水胶比 $W/B = 0.46$。

（2）计算掺减水剂混凝土的单位用水量：

$$m_{w掺} = m_w (1 - \beta) = 205 \times (1 - 10\%) = 185 \text{（kg）}$$

（3）计算掺减水剂混凝土的胶凝材料用量：

$$m_{b掺} = 185 / 0.46 = 402 \text{（kg）}$$

粉煤灰用量 $m_{f掺} = m_{b掺} \times 20\% = 402 \times 20\% = 80$ （kg）

水泥用量 $m_{0掺} = m_{b掺} - m_{f掺} = 402 - 80 = 322$ （kg）

（4）计算单位粗、细集料用量：

砂率同前，$\beta_s = 33\%$。

按质量法计算得 $m_{s掺} = 598$ kg，$m_{g掺} = 1\,215$ kg。

（5）减水剂用量：

$$m_a = 402 \times 0.5\% = 2.0 \text{（kg）}$$

（6）掺减水剂混凝土配合比：

$$m_{b掺} : m_{s掺} : m_{g掺} = 402 : 598 : 1\,215 = 1 : 1.49 : 3.02$$

（7）试拌调整。

3.5 特殊种类混凝土

3.5.1 轻混凝土

表观密度小于 1 950 kg/m³ 的混凝土称为轻混凝土。轻集料混凝土具有轻质、高强、保温和耐火等特点，并且变形性能良好，弹性模量较低，在一般情况下收缩和徐变也较大。

轻集料混凝土按干表观密度可分为 1 200、1 300、1 400、1 500、1 600、1 700、1 800、1 900 共 8 个等级。根据《轻集料混凝土应用技术标准》（JGJ/T 12—2019）的规定，轻集料混凝土结构的混凝土强度等级不应低于 LC20；采用强度等级 400 MPa 及以上的钢筋时，

轻集料混凝土强度等级不宜低于LC25；预应力轻集料混凝土结构的混凝土强度等级不宜低于LC40，且不应低于LC30。

3.5.2 纤维混凝土

纤维混凝土是指在混凝土中掺入纤维而形成的复合材料。它具有普通钢筋混凝土所没有的许多优良品质，在抗拉强度、抗弯强度、抗裂强度和冲击韧性等方面有明显的改善。

常用的纤维材料有钢纤维、玻璃纤维、石棉纤维、碳纤维和合成纤维等。所用的纤维必须具有耐碱、耐海水、耐气候变化的特性。国内外研究和应用钢纤维较多，因为钢纤维对抑制混凝土裂缝的形成，提高混凝土抗拉和抗弯、增加韧性效果最佳，但成本较高，因此，近年来合成纤维的应用技术研究较多，有可能成为纤维混凝土主要品种之一。

在纤维混凝土中，纤维的含量、纤维的几何形状及纤维的分布情况，对其性质有重要的影响。以钢纤维为例，为了便于搅拌，一般控制钢纤维的长径比为 60 ~ 100，掺量为 0.5% ~ 1.3%（体积比），尽可能选用直径细、截面形状非圆形的钢纤维，钢纤维混凝土一般可提高抗拉强度 2 倍左右，抗冲击强度提高 5 倍以上。

目前，纤维混凝土主要用于复杂应力结构构件、对抗冲击性要求高的工程，如飞机跑道、高速公路、桥面面层、管道等。随着纤维混凝土技术的提高、各类纤维性能的改善、成本的降低，在建筑工程中的应用将会越来越广泛。

3.5.3 高强高性能混凝土

《普通混凝土配合比设计规程》（JGJ 55—2011）中将强度等级大于等于 C60 的混凝土称为高强度混凝土。

（1）获得高强高性能混凝土的最有效的途径。

1）改善原材料的性能。主要有掺高性能混凝土外加剂和活性掺合料，并同时采用高强度等级的水泥和优质集料。对于具有特殊要求的混凝土，还可以掺用纤维材料提高抗拉、抗弯性能和冲击韧性，也可以掺用聚合物等提高密实度和耐磨性。常用的外加剂有高效减水剂、高效泵送剂、高性能引气剂、防水剂和其他特种外加剂。

2）优化配合比。普通混凝土配合比设计的强度 - 水胶比关系式在这里不再适用，必须通过试配优化后确定。高强度混凝土配合比应经试验确定。在缺乏试验依据的情况下，高强度混凝土配合比设计宜符合下列要求：

①水胶比、胶凝材料用量和砂率可按表 3-45 选取，并应经试配确定；

②外加剂和矿物掺合料的品种、掺量，应通过试配确定；矿物掺合料宜为 25% ~ 40%；硅灰掺量不宜大于 10%；

③水泥用量不宜大于 500 kg/m³。

表 3-45　高强度混凝土水胶比、胶凝材料用量和砂率

强度等级	水胶比	胶凝材料用量 /（kg·m⁻³）	砂率 /%
> C60，< C80	0.28 ~ 0.33	480 ~ 560	
≥ C80，< C100	0.26 ~ 0.28	520 ~ 580	35 ~ 42
C100	0.24 ~ 0.26	550 ~ 600	

3）加强生产管理，严格控制每个生产环节。目前我国应用较广泛的是C60～C80高强度混凝土，主要用于桥梁、轨枕、高层建筑的基础和柱、输水管、预应力管桩等。

（2）高强高性能混凝土的特点。

1）高强高性能混凝土的早期强度高，但后期强度增长率一般不及普通混凝土，故不能用普通混凝土的龄期-强度关系式（或图表），由早期强度推算后期强度。如C60～C80混凝土，3 d强度为28 d的60%～70%，7 d强度为28 d的80%～90%。

2）高强高性能混凝土由于非常致密，故抗渗、抗冻、抗碳化、抗腐蚀等耐久性指标均十分优异，可极大地提高混凝土结构物的使用年限。

3）由于混凝土强度高，因此构件截面尺寸可大大减小，从而改变"肥梁胖柱"的现状，减轻建筑物自重，简化地基处理，并使高强度钢筋的应用和效能得以充分利用。

4）高强度混凝土的弹性模量高，徐变小，可大大提高构筑物的结构刚度。特别是对于预应力混凝土结构，可大大减小预应力损失。

5）高强度混凝土的抗拉强度增长幅度往往小于抗压强度，即拉压比相对较低，且随着强度等级提高，脆性增大，韧性下降。

6）高强度混凝土的水泥用量较大，故水化热大，自收缩大，干缩也较大，较易产生裂缝。

（3）高强高性能混凝土的应用。高强高性能混凝土作为原建设部推广应用的十大新技术之一，是建设工程发展的必然趋势。发达国家早在20世纪50年代即已开始研究应用。我国约在20世纪80年代初首先在轨枕和预应力桥梁中得到应用。高层建筑中应用则始于20世纪80年代末，进入20世纪90年代，研究和应用增加，北京、上海、广州、深圳等许多大中城市已建起了多幢高强高性能混凝土建筑。

随着国民经济的发展，高强高性能混凝土在建筑、道路、桥梁、港口、海洋、大跨度及预应力结构、高耸建筑物等工程中的应用将越来越广泛，强度等级也将不断提高，C50～C80的混凝土将普遍得到使用，C80以上的混凝土将在一定范围内得到应用。

3.5.4　大体积混凝土

大体积混凝土配合比设计除应满足强度等级、耐久性、抗渗性、体积稳定性等设计要求外，还应满足大体积混凝土施工工艺要求，并应合理使用材料、降低混凝土绝热温升值。

大体积混凝土制备及运输，除应满足混凝土设计强度等级要求外，还应根据预拌混凝土供应运输距离、运输设备、供应能力、材料批次、环境温度等调整预拌混凝土的有关参数。

大体积混凝土具有以下特点：

（1）混凝土结构物体积较大，在一个块体中需要浇筑大量的混凝土。

（2）大体积混凝土常处于潮湿或与水接触的环境条件下。因此，要求除一定的强度外，还必须具有良好的耐久性，有的要求具有抗冲击或振动作用等性能。

（3）大体积混凝土水泥水化热不容易很快散失，内部温升较高，在与外部环境温差较大时容易产生温度裂缝。对混凝土进行温度控制是大体积混凝土最突出的特点。

在工程实践中，如大坝、大型基础、大型桥墩及海洋平台等体积较大的混凝土均属大体积混凝土。实践经验证明，现有大体积混凝土结构的裂缝，绝大多数是由温度裂缝引起的。为了最大限度地降低温升，控制温度裂缝，在工程中常用的防止混凝土裂缝的措施主要有：采用中、低热的水泥品种；对混凝土结构进行合理分缝分块；在满足强度和其他性能要求的前提下，尽量降低水泥用量；掺加适宜的外加剂；选择适宜的集料；控制混凝土的出机温度和浇筑温度；预埋水管、通水冷却，降低混凝土的内部温升；采取表面保护、保温隔热措施，降低内外温差等措施来降低或推迟热峰，从而控制混凝土的温升。

3.5.5 泵送混凝土

泵送混凝土适用于在混凝土泵的压力推动下，混凝土沿水平或垂直管道被输送到浇筑地点进行浇筑的混凝土。由于泵送混凝土这种特殊的施工方法要求，混凝土除满足一般的强度、耐久性等要求外，还必须满足泵送工艺的要求。即要求混凝土有较好的可泵性，在泵送过程中具有良好的流动性、摩擦阻力小、不离析、不泌水、不堵塞管道等性能。为实现这些要求，泵送混凝土在配制上有一些特殊要求。

根据以上的特点，在配制泵送混凝土时应注意以下几点：

（1）水泥用量不得低于 300 kg/m³。

（2）石子要用连续级配，最大粒径不得大于混凝土泵输送管径的 1/3，最大公称粒径与输送管径之比宜符合表 3-46 的规定。如果垂直泵送高度超过 100 m 时，粒径要进一步减小。

（3）砂率要比普通混凝土大 8%～10%，应以 38%～45% 为宜。

（4）掺用混凝土泵送外加剂。

（5）掺用活性掺合料，如粉煤灰、矿渣微粉等，可改善级配、防止泌水，还可以替代部分水泥以降低水化热，推迟热峰时间。

表 3-46　粗集料的最大公称粒径与输送管径之比

粗集料品种	泵送高度 /m	粗集料的最大公称粒径与输送管径之比
碎石	＜ 50	≤ 1：3.0
	50～100	≤ 1：4.0
	＞ 100	≤ 1：5.0
卵石	＜ 50	≤ 1：2.5
	50～100	≤ 1：3.0
	＞ 100	≤ 1：4.0

总之，泵送混凝土是大流动度混凝土，容易浇筑和振捣，对配筋很密的工程填充性好，而且浇筑中的混凝土仍然处于流动及半流动状态。因此，对模板的侧压力比普通混凝土大，支模时要加强支护，同时模板拼接要严密，防止漏浆。

3.5.6　粉煤灰混凝土

粉煤灰混凝土是指掺入一定粉煤灰掺合料的混凝土。

粉煤灰是从燃煤粉电厂的锅炉烟尘中收集到的细粉末,其颗粒呈球形,表面光滑,色灰或暗灰。按氧化钙含量,可分为高钙灰(CaO 含量为 15%～35%,活性相对较高)和低钙灰(CaO 含量低于 10%,活性较低),我国大多数电厂排放的粉煤灰为低钙灰。

在混凝土中掺入一定量的粉煤灰后,一方面由于粉煤灰本身具有良好的火山灰性和潜在水硬性,能同水泥一样,水化生成硅酸钙凝胶,起到增强作用;另一方面,粉煤灰中含有大量微珠,具有较小的表面积,因此在用水量不变的情况下,可以有效地改善拌合物的和易性;若保持拌合物流动性不变,可以减少用水量,从而提高混凝土的强度和耐久性。

由于粉煤灰的活性发挥较慢,往往粉煤灰混凝土的早期强度低。因此,粉煤灰混凝土的强度等级龄期可适当延长。根据《粉煤灰混凝土应用技术规范》(GB/T 50146—2014)的规定,粉煤灰混凝土设计强度等级的龄期,地上、地面工程宜为 28 d 或 60 d,地下工程宜为 60 d 或 90 d,大坝混凝土工程宜为 90 d 或 180 d。

在混凝土中掺入粉煤灰后,虽然可以改善混凝土某些性能,但由于粉煤灰水化消耗了 $Ca(OH)_2$,降低了混凝土的碱度,因而影响了混凝土的抗碳化性能,减弱了混凝土对钢筋的防锈作用。为了保证混凝土结构的耐久性,《粉煤灰混凝土应用技术规范》(GB/T 50146—2014)中规定了粉煤灰取代水泥的最大限量。

综上所述,在混凝土中加入粉煤灰,可使混凝土的性能得到改善,提高工程质量;节约水泥、降低成本;利用工业废渣,节约资源。因此,粉煤灰混凝土可广泛应用于大体积混凝土、抗渗混凝土、抗硫酸盐和抗软水侵蚀混凝土、轻集料混凝土、地下工程混凝土等。

3.5.7　再生混凝土

再生混凝土是将废弃混凝土经过清洗、破碎、分级,再按一定比例相互配合后得到的"再生集料"作为部分或全部集料配制的混凝土。

近年来,世界建筑业进入高速发展阶段,混凝土作为最大宗的人造材料对自然资源的占用及对环境造成的负面影响引发了可持续发展问题的讨论。全球因建(构)筑物拆除、战争、地震等原因,每年废弃的混凝土为 500 亿～600 亿吨。如此巨量的废弃混凝土,除处理费用惊人外,还需占用大量的空地存放,污染环境,浪费耕地,成为城市的一大公害,因此,引发的环境问题十分突出,如何处理废弃混凝土将成为一个新的课题。另外,混凝土生产需要大量的砂石、集料,随着对天然砂石的不断开采,天然集料资源也趋于枯竭,生产再生混凝土,用到新建筑物上不仅能降低成本,节省天然集料资源,缓解集料供需矛盾,还能减轻废弃混凝土对城市环境的污染。

再生集料含有 30% 左右的硬化水泥砂浆,这些水泥砂浆绝大多数独立成块,少量附着在天然集料的表面,所以,从总体上说再生集料表面粗糙,棱角较多。另外,混凝土块在解体、破碎过程中,使再生集料内部形成大量微裂纹,因此,再生集料吸水率较大,同时密度小、强度低。

在相同配合比条件下,再生混凝土比普通混凝土黏聚性和保水性好,但流动性差,常需配合减水剂进行施工。再生混凝土强度比普通混凝土强度降低约 10%,导热系数小,抗裂性好,适用于墙体围护材料及路面工程。

应用案例

树脂混凝土应用分析

案例概况

某有色冶金厂的铜电解槽，使用温度为 65 ℃～70 ℃。槽内使用的主要介质为硫酸、铜离子、氯离子和其他金属阳离子。原使用传统的铅板作防腐衬里，易损坏，使用寿命较短。后采用整体呋喃树脂混凝土作电解槽，耐腐蚀，不导电，不仅保证电解铜的生产质量，还大大提高了金、银的回收率，且使用寿命延长两年以上。

案例解析

树脂混凝土除强度高、抗冻融性能好外，还具有一系列优良的性能。由于其致密性、抗渗性好，耐化学腐蚀性能也远优于普通混凝土。呋喃树脂混凝土耐酸、耐腐蚀；绝缘电阻也相当高，对试块做测试可达 $7 \times 10^7 \, \Omega$。为此，用作铜电解槽可有优异的性能。还需说明的是，树脂混凝土的耐化学腐蚀性能又因树脂品种不同而异。若采用不饱和聚酯树脂的混凝土，除耐一般酸腐蚀外，还可以耐低浓度强化性酸的腐蚀。

小 结

混凝土是现代土木工程中用量最大、用途最广的建筑材料之一。

本模块是本课程的核心内容之一，以普通混凝土为学习的重点。混凝土是由胶凝材料、水和粗细集料，有时掺入外加剂和掺合料，按适当比例混合，经均匀拌和、密实成型及养护硬化而成的人造石材。混凝土组成材料的质量直接影响到所配制的混凝土的质量，应能表述普通混凝土组成材料的技术要求，会检测及选用；外加剂已成为改善混凝土性能的有效措施之一，被视为混凝土的第五组分，应能正确地选择外加剂的品种。

本模块还介绍了混凝土拌合物和易性的检测及其影响因素，混凝土强度概念及分类，影响混凝土强度主要因素，提高混凝土强度的措施；混凝土的耐久性，提高混凝土耐久性措施；混凝土配合比设计的基本要求、三个参数及设计步骤。

特殊混凝土包括轻混凝土、纤维混凝土、高强高性能混凝土、大体积混凝土、泵送混凝土、粉煤灰混凝土、再生混凝土等，本模块介绍了它们的定义、技术性质及应用。

职业技能知识点考核

一、填空题

1. 混凝土配合比设计中 W/B 由_____和_____确定。

2. 混凝土拌合物坍落度的选择原则是：在不妨碍_____并能保证_____的条件下，尽可能采用较_____的坍落度。

3. 配制混凝土需用_____砂率，这样可以在水泥用量一定的情况下，获得最大的_____，或者在一定的情况下，_____最少。

4. 混凝土耐久性主要包括_____、_____、_____和_____等。

5. 混凝土中水泥浆凝结硬化前起_____和_____作用，凝结硬化后起_____作用。

6. 砂子的级配曲线表示_____，细度模数表示_____。配制混凝土用砂一定要考虑_____和_____都符合要求。

7. 集料的最大粒径取决于混凝土构件的_____和_____。

8. 混凝土的碳化会导致钢筋_____，使混凝土的_____及_____降低。

9. 确定混凝土材料的强度等级，其标准试件尺寸为_____，其标准养护温度_____，湿度_____，养护_____d测定其强度值。

10. 在原材料性质一定的情况下，影响混凝土拌合物和易性的主要因素是_____、_____、_____、_____和_____等。

11. 混凝土拌合物的和易性是一项综合的技术性质，它包括_____、_____、_____三方面的含义，其中_____通常采用坍落度和维勃稠度法两种方法来测定。

12. 粒径大小不同的砂粒互相搭配的情况称为_____。

13. 普通混凝土的配合比是确定_____之间的比例关系。配合比常用的表示方法有两种：一是_____；二是_____。

14. 普通混凝土配合比设计的3个重要参数是_____、_____、_____。

二、判断题

1. 当混凝土拌合物流动性过小时，可适当增加拌合物中水的用量。　　　　（　　）

2. 流动性大的混凝土比流动性小的混凝土强度低。　　　　　　　　　　（　　）

3. 混凝土的强度等级是根据标准条件下测得的立方体抗压强度值划分的。（　　）

4. 在水泥强度等级相同的情况下，水胶比越小，混凝土的强度及耐久性越好。（　　）

5. 相同配合比的混凝土，试件的尺寸越小，所测得的强度值越大。　　　（　　）

6. 基准配合比是和易性满足要求的配合比，但强度不一定满足要求。　　（　　）

7. 混凝土现场配制时，若不考虑集料的含水率，实际上会降低混凝土的强度。（　　）

8. 混凝土施工中，统计得出的混凝土强度标准差值越大，则表明混凝土生产质量越稳定，施工水平越高。　　　　　　　　　　　　　　　　　　　　　　　　　（　　）

9. 混凝土中掺入引气剂，则混凝土密实度降低，因而使混凝土的抗冻性也降低。（　　）

10. 泵送混凝土、滑模施工混凝土及远距离运输的商品混凝土常掺入缓凝剂。（　　）

三、单项选择题

1. 冬期施工的混凝土应优选（　　）水泥配制。

　　A. 矿渣　　　　　　B. 火山灰　　　　　C. 粉煤灰　　　　　D. 硅酸盐

2. 混凝土拌合物的坍落度试验只适用于粗集料最大粒径（　　）mm者。

　　A. ≤80　　　　　　B. ≤60　　　　　　C. ≤40　　　　　　D. ≤20

3. 对混凝土拌合物流动性起决定作用的是（　　）。

　　A. 水泥用量　　　　B. 用水量　　　　　C. 水胶比　　　　　D. 水泥浆数量

4. 混凝土棱柱体强度f_{cp}与混凝土的立方体强度f_{cu}二者的关系是（　　）。

　　A. $f_{cp} > f_{cu}$　　　　B. $f_{cp} = f_{cu}$　　　　C. $f_{cp} < f_{cu}$　　　　D. $f_{cp} \leq f_{cu}$

5．颗粒级配影响砂、石的（　　　），粗细程度影响砂的总表面积。

    A．总表面积   B．配筋   C．用量   D．空隙率

6．某混凝土构件的最小截面尺寸为 220 mm，钢筋最小间距为 78 mm，下列（　　　）mm 的石子可以用于该构件。

    A．5～50   B．5～15   C．10～20   D．5～80

7．塑性混凝土流动性指标用（　　　）表示，干硬性混凝土用维勃稠度表示。

    A．坍落度   B．沉入度   C．分层度   D．维勃稠度

8．在试拌混凝土时，发现混凝土拌合物的流动性偏大，应采取（　　　）的措施。

    A．直接加水泥   B．保持砂率不变，增加砂石用量

    C．保持水胶比不变加水泥浆   D．加混合材料

9．混凝土拌合物和易性的好坏，不仅直接影响浇筑混凝土的效率，而且会影响（　　　）。

    A．混凝土硬化后的强度   B．混凝土的耐久性

    C．混凝土的密实度   D．混凝土的密实度、强度及耐久性

10．混凝土标准立方体试件为（　　　），尺寸换算系数为 1.05。

    A．200 mm×200 mm×200 mm   B．70.7 mm×70.7 mm×70.7 mm

    C．100 mm×100 mm×100 mm   D．150 mm×150 mm×150 mm

11．混凝土施工规范中规定了最大水胶比和最小水泥用量，是为了保证（　　　）。

    A．强度   B．耐久性

    C．和易性   D．混凝土与钢材的相近线膨胀系数

12．两种砂子，如果细度模数相同，则它们的级配（　　　）。

    A．必然相同   B．必然不同   C．不一定相同   D．相同

13．配制混凝土用砂的要求是尽量采用（　　　）的砂。

    A．空隙率小、总表面积大   B．总表面积小、空隙率大

    C．总表面积大   D．空隙率和总表面积均较小

14．配制水泥混凝土宜优选（　　　）。

    A．Ⅰ区粗砂   B．Ⅱ区中砂   C．Ⅲ区细砂   D．细砂

15．设计混凝土配合比时，选择水胶比的原则是（　　　）。

    A．混凝土强度的要求   B．小于最大水胶比

    C．大于最大水胶比   D．混凝土强度的要求与最大水胶比的规定

16．抗冻等级 F50，其中 50 表示（　　　）。

    A．冻结温度 –50 ℃   B．融化温度 50 ℃

    C．冻融循环次数 50 次   D．在 –50 ℃冻结 50 h

17．掺引气剂后混凝土的（　　　）显著提高。

    A．强度   B．抗冲击性   C．弹性模量   D．抗冻性

18．防止混凝土中钢筋锈蚀的主要措施是（　　　）。

    A．钢筋表面刷油漆   B．钢筋表面用碱处理

    C．提高混凝土的密实度   D．加入阻锈剂

19．坍落度是表示塑性混凝土（　　　）的指标。

    A．流动性   B．黏聚性   C．保水性   D．含砂情况

20. 混凝土的抗压强度等级是以具有95%保证率的（　　）d的立方体抗压强度代表值来确定的。

    A. 3　　　　　　　　B. 7　　　　　　　　C. 28　　　　　　　　D. 3、7、28

21. 喷射混凝土必须加入的外加剂是（　　）。

    A. 早强剂　　　　　B. 减水剂　　　　　C. 引气剂　　　　　D. 速凝剂

22. 混凝土强度等级是按照（　　）来划分的。

    A. 立方体抗压强度值　　　　　　　　　B. 立方体抗压强度标准值

    C. 立方体抗压强度平均值　　　　　　　D. 棱柱体抗压强度值

23. 混凝土最常见的破坏形式是（　　）。

    A. 集料破坏　　　　　B. 水泥石的破坏　　　　　C. 集料与水泥石的黏结界面破坏

四、多项选择题

1. 在保证混凝土强度不变及水泥用量不增加的条件下，改善和易性最有效的方法是（　　）。

    A. 掺加减水剂　　　　B. 调整砂率　　　　C. 直接加水　　　　D. 增加石子用量

    E. 加入早强剂

2. 集料中泥和泥块含量大，将严重降低混凝土的（　　）性质。

    A. 变形　　　　　　　B. 强度　　　　　　C. 抗冻性　　　　　D. 泌水性

    E. 抗渗性

3. 普通混凝土拌合物的和易性包括（　　）。

    A. 流动性　　　　　　B. 密实性　　　　　C. 黏聚性　　　　　D. 保水性

    E. 干硬性

4. 配制混凝土时，若水泥浆过少，则导致（　　）。

    A. 黏聚性下降　　　　B. 密实性差　　　　C. 强度和耐久性下降

    D. 保水性差、泌水性大　　　　　　　　E. 流动性增大

5. 若发现混凝土拌合物黏聚性较差时，可采取（　　）措施来改善。

    A. 增大水胶比　　　　　　　　　　　　B. 保持水胶比不变，适当增加水泥浆

    C. 适当增大砂率　　　　　　　　　　　D. 加强振捣

    E. 增大粗集料最大粒径

6. 原材料一定的情况下，为了满足混凝土耐久性的要求，在混凝土配合比设计时要注意（　　）。

    A. 保证足够的水泥用量　　　　　　　　B. 严格控制水胶比

    C. 选用合理砂率　　　　　　　　　　　D. 增加用水量

    E. 加强施工养护

7. 混凝土发生碱－集料反应的必备条件有（　　）。

    A. 水泥中碱含量高　　　　　　　　　　B. 集料中有机杂质含量高

    C. 集料中夹杂活性二氧化硅成分　　　　D. 有水存在

    E. 混凝土遭受酸雨侵蚀

五、名词解释

1. 颗粒级配

2. 引气剂

3. 累计筛余百分率

4. 坍落度

5. 水胶比

6. 最佳砂率

7. 混凝土的龄期

8. 碱–集料反应

9. 混凝土的配制强度

六、简答题

1. 水胶比影响混凝土的和易性及强度吗？说明它是如何影响的。

2. 普通混凝土的强度等级是如何划分的？有哪几个强度等级？

3. 什么是合理砂率？试分析砂率是如何影响混凝土拌合物和易性的。

4. 试述温度变形对混凝土结构的危害。有哪些有效的防止措施？

5. 为什么要限制石子的最大粒径？怎样确定石子的最大粒径？

6. 在进行混凝土抗压试验时，下列情况下，强度试验值有无变化？如何变化？

（1）试件尺寸加大；

（2）试件高宽比加大；

（3）试件受压面加润滑剂；

（4）加荷速度加快。

7. 碳化对混凝土性能有什么影响？碳化带来的最大危害是什么？影响混凝土碳化速度的主要因素有哪些？

8. 常用的外加剂有哪些？各类外加剂在混凝土中的主要作用有哪些？

9. 轻集料混凝土的物理力学性能与普通混凝土相比，有何特点？

七、案例题

1. 某工程从夏季开始施工，混凝土试件强度一直稳定合格。而进入秋冬季施工以来，混凝土强度却出现偏低现象。甚至有的试件不合格，采用非破损检测工程部位混凝土，强度却合格，试分析混凝土试件强度不合格的原因。

2. 某混凝土搅拌站原使用砂的细度模数为 2.5，后改用细度模数为 2.1 的砂。改用砂后原混凝土配合比不变，发现混凝土坍落度明显变小。请分析原因。

八、计算题

1. 干砂 500 g，其筛分结果见表 3-47，试评定此砂的颗粒级配和粗细程度。

表 3-47　筛分结果

筛孔尺寸 /mm	4.75	2.36	1.18	0.6	0.3	0.15	<0.15
筛余量 /g	25	50	100	125	100	75	25

2. 采用矿渣水泥、卵石和天然砂配制混凝土，水胶比为 0.5，制作 10 cm×10 cm×10 cm 试件三块，在标准养护条件下养护 7 d 后测得破坏荷载分别为 140 kN、135 kN、142 kN。试求：（1）估算该混凝土 28 d 的标准立方体抗压强度；（2）该混凝土采用的矿渣水泥的强度等级。

3. 现浇框架结构梁，混凝土设计强度等级为 C25，施工要求坍落度为 35～50 mm，施工单位无历史统计资料。采用原材料为：42.5 级普通水泥，ρ_c=3 000 kg/m³；中砂 ρ_s=2 600 kg/m³；碎石 D_{max}=20 mm；ρ_g=2 650 kg/m³；自来水。试求初步计算配合比。

4．某混凝土试拌调整后，各材料用量分别为水泥 3.1 kg、水 1.86 kg、砂 6.24 kg、碎石 12.84 kg，并测得拌合物表观密度为 2 450 kg/m³。试求 1 m³ 混凝土的各材料实际用量。

5．某工地拌和混凝土时，施工配合比为：42.5 强度等级水泥 308 kg、水 127 kg、砂 700 kg、碎石 1 260 kg，经测定砂的含水率为 4.2%，石子的含水率为 1.6%，求该混凝土的设计配合比。

6．某室内现浇混凝土梁，要求混凝土的强度等级为 C20，施工采用机械搅拌和机械振捣。施工时要求混凝土坍落度为 30～50 mm。施工单位无近期混凝土强度统计资料，所用材料：

42.5 级普通硅酸盐水泥，密度 ρ_c=3.1 g/cm³；实测强度为 36 MPa；

中砂：级配合格，符合Ⅱ区级配，ρ_s=2.60 g/cm³；

石子：碎石，最大粒径为 40 mm，级配合格，ρ_g=2.65 g/cm³；

水：自来水。

试确定初步配合比。

7．某工程采用室内现浇混凝土梁，混凝土设计强度等级为 C25，施工时要求混凝土坍落度为 35～50 mm。采用机械搅拌，插入式振动器浇捣，该施工单位无历史统计资料。所用材料：

42.5 级普通硅酸盐水泥，水泥强度等级值的富余系数为 1.13，密度 ρ_c=3.1 g/cm³；

中砂：级配合格，细度模数为 2.7，表观密度为 ρ_{0s}=2 650 kg/m³，堆积密度为 1 450 kg/m³；

碎石：级配合格，最大粒径为 40 mm，ρ_{0g}=2 700 kg/m³，堆积密度为 1 520 kg/m³；

水：自来水。

（1）求混凝土的初步配合比；

（2）试求：若调整试配时，加入 4% 水泥浆后满足和易性要求，并测得拌合物的表观密度为 2 390 kg/m³，求混凝土的基准配合比；

（3）求混凝土的设计配合比；

（4）若已知现场砂子含水率为 4%，石子含水率为 1%，求混凝土的施工配合比。

模块 4　建筑砂浆

思维导图

案例导入

2002 年 11 月月初，某住宅小区业主反映尚未入住的住宅楼的外墙出现大面积裂纹，同时室内地面也有不少裂缝，如图 4-1 所示。

此后，该市质监总站专门召集施工、监理及开发商就此事进行商讨，并责成当事方立即着手调查，并尽快找出裂纹原因及解决方案，送交质监总站审批。

许多业主非常担心裂纹会影响今后的生活，他们向开发商提出交涉：请说明该问题的出现原因，以及是否会对外墙留下质量隐患，如外墙防水问题、涂料脱落问题等；同样的问题在其他部位是否还会出现，有何预防措施。开发商的答复是：这是正常现象，绝对不会影响主体结构，而且他们会进行修补。该市建设工程质量监督总站发布了《××工程质量投诉处理意见》（以下简称《意见》）。在《意见》中，给出了现场调查情况及处理意见：第一，外墙裂缝不是受力裂缝，主要为抹灰层收缩龟裂导致涂层裂缝，缝宽为 0.2 mm 以下，裂缝长度最长近 1 m。第二，施工单位限期提出技术处理方案交设计单位审查，设计书面同意后，方可进行修补。处理外墙的颜色应均匀一致。第三，施工单位和监理单位全面检查水泥砂浆地面的空鼓、开裂情况，并写出相应的整改措施，交设计单位审查。第四，施工单位和监理单位应全面检查外墙裂缝，分析裂缝原因，总结经验。建设单位和监理单位做好业主的解释工作。

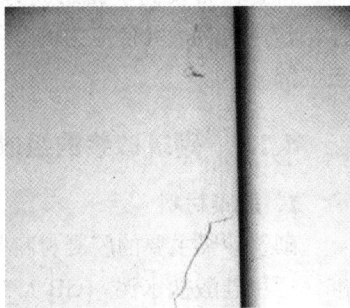

图 4-1　墙体裂缝

案例分析

专业人士称，裂缝产生的根本问题不在主体结构墙体上，而是出在水泥砂浆抹灰这个工序上。他们认为具体的原因如下：

（1）抹灰前有两道工序未做或未做到位：原主体结构墙面未清理干净、抹灰未甩毛，即未用掺 108 胶的素水泥浆甩到墙面。这将导致抹灰层空鼓（即抹灰层未能与主体结构墙体粘好），而出现裂缝。

（2）水泥砂浆配合比不准确：配合比过高、过低均会导致抹灰裂缝。

配合比不准确会使水泥砂浆施工初期水泥与水发生化学反应而硬化时出现内部应力不均。

（3）抹灰后，天气炎热、干燥，未洒水养护水泥砂浆层。

（4）承建商、监理工程师、开发商的管理人员均未认真履行"工序检查"就允许下道工序"刷涂料"施工。

建筑砂浆是由胶凝材料、细集料和水按一定比例配制而成的建筑材料。它与混凝土的主要区别是组成材料中没有粗集料，因此，建筑砂浆也称为细集料混凝土。

建筑砂浆主要用于以下几个方面：在结构工程中，用于把单块砖、石、砌块等胶结成砌体，砖墙的勾缝、大中型墙板及各种构件的接缝；在装饰工程中用于墙面、地面及梁、柱等结构表面的抹灰，镶贴天然石材、人造石材、瓷砖、陶瓷马赛克等。

根据所用胶凝材料的不同，建筑砂浆可分为水泥砂浆、石灰砂浆和混合砂浆等；根据用途，又可分为砌筑砂浆、抹面砂浆、防水砂浆、装饰砂浆及特种砂浆等。

4.1　砌筑砂浆

将砖、石及砌块黏结成为砌体的砂浆称为砌筑砂浆。它起着黏结砖、石及砌块构成砌体，传递荷载，并使应力的分布较为均匀，协调变形的作用。因此，砌筑砂浆是砌体的重要组成部分。

4.1.1　砌筑砂浆的组成材料

1. 胶凝材料

砌筑砂浆主要的胶凝材料是水泥，常用的有硅酸盐水泥或砌筑水泥，且应按现行国家标准《通用硅酸盐水泥》(GB 175—2007) 和《砌筑水泥》(GB/T 3183—2017) 规定的砂浆品种及强度等级的要求进行选择。M15 及以下强度等级的砌筑砂浆宜选用 32.5 级的通用硅酸盐水泥或砌筑水泥；M15 以上强度等级的砌筑砂浆宜选用 42.5 级通用硅酸盐水泥。

石灰、石膏和黏土可作为砂浆的胶凝材料，也可与水泥混合使用配制混合砂浆，以节约水泥并能够改善砂浆的和易性。

2. 砂（细集料）

砂浆宜选用中砂，并应符合现行行业标准《普通混凝土用砂、石质量及检验方法标准》(JGJ 52—2006) 的规定，且应全部通过 4.75 mm 的筛孔。

特别提示　砂浆用砂与混凝土用砂的不同之处：砂的最大粒径的限制和黏土含量限制。

3. 水

配制砂浆用水应符合现行行业标准《混凝土用水标准》(JGJ 63—2006) 的规定，应选用不含有害杂质的洁净水来拌制砂浆。

4. 掺加料及外加剂

为了改善砂浆的和易性和节约水泥，可在砂浆中加入一些无机掺加料，如石灰膏、黏土膏、粉煤灰等。掺加料加入前，都要经过一定的加工处理或检验。

（1）生石灰熟化成石灰膏时，应用孔径不大于 3 mm×3 mm 的网过滤，熟化时间不得少于 7 d；磨细生石灰粉的熟化时间不得小于 2 d。沉淀池中存储的石灰膏，应采取防止干燥、冻结和污染的措施。严禁使用脱水硬化的石灰膏。

（2）采用黏土或粉质黏土制备黏土膏时，宜用搅拌机加水搅拌，通过孔径不大于 3 mm×3 mm 的网过筛。用比色法鉴定黏土中的有机物含量时应浅于标准色。

（3）制作电石膏的电石渣应用孔径不大于 3 mm×3 mm 的网过滤，检验时应加热至 70 ℃并保持 20 min，没有乙炔气味后方可使用。

（4）消石灰粉不得直接用于砌筑砂浆中。

（5）石灰膏、黏土膏和电石膏试配时的稠度，应为 120 mm±5 mm。

（6）粉煤灰、粒化高炉矿渣、硅灰、天然沸石粉应分别符合现行国家标准《用于水泥和混凝土中的粉煤灰》(GB/T 1596—2017)、《用于水泥、砂浆和混凝土中的粒化高炉矿渣粉》(GB/T 18046—2017)、《高强高性能混凝土用矿物外加剂》（GB/T 18736—2017）和《混凝土和砂浆用天然沸石粉》(JG/T 566—2018) 的规定。当采用其他品种矿物掺合料时，应有可靠的技术依据，并应在使用前进行试验验证。

（7）采用保水增稠材料时，应在使用前进行试验验证，并应有完整的型式检验报告。

（8）外加剂应符合现行国家有关标准的规定，引气型外加剂还应有完整的型式检验报告。

（9）拌制砂浆用水应符合现行行业标准《混凝土用水标准》(JGJ 63—2006) 的规定。

4.1.2　砌筑砂浆的主要技术性质

1．新拌砂浆的密度

水泥砂浆拌合物的密度不宜小于 1 900 kg/m³；水泥混合砂浆、预拌砌筑砂浆拌合物的密度不宜小于 1 800 kg/m³。

2．新拌砂浆的和易性

砂浆拌合物的和易性是指砂浆易于施工并能保证质量的综合性质。和易性好的砂浆不仅在运输过程和施工过程中不易产生分层、离析、泌水，而且能在粗糙的砖面上铺成均匀的薄层，与底面保持良好的黏结，便于施工操作。

（1）流动性。砂浆的流动性（又称稠度），是指砂浆在自重或外力作用下流动的性能。流动性的大小用"沉入度"表示，通常用砂浆稠度测定仪测定（图 4-2）。沉入度越大，表示砂浆的流动性越好。

砂浆流动性的选择与砌体种类、施工方法及天气情况有关。流动性过大，说明砂浆太稀，过稀的砂浆不仅铺砌困难，而且硬化后强度降低；流动性过小，砂浆太稠，难于铺平。一般情况下，多孔、吸水的砌体材料或干热的天气，砂浆的流动性应大一些；而密实、不吸水的材料或湿冷的天气，其流动性应小一些。砌筑砂浆施工时的流动性宜按表 4-1 选用，抹面砂浆的流动性可按表 4-2 选用。

图 4-2　砂浆稠度仪

表 4-1　砌筑砂浆的施工稠度　　　　　　　　　　　　　　　　mm

砌体种类	施工稠度
烧结普通砖砌体、粉煤灰砖砌体	70 ～ 90
混凝土砖砌体、普通混凝土小型空心砌块砌体、灰砂砖砌体	50 ～ 70
烧结多孔砖砌体、烧结空心砖砌体、轻集料混凝土小型空心砌块砌体、蒸压加气混凝土砌块砌体	60 ～ 80
石砌体	30 ～ 50

表 4-2　抹面砂浆流动性要求（稠度）　　　　　　　　　　　　mm

抹灰工程	机械施工	手工操作
准备层	80～90	110～120
底层	70～80	70～80
面层	70～80	90～100
灰浆面层	—	90～120

（2）分层度。砂浆分层度是指砂浆在运输及停放时砂浆拌合物的稳定性。砂浆的分层度用砂浆分层度筒（图 4-3）测定。保水性好的砂浆分层度以 10～30 mm 为宜。分层度小于 10 mm 的砂浆，虽砂浆拌合物稳定性良好，无分层现象，但往往是由于胶凝材料用量过多，或砂过细，以至于过于黏稠，不易施工或易发生干缩裂缝，尤其不易做抹面砂浆；分层度大于 30 mm 的砂浆，砂浆拌合物稳定性差，易于离析，不易采用。

（3）保水性。保水性是指砂浆保持水分的能力，即搅拌好的砂浆在运输、存放、使用的过程中，水与胶凝材料及集料分离快慢的性质。保水性良好的砂浆水分不易流失，易于摊铺成均匀、密实的砂浆层；反之，保水性差的砂浆，在施工过程中容易泌水、分层离析，使流动性变差；同时，由于水分被砌体吸收，影响胶凝材料的正常硬化，从而降低砂浆的黏结强度。

3．砂浆的强度和强度等级

水泥砂浆及预拌砌筑砂浆的强度是以 3 个 70.7 mm×70.7 mm×70.7 mm 的立方体试块，在标准条件下养护 28 d 后，用标准试验方法测得的抗压强度（MPa）平均值来确定的。砂浆的三联试模如图 4-4 所示。

图 4-3　砂浆分层度筒　　　　　　图 4-4　砂浆的三联试模

水泥砂浆及预拌砌筑砂浆的强度等级划分为 M30、M25、M20、M15、M10、M7.5、M5 七个等级，水泥混合砂浆的强度等级可分为 M5、M7、M10、M15 四个等级。

砌筑砂浆的强度等级应根据工程类别及不同砌体部位选择。在一般建筑工程中，办公楼、教学楼及多层商店等工程宜用 M5～M10 的砂浆；检查井、雨水井、化粪池等可用 M5 砂浆。特别重要的砌体才使用 M10 以上的砂浆。

特别提示

与影响混凝土强度因素的主要区别在于：无粗集料；凝结硬化及强度增长过程受基层吸水情况的影响，即在不同的基层上砂浆的强度不同。

密实基层（不吸水基层，如石材），与混凝土类似，强度主要取决于水泥强度及 W/B。

多孔基层（吸水基层，如砌块），与混凝土不同，强度主要取决于水泥强度及水泥用量。

4．砂浆的黏结力

砌筑砂浆应有足够的黏结力，以便将块状材料黏结成坚固的整体。一般来说，砂浆的抗压强度越高，其黏结力越强。砌筑前，保持基层材料一定的润湿程度也有利于提高砂浆的黏结力。另外，黏结力的大小还与砖石表面状态、清洁程度及养护条件等因素有关，粗糙的、洁净的、润湿的表面黏结力较好。

5．砂浆的耐久性

砂浆的耐久性是指砂浆在使用条件下经久耐用的性质，包括抗冻性、抗渗性等。

（1）抗冻性是指砂浆抵抗冻融循环的能力。影响砂浆抗冻性的因素有砂浆的密实度、内部孔隙特征及水泥品种、水胶比等。

（2）抗渗性是指砂浆抵抗压力水渗透的能力。它主要与砂浆的密实度及内部孔隙的大小和构造有关。

知识链接

常用的砌筑砂浆种类及适用范围

（1）水泥砂浆：由水泥、砂子和水组成。水泥砂浆和易性较差，但强度较高，适用于潮湿环境、水中及要求砂浆强度等级较高的工程。

（2）石灰砂浆：由石灰、砂子和水组成。石灰砂浆和易性较好，但强度低。由于石灰是气硬性胶凝材料，故石灰砂浆一般用于地上部位、强度要求不高的低层建筑或临时性建筑，不适用于潮湿环境或水中。

（3）水泥石灰混合砂浆：由水泥、石灰、砂子和水组成，其强度、和易性、耐水性介于水泥砂浆和石灰砂浆之间，应用较广，常用于地面以上的工程。

4.1.3　砌筑砂浆的配合比设计步骤

砌筑砂浆应根据工程类别及砌体部位的设计要求，选择砂浆的强度等级，再按所选强度等级确定其配合比。根据《砌筑砂浆配合比设计规程》（JGJ/T 98—2010）的规定，砌筑砂浆的配合比设计如下。

1．现场配制水泥混合砂浆的试配

现场配制水泥混合砂浆的试配，配合比应按下列步骤进行计算：

（1）计算试配强度：

$$f_{m,0}=kf_2 \qquad\qquad (4-1)$$

式中 $f_{m,0}$——砂浆的试配强度，精确至 0.1 MPa；

　　f_2——砂浆抗压强度平均值，精确至 0.1 MPa；

　　k——系数，按表 4-3 取值。

表 4-3　砂浆强度标准差 σ 及 k 值

施工水平 ＼ 强度等级	强度标准差 σ/MPa							k
	M5	M7.5	M10	M15	M20	M25	M30	
优良	1.00	1.15	2.00	3.00	4.00	5.00	6.00	1.15
一般	1.25	1.88	2.50	3.75	5.00	6.25	7.50	1.20
较差	1.50	2.25	3.00	4.50	6.00	7.50	9.00	1.25

砂浆强度标准差的确定应符合下列规定：

1）当有近期统计资料时，应按下式计算：

$$\sigma = \sqrt{\frac{\sum_{i=1}^{n} f_{m,i}^2 - n\mu_{f_m}^2}{n-1}} \tag{4-2}$$

式中 $f_{m,i}$——统计周期内同一品种砂浆第 i 组试件的强度（MPa）；

　　μ_{f_m}——统计周期内同一品种砂浆几组试件强度的平均值（MPa）；

　　n——统计周期内同一品种砂浆试件的总组数，$n \geq 25$。

2）当不具有近期统计资料时，砂浆现场强度标准差可按表 4-3 取用。

（2）每立方米砂浆中的水泥用量，应按下式计算：

$$Q_C = \frac{1\,000\,(f_{m,0} - \beta)}{\alpha \cdot f_{ce}} \tag{4-3}$$

式中 Q_C——每立方米砂浆的水泥用量（kg），精确至 1 kg；

　　$f_{m,0}$——砂浆的试配强度，精确至 0.1 MPa；

　　f_{ce}——水泥的实测强度，精确至 0.1 MPa；

　　α, β——砂浆的特征系数，其中 α=3.03，β=-15.09。

注：各地区也可用本地区试验资料确定 α、β 值，统计用的试验组数不得少于 30 组。

在无法取得水泥的实测强度值时，可按下式计算：

$$f_{ce} = \gamma_c \cdot f_{ce,k} \tag{4-4}$$

式中 $f_{ce,k}$——水泥强度等级对应的强度值（MPa）；

　　γ_c——水泥强度等级值的富余系数，该值应按实际统计资料确定。无统计资料时，可取 1.0。

（3）石灰膏用量应按下式计算：

$$Q_D = Q_A - Q_C \tag{4-5}$$

式中 Q_D——每立方米砂浆的掺加料用量，精确至 1 kg；石灰膏使用时的稠度为（120±5）mm；当石灰膏为其他稠度时，按表 4-4 进行换算；

Q_A——每立方米砂浆中水泥和石灰膏的总量，精确至 1 kg；可为 350 kg；

Q_C——每立方米砂浆的水泥用量（kg），精确至 1 kg。

表 4-4　石灰膏不同稠度时的换算系数

石灰膏稠度 /mm	120	110	100	90	80	70	60	50	40	30
换算系数	1.00	0.99	0.97	0.95	0.93	0.92	0.90	0.88	0.87	0.86

（4）每立方米砂浆中砂的用量，应按干燥状态（含水率小于 0.5%）的堆积密度值作为计算值（kg）。

（5）每立方米砂浆中的用水量，根据砂浆稠度等要求选用 210～310 kg。

注：1）混合砂浆中的用水量，不包括石灰膏中的水；

2）当采用细砂或粗砂时，用水量分别取上限或下限；

3）稠度小于 70 mm 时，用水量可小于下限；

4）施工现场气候炎热或干燥季节，可酌量增加用水量。

2．现场配制水泥砂浆的试配要求

水泥砂浆材料用量可按表 4-5 选用。

表 4-5　每立方米水泥砂浆材料用量　　　　　　　　　　　　　　　kg/m³

强度等级	每立方米砂浆水泥用量	每立方米砂浆砂子用量	每立方米砂浆用水量
M5	200～230	砂的堆积密度值	270～330
M7.5	230～260		
M10	260～290		
M15	290～330		
M20	340～400		
M25	360～410		
M30	430～480		

注：（1）M15 及 M15 以下强度等级水泥砂浆，水泥强度等级为 32.5 级，M15 以上强度等级水泥砂浆，水泥强度等级为 42.5 级。

（2）当采用细砂或粗砂时，用水量分别取上限或下限。

（3）稠度小于 70 mm 时，用水量可小于下限。

（4）施工现场气候炎热或干燥季节，可酌量增加用水量。

（5）试配强度应按式（4-1）计算。

3．水泥粉煤灰砂浆材料用量

水泥粉煤灰砂浆材料用量可按表 4-6 选用。

表 4-6 每立方米水泥粉煤灰砂浆材料用量 kg/m^3

强度等级	水泥和粉煤灰总量	粉煤灰	砂	用水量
M5	210 ~ 240	粉煤灰掺量可占胶凝材料总量的 15% ~ 25%	砂的堆积密度值	270 ~ 330
M7.5	240 ~ 270			
M10	270 ~ 300			
M15	300 ~ 330			

注：（1）表中水泥强度等级为 32.5 级。

（2）当采用细砂或粗砂时，用水量分别取上限或下限。

（3）稠度小于 70 mm 时，用水量可小于下限。

（4）施工现场气候炎热或干燥季节，可酌量增加用水量。

（5）试配强度应按式（4-1）计算。

4. 预拌砌筑砂浆的试配要求

（1）预拌砌筑砂浆应符合下列规定：

1）在确定湿拌砌筑砂浆稠度时，应考虑砂浆在运输和储存过程中的稠度损失。

2）湿拌砌筑砂浆应根据凝结时间要求确定外加剂掺量。

3）干混砌筑砂浆应明确拌制时的加水量范围。

4）预拌砌筑砂浆的搅拌、运输、存储等应符合现行行业标准《预拌砂浆》（GB/T 25181—2019）的规定。

5）预拌砌筑砂浆性能应符合现行行业标准《预拌砂浆》（GB/T 25181—2019）的规定。

（2）预拌砌筑砂浆的试配应符合下列规定：

1）预拌砌筑砂浆生产前应进行试配，配制强度应按式（4-1）计算确定，试配时稠度取 70 ~ 80 mm。

2）预拌砌筑砂浆中可掺入保水增稠材料、外加剂等，掺量应经试配后确定。

5. 砌筑砂浆配合比试配、调整与确定

（1）砌筑砂浆适配时应考虑工程实际要求，搅拌应采用机械搅拌。搅拌时间应自开始加水算起，对水泥砂浆和水泥混合砂浆，搅拌时间不得少于 120 s；对预拌砌筑砂浆和掺粉煤灰、外加剂、保水增稠材料等的砂浆，搅拌时间不得少于 180 s。

（2）按计算或查表所得配合比进行试拌时，应按现行行业标准《建筑砂浆基本性能试验方法标准》（JGJ/T 70—2009）测定砌筑砂浆拌合物的稠度和保水率。当稠度和保水率不能满足要求时，应调整材料用量，直到符合要求为止，然后确定为试配时的砂浆基准配合比。

（3）试配时至少应采用三个不同的配合比，其中一个为基准配合比，其他配合比的水泥用量应按基准配合比分别增加和减少 10%。在保证稠度、保水率合格的条件下，可将用水量、石灰膏、保水增稠材料或粉煤灰等活性掺合料用量作相应调整。

（4）砌筑砂浆试配时，稠度应满足施工要求并应按现行行业标准《建筑砂浆基本性能试验方法标准》（JGJ/T 70—2009）分别测定不同配合比的表观密度及强度，并应选用符合试配强度及和易性要求、水泥用量最低配合比作为砂浆的试配配合比。

（5）砌筑砂浆适配配合比应按下列步骤进行校正：

1）应根据上述第（4）条确定的砂浆配合比材料用量，按下式计算砂浆的理论表观密度值：

$$\rho_t=Q_C+Q_D+Q_S+Q_W \tag{4-6}$$

式中　ρ_t——砂浆的理论表观密度值（kg/m³），精确至 10 kg/m³。

2）应按下式计算砂浆配合比校正系数 δ：

$$\delta=\rho_c/\rho_t \tag{4-7}$$

式中　ρ_c——砂浆的实测表观密度值（kg/m³），精确至 10 kg/m³。

3）当砂浆的实测表观密度值与理论表观密度之差的绝对值不超过理论值的 2% 时，可按上述第（4）条得出的试配配合比确定为砂浆设计配合比；当超过 2% 时，应将试配配合比中每项材料用量均乘以校正系数（δ）后，确定为砂浆设计配合比。

（6）预拌砌筑砂浆生产前应进行试配、调整与确定，并应符合现行行业标准《预拌砂浆》（GB/T 25181—2019）的规定。

6. 砌筑砂浆配合比设计实例

某砖墙用砌筑砂浆要求使用水泥石灰混合砂浆。砂浆强度等级为 M10，稠度为 70～80 mm。原材料性能如下：水泥为 42.5 级普通硅酸盐水泥；砂子为中砂，干砂的堆积密度为 1 480 kg/cm³。砂的实际含水率为 2%；石灰膏稠度为 100 mm；施工水平一般。

（1）计算试配强度 $f_{m,0}$。查表 4-3，可知 $k=1.20$，代入式（4-1）得

$$f_{m,0}=kf_2=1.20×10=12.0（\text{MPa}）$$

（2）计算水泥用量。

$$Q_C=\frac{1\,000\,(f_{m,0}-\beta)}{\alpha\cdot f_{ce}}=\frac{1\,000×（12.0+15.09）}{3.03×32.5}=275（\text{kg}）$$

（3）计算石灰膏用量 Q_D（砂浆胶结材料总量 Q_A 选取 350 kg）。

$$Q_D=Q_A-Q_C=350-275=75（\text{kg}）$$

石灰膏稠度 100 mm 换算成 120 mm，查表 4-4 得

$$75×0.97=73（\text{kg}）$$

（4）根据砂的堆积密度和含水率，计算用砂量 Q_S。

$$Q_S=1\,480×（1+2\%）=1\,510（\text{kg}）$$

（5）砂浆试配时各材料的用量比例：

水泥：石灰膏：砂 = 275：73：1 510 = 1：0.27：5.49

4.2　其他砂浆

4.2.1　普通抹面砂浆

抹面砂浆也称抹灰砂浆，以薄层涂抹在建筑物内外表面。既可以保护墙体不受风雨、潮气等侵蚀，提高墙体的耐久性；同时，也使建筑表面平整、光滑、清洁美观。与砌筑砂浆不同，对抹面砂浆的要求不是抗压强度，而是和易性及与基底材料的黏结力。抹面砂浆按其功能不同，可分为普通抹面砂浆、装饰砂浆和防水砂浆等。

普通抹面砂浆的功能是保护结构主体，提高耐久性，改善外观。常用的普通抹面砂浆有石灰砂浆、水泥砂浆、水泥混合砂浆、麻刀石灰浆（简称麻刀灰）、纸筋石灰浆（简称纸筋

灰）等。

为了提高抹面砂浆的黏结力，胶凝材料（包括掺合料）的用量较多，还常常加入适量的水溶性聚合物或聚合物乳液，如聚氧化乙烯或聚醋酸乙烯等。为了提高抗拉强度，防止抹面砂浆开裂，常加入麻刀、纸筋、聚合物纤维、玻璃纤维等纤维材料。

抹面砂浆一般分两层或三层施工，底层起黏结作用，中层起找平作用，面层起装饰作用。图 4-5 所示为抹灰构造层次。

用于砖墙的底层抹灰，常为石灰砂浆；有防水、防潮要求时，用水泥砂浆。用于混凝土基层的底层抹灰，常为水泥混合砂浆。中层抹灰常用水泥混合砂浆或石灰砂浆。面层抹灰常用水泥混合砂浆、麻刀灰或纸筋灰。

普通抹面砂浆的流动性和砂子的最大粒径可参考表 4-7，常用抹面砂浆的配合比和应用范围可参考表 4-8。

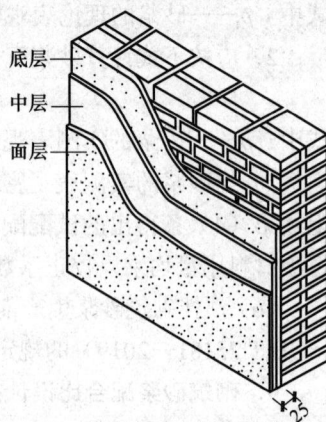

图 4-5　抹灰构造层次

表 4-7　抹面砂浆流动性及集料最大粒径

抹面层	沉入度 /mm（人工抹面）	砂的最大粒径 /mm
底层	100～120	2.5
中层	79～90	2.5
面层	70～80	1.2

表 4-8　各种抹面砂浆配合比参考表

材料	配合比（体积比）范围	应用范围
石灰∶砂	1∶2～1∶4	用于砖石墙表面（檐口、勒脚、女儿墙及潮湿房间的墙除外）
石灰∶黏土∶砂	1∶1∶4～1∶1∶8	干燥环境墙表面
石灰∶石膏∶砂	1∶0.4∶2～1∶1∶3	用于不潮湿房间的墙及顶棚
石灰∶石膏∶砂	1∶2∶2～1∶2∶4	用于不潮湿房间的线脚及其他装饰工程
石灰∶水泥∶砂	1∶0.5∶4.5～1∶1∶5	用于檐口、勒脚、女儿墙及比较潮湿的部位
水泥∶砂	1∶3～1∶2.5	用于浴室、潮湿车间等墙裙、勒脚或地面基层
水泥∶砂	1∶2～1∶1.5	用于地面、顶棚或墙面面层
水泥∶石膏∶砂∶锯末	1∶1∶3∶5	用于吸声粉刷
水泥∶白石子	1∶2～1∶1	用于水磨石（打底用 1∶2.5 水泥砂浆）
水泥∶白石子	1∶1.5	用于剁假石（打底用 1∶2.5 水泥砂浆）
白灰∶麻刀	100∶2.5（质量比）	用于板条顶棚底层
石灰膏∶麻刀	100∶1.3（质量比）	用于板条顶棚面层（或 100 kg 石灰膏加 3.8 kg 纸筋）
纸筋∶白灰浆	灰膏 0.1 m³，纸筋 0.36 kg	较高级墙板、顶棚

4.2.2 装饰砂浆

涂抹在建筑物内外墙表面，以增加建筑物美观效果的砂浆称为装饰砂浆。装饰砂浆与抹面砂浆的主要区别在面层。装饰砂浆的面层应选用具有一定颜色的胶凝材料和集料并采用特殊的施工操作方法，以使表面呈现出各种不同的色彩线条和花纹等装饰效果。

装饰砂浆常用的胶凝材料有白水泥和彩色水泥，以及石灰、石膏等。集料常用大理石、花岗岩等带颜色的细石渣或玻璃、陶瓷碎粒等。几种常用装饰砂浆的工艺做法如下。

1. 拉毛

先用水泥砂浆或水泥混合砂浆做底层，再用水泥石灰砂浆或水泥纸筋灰浆做面层，在面层灰浆尚未凝结之前用铁抹子或木楔将表面轻压后顺势轻轻拉起，形成凹凸感较强的饰面层。要求表面拉毛花纹、斑点分布均匀，颜色一致，同一平面上不显接槎。

2. 水刷石

水刷石是将水泥和粒径为 5 mm 左右的石渣按比例配制成砂浆，涂抹成型，待水泥浆初凝后，以硬毛刷蘸水刷洗，或以清水冲洗，冲洗掉石渣表面的水泥浆，使石渣半露出来。水刷石饰面具有石料饰面的质感效果，如再结合适当的艺术处理，可使饰面获得自然美观、明快庄重、秀丽淡雅的艺术效果，且经久耐用，不需维护。

3. 水磨石

水磨石是用普通水泥、白水泥或彩色水泥和有色石渣或白色大理石碎粒做面层，硬化后用机械磨平抛光表面而成，不仅美观而且有较好的防水、耐磨性能。水磨石分预制和现制两种。现制件多用于地面装饰，预制件多用作楼梯踏步、踢脚板、地面板、柱面、窗台板、台面等。水磨石多用于室内外地面的装饰。

4. 斩假石

斩假石又称剁斧石，是在水泥砂浆基层上涂抹水泥石粒浆，待硬化有一定强度时，用钝斧及各种凿子等工具，在表面剁斩出类似石材经雕琢的纹理效果。它既具有真石的质感，又有精工细作的特点，给人朴实、自然、素雅、庄重的感觉。

5. 干粘石

干粘石是在素水泥浆或聚合物水泥砂浆黏结层上，将粒径为 5 mm 以下的彩色石渣直接粘在砂浆层上，再拍平压实的一种装饰抹灰做法，分为人工甩粘和机械喷粘两种。要求石子黏结牢固、不脱落、不露浆，石粒的 2/3 应压入砂浆中。装饰效果与水刷石相同，而且避免了湿作业，提高了施工效率，又节约材料，应用广泛。

4.2.3 防水砂浆

用作防水层的砂浆称为防水砂浆。砂浆防水层又称刚性防水层，适用于不受振动和具有一定刚度的混凝土和砖石砌体的表面，应用于地下室、水塔、水池等防水工程。常用的防水砂浆主要有以下三种。

1. 多层抹面的防水砂浆

多层抹面防水砂浆是指通过人工多层抹压做法（即将砂浆分几层抹压），以减少内部连通毛细空隙，增大密实度，以达到防水效果的砂浆。其水泥宜选用强度等级 42.5 级以上的普通硅酸盐水泥，砂子宜采用洁净的中砂或粗砂，水胶比控制在 0.40 ～ 0.50，体积配合比控制在 1：3 ～ 1：2（水泥：砂）。

2．掺加各种防水剂的防水砂浆

常用的防水剂有氯化物金属盐类防水剂、水玻璃防水剂和金属皂类防水剂等。在水泥砂浆中掺入防水剂，可促使砂浆结构密实，填充和堵塞毛细管道与孔隙，提高砂浆的抗渗能力。配合比控制与上述相同。

3．膨胀水泥或无收缩水泥配制的防水砂浆

这种砂浆的抗渗性主要是由于膨胀水泥或无收缩水泥具有微膨胀或补偿收缩性能，提高了砂浆的密实性，具有良好的防水效果。砂浆配合比为水泥：砂子＝1：2.5（体积比），水胶比为 0.4 ～ 0.5，常温下配制的砂浆必须在 1 h 内使用完毕。

防水砂浆的施工操作要求较高，配制防水砂浆时先将水泥和砂子干拌均匀，再把量好的防水剂溶于拌合水中，与水泥、砂搅拌均匀后即可使用。涂抹时，每层厚度约为 5 mm，共涂抹 4 ～ 5 层，20 ～ 30 mm 厚。在涂抹前，先在润湿、清洁的底面上抹一层纯水泥浆，然后抹一层 5 mm 厚的防水砂浆，在初凝前用木抹子压实一遍，第二、三、四层都是同样的操作方法，最后一层进行压光。抹完后要加强养护，保证砂浆的密实性，以获得理想的防水效果。

4.2.4 新型砂浆

1．绝热砂浆

绝热砂浆是以水泥、石灰膏、石膏等胶凝材料与膨胀珍珠岩、膨胀蛭石、火山渣或浮石砂、膨胀矿渣、陶砂等轻质多孔集料按一定比例配制成的砂浆。绝热砂浆具有质轻和良好的绝热性能，其导热系数为 0.07 ～ 0.10 W/（m·K），可用于屋面绝热层、绝热墙壁及供热管道绝热层等处。

常用的隔热砂浆有水泥膨胀珍珠岩砂浆、水泥膨胀蛭石砂浆、水泥石灰膨胀蛭石砂浆等。

2．吸声砂浆

吸声砂浆与绝热砂浆类似，由轻质多孔集料配制而成，有良好的吸声性能，用于室内墙壁和吊顶的吸声处理。也可采用水泥、石膏、砂、锯末（体积比约为 1：1：3：5）配制吸声砂浆，还可在石灰、石膏砂浆中掺入玻璃纤维、矿物棉等松软纤维材料配制吸声砂浆。

3．耐腐蚀砂浆

（1）耐碱砂浆。使用 42.5 级以上的普通硅酸盐水泥（水泥熟料中铝酸三钙含量应小于 9%），细集料可采用耐碱、密实的石灰岩类（石灰岩、白云岩、大理岩等）、火成岩类（辉绿岩、花岗岩等）制成的砂和粉料，也可采用石英质的普通砂。耐碱砂浆可耐一定温度和浓度下的氢氧化钠和铝酸钠溶液的腐蚀，以及任何浓度的氨水、碳酸钠、碱性气体和粉尘等的腐蚀。

（2）水玻璃类耐酸砂浆。在水玻璃和氟硅酸钠配制的耐酸胶结料中，掺入适量由石英岩、花岗岩、铸石等制成的粉及细集料，可拌制成耐酸砂浆。耐酸砂浆常用作内衬材料、耐酸地面和耐酸容器的内壁防护层。

（3）硫磺砂浆。硫磺砂浆是以硫磺为胶结料，加入填料、增韧剂，经加热熬制而成。采用石英粉、辉绿岩粉、安山岩粉作为耐酸粉料和细集料。硫磺砂浆具有良好的耐腐蚀性能，几乎能耐大部分有机酸、无机酸、中性和酸性盐的腐蚀，对乳酸也有很强的耐腐蚀能力。

4．防辐射砂浆

防辐射砂浆是指在水泥浆中加入重晶石粉、砂配制而成的具有防辐射能力的砂浆。按水泥：重晶石粉：重晶石砂＝1：0.25：（4～5）配制的砂浆具有防X射线辐射的能力。若在水泥砂中掺入硼砂、硼酸，可配制具有防中子辐射能力的砂浆。这类砂浆用于射线防护工程。

5. 聚合物砂浆

聚合物砂浆是在水泥砂浆中加入有机聚合物乳液配制而成，具有黏结力强、干缩率小、脆性低、耐蚀性好等特性，主要用于提高装饰砂浆的黏结力、填补钢筋混凝土构件的裂缝、制作耐磨及耐侵蚀的修补和防护工程。常用的聚合物乳液有氯丁胶乳液、丁苯橡胶乳液、丙烯酸树脂乳液等。

6. 干混砂浆

干混砂浆是指经干燥筛分处理的集料（如石英砂）、无机胶凝材料（如水泥）和添加剂（如聚合物）等按一定比例进行物理混合而成的一种颗粒状或粉状，以袋装或散装的形式运至工地，加水拌和后即可直接使用的物料。干混砂浆又称为砂浆干粉料、干粉砂浆、干拌粉，有些建筑胶粘剂也属于此类。干粉砂浆在建筑业中以薄层发挥黏结、衬垫、防护和装饰作用，在建筑和装修工程中应用极为广泛。

相对于在施工现场配制的砂浆，干粉砂浆有以下优势：

（1）品质稳定、可靠，可以满足不同的功能和性能需求，提高工程质量。

（2）功效提高，有利于自动化施工机具的应用，改变传统建筑施工的落后方式。

（3）对新型墙体材料有较强的适应性，有利于推广应用新型墙材。

（4）使用方便，便于管理。

📖 知识链接

传统砂浆与干混砂浆的区别

1. 传统砂浆

传统砂浆一般采用现场搅拌的方式，有以下弊端：

（1）质量难以保证：受设备、技术、管理条件的限制，容易造成计量不准确，砂石质量、级配、杂质含量、水分含量不稳定，搅拌不均匀，施工时间难以掌握等后果。

（2）工作效率低：现场配制砂浆，需大量人力、时间去购买存放和计量原材料。

（3）耗料多：现场配制难以按配合比执行，造成原材料不合理使用和浪费，现场搅拌20%～30%的材料损失。

（4）污染环境：现场搅拌，粉尘量大，并且占地多，污染环境，影响文明施工。

（5）难以满足特殊要求：随着新型墙体材料的发展，传统砂浆必能满足与之适应的要求。专用砂浆一般需加外加剂，而现场加外加剂很难保证产品的质量。这样不利于推广使用新型墙体材料，就不能达到保护资源、利废节能的目的。

2. 干混砂浆

在工厂将所有原材料按配合比混合好作为商品出售的干混砂浆，在施工现场只需按比例加水拌和，这种方法生产的砂浆有以下特点：

（1）质量稳定：因有专门设备、技术人员控制管理，其用量合理，配料准确，混合均匀，而质量均匀、可靠，可提高建筑施工质量。

（2）工作效率高：可一次购买到符合要求的砂浆，随到随用，大大提高工作效率。掺加了外加剂的砂浆，由于砂浆性能得到改善，更可提高施工工效。

（3）满足特殊要求：技术人员可按特殊需要的性能添加外加剂，对原材料进行适当调配，以达到预期目的，但在施工现场难以实现。

（4）保护环境：干混砂浆占地少，无粉尘、无噪声，减少环境污染，改善市容，文明生产。

（5）节省原料：因按配合比生产，不会造成很大的原料浪费。

（6）利废环保：可利用粉煤灰、炉渣等废料。

（7）建筑干混砂浆属于无机材料，无毒、无味，利于健康居住，是真正的绿色材料。

（8）适用于机械化施工，如建筑干混砂浆的仓储、输送、机器喷涂等，从而成倍地提高工作效率，降低建筑造价。

应用案例

以硫铁矿渣代建筑砂配制砂浆的质量问题

案例概况

某市某中学教学楼为五层内廊式砖混结构，工程交工验收时质量良好。但使用半年后，发现砖砌体裂缝，墙面抹灰起壳。继续观察一年后，建筑物裂缝严重，以致成为危房不能使用。该工程砂浆采用硫铁矿渣代替建筑砂。其含硫量较高，有的高达4.6%，请分析其原因。

案例解析

由于硫铁矿渣中的三氧化硫和硫酸根与水泥或石灰膏反应，生成硫铁酸钙或硫酸钙，产生体积膨胀。而其硫含量较多，在砂浆硬化后不断生成此类体积膨胀的水化产物，致使砌体产生裂缝，抹灰层起壳。

需要说明的是，该段时间该市的硫铁矿渣含硫较高，不仅此项工程出问题，其他许多使用硫铁矿渣的工程也出现类似的质量问题，关键是硫含量高。

小 结

建筑砂浆是由砂、水泥、掺合料、水及外加剂组成的，是建筑工程中不可缺少的重要材料之一，主要起胶结、衬垫和传递荷载的作用。

建筑砂浆按功能和用途不同，可分为砌筑砂浆、抹面砂浆和特种砂浆；按所用胶凝材料不同，可分为水泥砂浆、石灰砂浆和混合砂浆。新拌砂浆要求具有良好的和易性。砂浆强度一般是指立方体抗压强度。水泥砂浆及预拌砌筑砂浆的强度等级划分为七个等级；水泥混合砂浆的强度等级可分为四个等级。密实基层（不吸水基层，如石材），与混凝土类似，强度主要取决于水泥强度及 W/B；多孔基层（吸水基层，如砌块），与混凝土不同，强度主要取决于水泥强度及水泥用量。

砌筑砂浆应进行砂浆配合比设计来保证砂浆的强度，从而保证工程质量。

干混砂浆是砂浆的发展方向，特点突出，有广泛的发展前景。特种砂浆应用范围广泛，注意掌握原材料的应用前景。

一、填空题

1. 为了改善砂浆的和易性和节约水泥，常常在砂浆中掺入适量的_____、_____或_____制成混合砂浆。

2. 砂浆的和易性包括_____、_____和_____，分别用指标_____、_____和_____表示。

3. 测定砂浆强度的标准试件是_____mm 的立方体试件，在_____条件下养护_____d，测定其_____强度，据此确定砂浆的_____。

4. 砂浆流动性的选择，是根据_____和_____等条件来决定。夏天砌筑烧结普通砖墙体时，砂浆的流动性应选得_____些；砌筑毛石时，砂浆的流动性应选得_____些。

5. 混合砂浆的基本组成材料包括_____、_____、_____和_____。

6. 砂浆一般分底层、中层和面层三层进行施工，其中低层起着_____的作用，中层起着_____的作用，面层起着_____的作用。

7. 配制某强度等级的水泥砂浆，计算水泥用量为 65 kg/m³，估计石膏用量应为_____kg/m³。

8. 用于石砌体的砂浆强度主要取决于_____和_____。

二、判断题

1. 砂浆的和易性内容与混凝土的完全相同。 （　　）

2. 混合砂浆的强度比水泥砂浆的强度大。 （　　）

3. 砂浆的分层度越大，保水性越好。 （　　）

4. 采用石灰混合砂浆是为了改善砂浆的保水性。 （　　）

5. 砌筑砂浆的强度，无论其底面是否吸水，砂浆的强度主要取决于水泥强度及水胶比。 （　　）

6. 建筑砂浆的组成材料与混凝土一样，都是由胶凝材料、集料和水组成的。 （　　）

7. 配制砌筑砂浆，宜选用中砂。 （　　）

8. 砂浆的和易性包括流动性、黏聚性和保水性三个方面的含义。 （　　）

9. 影响砌筑砂浆流动性的因素，主要是水泥的用量、砂子的粗细程度、级配等，而与用水量无关。 （　　）

10. 为便于铺筑和保证砌体的质量要求，新拌砂浆应具有一定的流动性和保水性。 （　　）

三、单项选择题

1. 凡涂在建筑物或构件表面的砂浆，可统称为（　　）。
   A. 砌筑砂浆　　　　B. 抹面砂浆　　　　C. 混合砂浆　　　　D. 防水砂浆

2. 用于吸水底面的砂浆强度，主要取决于（　　）。
   A. 水胶比及水泥强度　　　　　　　　B. 水泥用量及水泥强度
   C. 水泥及砂用量　　　　　　　　　　D. 水泥及石灰用量

3. 在抹面砂浆中掺入纤维材料，可以改变砂浆的（　　）。
   A. 强度　　　　　　B. 抗拉强度　　　　C. 保水性　　　　D. 分层度

4. 砂浆抗压强度标准试件的尺寸为（　　　）。

　　A. 100 mm×100 mm×100 mm　　　　B. 150 mm×150 mm×150 mm

　　C. 200 mm×200 mm×200 mm　　　　D. 70.7 mm×70.7 mm×70.7 mm

5. 当砂浆的强度等级在 M5 以下时，砂子的含泥量应不大于（　　　）；在 M5 以上时，砂子的含泥量应不大于 5%。

　　A. 3%　　　　　　B. 5%　　　　　　C. 7%　　　　　　D. 10%

6. 砂浆的流动性大小用（　　　）表示。

　　A. 沉入度　　　　B. 分层度　　　　C. 标准稠度　　　　D. 保水率

7. 砂浆的保水性用（　　　）来表示。

　　A. 沉入度　　　　B. 分层度　　　　C. 标准稠度　　　　D. 坍落度

8. 砌筑砂浆用砂，优先选用（　　　）。

　　A. 粗砂　　　　　B. 中砂　　　　　C. 细砂　　　　　D. 特细砂

9. 砂浆的稠度越大，说明（　　　）。

　　A. 强度越小　　　B. 流动性越大　　C. 黏结力越强　　D. 保水性越好

10. 建筑砂浆常以（　　　）作为砂浆的最主要的技术性能指标。

　　A. 抗压强度　　　B. 黏结强度　　　C. 抗拉强度　　　D. 耐久性

四、多项选择题

1. 砌筑砂浆的流动性指标不能用（　　　）表示。

　　A. 坍落度　　　　B. 维勃稠度　　　C. 沉入度　　　　D. 分层度

　　E. 黏聚性

2. 砌筑砂浆的保水性指标不能用（　　　）表示。

　　A. 坍落度　　　　B. 维勃稠度　　　C. 沉入度　　　　D. 分层度

　　E. 黏聚性

3. 砌筑砂浆的组成材料有（　　　）。

　　A. 胶凝材料　　　B. 砂　　　　　　C. 水　　　　　　D. 掺加料及外加剂

　　E. 石灰

4. 新拌砂浆的和易性主要包括（　　　）方面的性能。

　　A. 流动性　　　　D. 黏聚性　　　　C. 保水性　　　　D. 黏结力

　　E. 沉入度

5. 砂浆的强度是以（　　　）个 70.7 mm×70.7 mm×70.7 mm 的立方体试块，在标准条件下养护（　　　）d 后，用标准试验方法测得的抗压强度（MPa）的平均值来评定。

　　A. 6、7　　　　　B. 6、28　　　　　C. 7、7　　　　　D. 3、28

　　E. 3、14

五、简答题

1. 砌筑砂浆的组成材料有哪些？对组成材料有何要求？

2. 新拌砂浆的和易性包括哪两个方面的含义？如何测定？砂浆和易性不良对工程应用有何影响？

3. 常用的装饰抹面砂浆有哪些？各有什么特性？

4. 常用的防水砂浆有哪些？

5．影响砂浆的抗压强度的主要因素有哪些？

6．抹面砂浆的技术要求包括哪几个方面？它与砌筑砂浆的技术要求有何异同？

7．硬化后的砂浆有哪些主要的技术性质？

8．为什么地上砌筑工程一般多采用混合砂浆？

六、案例题

1．要求设计用于砌筑砖墙的水泥混合砂浆配合比。设计强度等级为 M7.5，稠度为 70～90 mm。原材料的主要参数：水泥，32.5 级矿渣水泥；中砂，堆积密度为 1 450 kg/m³，含水率为 2%；石灰膏，稠度为 120 mm，施工水平，一般。

2．要求设计用于砌筑砖墙的水泥砂浆，设计强度为 M10，稠度为 80～100 mm。原材料的主要参数：水泥，32.5 级矿渣水泥；砂，中砂，堆积密度为 1 380 kg/m³；施工水平，一般。

模块 5　建筑钢材

案例导入

某百货大楼一层橱窗上设置了挑出 1 200 mm 通长的现浇钢筋混凝土雨篷，如图 5-1（a）所示。待达到混凝土设计强度拆模时，突然发生从雨篷根部折断的质量事故，如图 5-1（b）所示。发生事故后发现受力筋的位置距离模板只有 20 mm，如图 5-1（c）所示。试分析原因。

思维导图

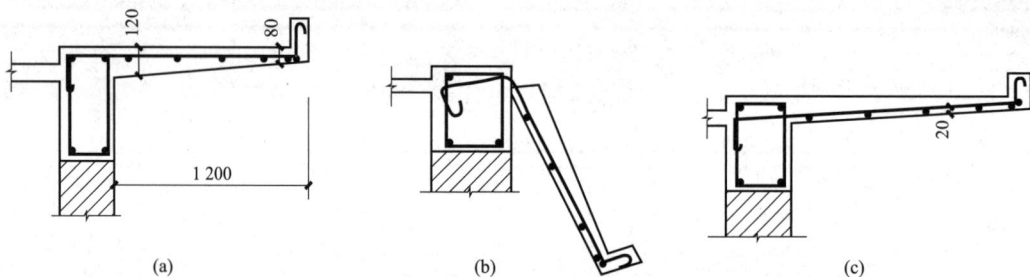

图 5-1　悬臂板受力筋错误位置及其造成破坏情况

案例分析

钢筋放错了位置（离模板 20 mm）。原来受力筋按设计布置，钢筋工绑扎完后就离开了。混凝土浇灌前，一些"好心人"看到雨篷钢筋浮搁在过梁箍筋上，受力筋又放在雨篷顶部（传统的观念总认为受力筋就放在构件底面），就把受力筋临时放置到过梁的箍筋里面，并贴着模板。浇筑混凝土时，现场人员并没有对受力筋位置进行检查，于是发生了以上事故。

知识链接

钢结构的发展

钢结构工程是以钢材制作为主的结构，是主要的建筑结构类型之一。钢结构是现代建筑工程中较普通的结构形式之一。我国是最早使用铁制造承重结构的国家，远在秦始皇时代（公元前 246 至公元前 219 年），就已经用铁做简单的承重结构，而西方国家在 17 世纪才开始使用金属承重结构。公元 3—6 世纪，聪明勤劳的中国人民就用铁链修建铁索悬桥，著名的四川泸定大渡河铁索桥、云南的元江桥和贵州的盘江桥等都是中国早期铁体承重结构的例子。

中国虽然早期在铁结构方面有卓越的成就，但由于 2 000 多年的封建制度的束缚，科学不发达，因此，长期停留于铁制建筑物的水平。直到 19 世纪末，我国才开始采用现代化钢结构。新中国成立后，钢结构的应用有了很大的发展，无论在数量上还是质量上都远远超过了过去。在设计、制造和安装等技术方面都达到了较高的水平，掌握了各种复杂建筑物的设计和施工技术，在全国各地已经建造了许多规模巨大而且结构复杂的钢结构厂房、大跨度钢结构民用建筑及铁路桥梁等，如我国的人民大会堂钢屋架，北京和上海等地的体育馆的钢网架，陕西秦始皇兵马俑陈列馆的三铰钢拱架和北京的鸟巢等。

建筑钢材是指用于工程建设的各种钢材。现代建筑工程中大量使用的钢材主要有两类，一类是钢筋混凝土用钢材，与混凝土共同构成受力构件；另一类为钢结构用钢材，充分利用其轻质、高强的优点，用于建造大跨度、大空间或超高层建筑。另外，还包括用作门窗和建筑五金等钢材。

建筑钢材强度高、品质均匀，具有一定的弹性和塑性变形能力，能承受冲击振动荷载。钢材还具有很好的加工性能，可以铸造、锻压、焊接、铆接和切割，装配施工方便。建筑钢材广泛用于大跨度结构、多层及高层建筑、受动力荷载结构和重型工业厂房结构（图5-2、图5-3）、钢筋混凝土结构（图5-4）之中，是最重要的建筑结构材料之一。但钢材也存在能耗大、成本高、容易生锈、维护费用大、耐火性差等缺点。

图5-2　大跨度钢结构

图5-3　钢结构厂房

图5-4　钢筋混凝土结构

5.1　钢材的基本知识

5.1.1　钢材的冶炼

钢和铁的主要成分都是铁和碳，用含碳量的多少加以区分，含碳量大于2.06%的铁碳合金为生铁，小于2.06%的铁碳合金为钢。钢是由生铁冶炼而成。生铁是由铁矿石、焦炭和少量石灰石等在高温的作用下进行还原反应和其他的化学反应，铁矿石中的氧化铁形成金属铁，然后再吸收碳而成生铁。生铁的主要成分是铁，但含有较多的碳及硫、磷、硅、锰等杂质，杂质使得生铁的性质硬而脆，塑性很差，抗拉强度很低，使用受到很大限制。炼钢的目的就是通过冶炼将生铁中的含碳量降至2.06%以下，其他杂质含量降至一定的范围内，以显著改善其技术性能，提高质量。

钢的冶炼方法主要有氧气转炉法、电炉法和平炉法三种。不同的冶炼方法对钢材的质量有着不同的影响，见表5-1。目前，氧气转炉法已成为现代炼钢的主要方法，而平炉法则已基本被淘汰。

表 5-1　炼钢方法的特点和应用

炉种	原料	特点	生产钢种
氧气转炉	铁水、废钢	冶炼速度快，生产效率高，钢质较好	碳素钢、低合金钢
电炉	废钢	容积小，耗电大，控制严格，钢质好，但成本高	合金钢、优质碳素钢
平炉	生铁、废钢	容量大，冶炼时间长，钢质较好且稳定，成本较高	碳素钢、低合金钢

5.1.2　钢的分类

钢的分类方法很多，基本分类方法见表5-2。

表 5-2　钢的分类

分类方法	类别		特性	应用
按化学成分分类	碳素钢	低碳钢	含碳量 <0.25%	在建筑工程中，主要用的是低碳钢和中碳钢
		中碳钢	含碳量 0.25%～0.60%	
		高碳钢	含碳量 > 0.60%	
	合金钢	低合金钢	合金元素总含量 <5%	建筑上常用低合金钢
		中合金钢	合金元素总含量 5%～10%	
		高合金钢	合金元素总含量 > 10%	
按脱氧程度分类	沸腾钢		脱氧不完全，硫、磷等杂质偏析较严重，代号为 "F"	其生产成本低、产量高，可广泛用于一般的建筑工程
	镇静钢		脱氧完全，同时去硫，代号为 "Z"	适用于承受冲击荷载、预应力混凝土等重要结构工程
	半镇静钢		脱氧程度介于沸腾钢和镇静钢之间，代号为 "b"	质量较好的钢
	特殊镇静钢		比镇静钢脱氧程度还要充分彻底，代号为 "TZ"	适用于特别重要的结构工程
按质量分类	普通钢		含硫量 ≤ 0.055%～0.065%，含磷量 ≤ 0.045%～0.085%	建筑中常用普通钢，有时也用优质钢
	优质钢		含硫量 ≤ 0.03%～0.045%，含磷量 ≤ 0.035%～0.045%	
	高级优质钢		含硫量 ≤ 0.02%～0.03%，含磷量 ≤ 0.027%～0.035%	
	特级优质钢		硫含量 ≤ 0.025%，磷含量 ≤ 0.015%	
按用途分类	结构钢		工程结构构件用钢、机械制造用钢	建筑上常用的是结构钢
	工具钢		主要用作各种量具、刀具及模具的钢	
	特殊钢		具有特殊物理、化学或机械性能的钢，如不锈钢、耐酸钢和耐热钢等	

特别提示

1. 目前，在建筑工程中常用的钢种是普通碳素结构钢中的低碳钢和低合金钢中的高强度结构钢。

2. 沸腾钢的产量已逐渐下降并被镇静钢所取代。

5.2 钢材的主要技术性能

钢材的性能主要包括力学性能、工艺性能和化学性能等。只有了解、掌握钢材的各种性能，才能做到正确、经济、合理地选择和使用钢材。

5.2.1 钢材的力学性能

1. 拉伸性能

拉伸是建筑钢材的主要受力形式，所以，拉伸性能是表示钢材性能和选用钢材的重要指标。将低碳钢（软钢）制成一定规格的试件，放在材料试验机上进行拉伸试验，可以绘制出如图 5-5 所示的应力 - 应变关系曲线。从图中可以看出，低碳钢受拉至拉断，经历了四个阶段，即弹性阶段（$O \sim A$）、屈服阶段（$A \sim B$）、强化阶段（$B \sim C$）和缩颈阶段（$C \sim D$）。

（1）弹性阶段。曲线中 OA 段是一条直线，应力与应变成正比。如卸去外力，试件能恢复原来的形状，这种性质即弹性，此阶段的变形为弹性变形。与 A 点对应的应力称为弹性极限。在弹性受力范围内，应力与应变的比值为常数，即弹性模量 $E = \sigma / \varepsilon$。E 的单位为 MPa，例如，Q235 钢的 $E = 0.21 \times 10^6$ MPa，25MnSi 钢的 $E = 0.2 \times 10^6$ MPa。弹性模量反映钢材抵抗弹性变形的能力，是钢材在受力条件下计算结构变形的重要指标。

（2）屈服阶段。应力超过 A 点后，应力、应变不再成正比关系，开始出现塑性变形。应力的增长滞后于应变的增长，当应力达 $B_{上}$ 点后（屈服上限），瞬时下降至 $B_{下}$ 点（屈服下限），变形迅速增加，而此时外力则大致在恒定的位置上波动，直到 B 点，这就是所谓的"屈服现象"，似乎钢材不能承受外力而屈服，所以 AB 段称为屈服阶段。与 $B_{下}$ 点（此点较稳定、易测定）对应的应力称为屈服点（屈服强度），用 R_{eO} 表示。常用碳素结构钢 Q235 的屈服极限 R_{eO} 不应低于 235 MPa。

中碳钢与高碳钢（硬钢）的拉伸曲线与低碳钢不同，屈服现象不明显，难以测定屈服点，则规定产生残余变形为原标距长度的 0.2％时所对应的应力值，作为硬钢的屈服强度，也称条件屈服强度，用 R 表示。

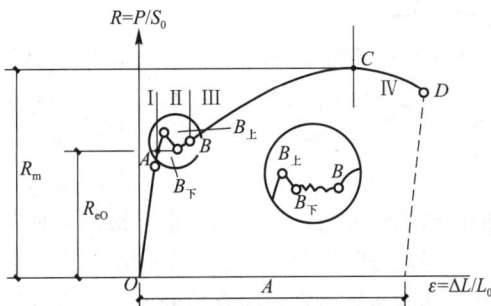

图 5-5 低碳钢受拉的应力 - 应变图

（3）强化阶段。应力超过屈服点后，由于钢材内部组织中的晶格发生了畸变，阻止了晶格进一步滑移，钢材得到强化，所以，钢材抵抗塑性变形的能力又重新提高，BC 段呈上升曲线，称为强化阶段。对应于最高点 C 的应力值（R_m）称为极限抗拉强度，简称抗拉强度。显然，R_m 是钢材受拉时所能承受的最大应力值，Q235 钢约为 380 MPa。钢材受力大于屈服点后，会出现较大的塑性变形，已不能满足使用要求，因此，屈服强度是设计上钢材强度取值的依据，是工程结构计算中非常重要的一个参数。屈服强度和抗拉强度之比（即屈强比＝R_{eO}/R_m）能反映钢材的利用率和结构安全可靠程度。屈强比越小，其结构的安全可靠程度越高，但屈强比过小，又说明钢材强度的利用率偏低，造成钢材浪费。建筑结构钢合理的屈强比一般为 0.60～0.75。

（4）缩颈阶段。试件受力达到最高点 C 点后，其抵抗变形的能力明显降低，变形迅速发展，应力逐渐下降，试件被拉长，在有杂质或缺陷处，断面急剧缩小，直到断裂。故 CD 段称为缩颈阶段。

建筑钢材应具有很好的塑性。钢材的塑性通常用断后伸长率和断面收缩率表示。将拉断后的试件拼合起来，测定出标距范围内的长度 L_u（mm），其与试件原标距 L_0（mm）之差为塑性变形值。塑性变形值与 L_0 之比称为断后伸长率（A），如图 5-6 所示。试件断面处面积收缩量与原面积之比，称为断面收缩率（Z）。伸长率（A）、断面收缩率（Z）计算公式如下：

$$A = \frac{L_u - L_0}{L_0} \times 100\% \qquad (5-1)$$

$$Z = \frac{S_0 - S_u}{S_0} \times 100\% \qquad (5-2)$$

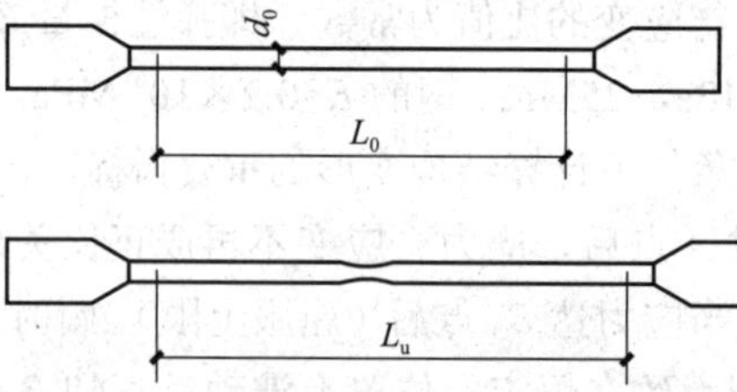

图 5-6　钢材的伸长率

断后伸长率是衡量钢材塑性的一个重要指标，A 越大，说明钢材的塑性越好。而一定的塑性变形能力，可保证应力重新分布，避免应力集中，从而钢材用于结构的安全性越大。塑性变形在试件标距内的分布是不均匀的，缩颈处的变形最大，距离缩颈部位越远，其变形越小。所以，原标距与直径之比越小，则缩颈处伸长值在整个伸长值中的比重越大，计算出的 A 值就越大。A 和 Z 都是表示钢材塑性大小的指标。

特别提示　钢材在拉伸试验中得到的屈服点强度 R_{eL}、抗拉强度 R_m、伸长率 A 是确定钢材牌号或等级的主要技术指标。

2．冲击韧度

与抵抗冲击作用有关的钢材的性能是韧性。韧性是钢材断裂时吸收机械能能力的量度。吸收较多能量才断裂的钢材，是韧性好的钢材。在实际工作中，用冲击韧度衡量钢材抗脆断的性能，因为在实际结构中脆性断裂并不发生在单向受拉的地方，而总是发生在有缺口高峰应力的地方，在缺口高峰应力的地方常呈三向受拉的应力状态。因此，最有代表性的是钢材的缺口冲击韧度，简称冲击韧度或冲击功。它是以试件冲断时缺口处单位面积上所消耗的功（J/cm^2）来表示，其符号为 α_k。试验时，将试件放置在固定支座上，然后以摆锤冲击试件刻槽的背面，使试件承受冲击弯曲而断裂，如图 5-7 所示。显然，α_k 值越大，钢材的冲击韧度越好。

影响钢材冲击韧度的因素有很多，如化学成分、冶炼质量、冷作及时效、环境温度等。当钢材内硫、磷的含量高，存在化学偏析，含有非金属夹杂物及焊接形成的微裂纹时，都会使冲击韧度显著降低。同时，环境温度对钢材的冲击功影响也很大。试验表明，冲击韧度随温度的降低而下降，开始时下降缓和，当达到一定温度范围时，突然下降很多而呈脆性，这种性质称为钢材的冷脆性。这时的温度称为脆性临界温度。它的数值越低，钢材的低温冲击性能越好。

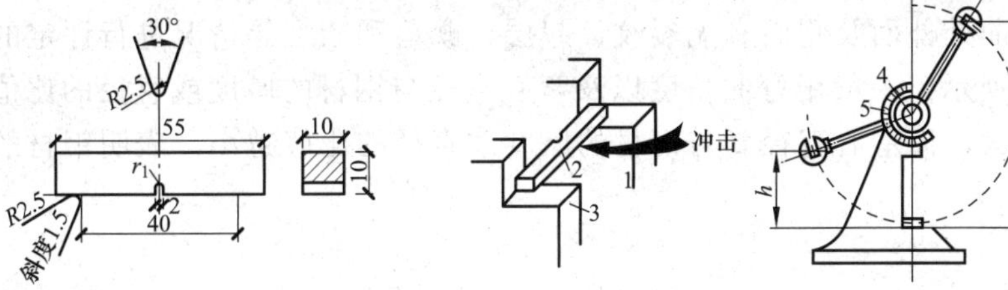

图 5-7　冲击韧性试验图
（a）试件尺寸（mm）；（b）试验装置；（c）试验机
1—摆锤；2—试件；3—试验台；4—指针；5—刻度盘；
注：H—摆锤扬起的高度；h—摆锤向后摆动的高度

3. 耐疲劳性

受交变荷载反复作用，钢材在应力低于其屈服强度的情况下突然发生脆性断裂破坏的现象，称为疲劳破坏。钢材的疲劳破坏一般是由拉应力引起的，首先在局部开始形成细小断裂，随后由于微裂纹尖端的应力集中而使其逐渐扩大，直至突然发生瞬时疲劳断裂。疲劳破坏是在低应力状态下突然发生的，所以危害极大，往往造成灾难性的事故。

在一定条件下，钢材疲劳破坏的应力值随应力循环次数的增加而降低。钢材在无穷次交变荷载作用下而不致引起断裂的最大循环应力值，称为疲劳强度极限，实际测量时常以 2×10^6 次应力循环为基准。钢材的疲劳强度与很多因素有关，如组织结构、表面状态、合金成分、夹杂物和应力集中几种情况。一般来说，钢材的抗拉强度高，其疲劳极限也较高。

4. 硬度

钢材的硬度是指其表面抵抗硬物压入产生局部变形的能力。测定钢材硬度的方法有布氏法、洛氏法和维氏法等。建筑钢材常用布氏硬度表示，其代号为 HB。

布氏法的测定原理是利用直径为 D（mm）的淬火钢球，以荷载 P（N）将其压入试件表面，经规定的持续时间后卸去荷载，得直径为 d（mm）的压痕，以压痕表面积 A（mm^2）除荷载 P，即得布氏硬度（HB）值，此值无量纲。布氏硬度测定如图 5-8 所示。

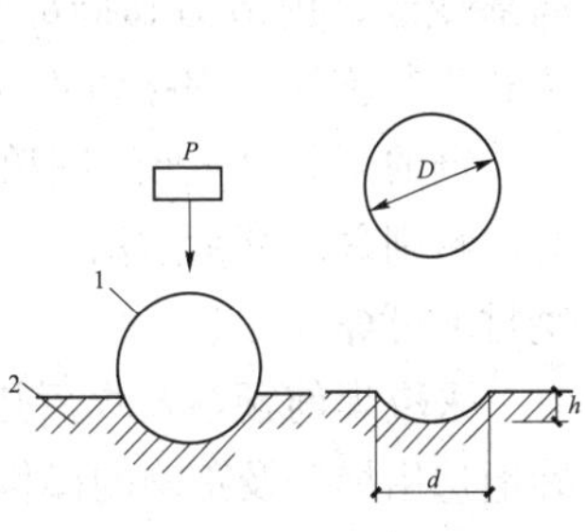

图 5-8　布氏硬度测定
1—钢球；2—试样

知识链接

材料的硬度是材料弹性、塑性、强度等性能的综合反映。试验证明，碳素钢的 HB 值与其抗拉强度 R_m 之间存在较好的相关关系，当 HB<175 时，$R_m \approx 3.6$ HB；当 HB > 175 时，$R_m \approx 3.5$ HB。根据这些关系，可以在钢结构原位上测出钢材的 HB 值，来估算钢材的抗拉强度。

5.2.2　钢材的工艺性能

1. 冷弯性能

冷弯性能是指钢材在常温下承受弯曲变形的能力。冷弯是通过检验试件经规定的弯曲程度后，弯曲处外面及侧面有无裂纹、起层、鳞落和断裂等情况进行评定的。其测试方法如图 5-9 所示。一般用弯曲角度以及弯心直径与钢材的厚度或直径的比值来表示。弯曲角度 α 越大，而弯心直径 d 与钢材的厚度或直径的比值越小，表明钢材的冷弯性能越好。

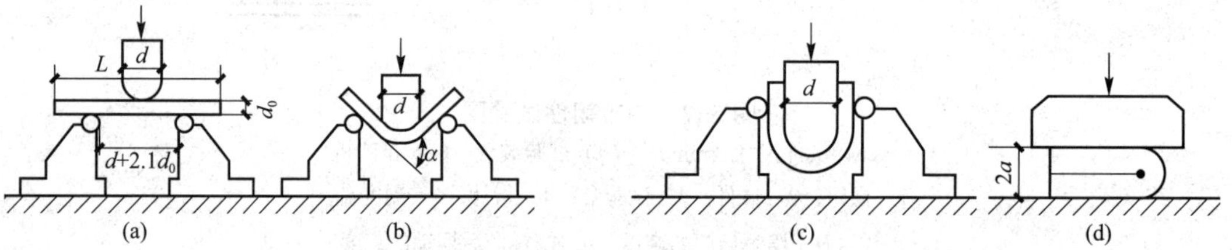

图 5-9　钢材冷弯
（a）试件安装；（b）弯曲 90°；（c）弯曲 180°；（d）弯曲至两面重合

冷弯也是检验钢材塑性的一种方法，并与断后伸长率存在有机的联系，断后伸长率大的钢材，其冷弯性能必然好，但冷弯检验对钢材塑性的评定比拉伸试验更严格、更敏感。钢材的冷弯不仅是评定塑性、加工性能的要求，而且是评定焊接质量的重要指标之一。对于重要结构和弯曲成形的钢材，冷弯必须合格。

2. 可焊性

可焊性是指钢材是否适应通常的焊接方法与工艺的性能。在焊接过程中，由于高温作用和焊接后的急剧冷却作用，会使焊缝及附近的过热区发生晶体组织及结构的变化，产生局部变形、内应力和局部硬脆，降低了焊接质量。可焊性好的钢材，易于用一般的焊接方法和工艺施焊，焊接时不易形成裂纹、气孔、夹渣等缺陷，焊接后接头强度与母材相近。

钢的可焊性主要与钢的化学成分及其含量有关。当含碳量超过 0.3% 时，钢的可焊性变差，特别是硫含量过高，会使焊接处产生热裂纹并硬脆（热脆性），其他杂质含量多也会降低钢材的可焊性。

采取焊前预热及焊后热处理的方法，可使可焊性较差的钢材的焊接质量提高。施工中正确地选用焊条及正确的操作，均能防止夹入焊渣、气孔、裂纹等缺陷，提高其焊接质量。

3. 钢材的化学成分对性能的影响

钢是含碳量小于 2% 的铁碳合金，碳大于 2% 时则为铸铁。碳素结构钢由纯铁、碳及杂质元素组成，其中纯铁约占 99%，碳及杂质元素约占 1%。低合金结构钢中，除上述元素外还加入合金元素，后者总量通常不超过 3%。除铁、碳外，钢材在冶炼过程中会从原料、燃料中引入一些其他元素。

钢材的成分对性能有重要的影响，这些成分可分为两类：一类能改善优化钢材的性能称为合金元素，主要有 Si、Mn、Ti、V、Nb 等；另一类能劣化钢材的性能，属钢材的杂质，主要有氧、硫、氮、磷等。化学元素对钢材的影响见表 5-3。碳对普通碳素钢性能的影响如图 5-10 所示。

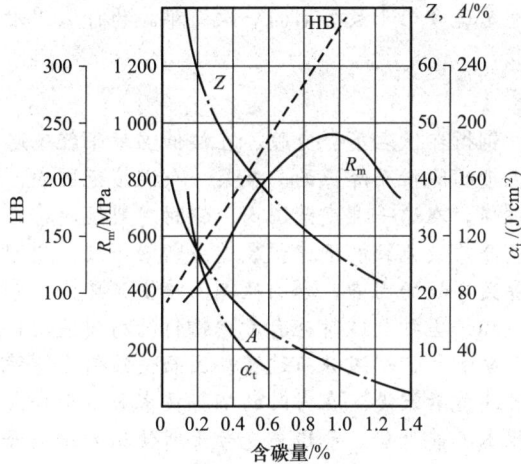

图 5-10　含碳量对普通碳素钢性能的影响

表 5-3　化学元素对钢材性能的影响

化学元素	强度	硬度	塑性	韧性	可焊性	其他
碳（C）<1% ↑	↑	↑	↓	↓	↓	冷脆性 ↑
硅（Si）> 1% ↑	—	—	↓	↓↓	↓	冷脆性 ↑
锰（Mn）↑	↑	↑	—	↑	—	脱氧、硫剂
钛（Ti）↑	↑↑	↑	↓	↑		强脱氧剂
钒（V）↑	↑	↑				时效 ↓
磷（P）↑	↑	↑	↓	↓	↓	偏析、冷脆 ↑↑
氮（N）↑	↑	↑	↓	↓↓		冷脆性 ↑
硫（S）↑	↓	—	—	—	↓	热脆性 ↑
氧（O）↑	↓	—	—	—	↓	热脆性 ↑

特别提示

符号"↑"表示上升，"↓"表示下降。

153

案例概况

英国皇家邮船泰坦尼克号是当时世界上最大的豪华客轮，被称为"永不沉没的船"或"梦幻之船"。1912年4月10日，泰坦尼克号从英国南安普敦出发，开始了这艘"梦幻客轮"的处女航。4月14日晚11点40分，泰坦尼克号在北大西洋撞上冰山，两小时四十分钟后，4月15日凌晨2点20分沉没，由于缺少足够的救生艇，1 500人葬身海底，造成了当时在和平时期最严重的一次航海事故，也是迄今为止最著名的一次海难。为什么"永不沉没"的船在冰山面前如此脆弱？

案例解析

原因一：钢材在低温下会变脆，在极低温度下经不起冲击和振动。钢材的韧性也是随温度的降低而降低的。在某一个温度范围内，钢材会由塑性破坏很快变为脆性破坏。在这一温度范围内，钢材对裂纹的存在很敏感，在受力不大的情况下，便会导致裂纹能迅速扩展造成断裂事故。原因二：钢材中所含的化学成分也是导致事故的因素。冰山从侧面撞击了船体，导致船底的铆钉承受不了撞击因而毁坏，当初制造时也有考虑铆钉的材质使用较脆弱，而在铆钉制造过程中加入了矿渣，但矿渣分布过密，因而使铆钉变得脆弱无法承受撞击。泰坦尼克号折开3截后沉没。在当时的炼钢技术并不十分成熟，炼出的钢铁按照现代的标准根本不能造船。泰坦尼克号上所使用的钢板含有许多化学杂质硫化锌，加上长时间浸泡在冰冷的海水中，使得钢板更加脆弱。

5.3 钢材的加工

5.3.1 钢材的冷加工

将钢材于常温下进行冷拉、冷拔、冷压、冷轧使其产生塑性变形，从而提高屈服强度，降低塑性和韧性，这个过程称为冷加工，即钢材的冷加工。

1. 常见冷加工方法

（1）冷拉。将热轧钢筋用冷拉设备进行张拉，拉伸至产生一定的塑性变形后，卸去荷载。冷拉参数的控制直接关系到冷拉效果和钢材质量。一般钢筋冷拉仅控制冷拉率，称为单控；对用作预应力的钢筋，须采用双控，既控制冷拉应力，又控制冷拉率。冷拉时，当拉至控制应力时可以未达控制冷拉率；反之，钢筋则应降级使用。钢筋冷拉后，屈服强度可提高20%～30%，可节约钢材10%～20%，钢材经冷拉后屈服阶段缩短，伸长率降低，材质变硬。

（2）冷拔。将直径为6.5～8 mm的碳素结构钢的Q235（或Q215）盘条，通过拔丝机中钨合金做成的比钢筋直径小0.5～1.0 mm的冷拔模孔，冷拔成比原直径小的钢丝，称为冷拔低碳钢丝，如图5-11所示。如果经过多次冷拔，可得规格更小的钢丝。冷拔作用比纯

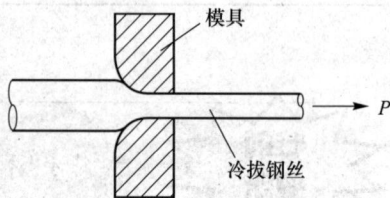

图5-11 冷拔孔模

模具

P

冷拔钢丝

拉伸的作用强烈，钢筋不仅受拉，而且同时受到挤压作用。经过一次或多次冷拔后得到的冷拔低碳钢丝，其屈服点可提高 40%～60%，但失去软钢的塑性和韧性，而具有硬质钢材的特点。

（3）冷轧。冷轧是将圆钢在轧钢机上轧成断面形状规则的钢筋，可以提高其强度及与混凝土的黏结力。钢筋在冷轧时，纵向与横向同时产生变形，因而能较好地保持其塑性和内部结构的均匀性。

建筑工程中大量使用的钢筋采用冷加工强化具有明显的经济效益。冷拔钢丝的屈服点可提高 40%～60%，由此可适当减小钢筋混凝土结构设计截面，或减小混凝土中配筋数量，从而达到节约钢材的目的。

2．冷加工时效

将钢材于常温下进行冷拉、冷拔或冷轧，使之产生塑性变形，从而提高强度，但钢材的塑性和韧性会降低，这个过程称为冷加工强化处理。冷加工后的钢材，随着时间的延长，钢材的屈服强度、抗拉强度与硬度还会进一步提高，塑性、韧性继续降低的现象称为时效。时效是一个十分缓慢的过程，有些钢材即使未经过冷加工，长期搁置后也会出现时效，但不如冷加工后表现明显。钢材冷加工后，由于产生塑性变形，时效大大加快。

钢材冷加工的时效处理有以下两种方法：

（1）自然时效。将经过冷拉的钢筋在常温下存放 15～20 d，称为自然时效，它适用于强度较低的钢材。

（2）人工时效。对强度较高的钢材，自然时效效果不明显，可将经冷加工的钢材加热到 100 ℃～200 ℃并保持 2～3 h，则钢筋强度将进一步提高，这个过程称为人工时效。其适用于强度较高的钢筋。

钢材经时效处理后，其应力与应变关系如图 5-12 所示。

5.3.2　钢材的热处理

钢材的热处理是将钢材按一定规则加热、保温和冷却处理，以改变其组织，得到所需要的性能的一种工艺过程。钢材热处理的方法有以下几种。

图 5-12　钢筋经冷拉时效后应力-应变图的变化

1．退火

退火是将钢材加热到一定温度，保温后缓慢冷却（随炉冷却）的一种热处理工艺，有低温退火和完全退火之分。退火的目的是细化晶粒，改善组织，减少加工中产生的缺陷，减轻晶格畸变，消除内应力，防止变形、开裂。

2．正火

正火是退火的一种特例。正火在空气中冷却，两者仅冷却速度不同。与退火相比，正火后钢材的硬度、强度较高，而塑性减小。

3．淬火

淬火是将钢材加热到基本组织转变温度以上（一般为 900 ℃以上），保温使组织完全转变，即放入水或油等冷却介质中快速冷却，使之转变为不稳定组织的一种热处理操作。其目的是得到高强度、高硬度的组织。淬火会使钢材的塑性和韧性显著降低。

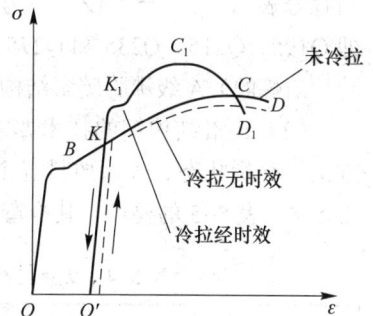

4. 回火

回火是将钢材加热到基本组织转变温度以下（150 ℃～650 ℃内选定），保温后在空气中冷却的一种热处理工艺，通常和淬火是两道相连的热处理过程。其目的是促进不稳定组织转变为需要的组织，消除淬火产生的内应力，改善机械性能等。

5.4 建筑钢材的标准与选用

5.4.1 建筑常用钢种

1. 普通碳素结构钢

普通碳素结构钢简称碳素钢、碳钢，包括一般结构钢和工程用热轧型钢、钢板、钢带。

（1）牌号表示方法。根据《碳素结构钢》（GB/T 700—2006）规定，普通碳素结构钢的牌号由代表屈服强度的字母（Q）、屈服强度数值（MPa）、质量等级符号（A、B、C、D）、脱氧程度符号（F、Z、TZ）三个部分按顺序组成。

屈服强度用符号"Q"表示，有 195、215、235、275（MPa）四种；质量等级是按钢中硫、磷含量由多至少划分的，有 A、B、C、D 四个质量等级。当为镇静钢或特殊镇静钢时，则牌号表示"Z"与"TZ"符号可予以省略。按标准规定，我国碳素结构钢分为四个牌号，即 Q195、Q215、Q235 和 Q275。例如，Q235AF 表示：屈服点为 235 N/mm^2 的（平炉或氧气转炉冶炼的）A 级沸腾碳素结构钢。

（2）碳素结构钢的技术要求。碳素结构钢的技术要求包括化学成分、力学性能、冶炼方法、交货状态、表面质量五个方面。各牌号碳素结构钢的化学成分及力学性能应分别符合表 5-4、表 5-5 的要求。其冷弯性能指标见表 5-6。

表 5-4 碳素结构钢的牌号、等级和化学成分（GB/T 700—2006）

牌号	统一数字代号[①]	等级	厚度（或直径）/mm	脱氧方法	化学成分（质量分数）/%，不大于				
					C	Si	Mn	P	S
Q195	U11952	—	—	F、Z	0.12	0.30	0.50	0.035	0.040
Q215	U12152	A	—	F、Z	0.15	0.35	1.20	0.045	0.050
	U12155	B							0.045
Q235	U12352	A	—	F、Z	0.22	0.35	1.40	0.045	0.050
	U12355	B			0.20[②]				0.045
	U12358	C		Z	0.17			0.040	0.040
	U12359	D		TZ				0.035	0.035
Q275	U12752	A	—	F、Z	0.24	0.35	1.50	0.045	0.050
	U12755	B	≤ 40	Z	0.21			0.045	0.045
			> 40		0.22				
	U12758	C		Z	0.20			0.040	0.040
	U12759	D		TZ				0.035	0.035

牌号	统一数字代号[①]	等级	厚度（或直径）/mm	脱氧方法	化学成分（质量分数）/%，不大于				
					C	Si	Mn	P	S

[①]表中为镇静钢、特殊镇静钢牌号的统一数字，沸腾钢牌号的统一数字代号如下：
Q195F——U11950；Q215AF——U12150，Q215BF——U12153；Q235AF——U12350，Q235BF——U12353；
Q275AF——U12750。

[②]经双方同意，Q235B 的碳含量可不大于 0.22%。

表5-5　碳素结构钢的拉伸和冲击力学性能（GB/T 700—2006）

牌号	等级	拉伸试验												冲击试验（V 形缺口）	
		屈服强度[①]R_{eH}/（N·mm^{-2}），不小于						抗拉强度[②]R_m/（N·mm^{-2}）	断后伸长率 /% 不小于					温度/℃	冲击吸收功（纵向）/J，不小于
		厚度（或直径）/mm							厚度（直径）/mm						
		≤ 16	> 16～40	> 40～60	> 60～100	> 100～150	> 150～200		≤ 40	> 40～60	> 60～100	> 100～150	> 150～200		
Q195	–	195	185	—	—	—	—	315～430	33	—	—	—	—	—	—
Q215	A	215	205	195	185	175	165	335～450	31	30	29	27	26	—	—
	B													20	27
Q235	A	235	225	215	215	195	185	370～500	26	25	24	23	22	—	—
	B													20	27[③]
	C													0	
	D													−20	
Q275	A	275	265	255	245	225	215	410～540	22	21	20	18	17	—	—
	B													20	27
	C													0	
	D													−20	

[①]Q195 的屈服强度值仅供参考，不作交货条件。

[②]厚度大于 100 mm 的钢材，抗拉强度下限允许降低 20 N/mm^2。宽带钢（包括剪切钢板）抗拉强度上限不作交货条件。

[③]厚度小于 25 mm 的 Q235B 级钢材，如供方能保证吸收功值合格，经需方同意，可不作检验。

表5-6　碳素结构钢的冷弯性能指标（GB/T 700—2006）

牌号	试样方向	冷弯试验 180°，$B=2a$[①]	
		钢材厚度（或直径）[②]/mm	
		≤ 60	> 60～100
		弯心直径 d	
Q195	纵	0	—
	横	0.5a	
Q215	纵	0.5a	1.5a
	横	a	2a

牌号	试样方向	冷弯试验 180°，$B=2a$①	
		钢材厚度（或直径）②/mm	
		≤ 60	> 60 ~ 100
		弯心直径 d	
Q235	纵	a	$2a$
	横	$1.5a$	$2.5a$
Q275	纵	$1.5a$	$2.5a$
	横	$2a$	$3a$

① B 为试样宽度，a 为钢材厚度（或直径）。
② 钢材厚度（或直径）大于 100 mm 时，弯曲试验由双方协商确定。

（3）普通碳素结构钢的性能和用途。碳素结构钢的牌号顺序随含碳量逐渐增加，屈服强度和抗拉强度也不断增加，伸长率和冷弯性能则不断下降。碳素结构钢的质量等级取决于钢内有害元素硫（S）和磷（P）的含量，硫、磷含量越低，钢的质量越好，其可焊性和低温抗冲击性能增强。碳素结构钢常用于建筑工程。其性能与用途见表 5-7。

表 5-7 常用碳素钢的性能与用途

牌号	性能	用途
Q195	强度低，塑性、韧性、加工性能与焊接性能较好	主要用于轧制薄板和盘条等
Q215	强度高，塑性、韧性、加工性能与焊接性能较好	大量用作管坯、螺栓等
Q235	强度适中，有良好的承载性，又具有较好的塑性和韧性，可焊性和可加工性也较好，是钢结构常用的牌号	一般用于只承受静荷载作用的钢结构；适用于承受动荷载焊接的普通钢结构；适用于承受动荷载焊接的重要钢结构；适用于低温环境使用的承受动荷载焊接的重要钢结构
Q275	强度高、塑性和韧性稍差，不易冷弯加工，可焊性较差，强度、硬度较高，耐磨性较好，但塑性、冲击韧度和可焊性差	主要用作铆接或栓接结构，以及钢筋混凝土的配筋。不宜在建筑结构中使用，主要用于制造轴类、农具、耐磨零件和垫板等

2. 优质碳素结构钢

按国家标准《优质碳素结构钢》（GB/T 699—2015）的规定，优质碳素结构钢根据锰含量的不同可分为普通锰含量钢（锰含量 <0.8%）和较高锰含量钢（锰含量在 0.7% ~ 1.2%）两组。优质碳素结构钢的钢材一般以热轧状态供应。硫、磷等杂质含量比普通碳素钢少，其含量均不得超过 0.035%。其质量稳定，综合性能好，但成本较高。

优质碳素结构钢的牌号用两位数字表示，它表示钢中平均含碳量的万分数。如 45 号钢，表示钢中平均含碳量为 0.45%。数字后若有"锰"字或"Mn"，则表示属较高锰含量的钢，否则为普通锰含量钢。如 35Mn 表示平均含碳量为 0.35%，含锰量为 0.7% ~ 1.0%。优质碳素钢的牌号、统一数字代号及化学成分见表 5-8，优质碳素钢的力学性能见表 5-9。

表 5-8　优质碳素钢的牌号、统一数字代号及化学成分（GB/T 699—2015）

序号	统一数字代号	牌号	化学成分（质量分数）/%							
			C	Si	Mn	P	S	Cr	Ni	Cu[①]
						≤				
1	U20082	08[②]	0.05 ~ 0.11	0.17 ~ 0.37	0.35 ~ 0.65	0.035	0.035	0.10	0.30	0.25
2	U20102	10	0.07 ~ 0.13	0.17 ~ 0.37	0.35 ~ 0.65	0.035	0.035	0.15	0.30	0.25
3	U20152	15	0.12 ~ 0.18	0.17 ~ 0.37	0.35 ~ 0.65	0.035	0.035	0.25	0.30	0.25
4	U20202	20	0.17 ~ 0.23	0.17 ~ 0.37	0.35 ~ 0.65	0.035	0.035	0.25	0.30	0.25
5	U20252	25	0.22 ~ 0.29	0.17 ~ 0.37	0.50 ~ 0.80	0.035	0.035	0.25	0.30	0.25
6	U20302	30	0.27 ~ 0.34	0.17 ~ 0.37	0.50 ~ 0.80	0.035	0.035	0.25	0.30	0.25
7	U20352	35	0.32 ~ 0.39	0.17 ~ 0.37	0.50 ~ 0.80	0.035	0.035	0.25	0.30	0.25
8	U20402	40	0.37 ~ 0.44	0.17 ~ 0.37	0.50 ~ 0.80	0.035	0.035	0.25	0.30	0.25
9	U20452	45	0.42 ~ 0.50	0.17 ~ 0.37	0.50 ~ 0.80	0.035	0.035	0.25	0.30	0.25
10	U20502	50	0.47 ~ 0.55	0.17 ~ 0.37	0.50 ~ 0.80	0.035	0.035	0.25	0.30	0.25
11	U20552	55	0.52 ~ 0.60	0.17 ~ 0.37	0.50 ~ 0.80	0.035	0.035	0.25	0.30	0.25
12	U20602	60	0.57 ~ 0.65	0.17 ~ 0.37	0.50 ~ 0.80	0.035	0.035	0.25	0.30	0.25
13	U20652	65	0.62 ~ 0.70	0.17 ~ 0.37	0.50 ~ 0.80	0.035	0.035	0.25	0.30	0.25
14	U20702	70	0.67 ~ 0.75	0.17 ~ 0.37	0.50 ~ 0.80	0.035	0.035	0.25	0.30	0.25
15	U20702	75	0.72 ~ 0.80	0.17 ~ 0.37	0.50 ~ 0.80	0.035	0.035	0.25	0.30	0.25
16	U20802	80	0.77 ~ 0.85	0.17 ~ 0.37	0.50 ~ 0.80	0.035	0.035	0.25	0.30	0.25
17	U20852	85	0.82 ~ 0.90	0.17 ~ 0.37	0.50 ~ 0.80	0.035	0.035	0.25	0.30	0.25
18	U21152	15Mn	0.12 ~ 0.18	0.17 ~ 0.37	0.70 ~ 1.00	0.035	0.035	0.25	0.30	0.25
19	U21202	20Mn	0.17 ~ 0.23	0.17 ~ 0.37	0.70 ~ 1.00	0.035	0.035	0.25	0.30	0.25
20	U21252	25Mn	0.22 ~ 0.29	0.17 ~ 0.37	0.70 ~ 1.00	0.035	0.035	0.25	0.30	0.25
21	U21302	30Mn	0.27 ~ 0.34	0.17 ~ 0.37	0.70 ~ 1.00	0.035	0.035	0.25	0.30	0.25
22	U21352	35Mn	0.32 ~ 0.39	0.17 ~ 0.37	0.70 ~ 1.00	0.035	0.035	0.25	0.30	0.25
23	U21402	40Mn	0.37 ~ 0.44	0.17 ~ 0.37	0.70 ~ 1.00	0.035	0.035	0.25	0.30	0.25
24	U21452	45Mn	0.42 ~ 0.50	0.17 ~ 0.37	0.70 ~ 1.00	0.035	0.035	0.25	0.30	0.25
25	U21502	50Mn	0.48 ~ 0.56	0.17 ~ 0.37	0.70 ~ 1.00	0.035	0.035	0.25	0.30	0.25
26	U21602	60Mn	0.57 ~ 0.65	0.17 ~ 0.37	0.70 ~ 1.00	0.035	0.035	0.25	0.30	0.25
27	U21652	65Mn	0.62 ~ 0.70	0.17 ~ 0.37	0.90 ~ 1.20	0.035	0.035	0.25	0.30	0.25
28	U21702	70Mn	0.67 ~ 0.75	0.17 ~ 0.37	0.90 ~ 1.20	0.035	0.035	0.25	0.30	0.25

未经用户同意不得有意加入本表中未规定的元素，应采取措施防止从废钢或其他原料中带入影响钢性能的元素。

①热压力加工用钢铜含量应不得大于 0.20%；

②用铝脱氧的镇定钢，碳、锰含量下限不限，锰含量上限为 0.45%，硅含量不大于 0.03%，全铝含量为 0.020% ~ 0.070%，此时牌号为 08Al。

表 5-9 优质碳素钢的力学性能（GB/T 699—2015）

序号	牌号	试样毛坯尺寸[①]/mm	推荐的热处理制度[③]			力学性能					交货硬度 HBW	
			正火	淬火	回火	抗拉强度 R_m/MPa	下屈服强度 R_{eL}[④]/MPa	断后伸长率 A/%	断面收缩率 Z/%	冲击吸收能量 KU_2/J	未热处理钢	退火钢
			加热温度 /℃			≥					≤	
1	08	25	930	—	—	325	195	33	60	—	131	—
2	10	25	930	—	—	335	205	31	55	—	137	—
3	15	25	920	—	—	375	225	27	55	—	143	—
4	20	25	910	—	—	410	245	25	55	—	156	—
5	25	25	900	870	600	450	275	23	50	71	170	—
6	30	25	880	860	600	490	295	21	50	63	179	—
7	35	25	870	850	600	530	315	20	45	55	197	—
8	40	25	860	840	600	570	335	19	45	47	217	187
9	45	25	850	840	600	600	355	16	40	39	229	197
10	50	25	830	830	600	630	375	14	40	31	241	207
11	55	25	820	—	—	645	380	13	35	—	255	217
12	60	25	810	—	—	675	400	12	35	—	255	229
13	65	25	810	—	—	695	410	10	30	—	255	229
14	70	25	790	—	—	715	420	9	30	—	269	229
15	75	试样[②]	—	820	480	1 080	880	7	30	—	285	241
16	80	试样[②]	—	820	480	1 080	930	6	30	—	285	241
17	85	试样[②]	—	820	480	1 130	980	6	30	—	302	255
18	15Mn	25	920	—	—	410	245	26	55	—	163	—
19	20Mn	25	910	—	—	450	275	24	50	—	197	—
20	25Mn	25	900	870	600	490	295	22	50	71	207	—
21	30Mn	25	880	860	600	540	315	20	45	63	217	187
22	35Mn	25	870	850	600	560	335	18	45	55	229	197
23	40Mn	25	860	840	600	590	355	17	45	47	229	207
24	45Mn	25	850	840	600	620	375	15	40	39	241	217
25	50Mn	25	830	830	600	645	390	13	40	31	255	217
26	60Mn	25	810	—	—	690	410	11	35	—	269	229
27	65Mn	25	830	—	—	735	430	9	30	—	285	229
28	70Mn	25	790	—	—	785	450	8	30	—	285	229

序号	牌号	试样毛坯尺寸①/mm	推荐的热处理制度③			力学性能					交货硬度 HBW	
			正火	淬火	回火	抗拉强度 R_m/MPa	下屈服强度 R_{eL}④/MPa	断后伸长率 A/%	断面收缩率 Z/%	冲击吸收能量 KU_2/J	未热处理钢	退火钢
			加热温度 /℃			$\geqslant$					$\leqslant$	

表中的力学性能适用于公称直径或厚度不大于 80 mm 的钢棒。

公称直径或厚度大于 80 ～ 250 mm 的钢棒，允许其断后伸长率、断面收缩率比本表的规定分别降低 2%（绝对值）和 5%（绝对值）。

公称直径或厚度大于 120 ～ 250 mm 的钢棒允许改锻（轧）成其 70 ～ 80 mm 的试料取样检验，其结果应符合本表的规定。

①钢棒尺寸小于试样毛坯尺寸时，用原尺寸钢棒进行热处理。
②留有加工余量的试样，其性能为淬火＋回火状态下的性能。
③热处理温度允许调整范围：正火 ±30 ℃，淬火 ±20 ℃，回火 ±50℃；推荐保温时间：正火不少于 30 min，空冷；淬火不少于 30 min，75、80 和 85 钢油冷，其他钢棒水冷；600 ℃回火不少于 1 h。
④当屈服现象不明显时，可用规定塑性延伸强度 $R_{p0.2}$ 代替。

优质碳素钢的性能主要取决于含碳量。含碳量高，则强度高，但塑性和韧性降低。在建筑工程中，30 ～ 45 号钢主要用于重要结构的钢铸件和高强度螺栓等；45 号钢用于预应力混凝土锚具；65 ～ 80 号钢用于生产预应力混凝土用钢丝和钢绞线。

3．低合金高强度结构钢

低合金高强度结构钢是一种在碳素钢的基础上添加总量小于 5%合金元素的钢材，具有强度高、塑性和低温冲击韧度好、耐锈蚀等特点。

（1）术语和定义。

1）热轧（AR 或 WAR）：表示钢材未经任何特殊轧制和 / 或热处理的状态。

2）正火（N）：钢材加热到高于相变点温度以上的一个合适的温度，然后在空气中冷却至低于相变点温度的热处理。

3）正火轧制（+N）：最终变形是在一定温度范围内的轧制过程中进行，使钢材达到一种正火的状态，以便即使正火后可达到规定的力学性能数值的轧制工艺。

4）热机械轧制（M）：钢材的最终变形在一定温度范围内进行的轧制工艺，从而保证钢材获得仅热处理无法获得的性能。

（2）牌号表示方法。钢的牌号由代表屈服强度的汉语拼音首字母 Q、规定的最小上屈服强度数值、交货状态代号、质量等级符号（B、C、D、E、F）四部分组成。

注：1）交货状态为热轧时，交货状态代号 AR 或 WAR 可省略；交货状态为正火或正火轧制时，交货状态代号均用 N 表示。

2）Q+ 规定的最小上屈服强度数值 + 交货状态代号，称为"钢级"。如 Q355ND。其中，Q——钢的屈服强度的"屈"字汉语拼音的首位字母；355——规定的最小上屈服强度数值，单位为兆帕（MPa）；N——交货状态为正火或正火轧制；D——质量等级为 D 级。当需方要求钢板具有厚度方向性能时，则在上述规定的牌号后加上代表厚度方向（Z 向）性能级别的符号，如 Q355NDZ25。

（3）标准与选用。热轧钢的牌号及化学成分（熔炼分析）应符合表 5-10 的规定。正火及正火轧制钢的牌号及化学成分（熔炼分析）应符合表 5-11 的规定。热机械轧制钢的牌号及化学成分（熔炼分析）应符合表 5-12 的规定。热轧钢材的拉伸性能应符合表 5-13 的规定。热机械轧制钢（TMCP）的拉伸性能应符合表 5-14 的规定。正火、正火轧制钢材的拉伸性能应符合表 5-15 的规定。热机械轧制（TMCP）钢材的拉伸性能见表 5-16。

由于合金元素的强化作用，低合金结构钢不但具有较高的强度，而且具有较好的塑性、韧性和可焊性。低合金高强度结构钢广泛应用于钢结构和钢筋混凝土结构，特别是大型结构、重型结构、大跨度结构、高层建筑、桥梁工程、承受动力荷载和冲击荷载的结构。

表 5-10　热轧钢的牌号及化学成分（GB/T 1591—2018）

牌号		化学成分（质量分数）/%														
钢级	质量等级	C① 以下公称厚度或直径/mm ≤40② 不大于	C① >40	Si	Mn	P③	S③	Nb④	V⑤	Ti⑤	Cr	Ni	Cu	Mo	N⑥	B
								不大于								
Q355	B	0.24	0.24	0.55	1.60	0.035	0.035	—	—	—	0.30	0.30	0.40	—	0.012	—
	C	0.20	0.22			0.030	0.030								0.012	
	D	0.20	0.22			0.025	0.025								—	
Q390	B	0.20	0.20	0.55	1.70	0.035	0.035	0.05	0.13	0.05	0.30	0.50	0.40	0.10	0.015	—
	C					0.030	0.030									
	D					0.025	0.025									
Q420⑦	B	0.20	0.20	0.55	1.70	0.035	0.035	0.05	0.13	0.05	0.30	0.80	0.40	0.20	0.015	—
	C					0.030	0.030									
Q460⑦	C	0.20	0.20	0.55	1.80	0.030	0.030	0.05	0.13	0.05	0.30	0.80	0.40	0.20	0.015	0.004

①公称厚度大于 100 mm 的型钢，碳含量可由供需双方协商确定。

②公称厚度大于 30 mm 的钢材，碳含量不大于 0.22%。

③对于型钢和棒材，其磷和硫含量上限值可提高 0.005%。

④Q390、Q420 最高可到 0.07%、Q460 最高可到 0.11%。

⑤最高可到 0.20%。

⑥如果钢种酸溶铝 Als 含量不小于 0.015% 或全铝 Alt 含量不小于 0.020%，或添加了其他固氮含金元素，氮元素含量不做限制，固氮元素应在质量证明书中注明。

⑦仅适用于型钢和棒材。

表 5-11　正火、正火轧制钢的牌号及化学成分（GB/T 1591—2018）

钢级	质量等级	化学成分（质量分数）/%													
		C	Si	Mn	P①	S①	Nb	V	Ti③	Cr	Ni	Cu	Mo	N	Als④
		不大于			不大于					不大于					不小于
Q355N	B	0.20	0.50	0.90~1.65	0.035	0.035	0.005~0.05	0.01~0.12	0.006~0.05	0.30	0.50	0.40	0.10	0.015	0.015
	C	0.20			0.030	0.030									
	D				0.030	0.025									
	E	0.18			0.025	0.020									
	F	0.16			0.020	0.010									
Q390N	B	0.20	0.50	0.90~1.70	0.035	0.035	0.01~0.05	0.01~0.20	0.006~0.05	0.30	0.50	0.40	0.10	0.015	0.015
	C				0.030	0.030									
	D				0.025	0.025									
	E				0.025	0.020									
Q420N	B	0.20	0.60	1.00~1.70	0.035	0.035	0.01~0.05	0.01~0.20	0.006~0.05	0.30	0.80	0.40	0.10	0.015	0.015
	C				0.030	0.030									
	D				0.030	0.025									
	E				0.025	0.020									0.025
Q460N②	C	0.20	0.60	1.00~1.70	0.030	0.030	0.01~0.05	0.01~0.05	0.006~0.05	0.30	0.80	0.40	0.10	0.015	0.015
	D				0.030	0.025									
	E				0.025	0.020									0.025

　钢中应至少含有铝、铌、钒、钛等细化晶粒元素中的一种，单独或组合加入时，应保证其中至少一种合金元素含量不小于表中规定含量的下限。

①对于型钢和棒材，其磷和硫含量上限值可提高 0.005%。

②V+Nb+Ti ≤ 0.22%，Mo+Cr ≤ 0.30%。

③最高可到 0.20%。

④可用全铝 Alt 代替，此时全铝最小含量为 0.020%。当钢中添加了铌、钒、钛等细化晶粒元素且含量不小于表中规定含量的下限时，铝含量下限值不限。

表 5-12　热机械轧制钢的牌号及化学成分（GB/T 1591—2018）

牌号		化学成分（质量分数）/%														
钢级	质量等级	C	Si	Mn	P①	S①	Nb	V	Ti②	Cr	Ni	Cu	Mo	N	B	Als③
		不大于														不小于
Q355M	B	0.14④	0.50	1.60	0.035	0.035	0.01～0.05	0.01～0.10	0.006～0.05	0.30	0.50	0.40	0.10	0.015	—	0.015
	C				0.030	0.030										
	D				0.030	0.025										
	E				0.025	0.020										
	F				0.020	0.010										
Q390M	B	0.15④	0.50	1.70	0.035	0.035	0.01～0.05	0.01～0.12	0.006～0.05	0.30	0.50	0.40	0.10	0.015	—	0.015
	C				0.030	0.030										
	D				0.025	0.025										
	E				0.025	0.020										
Q420M	B	0.16④	0.50	1.70	0.035	0.035	0.01～0.05	0.01～0.12	0.006～0.05	0.30	0.80	0.40	0.20	0.015～0.025	—	0.015
	C				0.030	0.030										
	D				0.030	0.025										
	E				0.025	0.020										
Q460M	C	0.16④	0.60	1.70	0.030	0.030	0.01～0.05	0.01～0.12	0.006～0.05	0.30	0.80	0.40	0.20	0.015～0.025	—	0.015
	D				0.030	0.025										
	E				0.025	0.020										
Q500M	C	0.18	0.60	1.80	0.030	0.030	0.01～0.11	0.01～0.12	0.006～0.05	0.60	0.80	0.55	0.20	0.015～0.025	0.004	0.015
	D				0.030	0.025										
	E				0.025	0.020										
Q550M	C	0.18	0.60	2.00	0.030	0.030	0.01～0.11	0.01～0.12	0.006～0.05	0.80	0.80	0.80	0.30	0.015～0.025	0.004	0.015
	D				0.030	0.025										
	E				0.025	0.020										
Q620M	C	0.18	0.60	2.60	0.030	0.030	0.01～0.11	0.01～0.12	0.006～0.05	1.00	0.80	0.80	0.30	0.015～0.025	0.004	0.015
	D				0.030	0.025										
	E				0.025	0.020										
Q690M	C	0.18	0.60	2.00	0.030	0.030	0.01～0.11	0.01～0.12	0.006～0.05	1.00	0.80	0.80	0.30	0.015～0.025	0.004	0.015
	D				0.030	0.025										
	E				0.025	0.020										

钢中应至少含有铝、铌、钒、钛等细化晶粒元素中的一种，单独或组合加入时，应保证其中至少一种合金元素含量不小于表中规定含量的下限。

①对于型钢和棒材，磷和硫含量上限值可提高 0.005%。

②最高可到 0.20%。

③可用全铝 Alt 代替，此时全铝最小含量为 0.020%。当钢中添加了铌、钒、钛等细化晶粒元素且含量不小于表中规定含量的下限时，铝含量下限值不限。

④对于型钢和棒材，Q355M、Q390M、Q420M 和 Q460M 的最大碳含量可提高 0.02%。

表 5-13　热轧钢材的拉伸性能

牌号		上屈服强度 R_{eH}[1]/MPa，不小于									抗拉强度 R_m/MPa			
		公称厚度或直径 /mm												
钢级	质量等级	≤ 16	> 16 ~ 40	> 40 ~ 63	> 63 ~ 80	> 80 ~ 100	> 100 ~ 150	> 150 ~ 200	> 200 ~ 250	> 250 ~ 400	≤ 100	> 100 ~ 150	> 150 ~ 250	> 250 ~ 400
Q355	B、C	355	345	335	325	315	295	285	275	—	470 ~ 630	450 ~ 600	450 ~ 600	—
	D									265[2]				450 ~ 600[2]
Q390	B、C、D	390	380	360	340	340	320	—	—	—	490 ~ 650	470 ~ 620		
Q420[3]	B、C	420	410	390	370	370	350	—	—	—	520 ~ 680	5 000 ~ 650		
Q460[3]	C	460	450	430	410	410	390	—	—	—	550 ~ 720	530 ~ 700		

[1] 当屈服强度不明显时，可用规定塑性延伸强度 $R_{p0.2}$ 代替上屈服强度。
[2] 只适用于质量等级为 D 的钢板。
[3] 只适用于型钢和棒材。

表 5-14　热轧钢材的伸长率

牌号			断后伸长率 A/% 不小于					
			公称厚度或直径 /mm					
钢级	质量等级	试样方向	≤ 40	> 40 ~ 63	> 63 ~ 100	> 100 ~ 150	> 150 ~ 250	> 250 ~ 400
Q355	B、C、D	纵向	22	21	20	18	17	17[1]
		横向	20	19	18	18	17	17[1]
Q390	B、C、D	纵向	21	20	20	19	—	—
		横向	20	19	19	18	—	—
Q420[2]	B、C	纵向	20	19	19	19	—	—
Q460[2]	C	纵向	18	17	17	17	—	—

[1] 只适用于质量等级为 D 的钢板。
[2] 只适用于型钢和棒材。

表 5-15 正火、正火轧制钢材的拉伸性能

牌号 钢级	质量等级	上屈服强度 R_{eH}[①]/MPa, 不小于 公称厚度或直径/mm								抗拉强度 R_m/MPa			断后伸长率 A/%, 不小于					
		≤16	>16~40	>40~63	>63~80	>80~100	>100~150	>150~200	>200~250	≤100	>100~200	>200~250	≤16	>16~40	>40~63	>63~80	>80~200	>200~250
Q355N	B、C、D、E、F	355	345	335	325	315	295	285	275	470~630	450~600	450~600	22	22	22	21	21	21
Q390N	B、C、D、E	390	380	360	340	340	320	310	300	490~650	470~620	470~620	20	20	20	19	19	19
Q420N	B、C、D、E	420	400	390	370	360	340	330	320	520~680	500~650	500~650	19	19	19	18	18	18
Q460N	C、D、E	460	440	430	410	400	380	370	370	540~720	530~710	512~690	17	17	17	17	17	16

注：正火状态包含正火加回火状态。

① 当屈服不明显时，可用规定塑性延伸强度 $R_{P0.2}$ 代替上屈服强度 R_{eH}。

表 5-16 热机械轧制（TMCP）钢材的拉伸性能

钢级	牌号 质量等级	上屈服强度 R_{eH} [1] /MPa 不小于 公称厚度或直径 /mm						抗拉强度 R_m/MPa 公称厚度或直径 /mm					断后伸长率 A/% 不小于
		≤16	>16~40	>40~63	>63~80	>80~100	>100~120	≤40	>40~63	>63~80	>80~100	>100~120 [2]	
Q355M	B、C、D、E、F	355	345	335	325	325	320	470~630	450~610	440~600	440~600	430~590	22
Q390M	B、C、D、E	390	380	360	340	340	335	490~650	480~640	470~630	460~620	450~610	20
Q420M	B、C、D、E	420	400	390	380	370	365	520~680	500~660	480~640	470~630	460~620	19
Q460M	C、D、E	460	440	430	410	400	385	540~720	530~710	510~690	500~680	490~660	17
Q500M	C、D、E	500	490	480	460	450	—	610~770	600~760	590~750	540~730	—	17
Q550M	C、D、E	550	540	530	510	500	—	670~830	620~810	600~790	590~780	—	16
Q620M	C、D、E	620	610	600	580	—	—	710~880	690~880	670~860	—	—	15
Q690M	C、D、E	690	680	670	650	—	—	770~940	750~920	730~900	—	—	14

注：热机械轧制（TMCP）状态包含热机械轧制（TMCP）加回火状态。

[1] 当屈服不明显时，可用规定塑性延伸强度 $R_{p0.2}$ 代替上屈服强度 R_{eH}。

[2] 对于型钢和棒材，厚度或直径不大于 150 mm。

167

5.4.2 钢结构用钢

钢结构用钢主要是热轧成型的钢板和型钢等，薄壁轻型钢结构主要采用薄壁型钢、圆钢和小角钢。钢材所用的母材主要是普通碳素结构钢及低合金高强度结构钢。

1. 热轧型钢

钢结构常用的型钢有工字钢、H型钢、T型钢、槽钢、等边角钢、不等边型钢等，如图5-13所示。型钢由于截面形式合理，材料在截面上分布对受力最为有利，且构件间连接方便，所以它是钢结构中采用的主要钢种。型钢的规格通常以反映其断面形状的主要轮廓尺寸来表示。

（1）热轧普通工字钢。工字钢是截面为工字形、腿部内侧有1∶6斜度的长条钢材。工字钢广泛应用于各种建筑结构和桥梁，主要用于承受横向弯曲（腹板平面内受弯）的杆件，但不宜单独用作轴心受压构件或双向弯曲的构件。

（2）热轧H型钢和T型钢。H型钢由工字钢发展而来，优化了截面的分布。H型钢截面形状经济合理，力学性能好，常用于要求承载力大、截面稳定性好的大型建筑（如高层建筑）。T型钢是由H型钢对半剖分而成的。

（3）热轧普通槽钢。槽钢是截面为凹槽形、腿部内侧有1∶10斜度的长条钢材。规格以"腰高度×腿宽度×腰厚度"（mm）或"腰高度＃"（cm）表示。槽钢的规格范围为5＃～40＃。槽钢可用作承受轴向力的杆件、承受横向弯曲的梁以及联系杆件，主要用于建筑钢结构、车辆制造等。

（4）热轧角钢。角钢由两个互相垂直的肢组成，若两肢长度相等，称为等边角钢，若不等则为不等边角钢。角钢的代号为∟，其规格用代号和长肢宽度（mm）×短肢宽度（mm）×肢厚度（mm）表示。角钢的规格有∟20×20×3～∟200×200×24，∟25×16×3～∟200×125×18等。

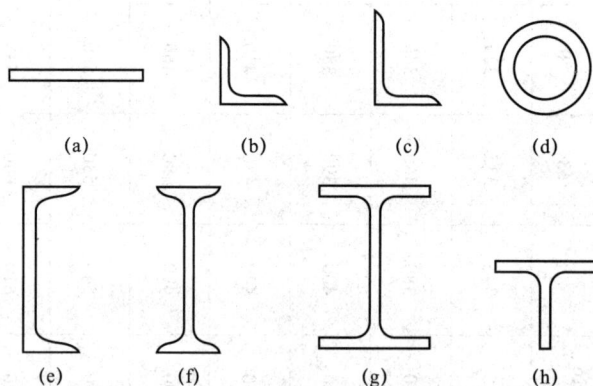

图5-13 热轧型钢截面
(a) 钢板；(b) 等边角钢；(c) 不等边角钢；(d) 钢管；(e) 槽钢；
(f) 工字钢；(g) 宽翼缘工字钢；(h) T型钢

2. 冷弯薄壁型钢

冷弯薄壁型钢由厚度为1.5～6 mm的钢板或带钢，经冷加工（冷弯、冷压或冷拔）成型，同一截面部分的厚度都相同，截面各角顶处呈圆弧形，如图5-14（a）～（i）所示。在工业民用和农业建筑中，可用薄壁型钢制作各种屋架、刚架、网架、檩条、墙梁、墙柱等结构和构件。

压型钢板是冷弯薄壁型材的另一种形式［图 5.14（j）］，常用 0.4 ～ 2 mm 厚的镀锌钢板和彩色涂塑镀锌钢板冷加工成型，可广泛用作屋面板、墙面板和隔墙，如图 5-15 所示。

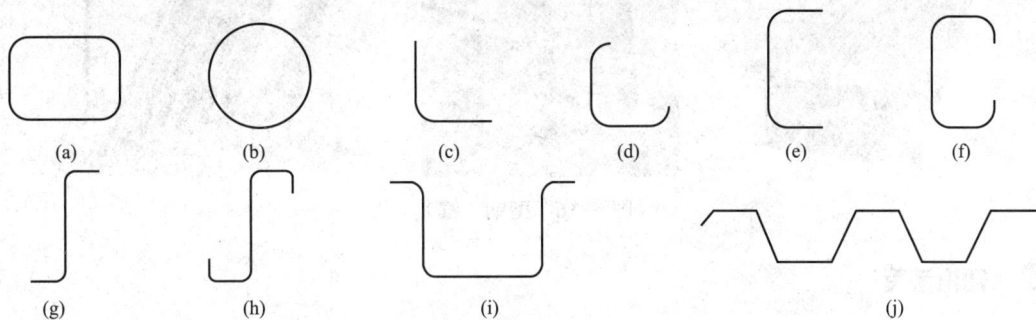

图 5-14　冷弯薄壁型材的截面形式
（a）～（i）冷弯薄壁型钢；（j）压型钢板

图 5-15　压型钢板

3．板材、钢管和棒材

（1）板材。钢板材包括钢板、花纹钢板、建筑用压型钢板和彩色涂层钢板等。钢板按轧制方式可分为热轧钢板和冷轧钢板。钢板规格表示方法为宽度 × 厚度 × 长度（mm）。钢板可分为厚板（厚度 > 4 mm）和薄板（厚度 ≤ 4 mm）两种。厚板主要用于结构，薄板主要用于屋面板、楼板和墙板等。在钢结构中，单块钢板不能独立工作，必须使用几块板组合成工字形、箱形等结构来承受荷载。

（2）棒材。常用的棒材有六角钢、八角钢、扁钢、圆钢和方钢。建筑钢结构的螺栓常以热轧六角钢和八角钢为坯材。扁钢在建筑上用作房架构件、扶梯、桥梁和栅栏等。

（3）钢管。在钢结构中，钢管常用热轧无缝钢管和焊接钢管。钢管在相同截面面积下，刚度较大，因而是中心受压杆的理想截面；流线型的表面使其承受风压小，用于高耸结构十分有利。在建筑结构上，钢管多用于制作桁架、塔桅等构件，也可用于制作钢管混凝土。钢管混凝土是指在钢管内浇筑混凝土而形成的构件，可使构件承载力大大提高，且具有良好的塑性和韧性。钢管混凝土可用于厂房柱、构架柱、地铁站台柱、塔柱和高层建筑等。各种型钢如图 5-16 所示。

图 5-16　型钢

图 5-16　型钢（续）

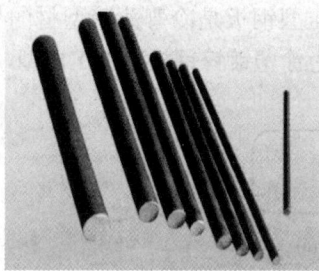知识链接

北京奥运会主体育场——国家体育场"鸟巢"（图 5-17）是目前国内外体育场馆中用钢量最多、规模最大、施工难度特别大的工程之一。尤其是"鸟巢"结构受力最大的柱脚部位，母材的质量、焊接质量的高低直接影响到整个工程的安全性。为了能够有效支撑整体结构，设计中采用了高强度的 Q460 钢材。但此种钢材此前一直依靠国外进口，国内在建筑领域从未使用过，可是如果依赖进口，不仅价格贵，而且进货周期长，无法保证工程的正常进行。于是，工程技术人员和河南舞阳特种钢厂的科研人员共同努力，最终用国产的 Q460 撑起了"鸟巢"的铁骨钢筋。

整个体育场建筑呈椭圆的马鞍形，体育场内部为上、中、下三层碗状看台，观众座席下有 5 至 7 层混凝土框架结构。如何将"鸟巢"按主次结构编制起来，在设计理论已是一个突破。另外，设计时，这个时代的各种计算软件都不能满足鸟巢工程的需要。因此，承建方甚至自己针对问题研制开发出一些软件，才满足了鸟巢的计算工作。作为北京奥运会的主体育场，"鸟巢"可容纳近 10 万人，如此大的容量自然也对其纵切面门架的跨度要求非常高，按照设计，"鸟巢"的钢结构屋盖呈双曲面马鞍形，是目前世界上最大跨度钢结构工程。用一般的钢材很难完成，经过多方筛选后，Q460E 型钢材最终荣幸地承担起了搭建"鸟巢"的职责。Q460E 钢材是国内钢厂为了"鸟巢"专门研制的，在国家相关标准中，Q460 系列的钢最大厚度只是 100 mm，但根据实际情况所需，"鸟巢"使用的钢板厚度史无前例地达到 110 mm。据施工方技术人员介绍，鸟巢肩部弯度建起来以后，受力是最复杂的部位，如果不用 Q460E 这种高强度、高性能的钢，而采用别的钢，可能会更浪费，甚至可能会引起其他方面的问题。作为世界上最大的钢结构工程，"鸟巢"外部钢结构的钢材用量为 4.2 万吨，整个工程包括混凝土中的钢材、螺纹钢等，总用钢量达到了 11 万吨，全部为国产钢。

图 5-17　鸟巢

5.4.3　混凝土结构用钢

1. 钢筋混凝土结构用普通钢筋

普通钢筋是指用于钢筋混凝土结构中的钢筋和预应力混凝土结构中的非预应力钢筋。

混凝土具有较高的抗压强度，但抗拉强度很低。用钢筋增强混凝土，可大大扩展混凝土的应用范围，而混凝土又对钢筋起保护作用。钢筋混凝土结构的钢筋主要由碳素结构钢和低合金高强度结构钢加工而成。钢筋直径一般都相差 2 mm 及以上。一般把直径为 3 ～ 5 mm 的称为钢丝，直径为 6 ～ 12 mm 的称为细钢筋，直径大于 12 mm 的称为粗钢筋。钢筋主要品种有热轧钢筋、热处理钢筋、冷拉钢筋、冷轧带肋钢筋、冷轧扭钢筋、冷拔低碳钢丝及钢铰线等。

热轧钢筋按轧制的外形可分为热轧光圆钢筋和热轧带肋钢筋。

（1）热轧光圆钢筋。热轧光圆钢筋是经热轧成型，横截面通常为圆形，表面光滑的成品钢筋。《钢筋混凝土用钢 第 1 部分：热轧光圆钢筋》(GB/T 1499.1—2017) 规定，热轧光圆钢筋公称直径范围为 6 ～ 22 mm，推荐钢筋直径为 6 mm、8 mm、10 mm、12 mm、16 mm、20 mm。热轧光圆钢筋按屈服强度特征值分为 300 级。钢筋牌号的构成及其含义见表 5-17。

表 5-17　热轧光圆钢筋牌号的构成和含义

产品名称	牌号	牌号组成	英文字母含义	光圆钢筋的截面形状（d 为钢筋直径）
热轧光圆钢筋	HPB300	由 HPB+ 屈服强度特征值构成	HPB——热轧光圆钢筋的英文（Hot rolled Plain Bars）缩写	

热轧光圆钢筋化学成分（熔炼分析）、力学性能及工艺应性能应符合表 5-18 的规定。

表 5-18　热轧光圆钢筋的化学成分、力学性能特征值（GB/T 1499.1—2017）

牌号	化学成分（质量分数）/%，不小于					R_{eL}/MPa	R_m/MPa	A/%	A_{gt}/%	冷弯试验 180°（d 为弯芯直径，a 为钢筋公称直径）
	C	Si	Mn	P	S	不小于				
HPB300	0.25	0.55	1.50	0.045	0.045	300	420	25.0	10.0	$d=a$

（2）热轧带肋钢筋。根据《钢筋混凝土用钢 第 2 部分：热轧带肋钢筋》(GB/T 1499.2—2018) 规定，热轧钢筋分为普通热轧钢筋和热轧后带有控制冷却并自回火处理带肋钢筋。按屈服强度特征值分为 400 mm、500 mm、600 mm 级。钢筋的牌号构成及含义见表 5-19。热轧带肋钢筋的化学成分见表 5-20。普通热轧带肋钢筋的相关力学指标要求见表 5-21。

表 5-19　热轧带肋钢筋牌号的构成及含义（GB/T 1499.2—2018）

类别	牌号	牌号构成	英文字母含义
普通热轧钢筋	HRB400	由 HRB+ 屈服强度特征值构成	HRB——热轧带肋钢筋的英文（Hot rolled Ribbed Bars）的缩写。 E——"地震"的英文（Earthquake）首位字母
	HRB500		
	HRB600		
	HRB400E	由 HRB+ 屈服强度特征值 +E 构成	
	HRB500E		
细晶粒热轧钢筋	HRBF400	由 HRBF+ 屈服强度特征值构成	HRBF——在热轧带肋钢筋的英文缩写后加"细"的英文（Fine）首位字母。 E——"地震"的英文（Earthquake）首位字母
	HRBF500		
	HRBF400E	由 HRBF+ 屈服强度特征值 +E 构成	
	HRBF500E		

表 5-20　热轧带肋钢筋的化学成分（GB/T 1499.2—2018）

牌号	化学成分（质量分数）/%					碳当量 C_{eq}/%
	C	Si	Mn	P	S	
	不大于					
HRB400 HRBF400 HRB400E HRBF400E	0.25	0.80	1.60	0.045	0.045	0.54
HRB500 HRBF500 HRB500E HRBF500E						0.55
HRB600	0.28					0.58

表 5-21　钢筋混凝土用热轧带肋钢筋的力学性能（GB/T 1499.2—2018）

牌号	R_{eL}/MPa	R_m/MPa	A/%	A_{gt}/%	$R_m^{\circ}/R_{eL}^{\circ}$	R_{eL}°/R_{eL}
	不小于					不大于
HRB400 HRBF400	400	540	16	7.5	—	—
HRB400E HRBF400E			—	9.0	1.25	1.30
HRB500 HRBF500	500	630	15	7.5	—	—
HRB500E HRBF500E			—	9.0	1.25	1.30
HRB600	600	730	14	7.5	—	—

注：R_m° 为钢筋实测抗拉强度；R_{eL}° 为钢筋实测下屈服强度。

特别提示

《钢筋混凝土用钢 第2部分：热轧带肋钢筋》（GB/T 1499.2—2018）规定，钢筋的标志，就是热轧带肋钢筋在生产时轧制的标志符号，也发生了变化。钢筋牌号以阿拉伯数字或阿拉伯数字加英文字母表示，HRB400、HRB500、HRB600 分别以 4、5、6 表示，HRBF400、HRBF500 分别以 C4、C5 表示，HRB400E、HRB500E分别以 4E、5E 表示，HRBF400E、HRBF500E 分别以 C4E、C5E 表示。厂名以汉语拼音字头表示。公称直径毫米数以阿拉伯数字表示。

2. 预应力钢筋

预应力钢筋宜采用预应力钢绞线、钢丝、刻痕钢丝等。

钢筋按外形分为光圆钢筋、带肋钢筋（人字纹、螺旋纹、月牙纹）、刻痕钢筋，如图 5-18 所示。

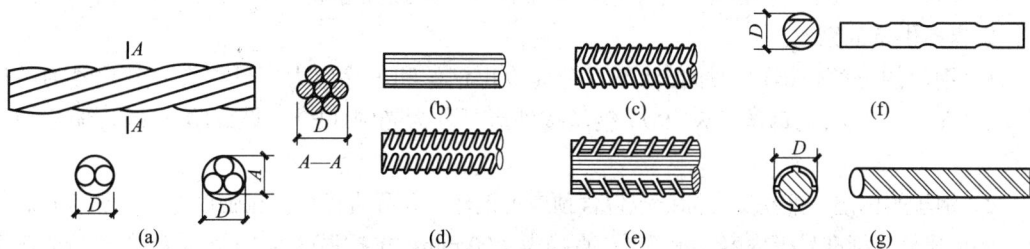

图 5-18　钢筋的类型

（a）钢绞线；（b）光圆钢筋；（c）人字纹钢筋；（d）螺旋纹钢筋；
（e）月牙纹钢筋；（f）刻痕钢丝；（g）螺旋肋钢丝

（1）预应力混凝土用带肋钢筋。预应力混凝土用带肋钢筋是一种热轧成带有不连续的外螺纹的直条钢筋，该钢筋在任意截面处，均可用带有匹配形状的内螺纹的连接器或锚具进行连接或锚固。

强度等级代号：预应力混凝土用带肋钢筋以屈服强度划分级别，其代号为"PSB"加上规定屈服强度最小值表示（P、S、B分别为 Prestressing、Screw、Bars 的英文首位字母）。例如，PSB830 表示屈服强度最小值为 830 MPa 的钢筋。

钢筋的公称直径范围为 18 ～ 50 mm，标准推荐的钢筋公称直径为 25 mm、32 mm。可根据用户要求提供其他规格的钢筋。

钢筋在熔炼分析中，硫、磷含量不大于 0.003 5%。生产厂应进行化学成分和合金元素的选择，以保证经过不同方法加工的成品钢筋能满足表 5-22 规定的力学性能要求。

表 5-22　预应力混凝土用螺纹钢筋的力学性质（GB/T 20065—2016）

级别	屈服强度[①] R_{eL}/MPa	抗拉强度 R_m/MPa	断后伸长率 A/%	最大力下总伸长率 A_{gt}/%	应力松弛性能	
					初始应力	1 000 h 后应力松弛率 V_r/%
	不小于					
PSB785	785	980	8			
PSB830	830	1 030	7			
PSB930	930	1 080	7	3.5	$0.7R_m$	≤ 4.0
PSB1080	1 080	1 230	6			
PSB1200	1 200	1 330	6			

[①]无明显屈服时，用规定非比例延伸强度（$R_{P0.2}$）代替。

预应力混凝土用带肋钢筋主要应用于后张法预应力混凝土屋架、薄腹梁、框架梁和先张法框架梁等构件。

（2）预应力混凝土用钢丝。冷拉钢丝是指盘条通过拔丝等减径工艺经冷加工而形成的产品，以盘条供货的钢丝。

1）钢丝的分类。钢丝按加工状态可分为冷拉钢丝和消除应力钢丝两类。其代号为冷拉钢丝（WCD）、低松弛钢丝（WLR）。钢丝按外形可分为光圆（P）、螺旋肋（H）、刻痕（I）三种。

2）钢丝的标记。钢丝交货标记应包含预应力钢丝、公称直径、抗拉强度等级、加工状态代号、外形代号、标准号等内容。示例 1：直径为 4.00 mm，抗拉强度为 1 670 MPa 的冷拉光圆钢丝，其标记为：预应力钢丝 4.00-1670-WCD-P-GB/T 5223—2014；示例 2：直径为 7.00 mm，抗拉强度为 1 570 MPa 低松弛的螺旋肋钢丝，其标记为：预应力钢丝 7.00-1570-WLR-H-GB/T 5223—2014。

3）钢丝的力学性能。消除应力光圆及螺旋肋钢丝的力学性能应满足表 5-23 的要求。

表 5-23　消除应力光圆及螺旋肋钢丝的力学性能（GB/T 5223—2014）

公称直径 d_n/mm	公称抗拉强度 R_m/MPa	最大力总伸长率 (L_0=200 mm) A_{gt}/% ≥	应力松弛性能	
			初始力相当于实际最大力的百分比 /%	1 000 h 应力松弛率 r/% ≤
4.00	1 470 1 570	3.5	70	2.5
4.80				
5.00				
6.00				
6.25				
7.00				
7.50				
8.00				
9.00				
9.50				
10.00				
11.00				
12.00				
4.00	1 670			
5.00				
6.00			80	4.5
6.25				
7.00				
7.50				
8.00				
9.00				
4.00	1 770			
5.00				
6.00				
7.00				
7.50				
4.00	1 860			
5.00				
6.00				
7.00				

　　预应力钢丝强度高，并具有较好的柔韧性，质量稳定，施工简便，使用时可根据要求的长度切断，主要适用于大荷载、大跨度、曲线配筋的预应力钢筋混凝土结构。

（3）预应力混凝土用钢棒。

1）预应力混凝土用钢棒的分类。预应力混凝土用钢棒按外形可分为光圆钢棒、螺旋槽钢棒、螺旋肋钢棒、带肋钢棒四种，见表5-24。

表5-24　预应力混凝土用钢棒的分类（GB/T 5223.3—2017）

钢棒的分类	表面特征	钢棒外形示意图	说明
光圆钢棒	横截面为圆形的钢棒		
螺旋槽钢棒	沿着表面纵向，具有规则间隔的连续螺旋凹槽的钢棒		3条螺旋槽 6条螺旋槽
螺旋肋钢棒	沿着表面纵向，具有规则间隔的连续螺旋凸肋的钢棒		螺旋肋
带肋钢棒	沿着表面纵向，具有规则间隔的横肋的钢棒		有纵肋带肋

钢棒的分类	表面特征	钢棒外形示意图	说明
带肋钢棒	沿着表面纵向，具有规则间隔的横肋的钢棒		无纵肋带肋

2）预应力混凝土用钢棒的代号。代号：预应力混凝土用钢棒（PCB）；光圆钢棒（P）；螺旋槽钢棒（HG）；螺旋肋钢棒（HR）；带肋钢棒（R）；普通松弛（N）；低松弛（L）。

3）预应力混凝土用钢棒的标记。按《预应力混凝土用钢棒》（GB/T 5223.3—2017）交货的产品标记应包含的内容有预应力钢棒、公称直径、公称抗拉强度、代号、延性级别（延性35或延性25）、松弛（N或L）、标准号。标记示例：公称直径为9 mm，公称抗拉强度为1 420 MPa、35级延性预应力混凝土用螺旋槽钢棒，其标记为：PCB 9.0-1 420-35-L-HG-GB/T 5223.3。

预应力混凝土用钢棒较钢丝、钢绞线直径大，伸直性更好，可以点焊，主要应用于水泥管桩、电杆、高速公路轨枕等。

3．钢材的选用原则

（1）荷载性质。对于经常承受动力和振动荷载的结构，容易产生应力集中，从而引起疲劳破坏，需要选用材质高的钢材。

（2）使用温度。对于经常处于低温状态的结构，钢材容易发生冷脆断裂，特别是焊接结构，冷脆倾向更加显著，因而要求钢材具有良好的塑性和低温冲击韧性。

（3）连接方式。焊接结构当温度变化和受力性质改变时，易导致焊缝附近的母材金属出现冷、热裂纹，促进结构早期破坏，所以，焊接结构对钢材的化学成分和机械性能要求更应严格。

（4）钢材厚度。钢材的力学性能一般随厚度增大而降低，钢材经多次轧制后，钢内部结晶组织更为紧密，强度更高，质量更好。故一般结构的钢材厚度不宜超过40 mm。

（5）结构重要性。选择钢材要考虑结构使用的重要性，如大跨度和重要的建筑物，需相应选择质量更好的钢材。

5.5 钢材的防锈与防火

5.5.1 建筑钢材的锈蚀与防护

1. 钢材锈蚀机理

钢材的锈蚀是指钢材表面与周围介质发生作用而引起破坏的现象。根据钢材与环境介质作用的机理,腐蚀可分为化学锈蚀和电化学锈蚀。

(1)化学锈蚀。化学锈蚀是指钢材与周围介质(如氧气、二氧化碳、二氧化硫和水等)发生化学反应,生成疏松的氧化物而产生的锈蚀。一般情况下,是钢材表面 FeO 保护膜被氧化成黑色的 Fe_3O_4。在常温下,钢材表面能形成 FeO 保护膜,可以防止钢材进一步锈蚀。在干燥环境中化学锈蚀速度缓慢,但当温度和湿度较大时,这种锈蚀进展加快。

(2)电化学锈蚀。电化学锈蚀是指钢材与电解溶液接触而产生电流,形成原电池而引起的锈蚀。电化学锈蚀是建筑钢材在存放和使用中发生锈蚀的主要形式。

2. 钢筋混凝土中钢筋锈蚀

普通混凝土为强碱性环境,使之对埋入其中的钢筋形成碱性保护。在碱性环境中,阴极过程难以进行。即使有原电池反应存在,生成的 $Fe(OH)_2$ 也能稳定存在,并成为钢筋的保护膜。所以,用普通混凝土制作的钢筋混凝土,只要混凝土表面没有缺陷,里面的钢筋是不会锈蚀的。但是,普通混凝土制作的钢筋混凝土有时也发生钢筋锈蚀现象。

3. 钢材锈蚀的防治

(1)表面刷漆。表面刷漆是钢结构防止锈蚀的常用方法。刷漆通常有底漆、中间漆和面漆三道。底漆要求有较好的附着力和防锈能力,常用的有红丹、环氧富锌漆、云母氧化铁和铁红环氧底漆等。

(2)表面镀金属。表面镀金属用耐腐蚀性好的金属,以电镀或喷镀的方法覆盖在钢材的表面,提高钢材的耐腐蚀能力。常用的方法有镀锌(如白薄钢报)、镀锡(如马口铁)、镀铜和镀铬等。

(3)采用耐候钢。耐候钢是在碳素钢和低合金钢中加入少量的铜、铬、镍、钼等合金元素而制成。耐候钢既有致密的表面防腐保护,又有良好的焊接性能,其强度级别与常用碳素钢和低合金钢一致,技术指标相近。

5.5.2 钢材的防火

钢是不燃性材料,但这并不表明钢材能够抵抗火灾。无保护层时钢柱和钢屋架的耐火极限只有 15 min,而裸露 Q235 钢梁的耐火极限仅为 27 min。温度在 200 ℃ 以内,可以认为钢材的性能基本不变;当温度超过 300 ℃ 以后,钢材的弹性模量、屈服点和极限强度均开始显著下降,而塑性伸长率急剧增大,钢材产生徐变;温度超过 400 ℃ 时,强度和弹性模量都急剧降低;到达 600 ℃ 时,弹性模量、屈服点和极限强度均接近零,已失去承载能力。所以,没有防火保护层的钢结构是不耐火的。

钢结构防火保护的基本原理是采用绝热或吸热材料,阻隔火焰和热量,推迟钢结构的升温速率。防火方法以包覆法为主，即以防火涂料、不燃性板材或混凝土和砂浆将钢构件包裹起来。

（1）防火涂料包裹法。此方法是采用防火涂料，紧贴钢结构的外露表面，将钢构件包裹起来，是目前最为流行的做法。

（2）不燃性板材包裹法。常用的不燃性板材有防火板、石膏板、硅酸钙板、蛭石板、珍珠岩板和矿棉板等，可通过胶粘剂或钢钉、钢箍等固定在钢构件上，将其包裹起来。

（3）实心包裹法。此方法的一般做法是将钢结构浇筑在混凝土中。

应用案例

案例概况

纽约世界贸易中心大楼位于曼哈顿闹市区南端，雄踞纽约海港旁，是美国纽约市最高、楼层最多的摩天大楼。大楼于 1966 年开工，历时 7 年，1973 年竣工以后，以 411 m 的高度作为 110 层的摩天巨人而载入史册。它是由 5 幢建筑物组成的综合体。其主楼呈双塔形，塔柱边宽为 63.5 m。大楼采用钢结构，用钢 78 000 吨，楼的外围有密置的钢柱，墙面由铝板和玻璃窗组成，素有"世界之窗"之称。2001 年 9 月 11 日，"基地"恐怖分子劫持客机撞向美国世贸大楼，导致纽约标志性建筑世贸双塔轰然倒塌。

案例解析

英国科学家表示，世贸双塔之所以倒塌，主要是因为建塔的钢铁在高温燃烧下磁性发生了变化，进而软化发生倒塌。在室温下，铁原子之间的磁场仍然保持相对的稳定。但是，随着温度的升高，这些磁场不断发生不规则改变，原子之间的运动和碰撞加速。这种变化导致了钢的性能变化。千百年来铁匠一直在利用钢铁的这种性能来谋生。在比熔点低得多的温度下，钢铁开始变得柔软易折，铁匠可以将其打造成任何形状。从大约 500 ℃ 时钢铁就已经开始变软。而一般的建筑物大火则经常可以达到这种温度。在 9·11 恐怖袭击事件中，纽约世贸中心双子塔被劫持的飞机撞击后，其钢架构表面的保护层绝缘面板随之脱落。双塔的钢架构因此完全暴露于大火之中，当时大火的温度已接近 500 ℃ 的钢软化点。

5.6　建筑钢材的验收与储运

5.6.1　钢材的验收

钢材的验收按批次检查验收。钢材的验收主要内容如下：

（1）钢材的数量和品种是否与订货单符合。

（2）钢材表面质量检验。钢材表面不允许有结疤、裂纹、折叠和分层、油污等缺陷。

（3）钢材的质量保证书是否与钢材上打印的记号相符合：每批钢材必须具备生产厂家提供的材质证明书，写明钢材的炉号、钢号、化学成分和机械性能等，根据国家技术标准核对钢材的各项指标。

（4）按国家标准按批次抽取试样检测钢材的力学性能。同一级别、种类，同一规格、批号、批次不大于 60 t 为一检验批（不足 60 t 也为一检验批），取样方法应符合相关国家标准规定。

5.6.2　钢材的储运

1．运输

钢材在运输中要求不同钢号、炉号、规格的钢材分别装卸，以免混乱。装卸中钢材不许摔掷，以免破坏。在运输过程中，其一端不能悬空及伸出车身的外边。另外，装车时要注意荷重限制，不允许超过规定，并须注意装载负荷的均衡。

2．堆放

钢材的堆放要减少钢材的变形和锈蚀，节约用地，且便于提取钢材。

（1）钢材应按不同的钢号、炉号、规格、长度等分别堆放。

（2）堆放在有顶棚的仓库时，可直接堆放在草坪上（下垫楞木），对小钢材也可放在架子上，堆与堆之间应留出走道；堆放时每隔 5～6 层放置楞木。其间距以不引起钢材明显的弯曲变形为宜。楞木要上下对齐，在同一垂直平面内。

（3）露天堆放时，应加上简易的篷盖，或选择较高的堆放场地，四周有排水沟。堆放时尽量使钢材截面的背面向上或向外，以免积雪、积水。

（4）为增加堆放钢材的稳定性，可使钢材互相勾连，或采用其他措施。标牌应标明钢材的规格、钢号、数量和材质验收证明书号，并在钢材端部根据其钢号涂以不同颜色的油漆。

（5）钢材的标牌应定期检查。选用钢材时，要按顺序寻找，不准乱翻。

（6）完整的钢材与已有锈蚀的钢材应分别堆放。凡是已经锈蚀者，应捡出另放，进行适当的处理。

小　结

钢材是在严格控制情况下冶炼出的一种铁碳合金。按组成可分为碳素钢和合金钢两类，建筑上常用的是普通碳素钢和普通低合金钢。

建筑钢材作为主要结构材料，应具有良好的力学性能。通过拉伸试验可测得钢材的一系列力学性能，包括钢材抵抗弹性变形能力（弹性模量），结构设计强度取值依据（屈服点），钢材抵抗破坏的最大能力（抗拉强度）及反映钢材塑性能力的指标（伸长率及断面收缩率）。在低温及动荷载下工作的结构，还应检验钢材的冲击韧性。钢材的工艺性能，即可加工性，主要包括冷弯及可焊性，冷弯性能也反映钢的可塑性大小。

钢材的化学成分是影响性能的内在因素，其中碳是影响钢性能的主要元素。硫、氧和磷、氮为钢中的有害元素，硫、氧会使钢具有热脆性，磷、氮使钢具有冷脆性，它们的存在会使钢的各项性能变坏。

建筑钢材按用途分为钢结构用钢和钢筋混凝土用钢，它们主要是用碳素结构钢和低合金结构钢制成的。

热轧钢筋是最常用的一种，它按机械性能划分为四个级别。在使用前常须进行冷加工及时效处理，以达到提高强度的目的。

钢筋表面与周围介质发生化学反应而使钢筋锈蚀，包括化学锈蚀和电化学锈蚀两种。钢筋锈蚀对钢筋的危害很严重，应采取做保护层法和制成合金的方法以达到保护钢筋的目的。

一.填空题

1. 低碳钢的受拉破坏过程，可分为_____、_____、_____和_____四个阶段。

2. 建筑工程中常用的钢种是_____和_____。

3. 普通碳素钢分为_____个牌号，随着牌号的增大，其_____提高，_____和_____降低。

4. 建筑钢材按化学成分可分为_____和_____两大类。

5. 建筑钢材按质量不同可分为_____、_____和_____三大类。

6. 建筑钢材按用途不同可分为_____、_____和_____三大类。

7. 钢材按炼钢过程中脱氧程度不同可分为_____、_____、_____和_____四大类。

8. 钢材的主要性能包括_____性能和_____性能。钢材的工艺性能包括_____和_____。

9. 国家标准《碳素结构钢》(GB/T 700—2006)规定，钢的牌号由代表屈服点字母_____、_____、_____和_____四部分构成。

10. 热轧钢筋根据表面形状可分为_____和_____。

二、判断题

1. 屈强比越大，钢材受力超过屈服点工作时的可靠性越大，结构的安全性越高。　　（　　）

2. 一般来说，钢材硬度越高，强度也越大。　　（　　）

3. Q235-B·F 中"235"的含义是：该钢材能承受的最大拉力为 235 kN。　　（　　）

4. 钢含磷较多时呈热脆性，含硫较多时呈冷脆性。　　（　　）

5. 对钢材冷拉处理，是为了提高其强度和塑性。　　（　　）

三、单项选择题

1. 下列碳素钢结构钢牌号中，代表半镇静钢的是（　　）。
   A. Q195-B·F　　　B. Q235-A·F　　　C. Q255-B·b　　　D. Q275-A

2. 钢材冷加工后，下列（　　）性能降低。
   A. 屈服强度　　　B. 硬度　　　C. 抗拉强度　　　D. 塑性

3. 结构设计时，碳素钢以（　　）作为设计计算取值的依据。
   A. 弹性极限 σ_p 　　　　　　　　　　B. 屈服强度 σ_s
   C. 抗拉强度 σ_b 　　　　　　　　　　D. 屈服强度 σ_s 和抗拉强度 σ_b

4. 钢筋冷拉后（　　）强度提高。
   A. 塑性　　　　　　　　　　　　　　　B. 屈服强度 σ_s
   C. 抗拉强度 σ_b 　　　　　　　　　　D. 屈服强度 σ_s 和抗拉强度 σ_b

5. 钢材随着含碳量的增加，其（　　）降低。
   A. 强度　　　B. 硬度　　　C. 塑性　　　D. 抗拉强度

6. 钢材中（　　）的含量过高，将导致其热脆现象发生。

    A. 碳　　　　　　　B. 磷　　　　　　　C. 硫　　　　　　　D. 镍

7. 钢材中（　　）的含量过高，将导致其冷脆现象发生。

    A. 碳　　　　　　　B. 磷　　　　　　　C. 硫　　　　　　　D. 镍

8. 起重机梁和桥梁用钢，应注意选用（　　）较大，且时效敏感性小的钢材。

    A. 塑性　　　　　　B. 韧性　　　　　　C. 脆性　　　　　　D. 可焊性

9. 钢中碳的含量为（　　）。

    A. 小于等于 2.06%　B. 小于 3.0%　　　C. 大于 2.0%　　　D. 小于 1.5%

四、多项选择题

1. 钢材的选用是必须熟悉钢材的质量，注意结构的（　　）对钢材性能的不同要求。

    A. 荷载类型　　　　B. 质量　　　　　　C. 连接方式　　　　D. 环境温度

    E. 结构重要性

2. 碳素结构钢的质量等级包括（　　）。

    A. A 级　　　　　　B. B 级　　　　　　C. C 级　　　　　　D. D 级

    E. E 级

3. 经冷拉时效处理的钢材，其特点是（　　）进一步得到提高。

    A. 塑性　　　　　　B. 韧性　　　　　　C. 屈服强度　　　　D. 抗拉强度

    E. 伸长率

4. 钢材的腐蚀可分为（　　）。

    A. 化学腐蚀　　　　B. 物理腐蚀　　　　C. 电化学腐蚀　　　D. 生物腐蚀

    E. 力学腐蚀

五、简答题

1. 低碳钢拉伸试验分成哪几个阶段，每个阶段的性能表征指标是什么？

2. 何谓钢材的冷加工和时效，钢材经冷加工和时效处理后性能如何变化？

3. 说明下列钢材牌号的含义：Q215-B·b、Q235-B·F、Q255-A。

4. 什么是钢的冲击韧性？如何表示？什么是钢的低温冷脆性？

5. 什么是屈强比？其在工程中的实际意义是什么？

六、计算题

1. 某建筑工地有一批碳素结构钢材料，其标签上牌号字迹模糊。为了确定其牌号，截取了两根钢筋做拉伸试验，测得结果如下：屈服点荷载分别为 33.0 kN、31.5 kN，抗拉极限荷载分别为 61.0 kN、60.3 kN。钢筋实测直径为 12 mm，标距为 60 mm，拉断时长度分别为 74.0 mm、75.0 mm。计算该钢筋的屈服强度、抗拉强度及伸长率，并判断这批碳素结构钢的牌号。

2. 一钢材试件，直径为 25 mm，原标距为 125 mm，做拉伸试验，当屈服点荷载为 201.0 kN，达到最大荷载为 250.3 kN，拉断后测得标距长为 138 mm，求该钢筋的屈服强度、抗拉强度及拉断后的伸长率。

3. 有一碳素钢试件的直径 $d=20$ mm，拉伸前试件标距为 $5d$，拉断后试件的标距长度为 125 mm，求该试件的伸长率。

模块 6　砌筑块材

思维导图

案例导入

1. 请观察图 6-1，说说烧结普通砖表面产生白霜的原因及其后果。

2. 某工程用蒸压加气混凝土砌块砌筑外墙，该蒸压加气混凝土砌块出釜一周后即砌筑，工程完工一个月后墙体出现裂缝（图 6-2）。

图 6-1　普通砖表面的白霜

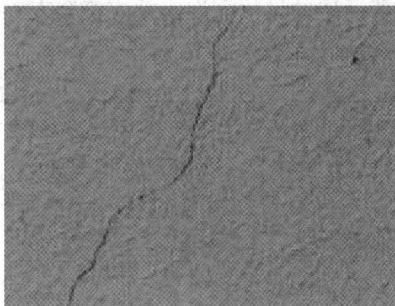

图 6-2　墙体裂缝

案例分析

1. 烧结砖泛霜是表面形成结晶盐的结果，烧结砖从灰浆中吸收水分，而可溶性的盐也被砖体吸收，当水分蒸发后，盐就会从水蒸发的地方结晶，形成白色的泛霜现象。

对于烧结砖而言，只要是泛霜盐都会破坏其外观，部分盐在水中溶解以后，水会蒸发然后进行结晶，这便会发生膨胀现象。这部分盐类经过膨胀以后会使砖也出现相应的膨胀应力，导致砖像鱼鳞片似的发生剥落现象，使砖的耐久性受到严重影响。而且，泛霜还会使贴在建筑外墙的那些瓷砖发生脱落以及涂料出现起泡现象和脱皮现象。

2. 该外墙属于框架结构的非承重墙，所用的蒸压加气混凝土砌块出釜仅一周，其收缩率仍较大，在砌筑完工干燥过程中继续产生收缩，墙体在沿着砌块与砌块交界处就会产生裂缝。

6.1　砌墙砖

砌墙砖是指以黏土、工业废料及其他地方资源为主要材料，按不同的工艺制成的，在建筑上用来砌筑墙体的砖。

6.1.1　烧结普通砖

烧结普通砖是以黏土、页岩、煤矸石、粉煤灰、建筑渣土、淤泥（江河湖淤泥）、污泥等为主要原材料，经成型、焙烧而成主要用于建筑物称重部位的普通砖。

1. 分类

烧结普通砖按主要原料可分为黏土砖（N）、页岩砖（Y）、煤矸石砖（M）、粉煤灰砖（F）、建筑渣土砖（Z）、淤泥砖（U）、污泥砖（W）、固体废弃物砖（G）。

2. 技术性质

（1）规格尺寸。烧结普通砖的外形为直角六面体。其公称尺寸为 240 mm×115 mm×53 mm，如图 6-3 所示。在砌筑时，4 块砖长、8 块砖宽、16 块砖厚，再分别加上砌筑灰缝（每个灰缝宽度为 8 ～ 12 mm，平均取 10 mm），其长度均为 1 m。理论上，1 m³ 砖砌体大约需用砖 512 块。

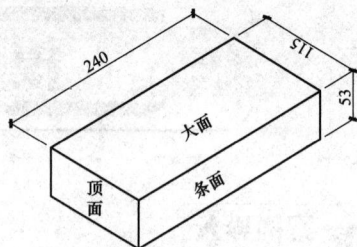

图 6-3　烧结普通砖的规格单位：mm

烧结普通砖的尺寸允许偏差应符合表 6-1 的规定，外观质量应符合表 6-2 的要求。

表 6-1　尺寸偏差　　　　　　　　　　　　　　　　　　　　　mm

公称尺寸	指标	
	样本平均偏差	样本极差≤
240	±2.0	6.0
115	±1.5	5.0
53	±1.5	4.0

表 6-2　烧结普通砖的外观质量（GB/T 5101—2017）　　　　　mm

项目		指标
两条面高度差	≤	2
弯曲	≤	2
杂质凸出高度	≤	2
缺棱掉角的三个破坏尺寸	不得同时大于	5
裂纹长度	≤	
a. 大面上宽度方向及其延伸至条面的长度		30
b. 大面上长度方向及其延伸至顶面的长度或条顶面上水平裂纹的长度		50
完整面^①	不得少于	一条面和一顶面
注：为砌筑挂浆而施加的凹凸纹、槽、压花等不算作缺陷。		
①凡有下列缺陷之一者，不得称为完整面： ——缺损在条面或顶面上造成的破坏尺寸同时大于 10 mm×10 mm。 ——条面或顶面上裂纹宽度大于 1 mm，其长度超过 30 mm。 ——压陷、粘底、焦花在条面或顶面上的凹陷或凸出超过 2 mm，区域尺寸同时大于 10 mm×10 mm。		

（2）强度等级。烧结普通砖按抗压强度可分为 MU30、MU25、MU20、MU15 和 MU10 五个强度等级。其强度等级应符合表 6-3 的规定。

184

表 6-3 强度等级

强度等级	抗压强度平均值 $\overline{f} \geq$	强度标准值 $f_k \geq$
MU30	30.0	22.0
MU25	25.0	18.0
MU20	20.0	14.0
MU15	15.0	10.0
MU10	10.0	6.50

（3）抗风化性能。抗风化性能是指在干湿变化、温度变化、冻融变化等物理因素作用下，材料不破坏并长期保持原有性质的能力。它是材料耐久性的重要内容之一。烧结普通砖的抗风化性能是一项综合性指标，主要受砖的吸水率与地域位置的影响，因而用于东北、内蒙古、新疆等严重风化区的烧结普通砖，必须进行冻融试验。其他地区的砖的抗风化性能符合表 6-4 中的有关规定时可不做冻融试验，否则，必须进行冻融试验。淤泥砖、污泥砖、固体废弃物砖应进行冻融试验。

表 6-4 普通烧结砖抗风化性能

砖种类	严重风化区				非严重风化区			
	5 h 沸煮吸水率 /% $\leq$		饱和系数 $\leq$		5 h 沸煮吸水率 /% $\leq$		饱和系数 $\leq$	
	平均值	单块最大值	平均值	单块最大值	平均值	单块最大值	平均值	单块最大值
黏土砖、建筑渣土砖	18	20	0.85	0.87	19	20	0.88	0.90
粉煤灰砖	21	23			23	25		
页岩砖	16	18	0.74	0.77	18	20	0.78	0.80
煤矸石砖								

风化区用风化指数进行划分。风化指数是指日气温从正温降至负温或负温升至正温的每年平均天数与每年从霜冻之日起至消失霜冻之日止这一期间降雨总量［以毫米（mm）计］的平均值的乘积。风化指数大于或等于 12 700 为严重风化区，风化指数小于 12 700 为非严重风化区。全国风化区的划分见表 6-5。

表 6-5 全国风化区的划分

严重风化区			非严重风化区		
1. 黑龙江省 2. 吉林省 3. 辽宁省 4. 内蒙古自治区 5. 甘肃省	6. 河北省 7. 北京市 8. 青海省 9. 陕西省 10. 山西省	11. 新疆维吾尔自治区 12. 宁夏回族自治区 13. 天津市 14. 西藏自治区	1. 山东省 2. 河南省 3. 安徽省 4. 江苏省 5. 湖北省 6. 江西省	7. 浙江省 8. 四川省 9. 贵州省 10. 湖南省 11. 福建省 12. 台湾省	13. 广东省 14. 广西壮族自治区 15. 海南省 16. 云南省 17. 上海市 18. 重庆市

（4）泛霜和石灰爆裂。

1）泛霜是指可溶性的盐在砖表面的盐析现象，一般呈白色粉末、絮团或絮片状，又称为起霜、盐析或盐霜。泛霜不仅主要影响砖墙的表面美观，而且容易造成粉刷层的剥落，降低产品的耐久性。《烧结普通砖》（GB/T 5101—2017）规定：每块砖不允许出现严重泛霜。

2）石灰爆裂是指烧结普通砖的原料或内燃物质中夹杂着石灰质，焙烧时被烧成生石灰，砖在使用吸水后，体积膨胀而发生的爆裂现象。石灰爆裂影响砖墙的平整度、灰缝的平直度，甚至使墙面产生裂纹，使墙体破坏。因此，石灰爆裂应符合国家标准《烧结普通砖》（GB/T 5101—2017）中的有关规定。

3. 应用

烧结普通砖具有一定的强度、较好的耐久性、一定的保温隔热性能，在建筑工程中主要砌筑各种承重墙体和非承重墙体等围护结构。烧结普通砖可砌筑砖柱、拱、烟囱、筒拱式过梁和基础等，也可与轻混凝土、保温隔热材料等配合使用。在砖砌体中配置适当的钢筋或钢丝网，可作为薄壳结构、钢筋砖过梁等。碎砖可作为混凝土集料和碎砖三合土的原材料。

4. 产品标记

砖的产品标记按产品名称的英文缩写、类别、强度等级和标准编号顺序编写。

示例：烧结普通砖，强度等级 MU15 的黏土砖，其标记为：FCBN MU15 GB/T 5101。

6.1.2 烧结空心砖和空心砌块

墙体材料逐渐向轻质化、多功能方向发展。近年来逐渐推广和使用多孔砖和空心砖，一方面可减少黏土消耗量 20%～30%，节约耕地；另一方面，墙体的自重至少减轻 30%～35%，降低造价近 20%，保温隔热性能和吸声性能有较大提高。

1. 烧结空心砖和空心砌块的类别

按主要原料可分为黏土空心砖和空心砌块（N）、页岩空心砖和空心砌块（Y）、煤矸石空心砖和空心砌块（M）、粉煤灰空心砖和空心砌块（F）、淤泥空心砖和空心砌块（U）、建筑渣土空心砖和空心砌块（Z）、其他固体废弃物空心砖和空心砌块（G）。

2. 技术性质

（1）烧结空心砖和空心砌块的规格。烧结空心砖和空心砌块的外形为直角六面体，如图 6-4 所示，混水墙用烧结空心砖和空心砌块，应在大面和条面上设有均匀分布的粉刷槽或类似结构，深度不小于 2 mm。

烧结空心砖和空心砌块的长度、宽度、高度尺寸应符合下列规定：

长度规格尺寸（mm）：390，290，240，190，180（175），140；

宽度规格尺寸（mm）：190，180（175），140，115；

高度规格尺寸（mm）：180（175），140，115，90。

其他规格尺寸由供需双方协商确定。

空心砖和空心砌块的外观质量应符合表 6-6 的规定。

表 6-6　空心砖和空心砌块的外观质量（GB/T 13545—2014）　　　　mm

项目		指标
1. 弯曲	不大于	4
2. 缺棱掉角的三个破坏尺寸	不得同时大于	30
3. 垂直度差	不大于	4
4. 未贯穿裂纹长度		
①大面上宽度方向及其延伸至条面的长度	不大于	100
②大面上长度方向或条面上水平方向的长度	不大于	120
5. 贯穿裂纹长度		
①大面上宽度方向及其延伸至条面的长度	不大于	40
②壁、肋延长度方向、宽度方向及其水平方向的长度	不大于	40
6. 肋、壁内残缺长度	不大于	40
7. 完整面①	不少于	一条面和一顶面

①凡有下列缺陷之一者，不得称作完整面：
——缺损在大面、条面上造成的破坏面尺寸同时大于 20 mm×30 mm。
——大面、条面上裂纹宽度大于 1 mm，其长度超过 70 mm。
——压陷、粘底、焦花在大面、条面上的凹陷或凸出超过 2 mm，区域尺寸同时大于 20 mm×30 mm。

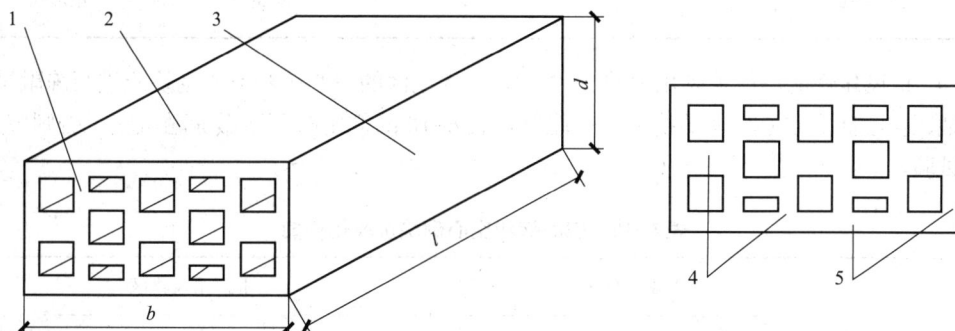

图 6-4　烧结空心砖和空心砌块示意
1—顶面；2—大面；3—条面；4—肋；5—壁；
l—长度；b—宽度；d—高度

（2）强度等级。按抗压强度可分为 MU10、MU7.5、MU5.0、MU3.5；按体积密度可分为 800 级、900 级、1 000 级。

其要求分别应满足表 6-7 和表 6-8 的要求。

表 6-7　强度等级

强度等级	抗压强度 /MPa		
	抗压强度平均值 $\bar{f} \geqslant$	变异系数 $\delta \leqslant 0.21$	变异系数 $\delta > 0.21$
		强度标准值 $f_k \geqslant$	单块最小强度标准值 $f_{min} \geqslant$
MU10.0	10.0	7.0	8.0
MU7.5	7.5	5.0	5.8
MU5.0	5.0	3.5	4.0
MU3.5	3.5	2.5	2.8

表 6-8　密度等级　　　　　　　　　　　　kg/m³

密度等级	五块体积密度平均值
800	≤ 800
900	801 ~ 900
1 000	901 ~ 1 000
1 100	1 001 ~ 1 100

（3）孔洞排列及其结构。孔洞排列及其结构应符合表 6-9 的规定。

表 6-9　空心砖和空心砌块孔洞排列及其结构

孔洞排列	孔洞排数 / 排		孔洞率 /%	孔型
	宽度方向	高度方向		
有序或交错排列	$b \geqslant 200$ mm　≥ 4 $b < 200$ mm　≥ 3	≥ 2	≥ 40	矩形孔

（4）抗风化性能。严重风化中的 1、2、3、4、5 地区的空心砖和空心砌块应进行冻融试验，其他地区空心砖和空心砌块的抗风化性能符合表 6-10 的规定时可不做冻融试验，否则应进行冻融试验。

表 6-10　空心砖和空心砌块抗风化性能

砖种类	严重风化区				非严重风化区			
	5 h 沸煮吸水率 /%，≤		饱和系数≤		5 h 沸煮吸水率 /%，≤		饱和系数≤	
	平均值	单块最大值	平均值	单块最大值	平均值	单块最大值	平均值	单块最大值
黏土砖和砌块	21	23	0.85	0.87	23	25	0.88	0.90
粉煤灰砖和砌块	23	25			30	32		
页岩砖和砌块	16	18	0.74	0.77	18	20	0.78	0.80
煤矸石砖和砌块	19	21			21	23		

3．应用

烧结空心砖、烧结空心砌块主要用于砌筑非承重的墙体。

4．产品标记

空心砖和空心砌块的产品标记按产品名称、类别、规格（长度×宽度×高度）、密度等级、强度等级和标准编号顺序编写。

示例：规格尺寸 290 mm×190 mm×90 mm、密度等级 800、强度等级 MU7.5 的页岩空心砖，其标记为：

烧结空心砖 Y（290×190×90）800 MU7.5 GB/T 13545—2014

6.1.3 蒸压粉煤灰砖

以粉煤灰、生石灰为主要原料，可掺加适量石膏等外加剂和其他集料，经坯料制备、压制成型、高压蒸汽养护而制成的砖，代号为 AFB。

1．技术性质

（1）规格。砖的外形为直角六面体。砖的公称尺寸为：长度 240 mm、宽度 115 mm、高度 53 mm。其他规格尺寸由供需双方协商后规定。

（2）强度等级。按强度等级可分为 MU10、MU15、MU20、MU25、MU30 五个强度等级。强度等级应符合表 6-11 的规定。

表 6-11　强度等级（JC/T 239—2014）　　　　　MPa

强度等级	抗压强度		抗折强度	
	平均值	单块最小值	平均值	单块最小值
MU10	≥ 10.0	≥ 8.0	≥ 2.5	≥ 2.0
MU15	≥ 15.0	≥ 12.0	≥ 3.7	≥ 3.0
MU20	≥ 20.0	≥ 16.0	≥ 4.0	≥ 3.2
MU25	≥ 25.0	≥ 20.0	≥ 4.5	≥ 3.6
MU30	≥ 30.0	≥ 24.0	≥ 4.8	≥ 3.8

（3）抗冻性。抗冻性应符合表 6-12 的规定。

表 6-12　抗冻性（JC/T 239—2014）

使用地区	抗冻指标	质量损失率	抗压强度损失率
夏热冬暖地区	D15		
夏热冬冷地区	D25		
寒冷地区	D35	≤ 5%	≤ 25%
严寒地区	D50		

2．产品标记

按产品代号（AFB）、规格尺寸、强度等级、标准编号的顺序进行标记。

示例：规格尺寸为 240 mm×115 mm×53 mm，强度等级为 MU15 的砖标记为：

AFB 240 mm×115 mm×53 mm MU15 JC/T 239—2014

3．应用

粉煤灰砖可用于工业与民用建筑的墙体和基础。粉煤灰砖不得用于长期受热（200 ℃以上）、受急冷急热和有酸性介质侵蚀的建筑部位。

6.2　墙用砌块

砌块是砌筑用的人造块材，形体大于砌墙砖。砌块一般为直角六面体，也有各种异形的，砌块系列中主规格的长度、宽度或高度有一项或一项以上分别大于 365 mm、240 mm 或 115 mm，而且高度不大于长度或宽度的 6 倍，长度不超过高度的 3 倍。

砌块的分类方法很多，按用途可分为承重砌块和非承重砌块。按空心率（砌块上孔洞和槽的体积总和与按外阔尺寸算出的体积之比的百分率）可分为实心砌块（无孔洞或空心率小于 25%）和空心砌块（空心率等于或大于 25%）。按材质又可分为硅酸盐砌块、轻集料混凝土砌块、普通混凝土砌块。按产品主规格的尺寸可分为大型砌块（高度大于 980 mm）、中型砌块（高度为 380 ～ 980 mm）和小型砌块（高度为 115 ～ 380 mm）等。

6.2.1　蒸压加气混凝土砌块（ACB）

蒸压加气混凝土砌块是以钙质材料（水泥、石灰等）和硅质材料（砂、矿渣、粉煤灰等）及加气剂（粉）等，经配料、搅拌、浇筑、发气（由化学反应形成孔隙）、预养切割、蒸汽养护等工艺过程制成的多孔硅酸盐砌块。

按养护方法可分为蒸养加气混凝土砌块和蒸压加气混凝土砌块两种。按原材料的种类，蒸压加气混凝土砌块主要有蒸压水泥 – 石灰 – 砂加气混凝土砌块、蒸压水泥 – 石灰 – 粉煤灰加气混凝土砌块等。

1．技术性质

（1）尺寸规格见表 6-13。

（2）砌块按尺寸偏差可分为Ⅰ型和Ⅱ型。Ⅰ型适用于薄灰缝砌筑，Ⅱ型适用于厚灰缝砌筑。

（3）强度等级。按砌块的抗压强度可分为 A1.0、A2.0、A2.5、A3.5、A5.0 五个级别。

（4）体积密度等级。按砌块的干体积密度划分为 B03、B04、B05、B06、B07 五个级别。

（5）抗冻性。蒸压加气混凝土砌块的抗冻性、收缩性和导热性应符合标准的规定。

抗压强度和干密度应符合表 6-14 的规定。

表 6-13　砌块的规格尺寸（GB/T 11968—2020）　　　　　　　　　　mm

长度 L	宽度 B			高度 H			
600	100	120	125	200	240	250	300
	150	180	200				
	240	250	300				

注：如需其他规格，可由供需双方协商解决。

表 6-14　砌块的抗压强度（GB/T 11968—2020）

强度级别	抗压强度 /MPa		干密度级别	平均干密度 /(kg·m^{-3})
	平均值	最小值		
A1.5	≥ 1.5	≥ 1.2	B03	≥ 350
A2.0	≥ 2.0	≥ 1.7	B04	≥ 450
A2.5	≥ 2.5	≥ 2.1	B04	≥ 450
			B05	≥ 550
A3.5	≥ 3.5	≥ 3.0	B04	≥ 450
			B05	≥ 550
			B06	≥ 650
A5.0	≥ 5.0	≥ 4.2	B05	≥ 550
			B06	≥ 650
			B07	≥ 750

2．应用

蒸压加气混凝土砌块具有自重小、绝热性能好、吸声、加工方便和施工效率高等优点，但强度不高，因此主要用于砌筑隔墙等非承重墙体以及作为保温隔热材料等。

在无可靠的防护措施时，该类砌块不得用在处于水中或高湿度和有侵蚀介质的环境中，也不得用于建筑物的基础和温度长期高于 80 ℃的建筑部位。

3．产品标记

砌块产品标记按产品名称（代号 AAC-B）、强度等级、干密度级别、规格尺寸和标准编号的顺序进行。

示例：强度级别为 A3.5、干密度级别为 B05、规格尺寸为 600 mm×200 mm×250 mm 的蒸压加气混凝土砌块，其标记为：

AAC-B A3.5 B05 600 mm×200 mm×250 mm（I）GB/T 11968—2020

应用案例

案例概况

　　将烧结普通砖（图6-5）与加气混凝土砌块（图6-6）分别在水中浸泡2 min后，再分别敲开，观察新断面中孔的大小、形状分布及水渗入的程度，请分析其吸水率不同的原因。

图 6-5　烧结普通砖吸水　　　图 6-6　加气混凝土砌块吸水

案例解析

　　从新断面可见，水已渗入烧结普通砖内部，而仅渗入加气混凝土砌块表面。之所以有这样的差异，是因为其孔结构不同造成的。加气混凝土砌块为多孔结构，其孔是封闭的、不连通的小孔，故水难以渗入其内部。烧结普通砖虽也是多孔结构，但其孔径大，且有大量连通孔存在。封闭不连通的小孔可以有效地阻止水的渗透；孔径大且存在连通孔，则为水的渗透提供了条件。

6.2.2　轻集料混凝土小型空心砌块（LB）

　　轻集料混凝土是用轻粗集料、轻砂（或普通砂）、水泥和水等原料配制而成的干表观密度不小于1 950 kg/m³的混凝土。混凝土轻集料小型空心砌块是用轻集料混凝土制成的小型空心砌块。

1．分类

　　根据《轻集料混凝土小型空心砌块》（GB/T 15229—2011）的规定，按砌块孔的排数可分为单排孔、双排孔、三排孔和四排孔等。

2．技术性质

　　（1）规格尺寸。其主规格尺寸长×宽×高为390 mm×190 mm×190 mm。其他规格尺寸可由供需双方商定。

　　（2）密度等级。密度等级可分为700、800、900、1 000、1 100、1 200、1 300及1 400八级。

　　注：除自然煤矸石掺量不小于砌块质量35%的砌块外，其他砌块的最大密度等级为1 200。密度等级应符合表6-15的要求。

表 6-15　密度等级　　　　　　　　　　　　　　　　　　　　　　　　　kg/m³

密度等级	干表观密度范围
700	≥ 610，≤ 700

密度等级	干表观密度范围
800	≥ 710，≤ 800
900	≥ 810，≤ 900
1 000	≥ 910，≤ 1 000
1 100	≥ 1 010，≤ 1 100
1 200	≥ 1 110，≤ 1 200
1 300	≥ 1 210，≤ 1 300
1 400	≥ 1 310，≤ 1 400

（3）强度等级。砌块抗压强度可分为 MU2.5、MU3.5、MU5.0、MU7.5、MU10.0 五级。强度等级应符合表 6-16 的规定；同一强度等级砌块的抗压强度和密度等级范围应同时满足表 6-16 的要求。

表 6-16 强度等级

强度等级	抗压强度 /MPa		密度等级范围 / (kg·m⁻³)
	平均值	最小值	
MU2.5	≥ 2.5	≥ 2.0	≤ 800
MU3.5	≥ 3.5	≥ 2.8	≤ 1 000
MU5.0	≥ 5.0	≥ 4.0	≤ 1 200
MU7.5	≥ 7.5	≥ 6.0	≤ 1 200[①] ≤ 1 300[②]
MU10.0	≥ 10.0	≥ 8.0	≤ 1 200[①] ≤ 1 400[②]
注：当砌块的抗压强度同时满足 2 个强度等级或 2 个以上强度等级要求时，应以满足要求的最高强度等级为准。			
[①]除自然煤矸石掺量不小于砌块质量 35% 以上的其他砌块； [②]自然煤矸石掺量不小于砌块质量 35% 的砌块。			

（4）抗冻性。抗冻性应符合表 6-17 的规定。

表 6-17 抗冻性（GB/T 15229—2011）

使用地区	抗冻指标	质量损失率 /%	抗压强度损失率 %
温和与夏热冬暖地区	D15		
夏热冬冷地区	D25	≤ 5	≤ 25
寒冷地区	D35		
严寒地区	D50		
注：环境条件应符合《民用建筑热工设计规范》（GB 50176—2016）的规定。			

3．应用

与普通混凝土空心小砌块相比，这种砌块质量更轻、保温隔热性能更佳、抗冻性更好，主要用于非承重结构的围护和框架结构的填充墙，也可用于既承重又保温或专门保温的墙体。

4．产品标记

轻集料混凝土小型空心砌块（LB）按代号、类别（孔的排数）、密度等级、强度等级、标准标号的顺序进行标记。示例：符合 GB/T 15229—2011，双排孔，800 密度等级，3.5 强度等级的轻集料混凝土小型空心砌块标记为：

LB 2 800 MU3.5 GB/T 15229—2011

6.3　墙用板材

墙用板材是一类新型墙体材料。它改变了墙体砌筑的传统工艺，采用通过黏结、组合等方法进行墙体施工，加快了建筑施工的速度。墙板除轻质外，还具有保温、隔热、隔声、防水及自承重的性能。有的轻型墙板还具有高强、绝热性能，从而为高层、大跨度建筑及建筑工业实现现代化提供了物质基础。

我国目前可用于墙体的板材品种很多，而且新型板材层出不穷，本节介绍几种有代表性的板材。

6.3.1　蒸压加气混凝土板

蒸压加气混凝土板生产用原材料包括水泥、生石灰、粉煤灰、砂、铝粉、石膏、水和钢筋等配制成的轻质材料。

1．分类

蒸压加气混凝土板按使用部位和功能可分为屋面板（AAC-W）、楼板（AAC-L）、外墙板（AAC-Q）和隔墙板（AAC-G）等常用品种。

2．技术性质

（1）规格尺寸。规格尺寸见表 6-18。

表 6-18　蒸压加气混凝土板常用规格（GB/T 15762—2020）　　　　　mm

长度（L）	宽度（B）	厚度（D）
1 800～6 000	600	75、100、120、125、150、175、200、250、300
注：其他非常用规格和单项工程的实际制作尺寸由供需双方协商确定。		

（2）级别。蒸压加气混凝土板按蒸压加气混凝土强度可分为 A2.5、A3.5、A5.0 三个强度级别。

3．应用

加气混凝土条板具有密度小，防火性和保温性能好，可钉、可锯、容易加工等特点。加气混凝土条板主要用于工业与民用建筑的外墙和内隔墙。

4．标记

屋面板、楼板、外墙板的标记应包括品种、强度级别、规格（长度 × 宽度 × 厚度）、承载力允许值、标准号等内容。

隔墙板的标记应包括品种、强度等级、规格（长度×宽度×厚度）、标准号等内容。强度级别为 A5.0，长度为 4800 mm、宽度为 600 mm、厚度为 200 mm，承载力允许值为 2200 N/m^2 的屋面板：AAC-W-A5.0-4800×600×200-2200-GB/T 15762—2020。

强度级别为 A3.5，长度为 4200 mm、宽度为 600 mm、厚度为 150mm，承载力允许值为 1 600 N/m^2 的外墙板：AAC-Q-A3.5-4200×600×150-1600-GB/T 15762—2020。

强度级别为 A2.5，长度为 3 000 mm、宽度为 600 mm、厚度为 100 mm 的隔墙板：AAC-G-A2.5-3000×600×100-GB/T 15762—2020。

6.3.2　纸面石膏板

纸面石膏板是以建筑石膏为主要原料，并掺入某些纤维和外加剂所组成的芯材，以及与芯材牢固地结合在一起的护面纸所组成的建筑板材。

1．分类

纸面石膏板按其功能可分为普通纸面石膏板、耐水纸面石膏板、耐火纸面石膏板和耐火耐水纸面石膏板四个品种。

（1）普通纸面石膏板（代号 P）以建筑石膏为主要原料，掺入适量纤维增强材料和外加剂等，在与水搅拌后，浇筑于护面纸的面纸与背纸之间，并与护面纸牢固地黏结在一起的建筑板材。普通纸面石膏板为象牙白色板芯，灰色纸面，是最为经济与常见的品种。其适用于无特殊要求的使用场所，使用场所连续相对湿度不超过 65%。因为价格的原因，很多人喜欢使用 9.5 mm 厚的普通纸面石膏板来做吊顶或间墙，但是由于 9.5 mm 普通纸面石膏板比较薄、强度不高，在潮湿条件下容易发生变形，因此建议选用 12 mm 以上的石膏板。同时，使用较厚的板材也是预防接缝开裂的一个有效手段。

（2）耐水纸面石膏板（代号 S）以建筑石膏为主要原料，掺入适量耐水纤维增强材料和耐水外加剂等，在与水搅拌后，浇筑于耐水护面纸的面纸与背纸之间，并与耐水护面纸牢固地黏结在一起的建筑板材，旨在改善防水性能的建筑板材。耐水纸面石膏板的板芯和护面纸均经过了防水处理，根据相关国家标准的要求，耐水纸面石膏板的纸面和板芯都必须达到一定的防水要求（表面吸水量不大于 160 g，吸水率不超过 10%）。耐水纸面石膏板适用于连续相对湿度不超过 95% 的使用场所，如卫生间、浴室等。

（3）耐火纸面石膏板（代号 H）以建筑石膏为主要原料，掺入无机耐火纤维增强材料和外加剂等，在与水搅拌后，浇筑于护面纸的面纸与背纸之间，并与耐水护面纸牢固地黏结在一起，旨在提高防火性能的建筑板材。耐火纸面石膏板，其板芯内增加了耐火材料和大量玻璃纤维，如果切开石膏板，可以从断面处看见很多玻璃纤维。质量好的耐火纸面石膏板会选用耐火性能好的无碱玻璃纤维，一般的产品都选用中碱或高碱玻璃纤维。

（4）耐火耐水纸面石膏板（代号 SH）以建筑石膏为主要原料，掺入耐水外加剂和无机耐火纤维增强材料等，在与水搅拌后，浇筑于耐水护面纸的面纸与背纸之间，并与耐水护面纸牢固地黏结在一起，旨在改善防水性能和提高防火性能的建筑板材。

按棱边形状不同，纸面石膏板的板边有矩形（J）、倒角形（D）、楔形（C）、圆形（Y）四种。

2．技术性质

纸面石膏板的规格尺寸见表 6-19。

表 6-19　纸面石膏板尺寸规格（GB/T 9775—2008）

公称长度	1 500 mm、1 800 mm、2 100 mm、2 440 mm、2 400 mm、2 700 mm、3 000 mm、3 300 mm、3 600 mm、3 660 mm
公称宽度	600 mm、900 mm、1 200 mm、1 220 mm
公称高度	9.5 mm、12.0 mm、15.0 mm、18.0 mm、21.mm、25.0 mm

3．特点

纸面石膏板具有轻质、高强、绝热、防火、防水、吸声、可加工、施工方便等特点。

4．标记

标记的顺序依次为产品名称、板类代号、棱边形状代号、长度、宽度、厚度及标准编号。示例：长度为 3 000 mm、宽度为 1 200 mm、厚度为 12.00 mm、具有楔形棱边形状的普通纸面石膏板，标记：纸面石膏板 PC 3 000×1 200×12.0 GB/T 9775—2008。

墙用板材除上述所列外，还有植物纤维类墙用板材，如纸面草板、麦秸人造板、竹胶合板及水泥木屑板等，在此不一一叙述。

小　结

砌墙砖是指以黏土、工业废料及其他地方资源为主要材料，按不同的工艺制成的，在建筑上用来砌筑墙体的砖。本模块主要介绍了烧结普通砖、烧结空心砖和空心砌块、蒸压粉煤灰砖的技术性质，了解其应用。

砌块是砌筑用的人造块材，形骨体大于砌墙砖。本模块主要介绍蒸压加气混凝土砌块和轻集料混凝土小型空心砌块的品种、性质、应用及标记。

墙用板材是一类新型墙体材料。我国目前可用于墙体的板材品种很多，而且新型板材层出不穷，本模块主要介绍了蒸压加气混凝土板、纸面石膏板的技术性质和应用。

职业技能知识点考核

一、填空题

1．烧结普通砖按抗压强度可分为_____、_____、_____、_____、_____五个强度等级。

2．烧结普通砖按照烧结工艺不同主要可分为_____和_____。

3．烧结普通砖的抗风化性通常以其_____、_____及_____等指标判别。

二、单项选择题

1．烧结空心砖是指孔洞率≥（　　　）的砖。

　　A．15%　　　　　　　B．35%　　　　　　　C．40%　　　　　　　D．25%

2. 空心砌块是指空心率≥（　　）的砌块。

    A. 40%　　　　　　　B. 15%　　　　　　　C. 20%　　　　　　　D. 25%

3. 蒸压加气混凝土砌块常用（　　）粉作为发气剂。

    A. 铝　　　　　　　　B. 铜　　　　　　　　C. 铁　　　　　　　　D. 石灰

4. 烧结普通砖 1 m³ 砖砌体大约需要砖（　　）块。

    A. 480　　　　　　　B. 500　　　　　　　C. 520　　　　　　　D. 512

5. 下面不是加气混凝土砌块的特点的有（　　）。

    A. 轻质　　　　　　　B. 保温隔热　　　　　C. 加工性能好　　　　D. 韧性好

三、简答题

1. 加气混凝土砌块砌筑的墙抹砂浆层，采用砌筑烧结普通砖并往墙上浇水后即抹的办法，一般的砂浆往往易被加气混凝土吸去水分而容易干裂或空鼓，请分析原因。

2. 烧结普通砖的种类、技术性质、强度等级主要有哪些？

3. 烧结多孔砖与烧结普通砖相比的主要优点有哪些？

4. 混凝土小型空心砌块的主要技术性质有哪些？

5. 墙体材料应优先选用哪种材料？外墙墙体应优先选用哪种材料？内墙墙体应优先选用哪种材料？

四、计算题

某烧结普通砖抽样 10 块做抗压强度试验（每块砖的受压面积以 120 mm×115 mm 计），结果见表 6-20。确定该砖的强度等级。

表 6-20　计算题表

编号	1	2	3	4	5	6	7	8	9	10
破坏荷载 /kN	266	235	221	183	238	259	225	280	220	250
抗压强度 /MPa										

五、案例题

广东某城镇住宅小区欲建一批 12 层的框架结构住宅，请对其墙体材料予以选择。该地区能供应的墙体材料有以下几种：

    A. 灰砂砖　　　　　　　　　　　　B. 烧结普通砖中的实心黏土砖

    C. 加气混凝土砌块　　　　　　　　D. 轻集料小型空心砌块

    E. 纸面石膏板

模块 7　防水材料

1. 在我国北方地区每到冬季的时候，沥青路面总会出现一些裂缝，如图 7-1 所示。裂缝大多是横向的，且几乎为等距离间距的，在冬天裂缝尤其明显，请分析原因。

图 7-1　沥青路面出现的裂缝

思维导图

2. 某建筑住宅楼面于 8 月施工，铺贴沥青防水卷材均为白天施工，后来发现卷材出现鼓化、渗漏，请分析原因。

案例分析

引例 1，裂缝主要由沥青材料老化及低温所致，从裂缝的形状来看，沥青老化低温引起的裂缝大多为横向，且裂缝几乎为等距离间距。这与该路面破损情况吻合。该路已修筑多年，沥青老化后变硬、变脆，延伸性下降，低温稳定性变差，容易产生裂缝、松散。在冬季，气温下降，沥青混合料受基层的约束而不能收缩，产生了应力，应力超过沥青混合料的极限抗拉强度，路面便产生开裂。在冬天裂缝尤为明显。

引例 2，夏季中午炎热，屋顶受太阳辐射，温度较高。此时铺贴沥青防水卷材基层中的水气会蒸发，集中于铺贴的卷材内表面，并会使卷材鼓泡。此外，高温时沥青防水卷材软化，卷材膨胀，当温度降低后卷材产生收缩，导致断裂。还需指出的是，沥青中还含有对人体有害的挥发物，在强烈阳光照射下，会使操作工人得皮炎等疾病。故铺贴沥青防水卷材应尽量避开炎热中午。

防水材料是指在建筑物中能防止雨水、地下水及其他水分渗透作用的材料。按其构造做法可分为构件自防水和防水层防水两大类。防水层防水又可分为刚性防水和柔性防水。刚性防水采用防水砂浆、抗渗混凝土、预应力混凝土等；柔性防水采用铺设防水卷材、涂抹防水涂料。多数建筑物采用的是柔性防水。使用沥青作防水材料历史已久，直到现在，沥青基防水材料依然在使用。

近年来，传统的沥青基防水材料已逐渐向新型的高聚物改性沥青防水材料和合成高分子防水材料方向发展，防水材料已初步形成一个品种齐全、规格档次配套的工业生产体系，扩大了防水工程材料的选择范围，极大地促进了建筑防水新技术的开发与应用。

7.1　石油沥青

沥青是一种有机胶凝材料，是复杂的大分子碳氢化合物及非金属（氧、硫、氮等）衍生物的混合物。在常温下为黑色或黑褐色液体、固体或半固体，具有明显的树脂特性，能溶于二硫化碳、四氯化碳、苯及其他有机溶剂。沥青与许多材料表面有良好的黏结力，它不仅能黏附于矿物材料表面，而且能黏附在木材、钢铁等材料表面；沥青是一种憎水性材料，几乎不溶于水，而且构造密实，是建筑工程中应用广泛的一种防水材料；沥青能抵抗一般酸、碱、盐等侵蚀性液体和气体的侵蚀，故广泛应用于防水、防潮、防腐材料。

沥青的种类繁多，按产源可分为地沥青和焦油沥青两类。其分类见表 7-1。

表 7-1　沥青的分类

沥青	地沥青	天然沥青	天然条件下，石油在长时间地球物理作用下所形成的产物
		石油沥青	石油经炼制加工后所得到的产品
	焦油沥青	煤沥青	由煤干馏所得到的煤焦油再加工所得
		页岩沥青	由页岩炼油所得的工业副产品

7.1.1　石油沥青的组分

石油沥青是由多种化合物组成的，其化学组成甚为复杂。目前尚难将沥青分离为纯粹的化合物单体，为了研究石油沥青化学组成与使用性能之间的联系，常将其化学组成和物理力学性质比较接近的成分归类分析，从而划分为若干组，称为"组分"。石油沥青的主要组分有油分、树脂和地沥青质，它们的特性及其对沥青性质的影响见表 7-2。

沥青的油分中常含有一定的蜡成分，蜡对沥青的温度敏感性有较大的影响，故对于多蜡沥青常用高温吹氧、溶剂脱蜡等方法进行处理，以改善多蜡石油沥青的性质。

表 7-2　沥青各组分的特性及其对沥青性质的影响

组分	含量 /%	分子量	密度 /$(g \cdot cm^{-3})$	特征	在沥青中的主要作用
油分	45～60	100～500	0.6～1.0	无色至淡黄色黏性液体，可溶于大部分溶剂，不溶于酒精	赋予沥青以流动性，油分多，流动性大，而黏性小，温度敏感性大
树脂	15～30	600～1 000	1.0～1.1	红褐色至黑褐色的黏稠半固体，多呈中性，少量酸性，熔点低于 100 ℃	使沥青具有良好的塑性和黏性，含量增加，沥青塑性增大，温度敏感性增大

组分	含量/%	分子量	密度/(g·cm⁻³)	特征	在沥青中的主要作用
地沥青质	5～30	1 000～600	1.1～1.5	黑褐色至黑色的硬脆固体微粒，加热后不溶解，而分解为坚硬的焦炭，使沥青带黑色	决定沥青黏性的组分。含量高，沥青黏性大、耐热性提高，温度敏感性小，但塑性降低，脆性增加

沥青中的油分和树脂能浸润地沥青质。沥青的结构以地沥青质为核心，周围吸附部分树脂和油分，构成胶团，无数胶团分散在油分中形成胶体结构。

根据沥青中各组分含量的不同，沥青可以有溶胶结构（地沥青质含量较少，油分、树脂较多）、凝胶结构（地沥青质含量较多，油分、树脂较少）和溶凝胶结构（地沥青质、油分、树脂含量介于前两种之间）三种胶体状态。溶胶结构的沥青具有黏滞性小、流动性大、塑性好，但温度稳定性较差的特点；凝胶结构的沥青具有弹性和黏性较高、温度敏感性较小、流动性和塑性较低的特点；溶凝胶结构沥青的性质介于上述两种之间。另外，石油沥青中往往还含有一定量的固体石蜡，是沥青中的有害物质，会使沥青的黏结性、塑性、耐热性和稳定性变坏。

石油沥青中的这几个组分的比例，并不是固定不变的，在热、阳光、空气和水等外界因素作用下，组分在不断改变，即由油分向树脂、树脂向地沥青质转变，油分、树脂逐渐减少，而地沥青质逐渐增多，使沥青流动性、塑性逐渐变小，脆性增加直至脆裂。这个现象称为沥青材料的老化。

7.1.2 石油沥青的主要技术性质

1. 黏滞性

黏滞性是指石油沥青在外力作用下抵抗变形的性能。黏滞性的大小，反映了胶团之间吸引力的大小，即反映了胶体结构的致密程度。当地沥青含量较高，有适量树脂，但油分含量较少时，黏滞性较大。在一定温度范围内，当温度升高时，黏滞性随之降低，反之则增大。

表征沥青黏滞性的指标，对于液体沥青是黏滞度，如图 7-2 所示。表征半固体沥青、固体沥青黏滞性的指标是针入度，如图 7-3 所示。

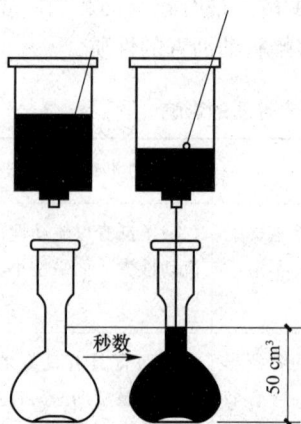

图 7-2 黏滞度测量

图 7-3 针入度测量

2．塑性

塑性是指石油沥青在外力作用时产生变形而不破坏的性能，沥青之所以能被配制成性能良好的柔性防水材料，在很大程度上取决于这种性质。石油沥青中树脂含量大，其他组分含量适当，则塑性较高。温度及沥青膜层厚度也影响塑性。温度升高，则塑性增大；膜层增厚，则塑性也增大。在常温下，沥青的塑性较好，对振动和冲击作用有一定承受能力，因此常将沥青铺作路面。沥青的塑性用延度（延伸度）表示，如图7-4所示。

3．温度敏感性（温度稳定性）

温度敏感性是指石油沥青的黏滞性和塑性随温度升降而变化的性质。温度敏感性越大，则沥青的温度稳定性越低。温度敏感性大的沥青，在温度降低时，很快变成脆硬的物体，受外力作用极易产生裂缝以致破坏；而当温度升高时即成为液体流淌，而失去防水能力。因此，温度敏感性是评价沥青质量的重要性质。

沥青的温度敏感性通常用"软化点"表示。软化点是指沥青材料由固体状态转变为具有一定流动性膏体的温度。软化点可通过"环球法"试验测定，如图7-5所示。

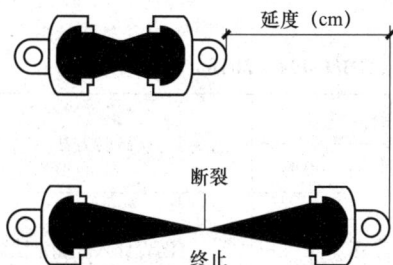

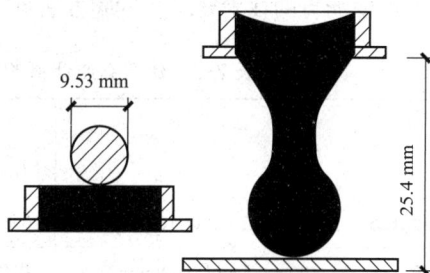

图 7-4　延度测量　　　　　图 7-5　温度稳定性

特别提示

不同的沥青软化点不同，大致为25 ℃～100 ℃。软化点高，说明沥青的耐热性好，但软化点过高，又不易加工；软化点低的沥青，夏季易产生变形，甚至流淌。所以，在实际应用中，总希望沥青具有高软化点和低脆化点（当温度在非常低的范围时，整个沥青就好像玻璃一样脆硬，一般称为"玻璃态"，沥青由玻璃态向高弹态转变的温度，即沥青的脆化点）。为了提高沥青的耐寒性和耐热性，常常对沥青进行改性，如在沥青中掺入增塑剂、橡胶、树脂和填料等。

4．大气稳定性

大气稳定性是指石油沥青在热、阳光、水分和空气等大气因素作用下性能稳定的能力，也即沥青的抗老化性能，是沥青材料的耐久性。在自然气候的作用下，沥青的化学组成和性能都会发生变化，低分子物质将逐渐转变为大分子物质，流动性和塑性逐渐减小，硬脆性逐渐增大，直至脆裂，甚至完全松散而失去黏结力。石油沥青的大气稳定性常用蒸发损失和针入度变化等试验结果进行评定。

5．溶解度

溶解度是指石油沥青在三氯乙烯、四氯化碳或苯中溶解的百分率。不溶解的物质会降低石油沥青的多项性能（如黏性等），因而，溶解度表示石油沥青中有效物质含量的多少。

6．闪点和燃点

石油沥青在加热后所产生的易燃气体与空气中的气体混合遇到火后会产生闪火现象，这个过程中，开始闪火时的温度即石油沥青的闪火点（闪点），与火焰接触能持续燃烧时的最低温度即石油沥青的燃点（着火点），闪火点是加热石油沥青时不能超过的最高温度，也是石油沥青防火的重要指标。闪点和燃点的高低表明沥青引起火灾或爆炸的可能性的大小，这两项指标关系到沥青的运输、存储和加热使用等方面的安全。

7.1.3　石油沥青的分类及技术标准

石油沥青按用途可分为道路沥青、建筑沥青、防水防潮沥青、以用途或功能命名的各种专用沥青等。

1．建筑石油沥青

建筑石油沥青按针入度不同分为 10 号、30 号和 40 号三个牌号。牌号越大，则针入度越大（黏性越小），延伸度越大（塑性越大），软化点越低（温度稳定性越差）。

建筑石油沥青的技术要求及试验方法见表 7-3。

表 7-3　建筑石油沥青的技术要求（GB/T 494—2010）

项目		质量指标			试验方法
		10 号	30 号	40 号	
针入度（25 ℃，100 g，5 s）/(1/10 mm)		10～25	26～35	36～50	《沥青针入度测定法》（GB/T 4509—2010）
针入度（46 ℃，100 g，5 s）/(1/10 mm)		报告①	报告①	报告①	
针入度（0 ℃，200 g，5 s）/(1/10 mm)	不小于	3	6	6	
延度（25 ℃，5 cm/min）/cm	不小于	1.5	2.5	3.5	《沥青延度测定法》（GB/T 4508—2010）
软化点，环球法 /℃	不低于	95	75	60	《沥青软化点测定法 环球法》（GB/T 4507—2014）
溶解度（三氯乙烯）/%	不小于	99.0			《石油沥青溶解度测定法》（GB/T 11148—2008）
蒸发损失（163 ℃，5 h）/%	不大于	1			《石油沥青蒸发损失测定法》（GB/T 11964—2008）
蒸发后 25 ℃针入度比②/(%)	不小于	65			《沥青针入度测定法》（GB/T 4509—2010）
闪点（开口杯法）/℃	不低于	260			《石油产品闪点与燃点测定法（开口杯法）》（GB 267—1988）

①报告应为实测值。

②测定蒸发损失后样品的 25 ℃针入度与原 25 ℃针入度之比乘以 100 后，所得的百分比，称为蒸发后针入度比。

2．道路石油沥青

道路石油沥青按针入度可分为 200 号、180 号、140 号、100 号、60 号五个牌号。道路石油沥青的技术要求见表 7-4。

表 7-4　道路石油沥青的技术要求（NB/SH/T 0522-2010）

项目	质量指标					试验方法
	200 号	180 号	140 号	100 号	60 号	
针入度（25 ℃，100 g，5 s），1/10 mm	200～300	150～200	110～150	80～110	50～80	《沥青针入度测定法》（GB/T 4509—2010）
延度 (25 ℃)/cm 不小于	20	100	100	90	70	《沥青延度测定法》（GB/T 4508—2010）
软化点 /℃	30～48	35～48	38～51	42～55	45～58	《沥青软化点测定法 环球法》（GB/T 4507—2014）
溶解度 /% 不小于	99.0					《石油沥青溶解度测定法》（GB/T 11148—2008）
闪点（开口）/℃不低于	180	200	230			《石油产品闪点与燃点测定法（开口杯法）》（GB/T 267—1988）
密度（25 ℃）/ (g·cm⁻³)	报告					《固体和半固体石油沥青密度测定法》（GB/T 8928—2008）
蜡含量 /% 不大于	4.5					《石油沥青蜡含量测定法》（SH/T 0425—2003）
质量变化 /% 不大于	1.3	1.3	1.3	1.2	1.0	《石油沥青薄膜烘箱试验法》（GB/T 5304—2001）
针入度比 /%	报告					《沥青针入度测定法》（GB/T 4509—2010）
延度（25 ℃）/cm	报告					《沥青延度测定法》（GB/T 4508—2010）

注：如 25 ℃针入度达不到，15 ℃延度达到时，也以为是合格的，指标要求与 25 ℃延度一致。

3．防水防潮石油沥青

防水防潮石油沥青按产品的针入度指数分为 4 个牌号：3 号，感温性一般，质地较软，用于一般温度下室内及地下结构部分的防水；4 号，感温性较小，用于一般地区可行走的缓坡屋顶防水；5 号，感温性小，用于一般地区暴露屋顶或气温较高地区的屋顶；6 号，感温性最小且质地较软，除一般地区外，主要用于寒冷地区的屋顶及其他防水防潮工程。防水防潮石油沥青的技术要求见表 7-5。

表 7-5　防水防潮石油沥青的技术要求（SH/T 0002—1990）

项目	质量指标				试验方法
牌号	3 号	4 号	5 号	6 号	
软化点 /℃ 不低于	85	90	100	95	《沥青软化点测定法 环球法》（GB/T 4507—2014）
针入度 /（1/10 mm）	25～45	20～40	20～40	30～50	《沥青针入度测定法》（GB/T 4509—2010）
针入度指数 不小于	3	4	5	6	
蒸发损失（163 ℃，5 h）/% 不大于	1	1	1	1	《石油沥青蒸发损失测定法》（GB/T 11964—2008）
闪点（开口）/℃ 不低于	250	270	270	270	《石油产品闪点与燃点测定法（开口杯法）》（GB 267—1988）

项目		质量指标				试验方法
牌号		3 号	4 号	5 号	6 号	
溶解度 /%	不小于	98	98	95	92	《石油沥青溶解度测定法》（GB/T 11148—2008）
脆点 /℃	不高于	−5	−10	−15	−20	《石油沥青脆点测定法 弗拉斯法》（GB/T 4510—2017）
垂度 /mm	不大于	—	—	8	10	《石油沥青垂直度测定法》（SH/T 0424—1992）
加热安定性 /℃	不大于	5	5	5	5	

7.1.4 石油沥青的应用

沥青在使用时，应根据当地气候条件、工程性质（房屋、道路、防腐）、使用部位（屋面、地下）及施工方法具体选择沥青的品种和牌号。对一般温暖地区、受日晒或经常受热部位，为防止受热软化，应选择牌号较小的沥青；在寒冷地区，夏季暴晒、冬季受冻的部位，不仅要考虑受热软化，还要考虑低温脆裂，应选用中等牌号沥青；对一些不易受温度影响的部位，可选用较大牌号的沥青。当缺乏所需牌号的沥青时，可用不同牌号的沥青进行掺配。

道路石油沥青黏度低，塑性好，主要用于配制沥青混凝土和沥青砂浆，用于道路路面和工业厂房地面等工程。

建筑石油沥青黏性较大，耐热性较好，塑性较差，主要用于生产防水卷材、防水涂料、防水密封材料等，广泛应用于建筑防水工程及管道防腐工程。一般屋面用的沥青，软化点应比本地区屋面可能达到的最高温度高 20 ℃～25 ℃，以避免夏季流淌。防水防潮石油沥青质地较软，温度敏感性较小，适合做卷材涂复层。普通石油沥青因含蜡量较高，性能较差，建筑工程中应用很少。

7.1.5 石油沥青的掺配

沥青在实际使用时，某一牌号的沥青不一定能完全满足工程要求，需要用现有的不同牌号的沥青进行掺配。掺配时注意石油沥青的软化点在现有两种石油沥青的软化点之间，通常按下式进行掺配：

$$Q_1 = \frac{T_2 - T}{T_2 - T_1} \tag{7-1}$$

$$Q_2 = 1 - Q_1 \tag{7-2}$$

式中 Q_1——牌号较低沥青的掺量（%）；

Q_2——牌号较高沥青的掺量（%）；

T——掺配后所需的软化点（℃）；

T_2——牌号较高沥青的软化点（℃）；

T_1——牌号较低沥青的软化点（℃）。

7.1.6 改性石油沥青

在建筑工程中，对沥青的物理性质要求较高，如要求沥青在低温条件下具有弹性和塑性；高温条件下具有足够的强度和稳定性；加工、使用过程中具有抗老化能力；还应与各种矿物和基体表面有较强的黏附力；以及对形体变形的适应能力等。一般的石油沥青并不能满足全面的使用要求，因此，需要对沥青进行改性，经过改性后的石油沥青被称为改性沥青。一般常用橡胶、树脂、矿物填料等对沥青进行改性，这些材料被统称为石油沥青的改性材料。改性后的石油沥青在性质上得到了很大程度的改善，具有低温下较好的柔韧性、高温下较好的稳定性、使用过程中不易变形、较好的抗老化能力及与各种材料之间较好的黏结性等，基本上满足了建筑工程中多方面的使用要求。常见改性沥青见表7-6。

表7-6 常见改性沥青

改性沥青名称	掺加料	性质改善	种类
橡胶改性沥青	橡胶	高温下不易变形，低温下韧性加强，有较高的强度、延伸度，有较好的抗老化性	氯丁橡胶改性沥青、丁基橡胶改性沥青、天然橡胶改性沥青、再生橡胶改性沥青
树脂改性沥青	树脂	耐寒性、耐热性、黏结性和防渗透性都得到了一定程度的加强	聚乙烯改性沥青、聚丙烯改性沥青、无规聚丙烯改性沥青、环氧树脂改性沥青、酚醛树脂改性沥青
橡胶树脂共混改性沥青	橡胶、树脂	同时具有橡胶和树脂的多种性能	氯化聚乙烯-橡胶共混改性沥青 聚氯乙烯-橡胶共混改性沥青
矿物填充料改性沥青	滑石粉、石灰粉、云母粉、石棉粉等	黏结性和耐热性都得到了提高，温度敏感性变小，使用温度范围变大	—

7.2 煤沥青

煤沥青俗称柏油，是炼焦厂或煤气厂的副产品，烟煤在干馏过程中的挥发物质，经冷凝而成黑色黏性液体，称为煤焦油，即煤沥青。根据蒸馏温度不同，煤沥青可分为低温煤沥青、中温煤沥青和高温煤沥青三种。建筑上所采用的煤沥青，多为黏稠或半固体的低温煤沥青。

7.2.1 煤沥青的特性

与石油沥青相比，煤沥青的特性有以下几点：

（1）因含有蒽、萘、酚等物质，有着特殊的臭味和毒性，故其防腐能力强。

（2）因含表面活性物质较多，故与矿物表面黏附能力强，不易脱落。

（3）含挥发性和化学稳定性差的成分较多，在热、光、氧气等长期综合作用下，煤沥青的变化较大，易硬脆，故大气稳定性差。

（4）含有较多的游离碳，塑性差，容易因变形而开裂。

由此可见，煤沥青的主要技术性质比石油沥青差，主要适用于木材防腐、制造涂料、铺设路面等。

7.2.2 煤沥青与石油沥青的简易鉴别

石油沥青与煤沥青性质有别，必须认真鉴别，不能混淆，其简易鉴别方法见表7-7。

表 7-7   石油沥青与煤沥青的鉴别

鉴别方法	石油沥青	煤沥青
密度 /（g·cm^{-3}）	近于 1.0	1.25 ～ 1.28
燃烧	烟少、无色、有松香味、无毒	烟多、黄色、臭味大、有毒
锤击	声哑、有弹性、韧性好	声脆、韧性差
颜色	呈灰亮褐色	浓黑色
溶解	易溶于煤油或汽油中，呈棕黑色	难溶于煤油或汽油中，呈黄绿色

7.3   建筑防水制品及选用

建筑防水制品品种繁多，主要包括防水卷材、防水涂料和密封材料等。

7.3.1   防水卷材

防水卷材是一种具有一定宽度和厚度的能够卷曲成卷状的带形防水材料。防水卷材是建筑防水工程中应用的主要防水材料，约占防水材料的 90%。防水卷材品种很多，根据防水卷材中构成的防水膜层的主要原料，可将防水卷材分为沥青防水卷材、高聚物改性卷材和合成高分子防水卷材三大类。

1. 沥青防水卷材

沥青防水卷材是将原纸、纤维植物等与石油沥青组合制成的一种防水材料，根据制作原料和制作工艺的不同，可被分为浸渍卷材和辊压卷材两种。前者是以一些原纸、玻璃布、石棉布、棉麻制品等为基胎，浸涂石油沥青或焦油沥青，再在表面撒上粉状或片状的隔离材料，制成的一种可卷曲的片状防水材料，称为有胎卷材；后者是直接将石棉、橡胶粉等材料与石油沥青相混合，再经过碾压制成的一种片状可卷曲的防水材料，称为无胎卷材。目前在我国，受国家出台的各项产业政策的影响，沥青防水卷材的生产量逐年下降，产销量也已经很小。常见的有以下几个种类：

（1）油沥青纸胎防水卷材。先采用低软化点的石油沥青浸渍原纸制成油纸，再用高软化点的石油沥青涂盖油纸两面，撒上隔离材料，从而制成的一种纸胎油毡，称为石油沥青纸胎防水卷材。

按照国家标准《石油沥青纸胎油毡》（GB 326—2007）规定，该类卷材幅宽为 1 000 mm，每卷总面积为 20 m^2±0.3 m^2，卷重见表 7-8。按油毡卷重和各自的物理性能，分为 I 型、II 型和 III 型三个等级。其中，I 型、II 型油毡常用于简易防水、临时性建筑防水、防潮、包装等；III 型油毡多用于建筑屋面、地下、水利等工程中的多层防水。施工时应注意，铺设完毕，经检查合格后应立即粘铺保护层。石油沥青纸胎防水卷材的技术性能执行《石油沥青纸胎油毡》（GB 326—2007）标准，见表 7-9。

表 7-8　石油沥青纸胎油毡卷重

类型		Ⅰ型	Ⅱ型	Ⅲ型
卷重 / (kg · 卷$^{-1}$)	≥	17.5	22.5	28.5

表 7-9　石油沥青纸胎防水卷材的技术性能

项目		性能指标		
		Ⅰ型	Ⅱ型	Ⅲ型
单位面积浸涂材料总量 / (g · m^{-2})	≥	600	750	1 000
不透水性	压力 /MPa ≥	0.02	0.02	0.10
	保持时间 /min ≥	20	30	30
吸水率 / %	≤	3.0	2.0	1.0
耐热度		（85±2）℃，2 h 涂盖层无滑动、流淌和集中性气泡		
拉力，纵向 / (N · 50 mm^{-1})	≥	240	270	340
柔度		（18±2）℃绕ϕ20 mm 圆棒或弯板无裂缝		

同时，石油沥青纸胎防水卷材也存在着一定的缺点，如抗拉强度较低、塑性较低、不透水性较差等，原纸的来源比较困难、易腐蚀。目前，已经开始广泛使用玻璃布及玻璃纤维毡等材料作为内胎来生产石油沥青纸胎油毡卷材，该类卷材在运输存储时应注意，不同类型、不同规格的产品分类码放，避免日晒，要求在 45 ℃以下温度环境中立放。

（2）玻璃纤维胎防水卷材。该类防水卷材是采用玻璃纤维薄毡为内胎，内外两面浸涂石油沥青，然后撒上矿物材料或隔离材料制成的一种防水卷材。玻璃纤维胎油毡的规格为：幅宽1 000 mm，按上表面材料的不同被分为膜面（PE 膜）、砂面，按每 10 m^2 标称质量分为 15 号、25 号，按物理力学性能分为Ⅰ型、Ⅱ型。各型号卷材单位面积的质量见表 7-10。

表 7-10　石油沥青玻璃纤维胎防水卷材单位面积质量（GB/T 14686—2008）

标　号	15 号		25 号	
上表面材料	PE 膜面	砂面	PE 膜面	砂面
单位面积质量 / (kg · m^{-2})	1.2	1.5	2.1	2.4

玻璃纤维油毡的韧度远远好于纸胎油毡，耐霉菌、耐腐蚀，多用于地下防水防腐、屋面的防水层处理及金属管道（热管道例外）的防腐层处理。玻璃纤维油毡中的 15 号油毡多用于一般建筑工程中的多层防水和管道（热管道例外）的防腐保护层；25 号油毡多用于地下防水防腐、屋面的防水层处理和水利工程。

（3）沥青复合胎防水卷材。该类防水卷材是以涤棉无纺布和玻纤网格复合毡为胎基，浸涂改性沥青，再覆盖上隔离材料制成的一种防水卷材。按物理性能可分为Ⅰ型、Ⅱ型，按上表面材料可分为聚乙烯膜（PE）、细砂（S）、矿物粒（片）料（M），每卷幅宽为 1 000 mm，厚度为3 mm、4 mm。

（4）箔塑胶防水卷材。该类油毡是以玻璃化纤毡为内胎，浸涂氧化沥青，然后在其表面贴上压纹铝箔面，底面撒上细颗粒矿物材料或覆上聚乙烯膜（PE），制成的一种防水卷材。具有美化装饰基体的效果，反射热量、紫外线和防止蒸汽渗透的功能，可以有效降低屋面及室内温度。其规格为：幅宽 1 000 mm，按每卷标称质量可分为 30 号、40 号两种类型。30 号油毡厚度不小于 2.4 mm；40 号油毡厚度不小于 3.2 mm；技术指标应符合《铝箔面石油沥青防水卷材》（JC/T 504—2007）的规定。其中，30 号油毡多用于多层防水工程中的面层防水；40 号油毡多用于单层或多层防水工程中的面层防水。

2. 改性沥青防水卷材

（1）SBS 改性沥青防水卷材。SBS 改性沥青防水卷材是以聚酯纤维无纺布为胎体，以 SBS（苯乙烯 – 丁二烯 – 苯乙烯）弹性体改性沥青为浸渍涂盖层，以塑料薄膜或矿物细料为隔离层制成的防水卷材。这类卷材具有较高的弹性、延伸率、耐疲劳性和低温柔性，主要用于屋面及地下室防水，尤其适用于寒冷地区。以冷法施工或热熔铺贴，适用于单层铺设或复合使用。弹性体（SBS）防水卷材物理力学性能见表 7-11。

表 7-11　弹性体（SBS）防水卷材物理力学性能（GB 18242—2008）

序号	项目		指标				
			I		II		
			PY	G	PY	G	PYG
1	可溶物含量 /（g·m^{-2}）≥	3 mm	2 100				—
		4 mm	2 900				—
		5 mm	3 500				
		试验现象	—	胎基不燃	—	胎基不燃	—
2	耐热性	℃	90		105		
		≤ mm	2				
		试验现象	无流淌、滴落				
3	低温柔性 /℃		−20		−25		
			无裂缝				
4	不透水性 30 min		0.3 MPa	0.2 MPa	0.3 MPa		
5	拉力	最大峰拉力 /（N·50 mm^{-1}）≥	500	350	800	500	900
		次高峰拉力 /（N·50 mm^{-1}）≥	—				800
		试验现象	拉伸过程中，试件中部无沥青涂盖层开裂或与胎基分离现象				
6	延伸率	最大峰时延伸率 /% ≥	30		40		—
		第二峰时延伸率 /% ≥					15
7	浸水后质量增加 /% ≤	PE、S	1.0				
		M	2.0				
8	热老化	拉力保持率 /% ≥	90				
		延伸率保持率 /% ≥	80				
		低温柔性 /℃	−15		−20		
			无裂缝				
		尺寸变化率 /% ≤	0.7	—	0.7	—	0.3
		质量损失 /% ≤	1.0				

序号	项目			指标				
				I		II		
				PY	G	PY	G	PYG
9	渗油性	张数	≤			2		
10	接缝剥离强度/(N·mm⁻¹)		≥			1.5		
11	钉杆撕裂强度①/N		≥		—			300
12	矿物粒料黏附性②/g		≤			2.0		
13	卷材下表面沥青涂盖层厚度③/mm		≥			1.0		
14	人工气候加速老化	外观				无滑动、流淌、滴落		
		拉力保持率/%	≥			80		
		低温柔性/℃			−15		−20	
						无裂缝		

①仅适用于单层机械固定施工方式卷材。
②仅适用于矿物粒料表面的卷材。
③仅适用于热熔施工的卷材。

（2）APP改性沥青防水卷材。塑性体改性沥青（APP）防水卷材是以聚酯毡或玻纤毡为内胎，用APP改性沥青浸润后，上表面撒上隔离材料，下表面覆盖聚乙烯薄膜，经过加工制成的防水卷材，统称APP防水卷材。首先，在石油沥青中加入一定量的无规聚丙烯（APP）作为改性剂，APP可以使沥青的软化点大幅度提高，两者混合后明显改善了沥青在低温下的柔韧性。

APP卷材属热塑性体防水材料，其主要特性为：抗拉强度高、延展性好、耐热性好、韧性强、抗腐蚀、耐紫外线、抗老化性能好、常温施工、操作简便、高温下（110 ℃～130 ℃）不流淌、低温下（−15 ℃～−5 ℃）不脆裂、有较强的抗腐蚀性和较高的自燃燃点（265 ℃），其规则、品种与SBS卷材相同，用途也与SBS卷材相同。主要性能指标见表7-12。

表 7-12　塑性体改性沥青防水卷材物理力学性能 (GB 18243—2008)

序号	项目			指标				
				I		II		
				PY	G	PY	G	PYG
1	可溶物含量/(g·m⁻²) ≥		3 mm			2 100		—
			4 mm			2 900		—
			5 mm			3 500		
			试验现象	—	胎基不燃	—	胎基不燃	
2	耐热性		℃		110		130	
			≤ mm			2		
			试验现象			无流淌、滴落		
3	低温柔性/℃				−7		−15	
						无裂缝		
4	不透水性 30 min			0.3 MPa	0.2 MPa		0.3 MPa	

序号	项目		指标				
			I		II		
			PY	G	PY	G	PYG
5	拉力	最大峰拉力 / (N·50 mm⁻¹) ≥	500	350	800	500	900
		次高峰拉力 / (N·50 mm⁻¹) ≥	—				800
		试验现象	拉伸过程中，试件中部无沥青涂盖层开裂或与胎基分离现象				
6	延伸率	最大峰时延伸率/% ≥	25		40		—
		第二峰时延伸率/% ≥	—				15
7	浸水后质量增加/% ≤	PE、S	1.0				
		M	2.0				
8	热老化	拉力保持率/% ≥	90				
		延伸率保持率/% ≥	80				
		低温柔性/℃	-2		-10		
			无裂缝				
		尺寸变化率/% ≤	0.7	—	0.7		0.3
		质量损失/% ≤	1.0				
9	接缝剥离强度/ (N·mm⁻¹) ≥		1.0				
10	钉杆撕裂强度①/N ≥		—				300
11	矿物粒料粘附性②/g ≤		2.0				
12	卷材下表面沥青涂盖层厚度③/mm ≥		1.0				
13	人工气候加速老化	外观	无滑动、流淌、滴落				
		拉力保持率/% ≥	80				
		低温柔性/℃	-2		-10		
			无裂缝				

①仅适用于单层机械固定施工方式卷材。
②仅适用于矿物粒料表面的卷材。
③仅适用于热熔施工的卷材。

APP 卷材一般用于工业与民用建筑屋面、地下室、卫生间等的防水防潮，以及桥梁、停车场、隧道等类建筑物的防水工程。尤其适用于高温或有强烈太阳辐射的地区建筑物的防水防潮。同样，该类卷材在施工时应注意要涂刷的基层必须干燥 4 h（以不粘脚为宜）以上，施工现场应注意防火。

SBS 及 APP 防水卷材均属于高聚物改性沥青防水卷材，其外观质量要求见表 7-13。

表 7-13　高聚物改性沥青防水卷材外观质量要求

项目	质量要求
孔洞、缺边、裂口	不允许
边缘不整齐	不超过 10 mm
胎体露白、未浸透	不允许
撒布材料粒度、颜色	均匀
每卷卷材的接头	不超过 1 处，较短的一段不应小于 1 000 mm，接头处应加长 150 mm

（3）铝箔塑胶改性沥青防水卷材。铝箔塑胶改性沥青防水卷材是以玻璃纤维或聚酯纤维（布或毡）为胎基，用高分子（合成橡胶或树脂）改性沥青为浸渍涂盖层，以银白色铝箔为上表面反光保护层，以矿物粒料和塑料薄膜为底面隔离层制成的防水卷材。

这种卷材对阳光的反射率高，具有一定的抗拉强度和延伸率，弹性好，低温柔性好，在 −20 ℃～ 80 ℃温度范围内适应性较强，抗老化能力强，具有装饰功能，适用于外露防水面层且价格较低，是一种中档的新型防水材料。

其他常见的改性沥青防水卷材还有再生橡胶改性沥青防水卷材、丁苯橡胶改性沥青防水卷材、PVC 改性煤焦油防水卷材等。

3. 合成高分子防水材料

合成高分子防水材料具有抗拉强度高、延伸率大、弹性强、高低温特性好、防水性能优异的特性。合成高分子基防水材料中常用的高分子有三元乙丙橡胶、氯丁橡胶、有机硅橡胶、聚氨酯、丙烯酸酯、聚氯乙烯树脂等。

特别提示

合成高分子防水卷材是以合成橡胶、合成树脂或它们两者的共混体为基材，加入适量的化学助剂、填充料等，经过塑炼、混炼、压延或挤出成型、硫化、定型、检验、分卷、包装等工序加工制成的无胎防水材料。具有抗拉强度高、断裂延伸率大、抗撕裂强度好、耐热耐低温性能优良、耐腐蚀、耐老化、单层施工及冷作业等优点。

合成高分子卷材是继改性石油沥青防水卷材之后发展起来的性能更优的新型高档防水材料，显示出独特的优异性。我国虽仅有十余年的发展史，但发展十分迅猛。现在可生产三元乙丙橡胶、丁基橡胶、氯丁橡胶、再生橡胶、聚氯乙烯、氯化聚乙烯、氯磺化聚乙烯等几十个品种。

合成高分子防水卷材外观质量见表 7-14。

表 7-14　合成高分子防水卷材外观质量

项目	质量要求
折痕	每卷不超过 2 处，总长度不超过 20 mm
杂质	大于 0.5 mm 颗粒不允许，每 1 m^2 不超过 9 mm^2
胶块	每卷不超过 6 处，每处面积不大于 4 mm^2

项目	质量要求
凹痕	每卷不超过 6 处，深度不超过本身厚度的 30%；树脂类深度不超过 15%
每卷卷材接头	橡胶类每 20 m 不超过 1 处，较短的一段不应小于 3 000 mm；接头处应加长 150 mm；树脂类 20 m 长度内不允许有接头

（1）三元乙丙橡胶防水卷材。三元乙丙橡胶防水卷材是以乙烯、丙烯和双环戊二烯三种单体共聚合成的三元乙丙橡胶为主体，掺入适量的丁基橡胶、硫化剂、促进剂、软化剂、补强剂和填充剂等，经密炼、拉片、过滤、挤出（或压延）成型、硫化、检验、分卷、包装等工序加工制成的高弹性防水材料。三元乙丙橡胶防水卷材，与传统的沥青防水材料相比，具有防水性能优异、耐候性好、耐臭氧及耐化学腐蚀性强、弹性和抗拉强度高，对基层材料的伸缩或开裂变形适应性强、质量轻、使用温度范围宽（-60 ℃ ~ +120 ℃）、使用年限长（30 ~ 50 年）、可以冷施工、施工成本低等优点。适宜高级建筑防水，单层使用，也可复合使用。施工用冷粘法或自粘法。

（2）聚氯乙烯（PVC）防水卷材。聚氯乙烯防水卷材是以聚氯乙烯树脂为主要原料，加入一定量的稳定剂、增塑剂、改性剂、抗氧剂及紫外线吸收剂等辅助材料，经捏合、混炼、造粒、挤出或压延等工序制成的防水卷材，是我国目前用量较大的一种卷材。这种卷材具有较高的拉伸和撕裂强度，延伸率较大，耐老化性能好，耐腐蚀性强。其原料丰富，价格便宜，容易黏结。适用屋面、地下防水工程和防腐工程。单层或复合使用，冷粘法或热风焊接法施工。

聚氯乙烯防水卷材，根据基料的组分及其特性分为两种类型，即 S 型和 P 型。S 型是以煤焦油与聚氯乙烯树脂混溶料为基料的柔性卷材；P 型是以增塑聚氯乙烯为基料的塑性卷材。S 型防水卷材厚度为 1.80 mm、2.00 mm、2.50 mm；P 型防水卷材厚度为 1.20 mm、1.50 mm、2.00 mm，卷材宽度为 1 000 mm、1 200 mm、1 500 mm、2 000 mm。

（3）氯化聚乙烯防水卷材。氯化聚乙烯防水卷材，是以含氯量为 30% ~ 40% 的氯化聚乙烯树脂为主要原料，掺入适量的化学助剂和大量的填充材料，采用塑料（或橡胶）的加工工艺，经过捏合、塑炼、压延等工序加工而成。属于非硫化型高档防水卷材。

氯化聚乙烯防水卷材可分为 I 型和 II 型两种类型。I 型防水卷材属于非增强型；II 型属于增强型。其规格厚度可分为 1.00 mm、1.20 mm、1.50 mm、2.00 mm；宽度为 900 mm、1 000 mm、1 200 mm、1 500 mm。

知识链接

1. 氯化聚乙烯-橡胶共混防水卷材

氯化聚乙烯-橡胶共混防水卷材是以氯化聚乙烯树脂与合成橡胶为主体，加入硫化剂、促进剂、稳定剂、软化剂及填料等，经塑炼、混炼、过滤、压延或挤出成型及硫化等工序制成的防水卷材。

这类卷材既具有氯化聚乙烯的高强度和优异的耐久性，又具有橡胶的高弹性和高延伸性及良好的耐低温性能。其性能与三元乙丙橡胶卷材相近，使用年限保证十年以上，但价格却低得多。与其配套的氯丁胶粘剂，较好地解决了与基层黏结问题。属中高档防水材料，可用于各种建筑、道路、桥梁、水利工程的防水，尤其适用于寒冷地区或变形较大的屋面。单层或复合使用，冷粘法施工。

2. 氯磺化聚乙烯防水卷材

氯磺化聚乙烯防水卷材是以氯磺化聚乙烯橡胶为主，加入适量的软化剂、交联剂、填料、着色剂后，经混炼、压延或挤出、硫化等工序加工而成的弹性防水卷材。

氯磺化聚乙烯防水卷材的耐臭氧、耐老化、耐酸碱等性能突出，且拉伸强度高、耐高低温性好、断裂伸长率高，对防水基层伸缩和开裂变形的适应性强，使用寿命为15年以上，属于中高档防水卷材。氯磺化聚乙烯防水卷材可制成多种颜色，用这种彩色防水卷材做屋面外露防水层可起到美化环境的作用。氯磺化聚乙烯防水卷材特别适用于有腐蚀介质影响的部位做防水与防腐处理，也可用于其他防水工程。

7.3.2 防水涂料

防水涂料是以沥青、高分子合成材料为主体，经涂刷在基体表面固化，形成具有相当厚度并有一定弹性、连续的防水薄膜的材料总称，即用于防止水侵入和渗漏的涂料。常温下呈现无定形的黏稠状态，可以起到防水、防潮、保护基体的作用，同时起到胶粘剂的作用。

1. 防水涂料概述

（1）防水涂料的特点。

1）整体防水性好。能满足各类屋面、地面、墙面的防水工程要求。常温下呈液态，固化后在基体表面形成完整连续的防水薄膜。在基层水平面、立面、阴角、阳角等平整或复杂表面施工，满足使用要求。

2）温度适应性强。因为防水涂料品种繁多，用户可以选择的余地很大，可以满足不同地区环境的需要。

3）操作方便，施工速度快。涂料大多采用冷施工，可刷涂、可喷涂，易于操作，施工方便，少污染，改善了工作环境。

4）易于维修。当防水涂料发生渗漏时，不必铲除旧防水涂料，直接在原防水膜的基础上修补即可，或在原防水层上重新做一层防水处理。

（2）防水涂料的组成。防水涂料通常由主要成膜物质、次要成膜物质、稀释剂、助剂等组成，将其直接涂刷在结构表面后，其主要成分经过一系列的物理、化学变化后便形成防水膜，并能获得预期的防水效果。

1）主要成膜物质。主要成膜物质的作用是将涂料中的其他组分黏结在一起，并能牢固附着在基层表面形成连续、坚韧的保护膜。

2）次要成膜物质。次要成膜物质的作用是构成涂膜的组成部分，以微细粉状均匀分散于涂料介质中，赋予涂膜以色彩、质感，使涂膜具有一定的遮盖力，减少收缩，还能增加涂膜的机械强度，防止紫外线的穿透作用，提高涂膜的抗老化性、耐候性等。

3）稀释剂。将油料、树脂稀释并将颜料和填料均匀分散；调节涂料的黏度，使涂料便于涂刷、喷涂，在物体表面形成连续薄层；增加涂料的渗透力；改善涂料与基面的黏结能力、节约涂料等。

4）助剂。改善涂料某些性能的重要物质。

（3）分类。防水涂料按其成膜物质的主要成分，可分为沥青基防水涂料、高聚物改性沥青防水涂料、合成高分子防水涂料；按液态类型，可分为溶剂型、水乳型和反应型三种；根据涂层厚度，可分为薄质防水涂料和厚质防水涂料。

2．沥青基防水涂料

沥青防水涂料的主要成膜物质是沥青，有溶剂型和水乳型两类。在使用时经常采用沥青胶进行粘贴，在基体表面刷涂一层冷底子油，来提高沥青防水涂料与基体的黏结能力。

（1）冷底子油：冷底子油是在建筑石油沥青中加入汽油、煤油、轻柴油等，或者在煤沥青（软化点为 50 ℃～70 ℃）中加入苯，相互溶合后得到的沥青溶液，这种溶液多数在常温下使用，并且位于防水工程的底层，所以被称为冷底子油。它一般不单独作为防水材料使用，常作为打底材料与沥青胶配合使用，起到增强沥青胶与基层的黏结力的作用。

这种溶液的特点为：黏度小，可以很容易地渗入混凝土、砂浆、木材等材料的毛细孔隙中，等到溶剂挥发后，溶液与基体牢固地结合在一起，使基体表面具有一定的憎水能力，便于下一步与同类防水材料很好地黏结在一起。例如，在冷底子油层的上面铺上各类防水卷材，防水卷材便可与下面的基体更加牢固地黏结在一起，防水作用加强。

在施工中，冷底子油随配随用，通常要求涂于干燥的基体表面（水泥砂浆找平层的含水率≤10%），配制好存储时，要求使用密封容器，以免溶剂挥发，失去功效。

（2）沥青胶。沥青胶又称沥青玛琋脂，是在沥青中加入适量的粉状或纤维状填充料混合制成。其中，填充料的作用是为了提高沥青的温度稳定性和韧性，改善沥青的黏结性，降低沥青在低温下的脆性，减少沥青的消耗量等。填充物的类型有很多种，如粉状的滑石粉、石灰石粉、白云石粉等，纤维状的木纤维、石棉屑等，或者两者的混合物，加入量通常为10%～30%。

沥青胶主要用来补漏、黏结防水卷材及作为防水涂料的底层等，按照其在配制时使用溶剂的不同和操作方法的不同，又可分为热熔沥青胶和冷沥青胶两类。

1）热熔沥青胶：将加热到 150 ℃～200 ℃ 的沥青脱水后，加入 20%～30% 的加热干燥填充物，高温搅拌形成。用热沥青胶来粘贴油毡卷材效果更好，但使用时加热温度不能过高。

2）冷沥青胶：常温下，将 40%～50% 的石油沥青脱水，加入 25%～30% 的溶剂和10%～30% 的填充料，混合搅拌形成。冷沥青胶施工起来比较方便、涂层薄、减少了环境污染，节省沥青，但溶剂使用量大，目前已被大范围地使用。

在配制沥青胶的过程中，如果采用软化点较高的沥青材料，相应沥青胶的耐热性好，加热后不会轻易流淌；如果采用延伸性高的沥青材料，沥青胶会具有较好的柔韧性，遇冷后不会轻易开裂，反之亦然；当一种沥青不能满足配制时所需要的软化点时，可以根据情况采用几种沥青进行配制，来满足各种需要。同样，在各类防水工程中，应根据使用环境、当地气温等多方面因素，按有关规定来选取不同标号的沥青胶。

（3）乳化沥青防水涂料。乳化沥青防水涂料是以乳化沥青为基料配制的防水材料，借助于乳化剂的作用，将溶化后的沥青微粒，在强力机械的搅拌下，均匀分散于溶剂中，形成较为稳定的悬浮体，这个过程中，沥青的性质基本上没有改变或改变很小。

乳化剂属于表面活性剂，种类有很多种，主要被分为离子型（阳离子型、阴离子型、两性离子型）和非离子型两大类。目前，使用最多的是阴离子型和非离子型，例如，肥皂、洗衣粉、十二烷基硫酸钠等属于阴离子型；石灰乳、乳化剂 OP（辛基酚聚氧乙烯醚）等属于非离子型。乳化剂的作用表现在：其中的憎水基团会吸附在沥青微粒表面，从而降低了沥青与水的表面扩张力，促使沥青微粒更加稳定、均匀地分散于溶剂中。

将乳化沥青涂刷于材料表面，或与其他材料搅拌成型后，其中的水分会逐渐消失，沥青微粒会挤破乳化剂薄膜而相互黏结到一起，这个过程称为乳化沥青的成膜过程。成膜后的乳化沥青具有一定的耐热性、黏结性、韧性、抗裂性和防水性。

乳化沥青防水涂料一般被分为厚质防水涂料和薄质防水涂料两大类。前者在常温下呈现膏体或黏稠状液体状态，不能自动流淌成平面；后者在常温下呈现液体状态，可以流淌，但施工中需要多次涂刷才可以满足涂膜防水的厚度要求。

乳化沥青可以充当基层处理剂，可以和其他材料黏结成多层防水层，也可以单独作为防水涂料来使用。建筑上经常使用的乳化沥青是一种呈棕黑色的乳状液体，常温下可以流动；土木工程中经常使用的乳化沥青有石灰乳化沥青防水涂料和膨润土沥青防水涂料。

与其他类型的防水涂料相比，乳化沥青的显著特点表现在它可以在潮湿基体上施工，具有相当大的黏结能力。其他优点还有：使用时不需要加热，可以冷施工，更加安全，减小了劳动强度，加快了施工进度；价格便宜，施工机械容易清洗；与一般的橡胶乳液、树脂乳液等有良好的相溶性，混溶以后能显著改善乳化沥青的耐高温性和低温柔韧性。目前，市场上60%以上的沥青涂料都为乳化沥青涂料，其技术在近几年来发展迅速。

但是，乳化沥青的稳定性相对较差，存储时要求存于密闭容器中，以防止水分的蒸发和流失，防止混入其他杂质，存储时间一般要求不超过半年。若时间过长，乳化沥青容易分层变质，不能再使用；运输过程中，要求温度不低于0℃，同样也不能在0℃以下使用。

3. 高聚物改性沥青防水涂料

高聚物改性沥青防水涂料，是以沥青为基料，加入适当的高分子聚合物制成的一种水乳型或溶剂型防水涂料。常见的高分子聚合物有再生橡胶、合成橡胶、SBS等，作用是用来改善沥青基料的柔韧性、抗裂性、弹性、流动性、耐高低温性、耐腐蚀性、抗老化性等性能。目前，主要的高聚物改性沥青防水涂料品种有水乳型氯丁橡胶沥青防水涂料、SBS橡胶改性沥青防水涂料、再生橡胶改性沥青防水涂料等，适用于建筑屋面、地面、混凝土地下室和卫生间的防水层处理。其质量要求应符合表7-15的规定。

表 7-15　高聚物改性沥青防水涂料的质量要求

项目		质量要求
固体含量 %　　　≥		43
耐热度 80 ℃，5 h		无流淌、起泡、滑动
柔韧度 -10 ℃		2 mm 厚，绕 Φ20 mm 厚的圆棒，无裂缝、无断裂
不透水性	压力 /MPa　　　≥	0.1
	保持时间 /min　　≥	30 不渗透
延伸度（20±2）℃拉伸 /mm　　≥		4.4

（1）氯丁橡胶沥青防水涂料。氯丁橡胶沥青防水涂料是以氯丁橡胶和石油沥青为基料制成的一种防水材料。根据制作方法的不同，可分为溶剂型和水乳型两大类。

1）溶剂型氯丁橡胶沥青防水涂料的制作过程是：把氯丁橡胶溶于一定量的有机溶剂（甲基苯、二甲苯）中，然后再掺入液体状态的石油沥青，加入各种填充料、助剂等混合，形成的一种胶体溶液。其主要成膜物质是氯丁橡胶和石油沥青，黏结性比较好，但易燃、有毒、价格高，目前有逐渐被水乳型氯丁橡胶沥青防水材料取代的趋势。其技术性能见表7-16。

表7-16 溶剂型氯丁橡胶沥青防水涂料技术性能

项目	技术性能指标
外观	黑色黏稠状液体
耐热度（85℃，5 h）	无变化
黏结性 /MPa	＞0.25
低温柔性（-40℃，1 h，绕φ5 mm圆棒弯曲）	无裂纹
不透水性（0.2 MPa，3 h）	不透水
抗裂性 裂缝≤0.8 mm	涂膜不开裂

2）水乳型氯丁橡胶沥青防水涂料，是把阳离子型氯丁乳胶与阳离子型石油沥青乳液相混合而得到的。在混合过程中，氯丁乳胶的微粒与石油沥青的微粒借助于阳离子表面活性剂的作用，稳定地分散于溶剂中，形成一种乳状液态的物质。它的成膜物质也是氯丁橡胶和石油沥青，但其溶剂是水而不是甲苯类，因此成本较低且没有毒性。它的特点主要表现在：延展性好、耐热性好、低温下柔韧性好、抗腐蚀性好、耐臭氧老化、不易燃烧、能充分适应基体变化，且安全、无毒，是一种性能良好的防水涂料，目前已被广泛适用于建筑物的屋面、墙体、地面及管道设备的防水处理中。其技术性能见表7-17。

表7-17 水乳型氯丁橡胶沥青防水涂料技术性能

项目	技术性能指标
外观	深棕色乳状液体
黏度 /（Pa·s）	0.1～0.25
含固量 /% ≥	43
耐热性（85℃，5 h）	无变化
黏结力 /MPa ≥	0.2
低温柔韧性（-10℃，2 h）	φ2 mm不断裂
不透水性（0.1～0.2 MPa，0.5 h）	不透水
抗裂性	涂膜不裂

（2）水乳型再生橡胶防水涂料。水乳型再生橡胶防水涂料是以石油沥青为基料，加入再生橡胶对其进行改性后而形成的一种水性防水涂料，常温下呈黑色、无光泽的黏稠状液体状态。

它是双组分（A液、B液）防水材料，其中的A液为乳化橡胶，B液为阴离子型乳化沥青，两液分开包装，使用时现场配制。该涂料的特点主要有：无毒、无味，不易燃烧，温度稳定性好，抗老化能力强，防腐蚀能力强，经刷涂或喷涂后形成防水涂膜，涂膜具有橡胶弹性，常温下施工，多用于建筑屋面、墙体、地面、地下室的防水防潮处理和一些防腐工程中。

（3）SBS橡胶改性沥青防水涂料。SBS橡胶改性沥青防水涂料是以沥青、橡胶、合成树脂、SBS及活性剂等高分子材料组成的一种水乳型沥青防水涂料。该涂料的特点是：低温下韧性好，抗裂能力强，黏结性好，抗老化能力强，施工方便，可以与玻纤布等胎基复合成中档防水材料，多应用于一些复杂的基体上，如厕浴间、厨房、水池等，有较好的防水效果。

4．合成高分子防水涂料

合成高分子防水涂料是以合成树脂或合成橡胶为主要成膜物质，再加入其他辅料配制成的一种防水材料。根据使用基料的不同，有多个品种，常见的有硅酮、聚氨酯（单、双组分）、聚氯乙烯、丙烯酸酯及水乳型三元乙丙橡胶防水涂料等。

（1）聚氨酯防水涂料。聚氨酯防水涂料又称聚氨酯涂膜防水材料，可分为双组分型和单组分型两种，通常使用的是前者。双组分型聚氨酯防水涂料属于固化反应型高分子防水涂料，它其中包含甲乙两个组分，甲组分是含有异氰酸基的预聚体，乙组分是含有多羧基的固化剂、增塑剂和稀释剂等。两个组分相互混合后，形成均匀而有弹性的防水涂膜。该涂膜具有优异的拉伸强度、延伸率和不透水性，与水泥混凝土有较强的黏结力，可以起到很好的防水效果，并在外观上有黑色、彩色、透明等多个品种。聚氨酯防水涂料的主要技术性能执行标准《聚氨酯防水涂料》（GB/T 19250—2013），见表 7-18。

表 7-18　聚氨酯防水涂料的主要技术性能

序号	项目		技术指标		
			Ⅰ	Ⅱ	Ⅲ
1	固体含量 /%	单组分	85.0		
		多组分	92.0		
2	表干时间 /h　≤		12		
3	实干时间 /h　≤		24		
4	流平性①		20 min 时，无明显齿痕		
5	拉伸强度 /MPa　≥		2.00	6.00	2.0
6	断裂伸长率 /%　≥		500	450	350
7	撕裂强度 / (N·mm⁻¹)　≥		15	30	50
8	低温弯折性		−35 ℃，无裂纹		
9	不透水性		0.3 MPa，120 min，不透水		
10	加热伸缩率 /%		−4.0 ～ +1.0		
11	黏结强度 /MPa　≥		1.0		
12	吸水率 /%　≤		5.0		
13	定伸时老化	加热老化	无裂纹及变形		
		人工气候老化②	无裂纹及变形		
14	热处理（80 ℃，168 h）	拉伸强度保持率 /%	80 ～ 150		
		撕裂伸长率 /%　≥	450	400	200
		低温弯折性	−30 ℃，无裂纹		
15	碱处理［0.1%NaOH+ 饱和 Ca (OH)₂溶液，168 h］	拉伸强度保持率 /%	80 ～ 150		
		断裂伸长率 /%　≥	450	400	200
		低温弯折性	−30 ℃，无裂纹		

序号	项目		技术指标		
			I	II	III
16	酸处理（2%H₂SO₄溶液，168 h）	拉伸强度保持率 /%	80～150		
		断裂伸长率 /%　≥	450	400	200
		低温弯折性	−30 ℃，无裂纹		
17	人工气候老化②（1 000 h）	拉伸强度保持率 /%	80～150		
		断裂伸长率 /%　≥	450	400	200
		低温弯折性	−30 ℃，无裂纹		
18	燃烧性能②		B₂-E（点火 15 s，燃烧 20 s，Fs ≤ 150 mm，无燃烧滴落物引燃滤纸）		

①该项性能不适用于单组分和喷涂施工的产品，流平时间也可根据工程要求和施工环境由供需双方商定并在订货合同与产品包装上明示。

②仅外露产品要求测定。

聚氨酯防水涂料是反应型防水涂料，固化时体积收缩很小，可形成较厚的防水涂膜，是目前我国使用最多的防水涂料，该类涂料的特性是：富有弹性，耐高温低温、抗老化能力强，黏结性好、抗裂强度高，耐酸、耐碱、耐磨、绝缘，色彩多样、富有装饰性，对基体的伸缩开裂变化有较强适应能力，施工简单方便。适用于高级公共建筑的防水工程和地下室、有保护层的屋面防水工程。在我国，聚氨酯防水涂料包括煤焦油聚氨酯和纯聚氨酯两种，由于环保因素，近几年煤焦油被限制使用，非煤焦油聚氨酯防水涂料得到了快速发展。

（2）丙烯酸酯防水涂料。丙烯酸酯防水涂料是以丙烯酸酯共聚乳液为基料，加入填料、颜料、助剂等制成的一种水乳型防水涂料，是近几年发展较快的一种新型防水涂料，它涂刷或喷涂后形成的涂膜具有一定的柔韧性。另外，丙烯酸酯颜色很浅，可以配制成多种颜色，不仅可以起到防水功能，还可以美化基体，起到很好的装饰效果。

目前，我国使用较多的是 AAS（丙烯酸丁酯－丙烯腈－苯乙烯）防水涂料，它对阳光的反射率高达 70%，具有防水、防碱、防污染、抗老化、抗裂抗冻等性能，可以起到防水和绝热双重功效，并且无毒、无污染、施工方便，多用于各类建筑工程的防水防腐处理。

（3）聚氯乙烯防水涂料。聚氯乙烯防水涂料是以聚氯乙烯和煤焦油为基料，加入适量乳化剂、增塑剂等制成的一种水乳型防水涂料。该类防水涂料的弹性和塑性都很好，防腐蚀、抗老化、造价低。施工时，一般结合玻纤布、聚酯无纺布等胎体使用，多适用于地下室、厕浴间、屋面、桥洞、金属管道等的防水防腐工程。

（4）硅橡胶防水涂料。硅橡胶防水涂料是以硅橡胶乳液及其他乳液的复合物为基料，掺入无机填料及各种助剂配制而成的乳液型防水涂料。该涂料兼有涂膜防水和渗透性防水材料的优良特性，具有良好的防水性、渗透性、成膜性、弹性、黏结性、延伸性、耐高低温性、抗裂性、耐氧化性和耐候性，并且无毒、无味、不燃、使用安全。适用于地下室、卫生间、屋面及地上地下构筑物的防水防渗和渗漏水修补等工程。

硅橡胶防水涂料共有 I 型涂料和 II 型涂料两个品种；II 型涂料加入了一定量的改性剂，以降低成本，但性能指标除低温韧性略有升高外，其余指标与 I 型涂料都相同。I 型涂料和

Ⅱ型涂料均由1号涂料和2号涂料组成，涂布时复合使用。1号、2号均为单组分，1号涂布于底层和面层，2号涂布于中间加强层。

7.3.3　密封材料

1. 改性沥青基嵌缝油膏

改性沥青基嵌缝油膏是以石油沥青为基料，加入废橡胶粉等改性材料、稀释剂及填充料等混合制成的冷用膏状材料。具有优良的防水防潮性能，黏结性好，延伸率高，能适应结构的适当伸缩变形，能自行结皮封膜。可用于嵌填建筑物的水平、垂直缝及各种构件的防水，使用很普遍。

2. 丙烯酸酯建筑密封膏

丙烯酸酯建筑密封膏是在丙烯酸乳液中掺入少量表面活性剂、增塑剂、改性剂及颜料、填料等配制而成的单组分水乳型建筑密封膏。这种密封膏具有优良的耐紫外线性能和耐油性、黏结性、延伸性、耐低温性、耐热性和耐老化性能，并且以水为稀释剂，黏度较小，无污染、无毒、不燃，安全可靠，价格适中，可配成各种颜色，操作方便、干燥速度快，保存期长。但固化后有15%～20%的收缩率，应用时应予事先考虑。该密封膏应用范围非常广泛，可用于钢、铝、混凝土、玻璃和陶瓷等材料的嵌缝防水，以及用作钢窗、铝合金窗的玻璃腻子等，还可用于各种预制墙板、屋面、门窗、卫生间等的接缝密封防水及裂缝修补。

3. 聚氨酯建筑密封膏

聚氨酯密封膏弹性高、延伸率大、黏结力强、耐油、耐磨、耐酸碱、抗疲劳性和低温柔性好，使用年限长。其适用于各种装配式建筑的屋面板、楼地板、墙板、阳台、门窗框、卫生间等部位的接缝及施工密封，也可用于贮水池、引水渠等工程的接缝密封、伸缩缝的密封、混凝土修补等。

4. 有机硅密封膏

有机硅密封膏具有优良的耐热性、耐寒性和优良的耐候性。硫化后的密封膏可在–20 ℃～250 ℃范围内长期保持高弹性和拉压循环性。并且，黏结性能好，耐油性、耐水性和低温柔性优良，能适应基层较大的变形，外观装饰效果好。

7.3.4　防水材料的选用

选用防水材料是防水设计的重要一环，具有决定性的意义。现在，材料品种繁多、形态不一，性能各异，价格高低悬殊，施工方式也各不同。这就要求选定的防水材料必须适应工程要求：工程地质水文、结构类型、施工季节、当地气候、建筑使用功能及特殊部位等，对防水材料都有具体的要求。

1. 根据气候条件选材

（1）我国地域辽阔，南北气温高低悬殊，南方夏季气温达40余摄氏度，持续数日，暴露在屋面的防水层，长时间的暴晒，防水材料易于老化。选用的材料应耐紫外线能力强，软化点高，如APP改性沥青卷材、三元乙丙橡胶卷材、聚氯乙烯卷材等。

（2）南方多雨，北方多雪，西部干旱。我国年降雨量在1 000 mm以上的约有15个省市自治区，阴雨连绵日子的二百余天，屋面始终是湿漉漉的，排水不畅而积水，一连数月不干，浸泡防水层。耐水性不好的涂料，易发生再乳化或水化还原反应；不耐水泡的胶粘剂，严重降低黏结强度，使黏结合缝的高分子卷材开裂，特别是内排水的天沟，极易因长时间积水浸泡而渗漏。为此应选用耐水材料，如聚酯胎的改性沥青卷材或耐水的胶粘剂粘合高分子卷材。

（3）干旱少雨的西北地区，蒸发量远大于降雨量，常常雨后不见屋檐水。这些地区显然对防水的程度有所降低，二级建筑作一道设防也能满足防水要求。如果做好保护层，能够达到耐用年限。

（4）严寒多雪地区，有些防水材料经不住低温冻胀收缩的循环变化，过早老化断裂。一年中有四五个月被积雪覆盖，雪水长久浸渍防水层；同时，雪融又结冰，抗冻性不强、耐水不良胶粘剂，都将失效。这些地区宜选用 SBS 改性沥青卷材或焊接合缝的高分子卷材，如果选用不耐低温的防水材料，应作倒置式屋面。

（5）防水施工季节也是不能忽视的。在华北地区秋季气温也很低，水溶性涂料不能使用，胶粘剂在 5 ℃时即会降低黏结性能，在零下的温度下更不能施工。冬期施工胶粘剂遇混凝土而冻凝，丧失粘合力，卷材合缝粘不牢，会致使施工失败。应注意了解选用材料的适应温度。表 7-19 列出了部分防水材料防水层施工的环境气温条件。

表 7-19　防水层施工环境气温条件

防水层材料	施工环境气温
高聚物改性沥青防水卷材	冷粘法不低于 5 ℃，热熔法不低于 -10 ℃
合成高分子防水卷材	冷粘法不低于 5 ℃，热风焊接法不低于 -10 ℃
有机防水涂料	溶剂型 -5 ℃～35 ℃，水溶性 5 ℃～35 ℃
无机防水涂料	5 ℃～35 ℃
防水混凝土、水泥砂浆	5 ℃～35 ℃

2．根据建筑部位选材

不同的建筑部位，对防水材料的要求也不尽相同。每种材料都有各自的长处和短处，任何一种优质的防水材料也不能适应所有的防水场合，各种材料只能互补，而不可取代。屋面防水和地下室防水，要求材性不同；而浴间的防水和墙面防水更有差别，坡屋面、外形复杂的屋面、金属板基层屋面也不同，选材时均应当区别对待。

（1）屋面防水。屋面防水层暴露在大自然中，受到狂风吹袭、雨雪侵蚀和严寒酷暑影响，昼夜温差的变化胀缩反复，没有优良的材性和良好的保护措施，难以达到要求的耐久年限。所以，应选择抗拉强度高、延伸率大、耐老化好的防水材料。如聚酯胎高聚物改性沥青卷材、三元乙丙橡胶卷材、P 型聚氯乙烯卷材（焊接合缝）、单组分聚氨酯涂料（加保护层）。

（2）墙体防渗漏。墙体渗漏多由于墙体太薄，渗漏墙体多为轻型砌块砌筑，存在大量内外通缝，门窗樘与墙的结合处密封不严，雨水由缝中渗入。墙体防水不能用卷材，只能用涂料，而且要和外装修材料结合。窗樘安装缝用密封膏才能有效解决渗漏问题。

（3）地下建筑防水。地下防水层长年浸泡在水中或十分潮湿的土壤中，防水材料必须耐水性好。不能用易腐烂的胎体制成的卷材，底板防水层应用厚质的，并且有一定抵抗扎刺能力的防水材料。最好叠层 6～8 mm 厚。如果选用合成高分子卷材，最宜热焊合接缝。使用胶粘剂合缝者，其胶必须耐水性优良。使用防水涂料应慎重，单独使用时厚度要求 2.5 mm，与卷材复合使用时厚度也要求 2 mm。

（4）厕浴间防水。厕浴间的防水有三个特点：一是不受大自然气候的影响，温度变化不大，对材料的延伸率要求不高；二是面积小，阴阳角多，穿楼板管道多；三是墙面防水层上贴瓷砖，必须与胶粘剂亲和性能好。根据以上三个特点，不能选用卷材，只有涂料最合适，涂料中又以水泥基丙烯酸酯涂料为最合适，能在上面牢固地粘贴瓷砖。

3．根据工程条件要求选材

（1）建筑等级是选择材料的首要条件。屋面防水工程应根据建筑物的类别、重要程度、使用功能要求确定防水等级，并应按相应等级进行防水设防；对防水有特殊要求的建筑屋面，应进行专项防水设计。屋面防水等级和设防要求应符合表 7-20 的规定。

表 7-20　屋面防水等级和设防要求（GB 50345—2012）

防水等级	建筑类别	设防要求	防水做法		
			卷材、涂膜屋面	瓦屋面	金属屋面
I 级	重要建筑和高层建筑	两道防水设防	卷材防水层和卷材防水层、卷材防水层和涂膜防水层、复合防水	瓦＋防水层	压型金属板＋防水垫层
II 级	一般建筑	一道防水设防	卷材防水层涂膜防水层、复合防水	瓦＋防水垫层	压型金属板、金属面绝热夹芯板

（2）坡屋面用瓦。黏土瓦、沥青油毡瓦、混凝土瓦、金属瓦、木瓦、石板瓦、竹等的下面必须另有柔性防水层。因有固定瓦钉穿过防水层，要求防水层有握钉能力，防止雨水沿钉渗入望板。最合适的卷材是 4 mm 厚高聚物改性沥青卷材，而高分子卷材和涂料都不适宜。

（3）振动较大的屋面。如近铁路、地震区、厂房内有天车锻锤，大跨度轻型屋架等，因振动较大，砂浆基层极易裂缝，满粘的卷材易被拉断。因此，应选用高延伸率和高强度的卷材或涂料，如三元乙丙橡胶卷材、聚酯胎高聚物改性沥青卷材、聚氯乙烯卷材，且应采用空铺或点粘施工。

（4）不能上人的陡坡屋面（多在 60° 以上）。因为坡度很大，防水层上无法作块体保护层，一般选用带矿物粒料的卷材，或者选用铝箔覆面的卷材、金属卷材。

4．根据建筑功能要求选材

（1）屋面作园林绿化，美化城区环境。防水层上覆盖种植土种植花木。植物根系穿刺力很强，防水层除耐腐蚀耐浸泡外，还要具备抗穿刺能力。选用聚乙烯土工膜（焊接接缝）、聚氯乙烯卷材（焊接接缝）、铅锡合金卷材、抗生根的改性沥青卷材。

（2）屋面作娱乐活动和工业场地。如舞场、小球类运动场、茶社、晾晒场、观光台等。防水层上应铺设块材保护层，防水材料不必满粘。对卷材的延伸率要求不高，多种涂料都能使用，也可作刚柔结合的复合防水。

（3）倒置式屋面是保温层在上、防水层在下的做法。保温层保护防水层不受阳光照射，也免于暴雨狂风的袭击和严冬酷暑折磨。选用的防水材料很宽，但是施工特别要精心、细致，确保耐用年限内不漏。如果发生渗漏，修渗堵漏很困难，往往需要翻掉保温层和镇压层，维修成本很高。

（4）屋面蓄水层底面。底面直接被水浸泡，但水深一般不超过 25 cm。防水层长年浸泡在水中，要求防水材料耐水性好。可选用聚氨酯涂料、硅橡胶涂料、全盛高分子卷材（热焊合缝）、聚乙烯土工膜、铅锡金属卷材，不宜选用胶粘合的卷材。

本模块对防水材料作了较详细的阐述，包括石油沥青的性质、防水卷材防水涂料的种类及选用等。

石油沥青的性质主要有黏度、延度、温度稳定性和大气稳定性等。防水卷材主要有改性沥青防水卷材和合成高分子防水卷材。防水涂料主要有沥青防水涂料、高聚物改性沥青类防水涂料、高分子防水涂料等。防水材料要根据不同环境情况进行选用，严格验收程序。本模块的教学目标是使学生掌握各种防水材料的种类、性质特点，会根据不同的需要选择不同的材料，会合理选择防水材料。

职业技能知识点考核

一、填空题

1. 沥青按原料，可分为_____和_____两类。

2. 石油沥青是一种_____胶凝材料，在常温下呈_____、_____或_____状态。

3. 石油沥青按用途，可分为_____、_____和_____三种。

4. 同一品种石油沥青的牌号越高，则针入度越_____，黏性越_____；延伸度越_____，塑性越_____；软化点越_____，温度敏感性越_____。

5. SBS改性沥青防水卷材和APP改性沥青防水卷材，按胎基可分为_____和_____两类。

6. 石油沥青胶的主要技术要求包括_____、_____和_____；标号以_____表示，分为_____、_____、_____、_____、_____和_____六个标号。

7. 沥青的老化是指石油沥青在阳光、空气、水、热等外界因素的作用下，各组分之间会不断演变，_____、_____会逐渐减少，_____逐渐增加。

8. 石油沥青的针入度是指在温度为_____的条件下，以质量为_____的标准针，经5 s沉入沥青中的深度。

9. 石油沥青的主要组分有_____、_____和_____。

二、单项选择题

1. 石油沥青的针入度越大，则其黏滞性（　　　）。
   A. 越大　　　　　B. 越小　　　　　C. 不变　　　　　D. 不能确定

2. 为避免夏季流淌，一般屋面用沥青材料软化点应比本地区屋面最高温度高（　　　）。
   A. 10 ℃以上　　B. 15 ℃以上　　C. 20 ℃以上　　D. 30 ℃以上

3. 石油沥青的牌号以（　　　）表示。
   A. 针入度　　　　B. 延伸度　　　　C. 软化点　　　　D. 黏度

4. 三元乙丙橡胶（EPDM）防水卷材属于（　　　）防水卷材。
   A. 合成高分子　　B. 沥青　　　　　C. 高聚物改性沥青　D. 改性沥青

5. 沥青胶的标号主要根据其（　　　）划分。

  A．黏结力　　　　　B．耐热度　　　　　C．柔韧性　　　　　D．延度

三、多项选择题

1. 石油沥青的组分主要包括（　　　）三种。

  A．油分　　　　　　B．树脂　　　　　　C．地沥青质　　　　D．蜡

  E．高分子材料

2. 石油沥青的黏滞性，对于液态石油沥青用（　　　）表示，单位为 s；对于半固体或固体石油沥青用（　　　）表示，单位为 0.1 mm。

  A．柔韧性　　　　　B．黏度　　　　　　C．针入度　　　　　D．流动性

  E．沉入度

3. 下列不宜用于屋面防水工程中的沥青是（　　　）。

  A．建筑石油沥青　　B．煤沥青　　　　　C．SBS 改性沥青　　D．道路石油沥青

  E．油毡

4. 防水卷材根据其主要防水组成材料，分为（　　　）三大类。

  A．沥青类防水卷材　　　　　　　　　　B．玻璃纤维类防水卷材

  C．改性沥青类防水卷材　　　　　　　　D．合成高分子类防水卷材

  E．油毡

5. 下列（　　　）属于热塑性塑料。

  A．聚乙烯塑料　　　B．酚醛塑料　　　　C．聚苯乙烯塑料　　D．有机硅塑料

  E．沥青胶

四、简答题

1. 建筑石油沥青、道路石油沥青和防水石油沥青的应用有何区别？

2. 石油沥青的主要技术性质是什么？各自的检测方法是什么？

3. 如何选择石油沥青的软化点？

4. 什么是改性沥青？常见的改性沥青有哪几种？

5. 什么是防水卷材？其特性是什么？常见的有哪几种？

模块 8 装饰材料

案例导入

1. 某单位学校浴室的墙面采用的是釉面内墙砖，在使用了一段时间后发现内墙砖有明显的开裂并伴随起层、釉面的剥落现象，请分析原因。

2. 广东某高档高层建筑需建玻璃幕墙，有吸热玻璃及热反射玻璃两种材料可选用。请选用并简述理由。

思维导图

案例分析

引例 1，釉面砖开裂并出现起层、剥落等原因主要是因为釉面砖是多孔性的精陶坯体，在长期的潮湿空气中使用，坯体会吸收水分而产生吸湿膨胀，但其表面的釉层吸湿膨胀小，所以坯体膨胀会使釉层处于张拉状态，当张拉应力超过釉层的抗拉强度时，釉层就会发生开裂。

引例 2，高档高层建筑一般设空调。广东气温较高，尤其是夏天炎热，热反射玻璃主要靠反射太阳能达到隔热目的。而吸热玻璃对太阳能的吸收系数大于反射系数，气温较高的地区使用热反射玻璃更有利于减轻冷负荷、节能，故选用热反射玻璃。

8.1 装饰材料的基本要求及选用原则

8.1.1 装饰材料的基本要求

建筑不仅是人类赖以生存的物质空间，更是人们进行文化交流和情感生活的重要精神空间。建筑艺术性的发挥，留给人们最终的概念和印象，是通过建筑材料去实现的，尤其是通过建筑装饰材料来实现的。因此，了解常用的建筑装饰材料的特点和性能，并在具体建筑环境中合理地应用，就显得十分重要了。

建筑装饰材料除应具有适宜的颜色、光泽、线条与花纹图案及质感，即除满足装饰性要求外，还应具有保护作用，满足相应的使用要求，即具有一定的强度、硬度、防火性、阻燃性、耐火性、耐候性、耐水性、抗冻性、耐污染性与耐腐蚀性，有时还需具有一定的吸声性、隔声性和隔热保温性等。

8.1.2 装饰材料的选用原则

1. 功能性原则

在选用装饰材料时，应根据建筑物和各房间的使用性质来选择装饰材料，以充分发挥装饰材料所具有的特殊功能。例如，对外墙应选用耐腐蚀、不易褪色、耐污性好的材料；公共场所地面应选用耐磨性好、耐水性好的天然石材或陶瓷地砖；而厨房、卫生间应选用易清洗、抗渗性好的材料，不宜选用纸质或布质的装饰材料，材料的表面也不宜有凹凸不平的花纹；卧室地面可以选用木地板或地毯等具有保温隔热效果的材料。

2. 装饰性原则

装饰性是指材料的外观特性给人的心理感觉。一般包括材料的色彩、光泽、形体、质感和花纹图案等几个方面。在选用装饰材料时应特别注意。

3. 经济性原则

装饰工程的造价往往在整个建筑工程总造价中占有很高的比例，一般为30%以上，而一些对装饰要求高的工程，所占的比例甚至可达60%以上。所以，在不影响使用功能和装饰效果的前提下，尽量选择质优价廉的材料，选择工效高、安装简便的材料，选择耐久性好的材料。

4. 安全性原则

在选用装饰材料时，要妥善处理好安全性的问题，应优先使用环保材料，优先使用不燃或难燃的安全材料，优先使用无辐射、无有毒气体挥发的材料，优先使用施工和使用时都安全的材料，努力创造一个安全、健康的生活和工作环境。

5. 生态环保原则

建筑装饰材料若选择不当，会对生态环境构成破坏。如含甲醛的胶粘剂，会向室内空气中释放毒害性的甲醛，造成室内生态环境的破坏；有些材料也能散发出异味；有些材料耗能大，污染严重，排放毒害性物质，对环境构成破坏，另外，有的建筑装饰材料使用寿命短，但废弃后却很难分解掉，成为建筑垃圾，污染环境。故应按生态、环保原则，选用具有环保性、生态性的建筑装饰材料。

8.2　陶瓷类装饰材料

陶瓷通常是指以黏土为原料，经过原料处理、成型、焙烧而成的无机非金属材料。根据所用原料和坯体致密程度的不同，陶瓷可分为陶器、炻器和瓷器三大类。

陶器的主要原料是可塑性较高的易熔或难熔黏土，坯体烧结程度不高，坯体中孔隙较多，因此，陶器吸水率较大，制品断面粗糙无光，不透明，敲击声粗哑，有的有釉，有的无釉。根据所用原料土中杂质含量的不同，陶器又可分为粗陶和精陶两种。瓷器是以高岭土为主要原料，经过精细加工、成型后，在1 250 ℃～1 450 ℃的温度下烧成。呈半透明状，烧后坯体致密，几乎不吸水，色白，耐酸、耐碱、耐热性能均好。炻器以耐火黏土为主要原料制成，烧成温度在1 200 ℃～1 300 ℃。烧后呈浅黄色或白色，制品断面较致密，但仍有3%～5%的吸水率。炻器是介于陶与瓷之间的制品，也称半瓷。其性能见表8-1。

表8-1　建筑陶瓷的分类

产品名称		颜色	质地	烧结程度	吸水率 /%	主要产品
陶器	粗陶	有色	多孔、坚硬	较低	＞10	砖、瓦、陶管
	精陶	白色或象牙色				釉面内墙砖、美术陶瓷、卫生洁具

产品名称		颜色	质地	烧结程度	吸水率 /%	主要产品
炻器	粗炻器	有色	致密、坚硬	较充分	4～8	外墙面砖、地砖
	细炻器	白色			1～3	外墙面砖、地砖、锦砖、陈列品
瓷器		白色半透明	致密、坚硬	充分	<1	高档墙地砖、日用瓷、艺术品

现将常见的陶瓷类装饰材料简单介绍如下。

8.2.1　内墙面砖

内墙面砖是适用于建筑物室内装饰的薄板状精陶制品，又称釉面砖。其表面施釉，烧成后光亮、平滑，形状尺寸多种多样，色彩图案丰富，并且具有不易沾污、耐水性好、耐酸碱性好、热稳定性较强、防火性好等优点，是一种良好的内墙装饰材料。

由于釉面砖是多孔性的精陶坯体，在长期与空气的接触中，特别是在潮湿的环境中使用，坯体会吸收水分而产生吸湿膨胀，但其表面的釉层吸湿膨胀小，所以坯体膨胀会使釉层处于张拉状态。当张拉应力超过釉层的抗拉强度时，釉层就会发生开裂。尤其在室外，经长期冻融，更易出现分层、脱落、掉皮等现象。所以，釉面砖只能用于室内。同时，又由于其厚度较薄、强度较低，故也不能用于地面。釉面砖主要被用于浴室、厨房、卫生间、试验室、医院等的内墙面及工作台面、墙裙等处。经专门设计的彩绘面砖，可镶拼成各式壁画，具有独特的装饰效果。

8.2.2　墙地砖

墙地砖包括外墙用贴面砖和室内、室外地面铺贴用砖。目前，由于该类饰面砖发展趋势是既可用于外墙又可用于地面，故称为墙地砖。其特点是：强度高，耐磨、耐久性好，化学稳定性好，不燃，易清洗，吸水率低等。墙地砖主要有以下几种。

1．劈离砖

劈离砖又称劈裂砖，由于成型时双砖背联坯体，烧成后再劈离成两块砖而得名。它是以黏土为主要原料制成的。劈离砖坯体密实，强度高，其抗折强度大于 60 MPa，吸水率小于6%，表面硬度大，耐磨抗冻；背面凹槽纹与黏结砂浆形成结合，可保证黏结牢固。该材料富于个性、古朴高雅，并且品种多、颜色多样，可适用于各类建筑物的外墙装饰，也可用于各类公共建筑及住宅的地面装饰。较厚的劈离砖可用于广场、公园、停车场、人行道等的露天地面铺设，也可作为游泳池、浴室底部的贴面材料。

2．彩胎砖

彩胎砖是一种本色无釉瓷质饰面砖，富有天然花岗石的特点，纹络细腻，色调柔和，质朴高雅，其抗折强度大于 27 MPa，吸水率小于 1%，耐磨性和耐久性好。可用于住宅厅堂的墙、地面装饰，特别适用人流量大的商场、剧院、宾馆等公共场所的地面铺设。

3．地面砖

地面砖是采用塑性较大且难熔的黏土，经精细加工烧制而成的。其抗压强度（40～400 MPa）接近花岗石，耐磨性很好，质地密实、均匀，吸水率一般小于 4%，抗冻融循环在25 次以上。地面砖有正方形、长方形、六角形三种形状，其花色较多。主要用于人流较密集地方的地面装饰，如站台、商店、旅馆大厅等，也可用作厨房、浴室、走廊等的地面。

8.2.3　陶瓷马赛克

陶瓷马赛克，是以优质瓷土烧制成的小块瓷砖（长边 ≤ 50 mm），有挂釉和不挂釉两种，目前各地产品多不挂釉。产品出厂前已按各种图案粘贴在牛皮纸上，每张牛皮纸制品为一联。陶瓷马赛克按砖联，可分为单色、拼花两种。

陶瓷马赛克具有美观、不吸水、防滑、耐磨、耐酸、耐火及抗冻性好等性能。主要用于室内地面装饰，如浴室、厨房、餐厅、精密生产车间等的地面。也可用于室内、低层建筑的外墙饰面，并可镶拼成有较高艺术价值的陶瓷壁画，提高其装饰效果并可增强建筑物的耐久性。

8.2.4　建筑琉璃制品

琉璃制品是以难熔黏土做原料，经配料、成型、干燥、素烧、表面涂以琉璃釉料后，再经烧制而成的。琉璃制品属于精陶制品，颜色有金、黄、绿、蓝、青等。其品种可分为瓦类（板瓦、筒瓦、沟头）、脊类、饰件类（物、博古、兽等）。

建筑琉璃制品是我国传统的极具中华民族文化特色与风格的建筑材料，其造型古朴，表面光滑，色彩绚丽，坚实耐用，富有民族特色。其彩釉不易剥落，装饰耐久性好，花色品种很多，不仅用于古典式及纪念性的建筑中，还常用于园林建筑中的亭、台、楼、阁中，体现出古代园林的风格；也广泛用于具有民族风格的现代建筑物中，体现现代与传统美的结合。

8.3　装饰石材

石材是装饰工程中常用的高级装饰材料之一，包括天然石材和人造石材两大类。天然石材是指从天然岩体上开采出来的毛料，经加工而成的板状或块状材料。天然石材主要有大理石、花岗石。天然石材结构致密、抗压强度高、耐水、耐磨、装饰性好、耐久性好。人造石材包括水磨石、人造大理石、人造花岗石和其他人造石材。与天然石材相比，人造石材具有质量轻、强度高、耐污、耐磨、造价低廉等优点，从而成为一种有发展前途的装饰材料。

8.3.1　天然石材

1．天然大理石

天然大理石是石灰岩与白云岩在高温、高压作用下矿物重新结晶变质而成。纯净的大理石为白色，因其晶莹纯净、洁白如玉、熠熠生辉，故称为汉白玉、白玉，属大理石中的珍品。如在变质过程中混入了氧化铁、石墨、氧化亚铁、铜、镍等其他物质，就会出现各种不同的色彩和花纹、斑点。这些斑斓的色彩和石材本身的质地使其成为古今中外的高级建筑装饰材料，如图 8-1 所示。

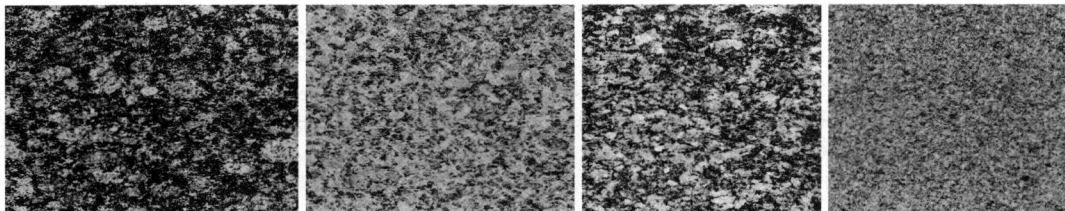

图 8-1　大理石

天然大理石具有抗压强度高、吸水率低、耐久性好等特点，较花岗石易于切割、雕琢、磨光。其技术性能指标见表8-2。

表8-2　天然大理石的性能指标

项目		指标
表观密度 /（kg·m^{-3}）		2 500 ～ 2 700
强度 /MPa	抗压强度	47 ～ 140
	抗折强度	3.5 ～ 14
	抗剪强度	8.5 ～ 18
平均韧性 /cm		10
平均质量磨耗率 /%		12
吸水率 /%		＜ 1
膨胀系数 /（10^{-6}·℃$^{-1}$）		9.02 ～ 11.2
耐用年限 /年		20 以上

特别提示

大理石的主要成分为碱性物质碳酸钙（$CaCO_3$），易与大气中的酸雨作用，形成二水硫酸钙，体积膨胀，使大理石的强度降低，表面很快失去光泽而变得粗糙多孔，从而降低装饰效果。除个别品种（如汉白玉、艾叶青等）外，大理石一般不宜用于建筑物外墙和其他露天部位。

2. 天然花岗石

花岗石（图8-2）是一种火成岩，天然花岗石的主要矿物成分是长石、石英，并含有少量云母和暗色矿物，属硬石材。其主要成分见表8-3。天然花岗石结构致密，抗压强度高，吸水率低，耐磨性和耐久性好。其主要性能指标见表8-4。

图 8-2　花岗石

表8-3　花岗岩的主要化学成分

化学成分	SiO$_2$	Al$_2$O$_2$	CaO	MgO	Fe$_2$O$_3$
含量 /%	67 ～ 75	12 ～ 17	1 ～ 2	1 ～ 2	0.5 ～ 1.5

当花岗石表面磨光后，便会形成色泽深浅不同的美丽斑点状花纹，花纹的特点是晶粒细小、均匀，并分布着繁星般的云母亮点与闪闪发光的石英结晶。而大理石结晶程度差，表面是圆圈状、枝条状或脉状的花纹，所以，可以据此来区别这两种石材。由于石英在 573 ℃和 870 ℃会发生相变膨胀，引起岩石开裂破坏，因而花岗石的耐火性差。一般情况下，天然花岗石既适用于室外也适用于室内装饰。但是某些花岗石含有微量放射性元素，对这类花岗石应避免使用于室内。

表 8-4　天然花岗石的性能指标

项目		指标
表观密度 /（kg·m⁻³）		2 500 ～ 2 700
强度 /MPa	抗压强度	120 ～ 250
	抗折强度	8.5 ～ 15
	抗剪强度	13 ～ 19
平均韧性 /cm		8
平均重量磨耗率 /%		12
吸水率 /%		＜ 1
膨胀系数 /（10⁻⁶·℃⁻¹）		5.6 ～ 7.34
耐用年限 / 年		75 ～ 200

8.3.2　人造石材

人造石材是采用无机或有机胶凝材料作为胶粘剂，以天然砂、碎石、石粉等为粗、细填充料，经成型、固化、表面处理而成的一种人造材料。常见的有人造大理石和人造花岗石，其色彩和花纹均可根据要求设计制作，如仿大理石、仿花岗石等，还可以制作成弧形、曲面等天然石材难以加工的复杂形状。

人造石材具有天然石材的质感，色泽鲜艳、花色繁多、装饰性好；质量轻、强度高；耐腐蚀、耐污染；可锯切、钻孔，施工方便。其适用于墙面、门套或柱面装饰，也可作台面及各种卫生洁具，还可加工成浮雕、工艺品等。与天然石材相比，人造石是一种较经济的饰面材料。

按照生产材料和制造工艺的不同，可将人造石材分为以下几类。

1．水泥型人造石材

水泥型人造石材是以各种水泥为胶凝材料，天然石英砂为细集料，碎大理石、碎花岗石、工业废渣等为粗集料，经配料、搅拌混合、浇筑成型、养护、磨光和抛光而制成。该类人造石材中，以铝酸盐水泥作为胶凝材料的性能最为优良。因为铝酸盐水泥水化后生成的产物中含有氢氧化铝胶体，它与光滑的模板表面相接触，形成氢氧化铝凝胶层。氢氧化铝凝胶体在凝结硬化过程中，形成致密结构，因而表面光亮，呈半透明状，同时花纹耐久、抗风化、耐火性、耐冻性和防水性等性能优良。这种人造石材表面光滑，有一定的光泽性，装饰效果比较好。但耐腐蚀性能较差，且表面容易出现龟裂和泛霜，不宜用作卫生洁具，也不宜用于外墙装饰。

2．树脂型人造石材

树脂型人造石材多以不饱和树脂为胶凝材料，配以天然大理石、花岗石、石英砂或氢氧化铝等无机粉状、粒状填料，经配料、搅拌和浇筑成型。在固化剂、催化剂作用下发生固化，再经脱模、抛光等工序制成。树脂型人造石材的主要优点是光泽度高、质地高雅、强度硬度较高、耐水、耐污染和花色可设计性强；缺点是填料级配若不合理，产品易出现翘曲变形。

3．复合型人造石材

复合型人造石材的胶粘剂有无机和有机两类胶凝材料。其制作工艺是先用无机胶凝材料（各类水泥或石膏）将填料黏结成型，再将所成的坯体浸渍于有机单体中（苯乙烯、甲基丙烯酸甲酯、醋酸乙烯和丙烯腈等），使其在一定的条件下聚合而形成复合型人造石材。这种人造石材兼有上述两类的特点。

4．烧结型人造饰面石材

烧结型人造石材的生产工艺与陶瓷相似。将斜长石、石英、高岭土等按比例混合，制备坯料，用半干压法成形，经窑炉 1 000 ℃左右的高温焙烧而成。这种人造石材性能稳定，耐久性好，但因采用高温焙烧，能耗大，造价较高，实际应用得较少。

人造石材可用于建筑物室内外墙面、地面、柱面、楼梯面板、服务台面等。

8.4　金属类装饰材料

金属是建筑装饰装修中不可缺少的重要材料之一。在现代建筑装饰工程中，金属装饰制品用得越来越多。如柱子外包不锈钢钢板或铜板、墙面和顶棚镶贴铝合金板、楼梯扶手采用不锈钢钢管或铜管、用铝合金做门窗等。由于金属装饰制品坚固耐用，装饰表面具有独特的质感，同时还可制成各种颜色，表面光泽度高，装饰性好且安装方便，因此，在一些装饰要求较高的公共建筑中，都不同程度地应用金属装饰制品进行装修。

8.4.1　建筑装饰用铝合金制品

在建筑装饰工程中，常用的铝合金制品主要有铝合金门窗、各种装饰板，如铝合金型材、屋架、屋面板、幕墙、门窗框、活动式隔墙、顶棚、散热器、阳台、楼梯扶手、铝合金花纹板、镁铝曲面装饰板及其他室内装修与建筑五金等。

1．铝合金门窗

铝合金门窗是将表面处理过的型材，经过下料、打孔、铣槽、攻丝和组装等加工工艺而制成门窗框料构件，再加上连接件、密封件、开闭五金配件一起组合装配而成的。

铝合金门窗与普通木门窗、钢门窗相比，具有以下主要特点：质量轻、强度高；密封性能好；色泽美观；耐腐蚀、经久耐用；安装简单、使用维修方便及便于进行工业化生产。现代建筑装饰工程中，因铝合金门窗的性能好，长期维修费用低，所以得到了广泛使用。

2．铝合金装饰板材

铝合金装饰板材具有价格便宜、加工方便、色彩丰富、质量轻、刚度好、耐大气腐蚀、经久耐用等特点。其适用于宾馆、体育馆、办公楼等建筑的墙面和屋面装饰。建筑中常用的铝合金装饰板主要有以下几种：

（1）铝合金花纹板。铝合金花纹板是采用防锈铝合金等坯料，用特殊的花纹辊轧制成。它的花纹美观大方，纹高适中，不易磨损，防滑性好，防腐蚀性强，便于冲洗，通过表面处理可以获得各种花色。花纹板板材平整，裁剪尺寸精确，便于安装，广泛应用于现代建筑的墙面装饰及楼梯踏板等处，如图8-3所示。

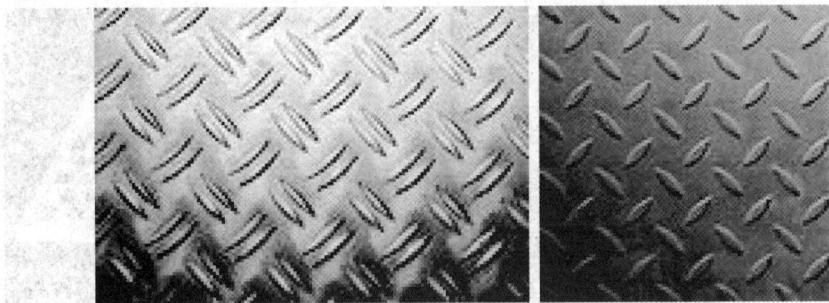

图8-3　铝合金花纹板

（2）铝合金压型板。铝及铝合金压型板是目前广泛应用的一种新型建筑装饰材料。其具有质量轻、外形美观、耐久性好、耐腐蚀、安装方便、施工速度快等优点，可通过表面处理得到各种色彩的压型板。铝合金压型板主要用作建筑物的外端和屋面，也可以用作复合墙板，用于有隔热保温要求厂房的围护结构，如图8-4所示。

图8-4　铝合金压型板

（3）铝合金波形板。铝合金波形板有多种颜色，质量轻，有很好的反光能力，防火、防潮、防腐。在大气中可使用20年以上。其主要用于建筑墙面和屋面装饰，如图8-5所示。

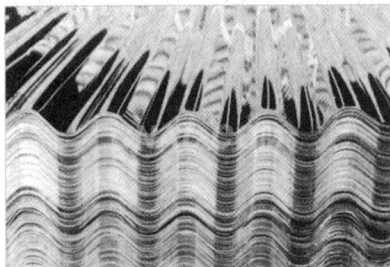

图8-5　铝合金波形板

（4）铝合金冲孔板。铝合金冲孔板使用各种铝合金平板经机械冲孔而成。孔型根据需要，有长方孔、方孔、菱形孔、圆孔、六角形孔、十字孔、三角孔、长圆孔、长腰孔、梅花孔、鱼鳞孔、图案孔、五角星形孔、不规则孔、起鼓孔、组合孔等。它是一种能降低噪声并兼有装饰作用的新产品。网面光滑，耐腐蚀，耐高温，美观，坚固耐用。广泛应用于化工机械、制药设备、食品饮料机械、烟卷机械、收割机、干洗机、烫台、消声设备、制冷设备（中央空调）、音箱、工艺品制作、造纸、液压配件、滤清设备等各行各业，如图8-6所示。

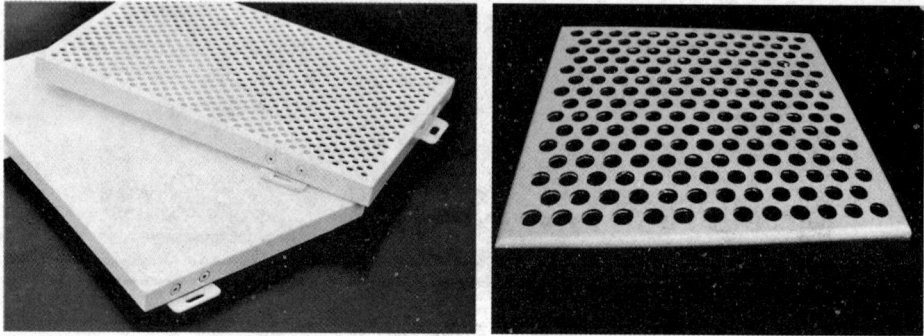

图8-6　铝合金冲孔板

　　（5）铝塑复合板。铝塑复合板简称铝塑板，是由经过表面处理并用涂层烤漆的铝板作为表面，聚乙烯塑料板作为芯层，经过一系列工艺加工复合而成的新型材料。由于铝塑板是由性质截然不同的两种材料（金属和非金属）组成的，它既保留了原组成材料（金属铝、非金属聚乙烯塑料）的主要特性，又克服了原组成材料的不足，进而获得了众多优异的材料性质，如豪华性、艳丽多彩的装饰性、耐候、耐蚀、耐创击、防火、防潮、隔声、隔热、抗震性；质轻、易加工成型、易搬运安装、施工简便等特性，这些特点为铝塑板打开了广阔的运用前景。

8.4.2　装饰用钢板

　　装饰用钢板主要有普通不锈钢钢板、彩色涂层钢板、彩色压型钢板、彩色不锈钢钢板等。

1. 普通不锈钢钢板

　　不锈钢是指含铬（Cr）在12%以上的具有耐腐蚀性能的铁基合金。铬的含量越高，钢的抗腐蚀性越好。不锈钢除有较强的耐腐蚀能力外，还有较高的强度、硬度、冲击韧性及良好的冷弯性，并且具有一定的金属光泽。不锈钢经不同的表面加工，可形成不同的光泽度，并按此划分不同的等级。高级的抛光不锈钢具有镜面玻璃般的反射能力。

　　常用不锈钢薄板的厚度为0.35～2.0 mm，宽度为500～1 000 mm，长度为100～200 m，成品卷装供应，其中厚度小于1 mm的薄板用得最多。不锈钢包柱被广泛用于大型商场、宾馆和餐馆的入口、门厅、中厅等处，装饰效果很好。

2. 彩色涂层钢板

　　彩色涂层钢板是一种新型复合金属板材，是以冷轧钢板或镀锌钢板的卷板为基板，经过刷磨、除油、磷化、钝化等表面处理后，在基板的表面形成了一层极薄的磷化钝化膜。该膜对增强基材的耐蚀性和提高漆膜对基材的附着力具有重要的作用。经过表面处理的基板在通过辊涂机时，基板的两面被涂覆一层有机涂料，再通过烘烤炉加热使涂层固化。

　　彩色涂层钢板发挥了金属材料与有机材料各自的特性，具有绝缘、耐磨、耐酸碱、强度高等优点，并有良好的加工性能，彩色涂层又赋予了钢板多种颜色和丰富的表面质感，且涂层耐腐蚀、耐湿热、耐低温。彩色涂层钢板主要用于各类建筑物的外墙板、屋面板、吊顶板，还可作为防水气渗透板、排气管、通风管等。

3. 彩色压型钢板

彩色压型钢板是将彩色钢板辊压加工成 V 形、梯形、水波纹等形状。彩色涂层压型钢板的特点为：质量轻、生产效率高、施工速度快、表面波纹平直、色泽鲜艳丰富、装饰性好且抗震性能优越，适用于地震区建筑。常用于工业与民用建筑物的屋面、墙面等围护结构和装饰工程中。

4. 彩色不锈钢钢板

彩色不锈钢钢板是在不锈钢钢板上再进行技术和艺术加工，使其成为各种色彩绚丽的装饰板。该钢板具有良好的抗腐蚀性，耐磨、耐高温性能好，且其彩色面层经久不褪色，增强了装饰效果。主要用于建筑物的墙板、顶棚、电梯厢板、外墙饰面等。

8.5 建筑玻璃

玻璃是现代建筑十分重要的室内外装饰材料之一。玻璃是用石英砂、纯碱、长石、石灰石等为主要原料，在 1 550 ℃～1 600 ℃高温下熔融、成型并经快速冷却而成的固体材料。为了改善玻璃的某些性能和满足特种技术要求，常常在玻璃生产过程中加入某些金属氧化物，或经特殊工艺处理，则可得具有特殊性能的玻璃。

8.5.1 建筑玻璃的分类与应用

1. 平板玻璃

平板玻璃为板状无机玻璃的统称。按生产工艺可分为，采用引上法或拉伸法生产的普通平板玻璃，用浮法技术生产的浮法玻璃。浮法玻璃的组成与普通平板玻璃相同，浮法玻璃最大的特点是其表面平整、光滑，厚度均匀，不产生光学畸变，具有机械磨光玻璃的质量。

平板玻璃是建筑玻璃中用量最大的一类，主要利用其透光、透视特性，用作建筑物的门窗，起采光、遮挡风雨、保温和隔声等作用，也可用于橱窗及屏风等装饰。

2. 装饰平板玻璃

（1）压花玻璃。压花玻璃又称花纹玻璃或滚花玻璃，是用压延法生产的表面带有花纹图案的无色或彩色样平板玻璃。将熔融的玻璃液在冷却中通过带图案花纹的辊轴辊压，可使玻璃单面或两面压有深浅不同的各种花纹图案。经过喷涂处理的压花玻璃，可提高强度50%～70%。

压花玻璃具有透光不透视的特点，它的一个表面或两个表面因压花产生凹凸不平，当光线通过玻璃时产生漫射，所以从玻璃的一面看另一面物体时，物象显得模糊不清。不同品种的压花玻璃表面的图案花纹各异，花纹的大小、深浅也不同，具有不同的遮断视线的效果。压花玻璃主要用于室内的间壁、窗门、会客室、浴室、洗脸间等需要透光装饰又需要遮断视线的场所，并可用于飞机场候机厅、门厅等作艺术装饰。

（2）毛玻璃。毛玻璃又称磨砂玻璃、喷砂玻璃。磨砂玻璃是采用普通平板玻璃，以硅砂、金刚砂、石英石粉等为研磨材料，加水研磨而成。喷砂玻璃是采用普通平板玻璃，以压缩空气将细砂喷至玻璃表面研磨加工而成。毛玻璃具有透光不透视的特点。由于毛玻璃表面粗糙，使光线产生漫射，透光不透视，室内光线眩目不刺眼。其适用于需要透光不透视的门窗、卫生间、浴室、办公室、隔断等处，也可用作黑板面及灯罩等。

（3）磨花、喷花玻璃。用磨砂玻璃或喷砂玻璃的加工方法，将普通平板玻璃表面上预先设计好的花纹图案、风景人物研磨出来，这种玻璃，前者称磨花玻璃，后者称喷花玻璃。具有部分透光透视、部分透光不透视的特点，由于光线通过磨光玻璃、喷花玻璃后形成一定的漫射，具有图案清晰、美观的装饰效果。其适用于玻璃屏风、桌面、家具等。

（4）刻花玻璃。刻花玻璃是由平板玻璃经涂漆、雕刻、围蜡与酸蚀、研磨而成的。表面的图案立体感非常强，好似浮雕一般，在灯光的照耀下更显熠熠生辉，具有极好的装饰效果，是一种高档的装饰玻璃。刻花玻璃主要适用于高档厕所的室内屏风或隔断。

（5）镭射玻璃。镭射玻璃又称为激光玻璃，是在光源照射下能产生七彩光的玻璃。在光源照射下，镭射玻璃形成衍射光，经金属层反射后会出现艳丽的七色光；并且，同一感光点或感光面，因光源的入射角或视角的不同出现不同的色彩变化，使被装饰物显得华贵高雅、富丽堂皇。镭射玻璃主要适用于宾馆、酒店及各种商业、文化、娱乐场所内外墙贴面、幕墙、地面、艺术屏风，也可作招牌、高级喷水池、大小型灯饰和其他轻工电子产品外观装饰。

（6）镜面玻璃。镜面玻璃即镜子，是采用高质量平板玻璃、彩色平板玻璃为基材，经清洗、镀银、涂面层保护漆等工序而制成。镜面玻璃多用在有影像要求的部位，如卫生间、穿衣镜、梳妆台等。镜面玻璃也是装饰中常用的饰面材料，在厅堂的墙面、柱面、吊顶等部位，利用镜子的影像功能，在室内空间产生"动感"，不仅扩大了空间，同时也使周围的景物映到镜子上，起到景物互相借用、丰富空间的艺术效果。

8.5.2　安全玻璃

玻璃是脆性材料，当外力超过一定数值时即碎裂成具有尖锐棱角的碎片，破坏时几乎没有塑性变形。为了减少玻璃的脆性，提高强度，改变玻璃碎裂时带尖锐棱角的碎片飞溅，容易伤人的现象，对普通玻璃进行增强处理，或与其他玻璃复合，这类玻璃称为安全玻璃，常用的有以下几种。

1. 钢化玻璃

钢化玻璃又称为强化玻璃，是经强化处理，具有良好的机械性能和耐热、安全性能的玻璃制品的统称。钢化玻璃强化的目的是通过淬火（物理方法）或类似于淬火（化学方法）的方法，使得冷却硬化速度较快的玻璃外表面处于受压状态，而玻璃内部则处于受拉状态，这相当于给玻璃施加了一定的预加应力，因而这种玻璃在性能上有一定的改进。钢化玻璃的性能特点如下：

（1）机械强度高。钢化玻璃抗折强度可达 200 MPa 以上，比同厚度的普通玻璃要高 4～5 倍，抗冲击的能力也很高。

（2）弹性好。钢化玻璃的弹性要比同厚度的普通玻璃大得多，经试验测定，一块尺寸为 1 200 mm×350 mm×6 mm 的钢化玻璃，受力后可发生达 100 mm 的弯曲挠度，并且在外力撤销后仍能恢复原来的形状，而普通玻璃挠度在达到几毫米时就发生破坏。

（3）热稳定性能好。钢化玻璃耐热冲击，最大安全工作温度为288 ℃，能承受204 ℃温度变化。

（4）安全性好。钢化玻璃在发生破坏时，它的碎片一般没有尖锐的棱角（化学钢化玻璃除外），不易伤人，所以钢化玻璃的安全性较好。

钢化玻璃主要用作建筑物的门窗、隔墙、幕墙和采光屋面，以及电话亭、车、船、设备等门窗、观察孔等。钢化玻璃可做成无框玻璃门。钢化玻璃用作幕墙时可大大提高抗风压能力，防止热炸裂，并可增大单块玻璃的面积，减少支承结构。

2．夹丝玻璃

夹丝玻璃又称防碎玻璃或钢丝玻璃。它采用连续压延法制造而得。当玻璃经过压延机的两辊中间时，从玻璃上面或下面连续送入经过预处理的金属丝或金属网，使其随着玻璃从辊中经过，从而嵌入玻璃中。

夹丝玻璃防火性能好。当遭受火灾，夹丝玻璃产生开裂，但由于金属网的作用，玻璃仍能保持固定，起到隔绝火势的作用，夹丝玻璃因此又被称为防火玻璃。由于钢丝网的骨架作用，不仅提高了夹丝玻璃的强度，而且遭受冲击力或受火灾作用产生开裂或破坏后玻璃并不散开，碎片也不易飞溅，安全性好。

夹丝玻璃常用于天窗、顶棚顶盖，以及受振动的门窗上。

3．夹层玻璃

夹层玻璃是在两片或多片平板玻璃之间嵌夹一层或多层透明塑料膜片，经加热、加压黏合成平面的或弯曲面的复合玻璃制品。生产夹层玻璃的平板玻璃可以是普通平板玻璃、浮法玻璃、磨光玻璃、彩色玻璃或反射玻璃，但品质要求较高。中间的塑料夹层柔软而强韧，具有防水和抗日光老化作用。

夹层玻璃为一种复合材料，它的抗弯强度和冲击韧性，通常要比普通平板玻璃高出好几倍；当它受到冲击作用而开裂时，由于中间埋料层的黏结作用，仅产生辐射状裂纹，碎片不会飞溅四溢。嵌有三层塑料片的四层夹层玻璃，具有防弹作用。另外，夹层玻璃还有透明性好、耐光、耐热、耐湿、耐寒、隔声和保温，长期使用不易变色、老化等特点。

夹层玻璃一般用于有特殊安全要求的建筑物门窗、隔墙，工业厂房的天窗，安全性要求比较高的窗户，商品陈列橱窗，大厦地下室，屋顶及天窗等有飞散物落下的场所。

8.5.3　节能玻璃

1．吸热玻璃

吸热玻璃是能吸收大量红外线辐射能量而又保持良好透光率的平板玻璃。吸热玻璃对太阳的辐射热有较强的吸收能力，当太阳光照射在吸热玻璃上时，相当一部分的太阳辐射能被吸热玻璃吸收，被吸收的热量可向室内、室外散发。吸热玻璃的这一特点，使得它可明显降低夏季室内的温度，避免了由于使用普通玻璃而带来的暖房效应。

吸热玻璃在建筑工程中应用广泛，凡既需采光又需隔热之处均可采用。尤其是用于炎热地区需设置空调、避免炫光的建筑物门窗或外墙体及火车、汽车、轮船挡风玻璃等，起隔热、空调、防眩作用。采用各种不同颜色的吸热玻璃，不但能合理利用太阳光，调节室内与车船内的温度，节约能源费用，而且能创造舒适、优美的环境。

吸热玻璃还可以按不同用途进行加工，制成磨光、钢化、夹层、镜面及中空玻璃。在外部围护结构中用它配置彩色玻璃窗，在室内装饰中用它镶嵌玻璃隔断、装饰家具、增加美感。

2. 热反射玻璃

热反射玻璃又称镀膜玻璃，是用一定的工艺，在玻璃表面涂以金属氧化物薄膜或非金属氧化物薄膜，形成热反射膜，从而使玻璃具有遮阳、隔热、防炫、装饰等效果。热反射玻璃的生产方法有热分解法、喷涂法、浸涂法、真空离子镀膜等。常见的颜色有金色、茶色、灰色、紫色、褐色、青铜色和浅蓝等。

热反射玻璃对太阳辐射有较高的反射能力。普通平板玻璃的辐射热反射率为 7%～8%，热反射玻璃则达 30% 左右。热反射玻璃在日晒时，室内温度仍可保持稳定，光线柔和，改变建筑物内的色调，避免炫光，改善室内环境。

热反射玻璃主要用于避免由于太阳辐射而增热及设置空调的建筑物。其适用于建筑物的门窗、汽车和轮船的玻璃窗，常用作玻璃幕墙及各种艺术装饰。热反射玻璃还常用作生产中空玻璃或夹层玻璃的原片，以改善这些玻璃的绝热性能。

3. 中空玻璃

中空玻璃是两片或多片平板玻璃用边框隔开，四周边用胶接、焊接或熔接的方法密封，中间充入干燥空气或其他气体的玻璃制品。

中空玻璃具有独特的隔热、隔声性能，还可以避免冬季窗户结露。中空玻璃主要用于需要采暖、空调、防止噪声或结露及需要无直射阳光的建筑物上，广泛用于住宅、饭店、宾馆、办公楼、学校、医院、商店等需要室内空调的场合。

8.6　建筑装饰涂料

建筑装饰涂料是指涂敷于建筑构件的表面，并能与建筑构件表面材料很好地黏结，形成完整装饰和保护膜的材料。建筑装饰涂料不仅具有色彩鲜艳、造型丰富，质感与装饰效果好等特点，而且还具有施工方便、易于维修、造价较低、自身质量轻、施工效率高，可在各种复杂的墙面上施工等优点。

8.6.1　建筑装饰涂料的组成

建筑装饰涂料是由多种物质经混合、溶解、分散而组成的。按照各种组成材料在涂料生产、施工和使用中所起作用的不同，其基本组分可分为主要成膜物质、次要成膜物质和辅助成膜物质三部分。

8.6.2　涂料的分类

（1）按用途分，可分为外墙涂料、内墙涂料、顶棚涂料、地面涂料和屋面涂料等。

（2）按成膜物质分类，可分为有机涂料、无机涂料、有机无机复合涂料等。

（3）按分散介质分类，可分为溶剂型涂料、水乳型涂料和水溶型涂料。

（4）按涂层质感分类，可分为薄质涂料、厚质涂料、复层建筑涂料等。

8.6.3　常见建筑装饰涂料

1．有机建筑涂料

（1）溶剂型建筑涂料。溶剂型建筑涂料是以高分子合成树脂或油脂为主要成膜物质，以有机溶剂为稀释剂，再加入适量的颜料、填料及助剂，经研磨而成的涂料。

溶剂型建筑涂料的优点是涂膜细腻、光洁、坚韧，有较好的硬度、光泽与耐水性、耐候性、耐酸碱性能及气密性较好；缺点是易燃，溶剂挥发时对人体有害，施工时要求基层干燥，涂膜透气性差，价格较乳胶漆贵。

溶剂型建筑涂料的常见品种有氯化橡胶外墙涂料、丙烯酸酯外墙涂料、聚氨酯系外墙涂料、丙烯酸酯有机硅外墙涂料、过氯乙烯地面涂料、聚氨酯–丙烯酸酯地面涂料、磁漆、聚酯漆等。

（2）水溶型建筑涂料。水溶型建筑涂料是以水溶性合成树脂为主要成膜物质，以水为稀释剂，再加入适量颜料、填料及助剂，经研磨而成的涂料。

水溶型建筑涂料是用水作为稀释剂，具有无毒、环保且成本较低的优点；缺点是涂膜耐水性差，耐候性不强，耐洗刷性差，故这种涂料一般只能作为内墙涂料。

水溶型建筑涂料的常见品种有聚乙烯缩甲醛（俗称 803 涂料）、改性聚乙烯醇系内墙涂料等。

（3）乳液型建筑涂料。乳液型建筑涂料又称为乳胶漆，是由合成树脂借助乳化剂的作用，以 0.1 ～ 0.5 μm 的极细微粒分散于水中构成的乳液，并以乳液作为主要成膜物质，再加入适量颜料、填料等助剂，经研磨而成的涂料。

乳液型建筑涂料以水作为稀释剂，价格便宜，无毒、不燃，对人体无害，形成的涂膜具有一定透气性，涂布时不需要基层很干燥，涂膜固化后的耐水性和耐擦洗的性能较好。乳液型建筑涂料可作为室内外墙建筑涂料。

乳液型建筑涂料的常见品种有聚醋酸乙烯乳胶漆、丙烯酸酯乳胶漆、乙–丙乳胶漆、苯–丙乳胶漆等内墙涂料及乙丙乳液外墙涂料、苯丙乳液外墙涂料、丙烯酸酯乳液涂料、氯–醋–丙涂料、水乳型环氧树脂外墙涂料等。

2．无机建筑涂料

无机建筑涂料是以碱金属硅酸盐或硅溶胶为主要成膜物质，加入相应的固化剂，或有机合成树脂、着色颜料、填料及助剂等配制而成。无机建筑涂料按主要成膜物质的不同，可分为 A 和 B 两类。A 类是以碱金属硅酸盐及其混合物为主要成膜物质，其代表产品为 JH 80-1 型无机建筑涂料；B 类是以硅溶胶为主要成膜物质，其代表产品为 JH 80-2 型无机建筑涂料。JH 80-1 型无机建筑涂料是以硅酸钾为主要成膜物质，必须掺入固化剂的双组分涂料，形成的涂膜坚硬、有较好的耐水性。JH 80-2 型无机建筑涂料是以二氧化硅（又称硅溶胶）为主要成膜物质，不需固化剂，涂膜耐酸、耐碱、耐冻融、耐沾污性好，但柔韧性差、光泽较差。

无机建筑涂料的耐水性、耐碱性和抗老化性等比有机涂料好，其黏结力强，对基层处理要求不严，而且成膜温度低，最低成膜温度是 5 ℃，在负温下仍可固化，存储稳定性好，资源丰富、生产工艺简单、施工方便。无机建筑涂料适用于混凝土墙面、水泥砂浆抹灰墙体、水泥石棉板、砖墙和石膏板等基层。

3. 复合建筑涂料

无机－有机复合涂料是一种新型涂料。它既含有有机高分子成膜物质，又含有无机成膜物质，兼有有机涂料和无机涂料的优点，又弥补了两者的不足，起到了互相改性的作用，是一种很有发展前途的优良建筑装饰涂料。无机－有机复合涂料可分为品种复合和涂层复合两类。品种复合是水性合成树脂和水溶性硅酸盐、重磷酸盐等配制成混合液或分散液，或在无机物的表面上使用有机聚合物接枝制成悬浮液。涂层复合是在基层上先涂一层有机涂料，再在基层上涂覆一层无机涂料的一种装饰做法。

8.7　建筑装饰木材

8.7.1　木材的性质

1. 密度

木材是由木材实质、水分及空气组成的多孔性材料，其中空气对木材的质量没有影响，但是木材中水分的含量与木材的密度有密切关系。因此，对应着木材的不同水分状态，木材密度可分为气干密度、全干密度和基本密度。

（1）气干密度。气干密度是气干材的密度。气干材是指自然干燥的木材。

（2）全干密度。全干密度是全干材的密度。全干材是指在干燥箱内干燥至绝干的木材。理论上存在，实际不存在。

（3）基本密度。

$$木材的基本密度＝木材试样绝干重／试样饱和水分时体积$$

在三种密度中，最常用的是气干密度和基本密度。在运输和建筑上，一般采用气干密度，为 $1.50 \sim 1.56\ \text{g/cm}^3$，各材种之间相差不大，实际计算和使用中常取 $1.53\ \text{g/cm}^3$。而在比较不同树种的材性时，则使用基本密度。

2. 含水率

木材的含水率是木材中水分质量占干燥木材质量的百分比。木材中的水分按其与木材结合形式和存在的位置，可分为自由水、吸附水和结合水。自由水是存在于木材细胞腔和细胞间隙中的水分；吸附水是吸附在细胞壁内细纤维之间的水分；结合水是形成细胞化学成分的化合水。

木材受潮时，首先形成吸附水，吸附水饱和后，多余的水成为自由水；木材干燥时，首先失去自由水，然后才失去吸附水。

当吸附水处于饱和状态而无自由水存在时，此时对应的含水率称为木材的纤维饱和点。

纤维饱和点随树种而异，一般为 $23\% \sim 33\%$，平均为 30%。木材的纤维饱和点是木材物理、力学性质的转折点。

木材的含水率随着环境温度和湿度的变化而改变。当木材长期处于一定温度和湿度下，其含水率趋于一个定值，表明木材表面的蒸汽压与周围空气的压力达到平衡，此时的含水率称为平衡含水率。

3. 湿胀干缩性

木材细胞壁内吸附水的变化而引起木材的变形，即湿胀干缩。木材具有很显著的湿胀干缩性，其规律是：当木材的含水率在纤维饱和点以下时，随着含水率的增大，木材体积产生膨胀，随着含水率减小，木材体积收缩；而当木材含水率在纤维饱和点以上，只是自由水增减变化时，木材的体积不发生变化。纤维饱和点是木材发生湿胀干缩的转折点。

由于木材为非匀质构造，故其胀缩变形各向不同，其中以弦向最大，径向次之，纵向（即顺纤维方向）最小。木材在干燥的过程中会产生变形、翘曲和开裂等现象。木材的干缩湿胀变形还随树种不同而异。密度大的、晚材含量多的木材，其干缩率就较大。

4. 强度

木材是一种天然的、非匀质的各向异性材料，木材的强度主要有抗压、抗拉、抗剪及抗弯强度，而抗压、抗拉、抗剪强度又有顺纹、横纹之分。顺纹是指作用力方向与纤维方向平行；横纹是指作用力方向与纤维方向垂直。木材的顺纹强度比其横纹强度要大得多，所以，工程上均充分利用它们的顺纹强度。从理论上讲，木材强度中以顺纹抗拉强度为最大，其次是抗弯强度和顺纹抗压强度，但实际上是木材的顺纹抗压强度最高。当以顺纹抗压强度为 1 时，木材理论上各强度大小关系见表 8-5。

表 8-5　木材各种强度间的关系

顺纹抗压	横纹抗压	顺纹抗拉	横纹抗拉	抗弯	顺纹抗剪	横纹切断
1	1/10～1/3	2～3	1/20～1/3	3/2～2	1/7～1/3	1/2～1

木材的强度检验是采用无疵病的木材制成标准试件，按木材物理力学试验方法（GB/T 1927～1943—2009）进行测定。

（1）抗压强度。木材顺纹抗压强度是木材各种力学性质中的基本指标，广泛用于受压构件中。如柱、桩、桁架中承压杆件等。横纹抗压强度又可分为弦向与径向两种。顺纹抗压强度比横纹弦向抗压强度大，而横纹径向抗压强度最小。

（2）抗拉强度。顺纹抗拉强度在木材强度中最大，而横纹抗拉强度最小。因此使用时应尽量避免木材受横纹拉力。

（3）剪切和切断强度。木材的剪切有顺纹剪切、横纹剪切和横纹切断三种，如图 8-7 所示。

横纹切断强度大于顺纹剪切强度，顺纹剪切强度又大于横纹的剪切强度，用于建筑工程中的木构件受剪情况比受压、受弯和受拉少得多。

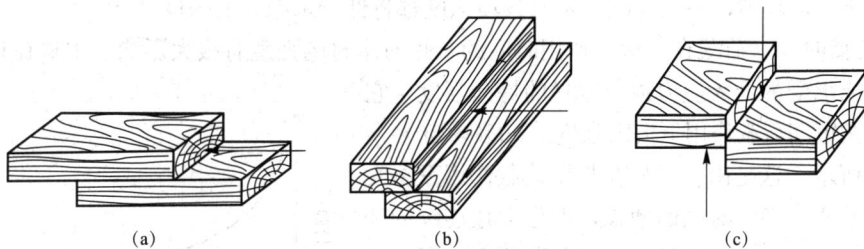

图 8-7　木材的剪切
（a）顺纹剪切；（b）横纹剪切；（c）横纹切断

（4）抗弯强度。木材具有较高的抗弯强度，因此在建筑中广泛用作受弯构件，如梁、桁架、脚手架、瓦条等。一般，抗弯强度高于顺纹抗压强度的 1.5～2.0 倍。木材种类不同，其抗弯强度也不同。

（5）影响木材强度的主要因素。木材强度的影响因素主要有含水率、环境温度、负荷时间、表观密度、疵病等。

1）含水率。木材的强度受含水率影响很大。当木材的含水率在纤维饱和点以上变化时，只是自由水在变化，对木材的强度没有影响；当木材的含水率在纤维饱和点以下变化时，随含水率的降低，吸附水减少，细胞壁趋于紧密，木材强度增大，如图 8-8 所示；反之，木材的强度减小。含水率对木材各种强度的影响程度是不同的，对顺纹抗压强度和抗弯强度影响较大，对顺纹抗剪强度影响较小，对顺纹抗拉强度影响最小。

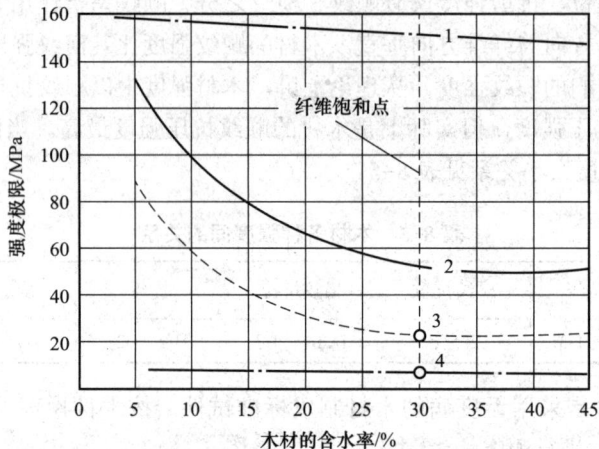

图 8-8 含水率对木材强度的影响
1—顺纹抗拉；2—抗弯；3—顺纹抗压；4—顺纹抗剪

2）环境温度。环境温度对木材的强度有直接影响。当木材温度升高时，组成细胞壁的成分会逐渐软化，强度随之降低。在通常的气候条件下，温度升高不会引起木材化学成分的改变，温度降低时，木材还将恢复原来的强度。但当木材长期处于 40 ℃～60 ℃时，木材会发生缓慢碳化；当木材长期处于 60 ℃～100 ℃时，会引起木材水分和所含挥发物的蒸发；当温度在 100 ℃以上时，木材开始分解为组成它的化学元素。所以，如果环境温度可能长期超过 50 ℃时，则不应采用木结构。当环境温度降至 0 ℃以下时，木材中的水分结冰，强度将增大，但木质变得较脆，一旦解冻，木材各项强度都将低于未冻时的强度。

3）负荷时间。荷载在结构上作用时间的长短对木材的强度有很大影响。木材在长期荷载作用下所能承受的最大应力称为木材的持久强度，它仅为木材在短期荷载作用下极限强度的50%～60%，如图 8-9 所示，这是由于木材在长期荷载作用下将发生较大的蠕变，随着时间的增长，产生大量连续的变形而破坏。木结构一般都处于长期负荷状态，所以，在木结构设计时，通常以木材的持久强度为依据。

4）木材的缺陷。木材的缺陷，如木节、斜纹、裂纹、虫蛀、腐朽等，会造成木材构造的不连续性和不均匀性，从而使木材的强度降低。

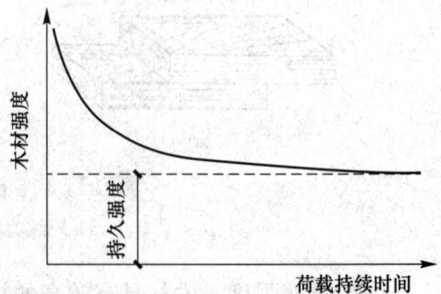

图 8-9 木材持久强度

8.7.2 木材在建筑工程中的应用

1．木材产品

所有的木材产品按用途进行分类，可分为原条、原木、锯材和各种人造板（如枕木）四大类，见表8-6。

表8-6 木材产品分类

名称	说明	主要说明
原条	原条是指树木伐倒后经去皮、削枝、割掉梢尖，但尚未按一定尺寸规格造材的木料	建筑工程脚手架、建筑用材、家具制作等
原木	原木是指树木伐倒后已经削枝、割梢并按一定尺寸加工成规定径级和长度的木料	直接使用的原木：桩木、电杆、坑木等；加工原木：用于加工胶合板、造船、机械模型及一般加工用材等
锯材	锯材是指已经锯解成材的木料，凡宽度为厚度2倍以上的称为板材，不足2倍的称为方材	桥梁、家具、造船、包装箱板等
枕木	枕木是指按枕木断面和长度加工而成的成材面	铁道工程中铁轨铺设

锯材按其厚度、宽度可分为薄板、中板、厚板和方材，其尺寸见表8-7。锯材有特等锯材和普通锯材之分。根据《针叶树锯材》（GB/T 153—2019）和《阔叶树锯材》（GB/T 4817—2019）的规定，普通锯材可分为特等、一等、二等、三等四个等级。

表8-7 针叶树、阔叶树板材宽度、厚度　　　　　　　　　　　　mm

分类	厚度	宽度	
		尺寸范围	进级
薄板	12，15，18，21	30～300	10
中板	25，30，35		
厚板	40，45，50，60		
方材	25×20，25×25，30×30，40×30，60×40，60×50，100×55，100×60		
注：表中以外规格尺寸由供需双方协议商定。			

2．人造板材

木质人造板材是利用木材、木质纤维、木质碎料或其他植物纤维为原料，加胶粘剂和其他添加剂制成的板材。常用的木质人造板材有胶合板、胶合木、硬质纤维板、刨花板、木屑板、木丝板等。

（1）胶合板。胶合板一般多为单数层（3、5、7层数），由原木旋切成的单板按木材纹理纵横向交错重叠粘合而成，如图8-10所示。

胶合板厚度为2.7 mm、3 mm、3.5 mm、4 mm、5 mm、5.5 mm、6 mm，自6 mm起，按1 mm递增。厚度在4 mm以下为薄胶合板，3 mm、3.5 mm、4 mm厚的胶合板为常用规格。胶合板的分类见表8-8。

表 8-8 胶合板的分类

序号	分类	品种
1	按板的结构分	胶合板、夹心胶合板、复合胶合板
2	按胶粘性能分	室外用胶合板、室内用胶合板
3	按表面加工分	砂光胶合板、刮光胶合板、贴面胶合板、预饰面胶合板
4	按处理情况分	未处理过的胶合板、处理过的胶合板（如浸渍防腐剂）
5	按形状分	平面胶合板、成型胶合
6	按用途分	普通胶合板、特种胶合板

按树种不同，胶合板可分为阔叶材普通胶合板和松木普通胶合板。胶合板面板的树种为该胶合板的树种。按材质和加工工艺质量，普通胶合板分为Ⅰ、Ⅱ、Ⅲ、Ⅳ类。

在建筑中胶合板可用作顶棚板、隔墙板、门心板及室内装修等。

（2）胶合木。用较厚的零碎木板胶合成大型木构件，称为胶合木，如图 8-11 所示。胶合木可以使小材大用，短材长用，并可使优劣不等的木材放在要求不同的部位，也可克服木材缺陷的影响，且可用于承重结构。

图 8-10 胶合板

图 8-11 胶合木

（3）硬质纤维板。以植物纤维为原料，加工成密度大于 0.8 g/cm^3 的纤维板，称为硬质纤维板。其规格尺寸，长度有 1 220 mm、1 830 mm、2 000 mm、2 135 mm、2 440 mm，宽度有 610 mm、915 mm、1 000 mm、1 220 mm，厚度有 2.50 mm、3.00 mm、3.20 mm、4.00 mm、5.00 mm。

硬质纤维板按其处理方式，可分为特级纤维板和普通级纤维板两种；按物理力学性能，普通级纤维板又可分为四个等级，即特级、一级、二级、三级。

（4）刨花板。刨花板是利用施加或未加胶料的木质刨花或木质纤维材料（如木片、锯屑和亚麻等）压制的板材，如图 8-12 和图 8-13 所示。

刨花板的规格尺寸，长度有 915 mm、1 220 mm、1 525 mm、1 830 mm、2 135 mm，宽度有 915 mm、1 000 mm、1 220 mm，厚度有 6 mm、8 mm、10（12）mm、13 mm、16 mm、19 mm、22 mm、25 mm、30 mm 等。

刨花板具有隔声、绝热、防蛀及耐火等优点，可用作隔墙板、顶棚板等。木丝板是利用木材的短残料刨成木丝，再与水泥、水玻璃等搅拌在一起，加压凝固成型。木丝板规格，长度有 1 500 mm、1 830 mm，宽度有 500 mm、600 mm，厚度有 16～50 mm。木丝板具有隔声、绝热、防蛀及耐火等优点，可用作隔墙板、顶棚板等。

图 8-12　定向刨花板

图 8-13　贴面刨花板

（5）木屑板、木丝板、水泥木屑板。利用木材加工的木屑、木丝、刨花拌以胶粘剂压制而成。用于保温绝热和吸声。

不少人造板存在游离甲醛释放的问题，国家标准《室内装饰装修材料 人造板及其制品中甲醛释放限量》（GB 18580—2017）对此作出了规定，以防止室内环境受到污染。

8.7.3　木材的防护

木材作为土木工程材料，最大的缺点是容易腐朽、虫蛀和燃烧，因此大大地缩短了木材的使用寿命，并限制了它的应用范围。采取措施来提高木材的耐久性，对木材的合理使用具有十分重要的意义。

1．木材的腐朽与防腐

（1）木材的腐朽。木材的腐朽是真菌在木材中寄生引起的。真菌在木材中生存和繁殖，必须同时具备温度适宜、木材含水率适当、有足够的空气、适当的养料四个条件。

真菌生长最适宜温度为 25 ℃～30 ℃，最适宜含水率在木材纤维饱和点左右，含水率低于 20% 时，真菌难于生长；含水率过大时，空气难于流通，真菌得不到足够的氧或排不出废气。破坏性真菌所需养分是构成细胞壁的木质素或纤维素。

（2）木材的防腐。根据木材产生腐朽的原因，木材防腐有两种方法：一种是创造条件，使木材不适于真菌的寄生和繁殖；另一种是把木材变成有毒的物质，使其不能作真菌的养料。

第一种方法是将木材进行干燥，使其含水率在 20% 以下。在结构和施工中，使木结构不受潮湿，要有良好的通风条件；在木材与其他材料之间用防潮垫；不将支点或其他任何木结构封闭在墙内；木地板下设通风洞；木屋架设老虎窗等。总之，要保证木结构经常处于干燥状态。

第二种方法是将化学防腐剂注入木材中，使真菌无法寄生。木材防腐剂种类很多，一般可分为水溶性防腐剂、油质防腐剂和膏状防腐剂三类。水溶性防腐剂常用品种有氯化锌、氟化钠、硅氟酸钠、硼铬合剂、硼酚合剂、铜铬合剂、氟砷铬合剂等，多用于室内木结构的防腐处理；油质防腐剂常用的有煤焦油、混合防腐油、强化防腐油等。油质防腐剂色深、有恶臭，常用于室外木构件的防腐。膏状防腐剂由粉状防腐剂、油质防腐剂、填料和胶结料（煤沥青、水玻璃等）按一定比例混合配制而成，用于室外木材防腐。

应用案例

案例概况

　　某邮电调度楼设备用房设于7楼现浇钢筋混凝土楼板上，铺炉渣混凝土50 mm，再铺木地板。完工后设备未及时进场，门窗关闭了1年。当设备进场时，发现木板大部分腐蚀，人踩即断裂。请分析原因。

案例解析

　　炉渣混凝土中的水分封闭于木地板内部，慢慢浸透到未做防腐、防潮处理的木栅栅和木地板中，门窗关闭使木材含水率较高，此环境条件正好适合真菌的生长，导致木材腐蚀。

2．木材的防虫

　　木材除受真菌侵蚀而腐朽外，还会遭受昆虫的蛀蚀，如图8-14所示。常见的蛀虫有白蚁、天牛等。

　　木材虫蛀的防护方法主要是采用化学药剂处理。木材防腐剂也能防止昆虫的危害。

3．木材的防火

　　木材是可燃性建筑材料。在木材被加热过程中，析出可燃气体。随着温度不同，析出的可燃气体浓度也不同。此时若遇火源，析出的可燃气体也会出现闪燃、引燃。若无火源，只要加热温度足够高，也会发生自燃现象。

图8-14　被虫蛀的木材

　　对木材及其制品的防火保护有浸渍、添加阻燃剂和覆盖三种方法。

8.8　建筑塑料

　　塑料是以树脂（通常为合成树脂）为主要基料，与其他原料在一定条件下经混炼、塑化成型，在常温常压下能保持产品形状不变的材料。塑料在一定的温度和压力下具有较大的塑性，容易做成所需要的各种形状尺寸的制品；而成型以后，在常温下又能保持既得的形状和必需的强度。建筑塑料相对于传统的建筑材料而言，有着许多的优点，在建筑上可作为装饰材料、绝热材料、吸声材料、防火材料、墙体材料、管道及卫生洁具等。

8.8.1　建筑塑料的基本知识

1．塑料的组成

　　塑料是以合成树脂为基本材料，再按一定比例加入填料、增塑剂、固化剂、着色剂及其他助剂等经加工而成的材料。

　　（1）合成树脂。按受热时发生的变化不同，合成树脂可分为热塑性树脂和热固性树脂两种。

　　1）热塑性树脂，即可反复加热软化、熔融，冷却时硬化的树脂。全部聚合树脂和部分缩合树脂为热塑性树脂。这种树脂刚度较小，抗冲击韧性好，耐热性较差。由热塑性树脂制成的塑料为热塑性塑料。如聚氯乙烯（PVC）、聚乙烯（PE）、聚丙烯（PP）、聚苯乙烯（PS）等。

2）热固性树脂，即在第一次加热时软化、熔融而发生化学交联固化成型，以后再加热也不能软化、熔融或改变其形状，即只能塑制一次的树脂为热固性树脂。其耐热性好，刚度较大，但质地脆而硬。由热固性树脂制成的塑料为热固性塑料。如环氧树脂、酚醛树脂、有机硅塑料等。

（2）填料。填料又称填充剂，是绝大多数塑料中不可缺少的原料，通常占塑料组成材料的 40%～70%。其作用是提高塑料的强度、韧性、耐热性、耐老化性和抗冲击性等；同时，也为了降低塑料的成本。常用的填料有滑石粉、硅藻土、石灰石粉、云母、石墨、石棉和玻璃纤维等，还可用木粉、纸屑、废棉及废布等。

（3）增塑剂。掺入增塑剂的目的是增加塑料的可塑性、柔软性、弹性、抗震性、耐寒性及伸长率等，但会降低塑料的强度与耐热性，对增塑剂的要求是要与树脂的混溶性好，无色、无毒、挥发性小。增塑剂一般用一些不易挥发的高沸点的液体有机化合物或低熔点的固体。常用的增塑剂有邻苯二甲酸二甲酯、邻苯二甲酸二丁酯、邻苯二甲酸二辛酯和磷酸三苯酯等。

（4）固化剂。固化剂又称硬化剂，其主要作用是使线型高聚物交联成体型高聚物，使树脂具有热固性。如环氧树脂常用的胺（乙二胺、二乙烯三胺、间苯二胺），某些酚醛树脂常用的六亚甲基四胺（乌洛托品）、酸酐类（邻苯二甲酸酐、顺丁烯二酸酐）及高分子类（聚酰胺树脂）。

（5）着色剂（色料）。加入着色剂的目的是将塑料染制成所需要的颜色。着色剂的种类按其在着色介质中或水中的溶解性，可分为染料和颜料两大类。

染料是溶解在溶液中，靠离子或化学反应作用产生着色的化学物质。实际上染料都是有机物，其色泽鲜艳，着色性好，但其耐碱、耐热性差，受紫外线作用后易分解褪色。

颜料是基本不溶的微细粉末状物质，靠自身的光谱性吸收并反射特定的光谱而显色。塑料中所用的颜料，除具有优良的着色作用外，还可作为稳定剂和填充剂，来提高塑料的性能，起到一剂多能的作用。在塑料制品中，常用的是无机颜料，如炭黑、铬黄等。

（6）其他助剂。为了改善或调节塑料的某些性能，以适应使用和加工的特殊要求，可在塑料中掺加各种不同的助剂，如稳定剂、阻燃剂、发泡剂、润滑剂及抗老化剂等。

在种类繁多的塑料助剂中，由于各种助剂的化学组成、物质结构不同，对塑料的作用机理及作用效果各异，因而由同种型号树脂制成的塑料，其性能会因助剂的不同而不同。

2．建筑塑料的主要特性

（1）塑料的优点。塑料能在建筑中得到广泛的应用，是由于它具有比其他建筑材料更为优越的性能。

1）优良的加工性能。塑料可以采用比较简便的方法加工成多种形状的产品，并采用机械化的大规模生产。

2）比强度高。即其强度与体积密度的比值远超过水泥、混凝土，接近或超过钢材，是一种优良的轻质高强材料。

3）质轻。塑料的密度在 0.9～2.2 g/cm³，平均为 1.45 g/cm³，约为铝的 1/2、钢的 1/5、混凝土的 1/3，与木材相近。

4）热导率小。塑料制品的热传导能力较金属或岩石小，其导热能力为金属的 1/600～

1/500，混凝土的 1/40、砖的 1/20，是理想的绝热材料。

5）装饰、可用性高。塑料制品色彩绚丽，表面富有光泽，图案清晰，可以模仿天然材料的纹理达到以假乱真的程度，还可以电镀、热压、烫金制成各种图案和花形，使其表面具有立体感和金属的质感，通过电镀技术处理，也可以使塑料具有导电、耐磨和对电磁波的屏蔽作用等功能。

6）经济性。塑料建材无论是从生产时所消耗的能量或是在使用过程中的效果来看都有节能的作用。生产塑料的能耗低于传统材料，其范围为 63 ~ 188 kJ/m³，而钢材为 316 kJ/m³，铝材为 617 kJ/m³。

在使用过程中，某些塑料产品具有节能效果，如塑料窗隔热性好，代替钢窗可节省空调费用；塑料管内壁光滑，输水能力比铁管高 30%，因此，广泛使用塑料建筑材料有明显的经济效益和社会效益。

（2）塑料的缺点。

1）耐热性差、易燃。塑料的耐热性差，受到较高温度的作用时会产生热变形，甚至产生分解。建筑中常用的热塑性塑料的热变形温度为 80 ℃ ~ 120 ℃，热固性塑料的热变形温度为 150 ℃左右。

塑料一般可燃，且燃烧时会产生大量的烟雾，甚至有毒气体。所以，在生产过程中一般掺入一定量的阻燃剂，以提高塑料的耐燃性。但在重要的建筑物场所或易产生火灾的部位，不宜采用塑料装饰制品。

2）易老化。塑料在热、空气、阳光及环境介质中的酸、碱、盐等作用下，分子结构会产生递变，增塑剂等组分挥发，使塑料性能变差，甚至产生硬脆、破坏等。塑料的耐老化性可通过添加外加剂的方法得到明显改善，如某些塑料制品的使用年限可达 50 年左右，甚至更长。

3）热膨胀性大。塑料的热膨胀系数较大，因此，在温差变化较大的场所使用塑料时，尤其是与其他材料结合时，应当考虑变形因素，以保证制品的正常使用。

4）刚度小。塑料的刚度小，其弹性模量较低，仅为钢材的 1/10；同时，还具有较明显的徐变特性，因而，塑料受力时会产生较大的变形。

3．常用建筑塑料

塑料在建筑工程中常用于管材、板材、门窗、壁纸、地毯、器皿、绝缘材料、装饰材料、防水材料及保温材料。用于生产中的塑料主要有以下几种：

（1）聚氯乙烯（PVC）。聚氯乙烯是多种塑料装饰材料的原料，如塑料壁纸、塑料地板、塑料扣板等。它是一种多功能的塑料，通过配方的变化，可以制成硬质、软质或轻质发泡的制品。

聚氯乙烯的耐燃性好，具有自熄性。耐一般的有机溶剂，但可溶于环乙酮和四氢呋喃等溶剂，利用这一点，PVC 制品可以用上述溶剂粘结。硬质 PVC 制品的耐老化性较好，力学性能相当好，但抗冲击性较差。通过加入抗冲击改性剂，其抗冲击能力能得到改善。

（2）聚乙烯（PE）。聚乙烯很易燃烧，燃烧时火焰呈淡蓝色并且熔融滴落，这会导致火焰的蔓延。因此，在建筑材料的 PE 制品中通常加入阻燃剂以改善其耐燃性能。它是一种结晶性的聚合物，结晶度与密度有关，一般密度越高，结晶度也越高。PE 具有蜡状半透明的外观，透光率较低，耐溶剂性、柔性很好，耐低温性和抗冲击性比硬 PVC 好得多。

（3）聚丙烯（PP）。聚丙烯是塑料中密度较小的，约为 0.9 g/cm³。它的燃烧性与 PE 接近，易燃，呈淡蓝色火焰并发生滴落，可能引起火焰蔓延。其耐热性和力学性能均优于 PE。聚丙烯的耐溶剂性也很好，常温不能被有机溶剂溶解，只有在温度高时才会被有机溶剂溶解。聚丙烯的缺点是耐低温性较差，有一定的脆性。PE 和 PP 可用来生产管材和卫生洁具等。

（4）聚苯乙烯（PS）。聚苯乙烯为无色透明类似玻璃的塑料，透光率可达 88% ～ 92%。PS 的机械强度较好，但抗冲击性较差，有脆性，敲击时有金属的清脆声音。燃烧时呈黄色火焰，并冒出大量黑烟。离开火源继续燃烧，发出特殊的苯乙烯气味。PS 能溶于苯、甲苯等芳香族溶剂。

（5）丙烯腈 - 丁二烯 - 苯乙烯塑料（ABS）。塑料 ABS 是一种橡胶改性的聚苯乙烯，无毒、无味，不透明，呈浅象牙色，密度为 1.05 g/cm³。ABS 有优良的力学性能，其冲击强度极好，可以在极低的温度下使用；可在 -40 ℃～ 100 ℃ 的温度范围内使用。ABS 的电绝缘性较好，并且几乎不受温度、湿度和频率的影响，可在大多数环境下使用。

ABS 树脂的最大应用领域是汽车、电子电气和建材。在汽车方面，其包括汽车仪表板、车身外板、内装饰板、方向盘、隔声板等很多部件；在电气方面则广泛应用于电冰箱、电视机、洗衣机、空调器、计算机、复印机等电子电器中；建材方面，广泛应用于管材、卫生洁具、装饰板等。另外，ABS 还广泛应用于包装、家具、体育和娱乐用品、机械和仪表工业中。

（6）有机玻璃（PMMA）。有机玻璃是透光率最高的一种塑料，可达 92%，因此可代替玻璃，而且不易破碎，但其表面硬度比玻璃差，容易划伤。燃烧时呈淡蓝色火焰，顶端白色，无滴落，不冒烟，放出单体的典型气味。PMMA 具有优良的耐老化性，处热带气候下暴晒多年其透明性和色泽变化也很小，可用来制作护墙板和广告牌。

（7）不饱和聚酯（UP）。UP 是一种热固性树脂，未固化时是高黏度的液体。一般在室温下固化，固化时需加入固化剂和催促剂。由于可制造 UP 的原料种类很多，通过改变配方和工艺可以制得不同性能的 UP，以适应不同的需要，例如，生产玻璃钢的 UP，作涂料用的韧性 UP 等。UP 的优点是工艺性能良好，可以不加压或在低压下成型，加工很方便；缺点是固化时收缩率较大，体积收缩为 7% ～ 8%。UP 被大量用来生产玻璃钢制品。

（8）环氧树脂（EP）。环氧树脂也是一种热固性树脂，未固化时为高黏度液体或脆性固体，易溶于丙酮和二甲苯等溶剂，加入固化剂后可在室温或高温下固化。室温固化剂多为乙烯多胺，如二乙烯三胺、三乙烯四胺；高温固化剂为邻二甲酸酐、液体酸酐等。EP 的突出特点是与各种材料有很强的黏结力，这是由于在固化后的 EP 分子中含有各种极性基因（胫基、醚键和环氧基）。

（9）聚氨酯（PU）。聚氨酯是性能优越的热固性树脂，可制成单组分或双组分的涂料、胶粘剂泡沫塑料。根据组成的不同，PU 可以是软质的，也可以是硬质的。PU 的性能优异，其力学性能、耐老化性能及耐热性能等都比 PVC 好很多。作为建筑涂料使用，其耐磨性、耐污性和耐老化性都很好。

（10）玻璃纤维增强塑料或玻璃钢（GRP）。GRP 是用玻璃纤维制品（纱、布、短切纤维、毡和无纺布等）、增强 UP、EP 等树脂而得到的一类热固性塑料。它是一种复合材料，通过玻璃纤维的增强，得到机械强度很高的增强塑料，其强度甚至高于钢材，如图 8-15 所示。

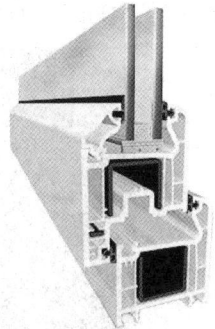

图 8-15　塑钢型材

8.8.2 塑料地板

塑料地板从广义上说，包括一切由有机物为主所制成的地面覆盖材料。目前，最常用的塑料地板主要是聚氯乙烯（PVC）塑料地板。PVC 塑料地板具有色彩丰富、装饰效果好、耐湿性好、抗荷载性高和耐久性好等优点。由于 PVC 塑料具有较好的耐燃性和自熄性，所以成为塑料地板理想的原材料。PVC 塑料地板中除含 PVC 树脂外，还含有增强剂、稳定剂、加工润滑剂、填充料和颜料等，它们对 PVC 塑料地板的性能有很大的影响，塑料地板的构造层次，如图 8-16 所示。

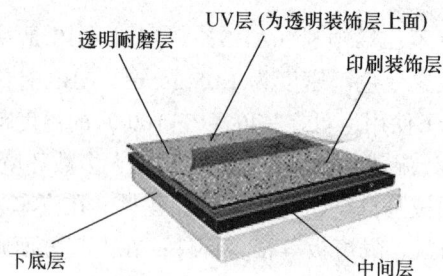

图 8-16　塑料地板的构造层次

PVC 塑料地板的性能很多，其铺贴工艺简易、费用少、装饰效果好，不足之处是不耐烫、易污染、受锐器磕碰易受损。

8.8.3 塑料壁纸

塑料壁纸是以纸为基材，以聚氯乙烯塑料为面层，经压延、涂布及印刷、压花、发泡等工艺制成的。因为塑料壁纸所用的树脂均为聚氯乙烯，所以也称聚氯乙烯壁纸。塑料壁纸具有以下特点：

（1）具有一定的伸缩性和耐裂强度；

（2）装饰效果好；

（3）性能优越；

（4）粘贴方便；

（5）使用寿命长，易维修保养。

壁纸与其他各种装饰材料相比，其艺术性、经济性和功能性综合指标最佳。壁纸的图案色彩千变万化，能适应不同用户的要求。选用时应以色调和图案为主要指标，综合考虑其价格和技术性能，以保证其装饰效果，如图 8-17 所示。

图 8-17　塑料壁纸

8.8.4 塑料装饰板

塑料装饰板是指以树脂为浸渍材料或以树脂为基材，采用一定的生产工艺制成的具有装饰功能的普通或异形断面的板材。塑料装饰板材按原材料的不同，可分为硬质 PVC 板、塑料贴面板（如三聚氰胺层压板）、有机玻璃装饰板、玻璃钢板、塑料金属复合板和聚碳酸酯采光板等类型。按结构和断面形式，可分为平板、波形板、实体异形断面板、中空异形断面板、格子板及夹心板等类型。塑料装饰板以其质量轻、装饰性强、生产工艺简单、施工简便、易于保养、适合与其他材料复合等特点，在装饰工程中得到越来越广泛的应用。其主要用作护墙板、屋面板和平顶板，也可用作复合夹心板材，如图 8-18 所示。

图 8-18　塑料装饰板

8.8.5 塑钢门窗

塑钢门窗是以聚氯乙烯（PVC）树脂为主要原料，加一定比例的稳定剂、改性剂、填充剂和紫外线吸收剂等助剂，经挤出加工成型材，然后通过切割、焊接的方式制成门窗框、扇，配装上橡塑密封条、五金配件等附件而成，如图 8-19 所示。为增加型材的刚性，在型材空腔内填加钢衬，所以称之为塑钢门窗。其种类有平开门、窗，推拉门、窗，特殊规格可根据用户需要加工定制。构造可分为单框单玻、单框双玻两种。塑钢门窗的性能及特点有以下几点：

（1）保温、节能性能好。塑料型材为多腔式结构，具有良好的隔热性能。其传热系数特小，仅为钢材的 1/357、铝的 1/1 250。

（2）耐候性好。塑料型材采用特殊配方，有关部门通过人工加速老化试验得出，塑钢窗可长期使用于温差较大的环境中（-50 ℃～ 70 ℃），烈日暴晒、潮湿都不会使其出现变质、老化和脆化等现象。

（3）防火性能好。塑钢门窗不自燃、不助燃、能自熄且安全、可靠，这一性能更扩大了塑钢窗的使用范围。

（4）经济效益和社会效益。双玻塑钢窗的平均传热系数为 2.3 W/（m²·K），每平方米每年节能 21.5 kg 标准煤。从生产能耗看，生产单位体积的 PVC 的能耗为钢的 1/4.5、铝的 1/8；在使用方面，采暖地区使用塑钢门窗与普通钢窗、铝窗相比，节约采暖能耗 30% ～ 50%。所以，塑钢门窗是理想的代替钢材、木材的新型建筑材料，具有良好的经济效益和社会效益。

图 8-19　塑料门窗

8.8.6　塑料管材及其配件

塑料材料还被大量地用来生产各种塑料管线及配件，在电气安装、水暖安装工程中广泛使用。用来生产各种塑料管线的塑料材料主要为聚乙烯和聚丙烯塑料，生产出来的塑料管线可分为硬质、软质和半硬质三种。塑料管线及配件具有质轻、防腐蚀、耐酸碱、安装方便、无锈蚀及价格低廉等特点，因而得到广泛推广并且逐渐取代各种金属管线及配件。塑料管材作为化学建材的重要组成部分，以其优越的性能，如卫生、环保、低耗等，为广大用户所广泛接受，主要有 UPVC 排水管、UPVC 给水管、铝塑复合管、聚乙烯（PE）给水管材几种，如图 8-20 所示。

塑料管线及配件可在电气安装工程中用于各种电线的敷设套管、各种电气配件（如开关、线盒等）及各种电线的绝缘护套等。用于管道供暖系统中，如图 8-21 所示。

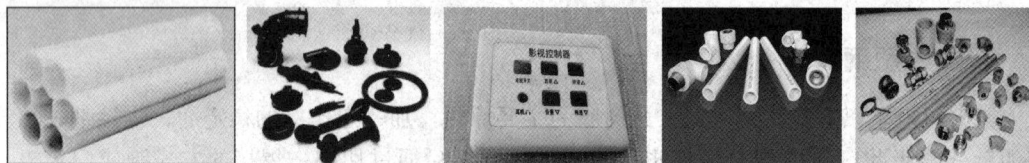

图 8-20　塑料管材及配件

图 8-21　管道供暖系统

8.9　绝热、吸声与隔声材料

8.9.1　绝热材料

1．绝热材料的作用和基本要求

在建筑中，习惯上把用于控制室内热量外流的材料叫作保温材料；把防止室外热量进入室内的材料叫作隔热材料；保温、隔热材料统称为绝热材料，如图8-22所示。

图8-22　绝热材料

（1）绝热材料的作用。建筑绝热保温材料是建筑节能的物质基础。性能优良的建筑绝热保温材料和良好的保温技术，在建筑和工业保温中往往可起到事半功倍的效果。统计表明，建筑中每使用1 t矿物棉绝热制品，每年可节约1 t燃油。

随着近年来人们环境保护意识的增强，噪声污染对人们的健康和日常生活的危害日益为人们所重视，建筑的吸声功能在诸多建筑功能中的地位逐步增高。保温绝热材料由于其轻质及结构上的多孔特征，故具有良好的吸声性能。对于一般建筑物来说，吸声材料无须单独使用，其吸声功能是与保温绝热及装饰等其他新型建材相结合来实现的。因此，在改善建筑物的吸声功能方面，新型建筑隔热保温材料起着其他材料所无法替代的作用。

（2）绝热材料的基本要求。导热性是指材料传递热量的能力。材料的导热能力用导热系数λ表示。导热系数的物理意义为：在稳定传热条件下，当材料层单位厚度内的温差为1 ℃时，在1 h内通过1 m^{2}表面积的热量。材料导热系数越大，导热性能越好。工程上将导热系数$\lambda < 0.23$ W/（m·K）的材料称为绝热材料。影响材料导热系数的因素如下：

1）材料本身性质。不同的材料导热系数不同。材料的导热系数由大到小为金属材料＞无机非金属材料＞有机材料；液体较小，气体最小。相同组成的材料，结晶结构的导热系数最大，微晶结构次之，玻璃体结构最小，为了获取导热系数较低的材料，可通过改变其微观结构的方法来实现，如水淬矿渣就是一种较好的绝热材料。

2）孔隙率及孔隙特征。孔隙率越大，材料导热系数越小。在孔隙相同时，孔径越大，孔隙间连通越多，导热系数越大，这是由于孔中气体产生对流。纤维状材料存在一个最佳表观密度，即在该密度时导热系数最小。当表观密度低于这个最佳值时，其导热系数有增大趋势。

3）含水率。所有的保温材料都具有多孔结构，容易吸湿。当含水率大于5%～10%时，材料吸水后水分占据了原被空气充满的部分气孔空间，由于水的导热系数$\lambda=0.58$ W/（m·K），远大于空气，所以材料含水率增加后其导热系数将明显增加，若受冻［冰$\lambda=2.33$ W/（m·K）］，则导热能力更大。

4）热流方向。导热系数与热流方向的关系，仅仅存在于各向异性的材料中，即在各个方向上构造不同的材料中。传热方向和纤维方向垂直时的绝热性能比传热方向与纤维方向平行时要好一些；同样，具有大量封闭气孔的材料的绝热性能也比具有大量开口气孔的要好一些。气孔质材料又进一步分成固体物质中有气泡和固体粒子相互轻微接触两种。纤维质材料从排列状态看，可分为纤维方向与热流向垂直和纤维方向与热流向平行两种情况。一般情况下，纤维保温材料的纤维排列是后者或接近后者，同样密度条件下，其导热系数要比其他形态的多孔质保温材料的导热系数小得多。

室内外之间的热交换除通过材料的传导传热方式外，辐射传热也是一种重要的传热方式。铝箔等金属薄膜，由于具有很强的反射能力，具有隔绝辐射传热的作用，因此也是理想的绝热材料。

2．常用绝热材料

绝热材料按照其化学组成，可分为无机绝热材料和有机绝热材料。

（1）常用无机绝热材料。

1）多孔轻质类无机绝热材料。蛭石是一种有代表性的多孔轻质类无机绝热材料，它由云母类矿物经风化而成，具有层状结构，如图 8-23 所示。将天然蛭石经破碎、预热后快速通过煅烧带可使蛭石膨胀 20～30 倍。膨胀蛭石的导热系数为 0.046～0.070 W/（m·K），可在 1 000 ℃ 的高温下使用。主要用于建筑夹层，但需注意防潮。膨胀蛭石也可用水泥、水玻璃等胶结材胶结成板，用作板壁绝热，但导热系数值比松散状要大，一般为 0.08～0.10 W/（m·K）。

图 8-23　蛭石

2）纤维状无机绝热材料。

①矿物棉。岩棉和矿渣棉统称为矿物棉。由熔融的岩石经喷吹制成的纤维材料称为岩棉，如图 8-24 所示。由熔融矿渣经喷吹制成的纤维材料称为矿渣棉。将矿物棉与有机胶结剂结合可以制成矿棉板、毡、管壳等制品，其堆积密度为 45～150 kg/m³，导热系数为 0.049～0.044 W/（m·K）。由于低堆积密度的矿物棉内空气可发生对流而导热，因而，堆积密度低的矿物棉导热系数反而略高，最高使用温度约为 600 ℃。矿物棉也可制成粒状棉用作填充材料，其缺点是吸水性大、弹性小。

图 8-24　岩棉

②玻璃纤维。玻璃纤维一般可分为长纤维和短纤维。短纤维由于相互纵横交错在一起，构成了多孔结构的玻璃棉，常用作绝热材料，如图 8-25 所示。玻璃棉堆积密度为 45～150 kg/m³，导热系数为 0.041～0.035 W/（m·K）。玻璃纤维制品的纤维直径对其导热系数有较大影响，导热系数随纤维直径增大而增加。以玻璃纤维为主要原料的保温隔热制品主要有沥青玻璃棉毡和酚醛玻璃棉板，以及各种玻璃毡、玻璃毯等，通常用于房屋建筑的墙体保温层。

图 8-25　八毫米玻璃纤维短切丝

3）泡沫状无机绝热材料。

①泡沫玻璃。泡沫玻璃是用玻璃细粉和发泡剂（石灰石、碳化钙和焦炭）经粉磨、混合、装模、煅烧（800 ℃左右）而得到的多孔材料，如图 8-26 所示。泡沫玻璃导热系数小、抗压强度高、抗冻性好、耐久性好，并且对水分、水蒸气和其他气体具有不渗透性，还容易进行机械加工，可锯、钻、车及打钉等。表观密度为 150～200 kg/m³ 的泡沫玻璃，其导热系数为 0.042～0.048 W/（m·K），抗压强

图 8-26　泡沫玻璃

度达 0.16～0.55 MPa。泡沫玻璃作为绝热材料在建筑上主要用于保温墙体、地板、天花板及屋顶保温。可用于寒冷地区建筑低层的建筑物。

②多孔混凝土。多孔混凝土是指具有大量均匀分布、直径小于 2 mm 的封闭气孔的轻质混凝土，主要有泡沫混凝土和加气混凝土。随着表观密度减小，多孔混凝土的绝热效果增

加，但强度下降。

（2）常用有机绝热材料。

1）泡沫塑料。泡沫塑料是以各种树脂为基料，加入各种辅助料经加热发泡制得的轻质保温材料。泡沫塑料目前广泛用作建筑上的保温隔声材料，其表观密度很小，隔热性能好，加工使用方便。常用的泡沫塑料有聚苯乙烯泡沫塑料、脲醛泡沫塑料、聚氨酯泡沫塑料、聚氯乙烯泡沫塑料、泡沫酚醛塑料等。

2）硬质泡沫橡胶。硬质泡沫橡胶用化学发泡法制成。其特点是导热系数小而强度大。硬质泡沫橡胶的表观密度为 0.064 ~ 0.12 g/cm³。表观密度越小，保温性能越好，但强度越低。硬质泡沫橡胶的抗碱和盐的侵蚀能力较强，但强无机酸及有机酸对它有侵蚀作用。它不溶于醇等弱溶剂，但易被某些强有机溶剂软化溶解。硬质泡沫橡胶为热塑性材料，耐热性不好，在 65 ℃左右开始软化。硬质泡沫橡胶有良好的低温性能，低温下强度较高且有较好的体积稳定性，可用于冷冻库。

3）植物纤维类绝热板。植物纤维类绝热材料可用稻草、木质纤维、麦秸、甘蔗渣等为原料经加工而成。其表观密度为 200 ~ 1 200 kg/m³，热导率为 0.058 ~ 0.307 W/（m·K），可用于墙体、地板、顶棚等，也可用于冷藏库、包装箱等。

4）窗用绝热薄膜（又名新型防热片）。窗用绝热薄膜的厚度为 12 ~ 50 mm，用于建筑物窗户的绝热，可以遮蔽阳光，防止室内陈设物褪色，降低冬季热量损失，节约能源，增加美感。使用时，将特制的防热片（薄膜）贴在玻璃上，其功能是将透过玻璃的大部分阳光反射出去，反射率高达 80%。防热片能减少紫外线的透过率，减轻紫外线对室内家具和织物的有害作用，减弱室内的温度变化程度，也可避免玻璃碎片伤人。

常用绝热材料的技术性能及用途见表 8-9。

表 8-9　常用绝热材料的技术性能及用途

材料名称	表观密度 /（kg·m⁻³）	强度 /MPa	热导率 /［W/（m·K）⁻¹］	最高使用温度 /℃	用途
超细玻璃棉毡	30 ~ 60		0.035	300 ~ 400	墙体、屋面、冷藏等
沥青玻纤制品	100 ~ 150		0.041	250 ~ 300	
矿渣棉纤维	110 ~ 130		0.044	≤ 600	填充材料
岩棉纤维	80 ~ 150	> 0.012	0.044	250 ~ 600	墙体、屋面、热力管道等
岩棉制品	80 ~ 160		0.04 ~ 0.052	≤ 600	
膨胀珍珠岩	40 ~ 300	—	常温 0.02 ~ 0.044	≤ 800	高效能保温保冷填充材料
			高温 0.06 ~ 0.17		
			低温 002 ~ 0.038	（-200）	
水泥膨胀珍珠岩制品	300 ~ 400	0.5 ~ 1.0	常温 0.05 ~ 0.081	≤ 600	保温绝热
			低温 0.081 ~ 0.12		
水玻璃膨胀珍珠岩制品	200 ~ 300	0.6 ~ 1.7	常温 0.056 ~ 0.092	≤ 650	保温绝热
沥青膨胀珍珠岩制品	400 ~ 500	0.2 ~ 12	0.093 ~ 0.12		常温及负温
膨胀蛭石	80 ~ 900	—	0.046 ~ 0.070	1 000 ~ 1 100	填充材料

材料名称	表观密度 /（kg·m⁻³)	强度 /MPa	热导率 /[W/(m·K)]⁻¹	最高使用温度 /℃	用途
水泥膨胀蛭石制品	300～500	0.2～10	0.076～0.105	≤ 600	保温绝热
微孔硅酸钙制品	250	> 0.5 > 0.3	0.041～0.056	≤ 650	围护结构及管道保温
轻质钙塑板	100～150	0.1～03 0.7～0.11	0.047	650	保温绝热兼防水性能,并具有装饰性能
泡沫玻璃	150～600	0.55～15	0.058～0.128	300～400	砌筑墙体及冷藏库绝热
泡沫混凝土	300～500	≥ 0.4	0.081～0.19	—	围护结构
加气混凝土	400～700	≥ 04	0.093～0.16	—	围护结构
木丝板	300～600	0.4～0.5	0.11～0.26	—	顶棚、隔墙板、护墙板
软质纤维板	150～400	—	0.047～0.093	—	顶棚、隔墙板、护墙板,表面较光洁
芦苇板	250～400	—	0.093～0.3	—	顶棚、隔墙板
软木板	105～437	0.15-2.5	0.044～0.079	≤ 130	吸水率小,不霉腐、不燃烧,用于绝热结构
聚苯乙烯泡沫塑料	20～50	0.15	0.031～0.047	—	屋面、墙体保温绝热等
轻质聚氨酯泡沫塑料	30～40	≥ 2.02	0.037～0.055	≤ 120（-60)	屋面、墙体保温、冷藏库绝热
聚氯乙烯泡沫塑料	12～72	—	0.045～0.081	≤ 70	屋面、墙体保温、冷藏库绝热

8.9.2 吸声材料

吸声材料是指能在一定程度上吸收由空气传递的声波能量的材料。其主要作用是消耗声波的能量。吸声材料广泛用于音乐厅、影剧院、大会堂语音室等内部的墙面、地面、顶棚等部位。适当布置吸声材料,能改善声波在室内传播的质量,保持良好的音响效果,同时,也获得降噪或减排的效果。

这类材料的结构中充满了许多微小的孔隙和连通的气泡,当声波入射到吸声材料内互相贯通的孔隙时,声波将引起微孔及空隙间的空气运动,使紧靠孔壁或纤维表面处的空气受到阻碍不易振动,促使声波削弱。同时,还由于小孔隙中空气的黏滞性,使部分声能转变为热能,孔壁纤维的热传导使其热能散失或被吸收掉,从而声波逐渐衰弱、消失。

1. 吸声材料的性能要求

吸声材料的吸声性能以吸声系数表示。吸声系数的数值在 $0～1$,材料的吸声系数 α 越高,吸声效果越好。当需要吸收大量声能降低室内混响及噪声时,常常需要使用高吸声系数的材料。如离心玻璃棉、岩棉等属于高吸声系数吸声材料,5 cm 厚的 24 kg/m³ 的离心玻璃棉的吸声系数可达到 0.95。

为全面反映材料的吸声性能,通常采用 125 Hz、250 Hz、500 Hz、1 000 Hz、2 000 Hz、

4 000 Hz 六个频率的平均吸声系数表示材料吸声的频率特征。任何材料都能不同程度地吸收声音，通常把六个频率的平均吸声系数大于 0.2 的材料，称为吸声材料。常用材料吸声系数见表 8-10。

特别提示

为发挥吸声材料的作用，材料的气孔应是开放的，且应相互连通。气孔越多，吸声性能越好。大多数吸声材料强度较低，设置时要注意避免撞坏。多孔的吸声材料易于吸湿，安装时应考虑到胀缩的影响，还应考虑防火、防腐、防蛀等问题。

表 8-10 常用材料的吸声系数

材料的类及名称		厚度/cm	各种频率/Hz 下的吸声系数						装置情况
			125	250	500	1 000	2 000	4 000	
无机材料	石膏板（有花纹）	—	0.03	0.05	0.06	0.09	0.04	0.06	贴实
	水泥蛭石板	4.0	—	0.14	0.46	0.78	0.50	0.60	贴实
	石膏砂浆（掺水泥玻璃纤维）	2.2	0.24	0.12	0.09	0.30	0.32	0.83	粉刷在墙上
	水泥膨胀珍珠岩板	5	0.16	0.46	0.64	0.48	0.56	0.56	贴实
	水泥砂浆	1.7	0.21	0.16	0.25	0.40	0.42	0.48	
	砖（清水墙面）	—	0.02	0.03	0.04	0.04	0.05	0.05	
有机材料	软木板	2.5	0.05	0.11	0.25	0.63	0.70	0.70	贴实
	木丝板	3.0	0.10	0.36	0.62	0.53	0.71	0.90	钉在木龙骨上后留 5～10 cm 的空气层
	胶合板（三夹板）	0.3	0.21	0.73	0.21	0.19	0.08	0.12	
	穿孔五夹板	0.5	0.01	0.25	0.55	0.30	0.16	0.19	
	木花板	0.8	0.03	0.02	0.03	0.03	0.04	—	
	木制纤维板	1.1	0.06	0.15	0.28	0.30	0.33	0.31	
纤维材料	矿渣棉	3.13	0.10	0.21	0.60	0.95	0.85	0.72	贴实
	玻璃棉	5.0	0.06	0.08	0.18	0.44	0.72	0.82	贴实
	酚醛玻璃纤维板	8.0	0.25	0.55	0.80	0.92	0.90	0.95	贴实
	工业毛毡	3.0	0.10	0.28	0.55	0.60	0.60	0.56	紧贴于墙上
多孔材料	泡沫玻璃	4.4	0.11	0.32	0.52	0.44	0.52	0.33	贴实
	脲醛泡沫塑料	5.0	0.22	0.29	0.40	0.68	0.95	0.94	贴实
	泡沫水泥（外粉刷）	2.0	0.18	0.05	0.22	0.48	—	0.32	紧贴墙
	吸声蜂窝板	—	0.27	0.12	0.42	0.86	0.48	0.30	
	泡沫塑料	1.0	0.03	0.06	0.12	0.41	0.85	0.67	

2．影响材料吸声性能的主要因素

（1）材料的表观密度。对同一种多孔的材料而言，当表面密度增大时，其对低频的吸声效果有所提高，而对高频的吸声效果则有所降低。

（2）材料厚度。同种材料增加厚度可以提高低频的吸声效果，而对高频吸声没有多大影响。

（3）材料的孔隙特征。材料的孔隙越多越细小，吸声效果越好。如果孔隙太大，则吸声效果较差。互相连通的开放的孔隙越多，材料的吸声效果越好。

特别提示　当多孔材料表面涂刷油漆或材料吸湿时，由于材料孔隙大多被水分或涂料堵塞，吸声效果将大大降低。

（4）吸声材料设置的位置。悬挂在空中的吸声材料，可以控制室内的混响时间和降低噪声；同时，吸声效果也比布置在墙面和顶棚效果好。

3．建筑上常用吸声材料及其吸声结构

（1）多孔吸声材料。多孔吸声材料内部有大量的微小孔隙或空腔，彼此沟通。这类多孔材料的吸声系数一般从低频到高频逐渐增大，故对中频和高频的声音吸收效果较好。材料中开放的、互相连通的、细致的气孔越多，其吸声性能越好。

（2）薄板振动吸声结构。建筑中通常是利用胶合板、石棉板、纤维板、薄木板等板材与墙面龙骨组成空腔，声腔作用于腔体形成共振，即构成薄板振动吸声结构。薄板振动吸声结构具有良好的低频吸声效果。

（3）共振吸声结构。共振吸声结构具有封闭的空腔和较小的开口，很像一个瓶子。当瓶腔内空气受到外力激荡时，会按一定的频率振动，因摩擦而消耗声能，这就是共振吸声器。为了获得较宽频带的吸声性能，常采用组合共振吸声结构。

（4）穿孔板组合共振吸声结构。穿孔板组合共振吸声结构与单独的共振吸声器相似，可看作许多个单独共振器并联而成。这种吸声结构由穿孔的胶合板、硬质纤维板、石膏板、铝合板、薄钢板等，将周边固定在龙骨上，并在背后设置空气层而构成，在建筑中使用比较普遍。

（5）柔性吸声材料。柔性吸声材料是具有密闭气孔和一定弹性的材料，如聚氯乙烯泡沫塑料，表面似为多孔材料，但因具有密闭气孔，声波引起的空气振动不易直接传递至材料内部，只能相应地产生振动，在振动过程中由于克服材料内部的摩擦而消耗了声能。

（6）悬挂空间吸声体。悬挂空间吸声体由于声波与吸声材料的两个或两个以上的表面接触，增加了有效的吸声面积，产生边缘效应，加上声波的衍射作用，提高了实际吸声效果。实际使用时，可根据不同要求设计成各种形式的悬挂空间吸声体，有平板形、球形、圆锥形、棱锥形等多种形式。

（7）帘幕吸声体。帘幕吸声体是用具有通气性能的纺织品，安装在距离墙面或窗洞一定距离处，背后设置空气层。这类材料有灯芯绒、平绒、布材等，可用于中高频声波的吸收。帘幕的吸声效果与材料种类和褶纹有关。帘幕吸声体安装、拆卸方便，兼具装饰作用，应用价值较高。

8.9.3　隔声材料

1．隔声材料

建筑上把主要起隔绝声音作用的材料，称为隔声材料。隔声材料主要用于外墙、门窗、隔墙及楼板地面等处。声音可分为通过空气传播的空气声和通过撞击或振动传播的固体声。两者的隔声原理截然不同，其对围护结构的要求也不同。固体声的隔绝主要是吸收，这和吸声材料是一致的；而空气声的隔绝主要是反射，因此必须选择密实、沉重的材料，如烧结普通砖、钢板等作为隔声材料。

对于隔绝固体声最有效的措施是采用不连续结构处理。即在墙壁和承重梁之间，房屋的框架和墙壁及楼板之间加弹性衬垫，这些衬垫的材料可以采用吸声材料，如毛毡、软木等。

门窗是建筑物围护结构中隔声最薄弱的部分，其相对于墙来说单位质量小，周边的缝隙也是传声的主要途径。提高门隔声性能的关键在于对门扇及其周边缝隙的处理。隔声门应为面密度较大的复合构造，轻质的夹板门可以铺贴强吸声材料；门扇边缘可以用橡胶、泡沫塑料等的垫圈、门条进行密封处理。

改善楼板隔绝撞击声性能的主要措施有：在承重楼板上铺设用塑料橡胶布、地毯、地板等软质弹性材料制成的弹性面层，可减弱楼板所受的撞击，减弱结构层的振动；在承重楼板下加设石膏板等吊顶，可以改善楼板隔绝空气噪声和撞击噪声的性能。

2．吸声材料和隔声材料的区别

吸声材料和隔声材料的区别在于：吸声材料着眼于声源一侧反射声能的大小，目标是反射声能要小。隔声材料着眼于入射声源另一侧的透射声能的大小，目标是透射声能要小。吸声材料对入射声能的衰减吸收，一般只有十分之几，因此，其吸声能力即吸声系数用小数表示（0～1之间）；而隔声材料可使透射声能衰减到入射声能的3/10～4/10或更小，为方便表达，其隔声量用分贝的计量方法表示，也就是声音降低多少分贝。

这两种材料在材质上的差异是吸声材料对入射声能的反射很小，这意味着声能容易进入和透过这种材料。它的结构特征是：材料中具有大量的、互相贯通的、从表到里的微孔，通常是用纤维状、颗粒状或发泡材料以形成多孔性结构，也即具有一定的透气性。当声波入射到多孔材料表面时，引起微孔中的空气振动，由于摩擦阻力和空气的黏滞阻力及热传导作用，将相当一部分声能转化为热能，从而起吸声作用。

对于隔声材料，要减弱透射声能，阻挡声音的传播，就不能如同吸声材料那样疏松、多孔、透气；相反，它的材质应该是重而密实的，如铅板、钢板等一类材料。隔声材料材质的要求是密实无孔隙或缝隙、有较大的质量。由于这类隔声材料密实，难以吸收和透过声能而反射能强，所以它的吸声性能差。

3．吸声、隔声材料的选用原则

建筑体的功能存在着千差万别，所以对声学材料的要求也是不同的。如电影院、音乐厅、演讲厅除考虑材料对声音的影响外，还要考虑材料对厅内音质和音量的影响、材料的内装修功能及成本、使用年限等问题。一般情况下选择吸声、隔声材料的基本要求如下：

（1）选择气孔是开放的且气孔互相连通的材料（开放连通的气孔，吸声性能好）；

（2）吸声材料强度低，设置部位要免受碰撞；

（3）尽量选择吸声系数大的材料；

（4）注意房间各部件与吸声内装修的协调性；

（5）注意吸声材料与隔声材料的选择。

本模块介绍了建筑装饰材料除满足装饰性要求外，还应具有保护作用，满足相应的使用要求，有时还需具有一定的吸声性、隔声性和隔热保温性等。

装饰材料的选用要满足功能性、装饰性、经济性、安全性、生态环保等原则。

陶瓷类装饰材料主要包括内墙面砖、墙地砖、陶瓷马赛克建筑琉璃制品等的性质与选用。装饰石材主要包括天然石材和人造石材的性质与选用。

金属类装饰材料主要包括装饰用铝合金制品、装饰用钢板等。

建筑玻璃及其制品，主要介绍建筑玻璃的分类及应用，安全玻璃、节能玻璃的选用。

常见建筑装饰涂料有有机建筑涂料、无机建筑涂料、复合建筑涂料。

塑料是由合成树脂、填料、助剂等组成。塑料按受热时性能变化的不同，可分为热塑性塑料和热固性塑料。塑料有着众多的优越性，如轻质高强、导热系数小、化学稳定性好、电绝缘性好等。但塑料也有一些缺点，如易老化、耐热性差、易燃、刚度小等。建筑塑料制品种类繁多，按其形状主要可分为塑料板材、片材、管材等，如塑料地板、塑料壁纸、塑料门窗等。

保温、隔热材料统称为绝热材料。绝热材料最突出的功能是可以减少建筑物在使用过程中的能耗，从而节约能源。建筑绝热保温材料是建筑节能的物质基础。

吸声材料是指能在一定程度上吸收由空气传递的声波能量的材料。其主要作用是消耗声波的能量。这类材料的结构中充满了许多微小的孔隙和连通的气泡。建筑上把主要起隔绝声音作用的材料，称为隔声材料。

木材的性质主要包括物理性质和力学性质。物理性质主要有密度、含水率、湿胀干缩性三个方面。力学性质主要包括木材的强度和影响木材强度的因素。把木材按用途分为原条、原木、锯材和各种人造板四类，介绍其具体应用，木材的腐朽原因和防腐处理的方法，木材的防虫方法和防火方法。

职业技能知识点考核

一、填空题

1. 材料的导热能力用导热系数_____表示。材料导热系数越_____，导热性能_____。影响材料导热系数的因素有_____、_____、_____、_____等。

2. 保温、隔热材料统称为_____。

3. _____是指能在一定程度上吸收由空气传递的声波能量的材料。其主要作用是_____。建筑上把主要起隔绝声音作用的材料称为_____。

4. 吸声材料的吸声性能以_____表示。

5. 工程上将导热系数为_____的材料，称为绝热材料。

6. 一般塑料对酸、碱、盐及油脂均有较好的_____能力。其中，最为稳定的_____，仅能与熔融的碱金属反应，与其他化学物品均不起作用。

7. 由热固性树脂制成的酚醛塑料属_____塑料。

8. 按分子中的碳原子之间结合形式的不同，合成树脂分子结构的几何形状有_____、_____和_____三种。

9. 按受热时发生的变化不同，合成树脂分为_____树脂和_____树脂两种。

10. 塑料是以_____为基本材料，再按一定比例加入_____、_____、_____、着色剂及其他助剂等经加工而成的材料。

11. 在木材的每一年轮中，色浅而质软的部分称为_____，色深而质硬的部分称为_____。

12. 当木材中没有自由水，而细胞壁内充满_____，达到饱和状态时，称为木材的_____。

13. 木材在长期荷载作用下不致引起破坏的最大强度称为_____。

14. 木材中_____水发生变化时，木材的物理力学性质也随之变化。

15. 木材的胀缩变形是各向异性的，其中_____向胀缩最小，_____向胀缩最大。

16. 建筑装饰材料除满足_____要求外，还应具有_____作用，满足相应的使用要求，有时还需具有一定的_____、_____和_____等。

17. 装饰材料的选用要满足_____、_____、_____、_____等原则。

18. 装饰石材主要包括_____石材和_____石材两类。

19. 常见建筑装饰涂料按化学成分可分为_____、_____、_____。

20. 建筑安全玻璃主要包括_____、_____和_____。

二、单项选择题

1. 对保温隔热材料通常要求其导热系数不宜大于（　　）W/（m·K）。
   A. 0.4　　　　　　B. 0.23　　　　　　C. 0.175　　　　　　D. 0.1

2. （　　）是指能在一定程度上吸收由空气传递的声波能量的材料，其主要作用是消耗声波的能量。
   A. 吸声材料　　　B. 隔声材料　　　C. 绝热材料　　　D. 功能材料

3. 任何材料都能不同程度地吸收声音，通常把六个频率的平均吸声系数（　　）的材料，称为吸声材料。
   A. 大于 0.2　　　B. 大于 0.23　　　C. 小于 0.95　　　D. 等于 0.5

4. 以下属于有机绝热材料的是（　　）。
   A. 矿物棉　　　　B. 玻璃纤维　　　C. 泡沫玻璃　　　D. 泡沫塑料

5. 材料的导热系数由大到小为：金属材料＞无机非金属材料＞有机材料，（　　）最小。
   A. 气体　　　　　B. 液体　　　　　C. 金属　　　　　D. 冰

6. 合成树脂乳液内墙涂料（又名内墙乳胶漆）的质量等级可分为（　　）。
   A. 合格品
   B. 一等品、合格品
   C. 优等品、一等品、合格品
   D. 特等品、优等品、一等品、合格品

7. （　　）是常用的热塑性塑料。
   A. 氨基塑料　　　B. 三聚氰胺塑料　　C. ABS 塑料　　　D. 脲醛塑料

8. 常用作食品保鲜膜的是（　　）。

    A. PS   B. PVC   C. PE   D. PMMA

9. 木材的力学指标是以木材含水率为（　　）时为标准的。

    A. 12%   B. 14%   C. 16%   D. 18%

10. 木材在不同受力下的强度，按其大小可排成如下顺序：（　　）。

    A. 抗弯＞抗压＞抗拉＞抗剪   B. 抗压＞抗弯＞抗拉＞抗剪

    C. 抗拉＞抗弯＞抗压＞抗剪   D. 抗拉＞抗压＞抗弯＞抗剪

11. （　　）是木材物理、力学性质发生变化的转折点。

    A. 纤维饱和点   B. 平衡含水率   C. 饱和含水率   D. A+B

12. 木材在进行加工使用前，应预先将其干燥至含水率达（　　）。

    A. 纤维饱和点   B. 使用环境长年平均平衡含水率

    C. 标准含水率   D. 气干状态

13. 合成树脂乳液内墙涂料（又名内墙乳胶漆）的质量等级可分为（　　）。

    A. 合格品   B. 一等品、合格品

    C. 优等品、一等品、合格品   D. 特等品、优等品、一等品、合格品

14. 在下列玻璃中，（　　）可以作为防火玻璃，可起隔绝火势的作用。

    A. 钢化玻璃   B. 夹丝玻璃   C. 镀膜玻璃   D. 夹层玻璃

15. （　　）俗称青石。

    A. 石灰岩   B. 花岗岩   C. 大理岩   D. 砂岩

16. （　　）外形大致方正，一般不加工或仅稍加修整，高度不应小于 200 mm，叠砌面凹入深度不大于 20 mm。

    A. 细料石   B. 毛料石   C. 粗料石   D. 半细料石

17. 汉白玉是一种白色的（　　）。

    A. 石灰岩   B. 凝灰岩   C. 大理岩   D. 花岗岩

三、多项选择题

1. 木材含水率变化对以下（　　）影响较大。

    A. 顺纹抗压强度   B. 顺纹抗拉强度

    C. 抗弯强度   D. 顺纹抗剪强度

    E. 抗压强度

2. 木材的疵病主要有（　　）。

    A. 木节   B. 腐朽   C. 斜纹   D. 虫害

    E. 裂缝

3. 木材可以通过（　　）方式加以综合利用。

    A. 胶合板   B. 纤维板   C. 刨花板   D. 木丝板

    E. 木屑板

4. 下列（　　）属于热塑性塑料。

    A. 聚乙烯塑料   B. 酚醛塑料

    C. 聚苯乙烯塑料   D. 有机硅塑料

    E. 热固性塑料

5. 能用于结构受力部位的胶粘剂是（　　　）。

    A．热固性树脂　　　　B．热塑性树脂　　　　C．橡胶　　　　　　　D．B+C

    E．沥青胶

6. 下列（　　　）属于热固性塑料。

    A．聚乙烯塑料　　　B．酚醛塑料　　　　C．聚苯乙烯塑料　　　D．有机硅塑料

    E．沥青胶

四、判断题

1. 以塑料为基体、玻璃纤维为增强材料的复合材料，通常称为玻璃钢。　　　　（　　　）

2. 液体状态的聚合物几乎全部无毒，而固化后的聚合物多半是有毒的。　　　（　　　）

3. 软聚氯乙烯薄膜能用于食品包装。　　　　　　　　　　　　　　　　　　（　　　）

4. 花岗石板材是酸性石材，不怕酸雨，强度大、硬度高，因此可以用于室内外墙面、地面、柱面、台阶等。　　　　　　　　　　　　　　　　　　　　　　　　　　　（　　　）

5. 釉面砖又称瓷砖、瓷片，是以难熔黏土为主要原料、二次或一次烧成的精陶制品，属于炻质砖。主要适用于室内墙面、柱面、台面、电梯门脸等。　　　　　　　（　　　）

6. 玻璃是典型脆性材料，导热系数大，导热性好。　　　　　　　　　　　　（　　　）

7. 空心玻璃砖是一种具有干燥空气层的空腔，并周边均密封的玻璃制品，因此保温绝热性能和隔声性能好。　　　　　　　　　　　　　　　　　　　　　　　　　（　　　）

8. 大理石是变质岩，为碱性石材。　　　　　　　　　　　　　　　　　　　（　　　）

五、简答题

1. 塑料由哪些成分组成？

2. 塑钢门窗的性能及特点有哪些？

3. 塑料能在建筑中得到广泛的应用，是由于它具有哪些比其他建筑材料更为优越的性能？

4. 什么是绝热材料？在建筑上使用绝热材料的意义是什么？

5. 建筑工程对保温、绝热材料的基本要求是什么？

6. 常见吸声材料的结构形式有哪些？

7. 绝热材料导热系数的影响因素主要有哪些？

8. 吸声材料和隔声材料有何区别？

9. 花岗石和大理石在外观、性能及应用范围上有何区别？

10. 建筑陶瓷主要有哪些品种？试举例说明。

11. 金属类装饰材料有什么样的特点？

12. 建筑装饰材料的选用原则有哪些？

13. 大理石为何常用于室内？

14. 木材含水率的变化对其强度的影响如何？

15. 木材在吸湿或干燥过程中，体积变化有何规律？

16. 影响木材强度的主要因素有哪些？

六、案例题

1. 南方某三房二厅家居装修木地板。该住户客人较多。请选择木地板。

(1) 地板所用木材种类是（　　　）。

    A．杉木　　　　　　B．龙眼木　　　　　C．松木

（2）客厅及餐厅用木地板是（　　　）。

　　A．实木淋漆地板　B．实木复合地板　C．强化木地板

（3）卧室、书房木地板是（　　　）。

　　A．实木淋漆地板　B．实木复合地板　C．强化木地板

2．某施工队在装修时，前后两次都使用了木地板，但两次都失败了。现分析其失败原因，希望能从中得到一些经验教训。

第一次他们使用了没有经过干燥的木地板，但到了冬天干燥的季节，就发现木地板有变形开裂现象。为什么会出现这样的现象呢？吸取第一次的经验教训，施工队在第二次使用了已干燥的木材，施工时采用水泥砂浆作为基层，配制砂浆时水胶比较大，导致基层含水过多；且铺设时木板之间结合紧密，没有预留一定的伸缩缝隙。到了三四月潮湿的季节，又出现了地板起拱的现象。这又是什么原因呢？

模块 9　建筑材料检测

9.1　建筑材料检测概述

思维导图

9.1.1　建筑材料检测的目的和意义

建筑材料是工程结构物的物质基础。建筑材料的优劣及配制是否合理，选用是否适当等，都直接影响结构物的质量。随着建筑工程技术的不断发展，用于建筑工程的材料不仅在品种上日益增多，而且在质量上不断提出新的要求。本课程的任务就是使初学者了解建筑工程常用建筑材料的技术性能及检测方法。

建筑材料检测是本课程一个重要的实践性教学环节。通过检测，使学生熟悉建筑材料性能检测基本方法、检测设备的性能和操作规程，掌握各种主要建筑材料的技术性质，培养学生的基本检测技能、综合设计检测的能力、创新能力和严谨的科学态度，提高分析问题和解决问题的能力。

材料检测即建筑材料课程的重要组成部分，同时，也是学习研究建筑材料的重要方法。通过试验，一是使学生增加感性认识，对常用材料的性能进行检测和评定，验证、巩固所学的理论知识；二是熟悉常用材料试验仪器的性能和操作方法，掌握基本的检测方法；三是进行科学研究的基本训练，培养分析问题和解决问题的能力。

9.1.2　建筑材料检测的步骤

1．取样

所选试样必须有代表性，各种材料的取样方法在有关的技术标准或规范中均有规定。

2．按规定的方法进行检测

在材料检测过程中，仪器设备及试验操作等检测条件，必须符合标准检测方法中的有关规定，以保证获得准确的试验结果。认真记录试验过程所得的数据，在试验过程中应注意观察出现的各种现象。

3．试验数据处理，分析试验结果

计算结果与测量的准确度相一致，数据运算按有效数字法则进行。试验结果分析包括结果的可靠度、结果与标准对比、结论。

9.2　水泥物理性能指标检测

9.2.1　水泥细度检测

采用标准《水泥细度检验方法　筛析法》（GB/T 1345—2005）。

263

标准规定了 45 μm 方孔标准筛和 80 μm 方孔筛的水泥细度筛析试验方法。适用于硅酸盐水泥、普通硅酸盐水泥、矿渣硅酸盐水泥、火山灰质硅酸盐水泥、粉煤灰硅酸盐水泥、复合硅酸盐水泥以及指定采用该标准的其他品种水泥和粉状物料。

水泥细度是指水泥颗粒粗细程度，水泥的化学、力学性质都与细度有关，因此细度是水泥质量的控制指标之一。水泥细度检验方法有负压筛法、水筛法和手工干筛法三种。三种检验方法发生争议时，以负压筛法为准。三种方法都采用 45 μm 方孔标准筛和 80 μm 方孔筛对水泥试样进行筛析试验，用筛上所得筛余物的百分数来表示水泥样品的细度。

1. 负压筛法

（1）主要仪器设备。

1）负压筛：采用边长为 80 μm 的方孔铜丝筛网制成，并附有透明的筛盖，筛盖与筛口应有良好的密封性，如图 9-1 所示。

2）天平：称量为 100 g，感量为 0.05 g，如图 9-2 所示。

3）烘箱：温度控制范围为 105 ℃ ±5 ℃，如图 9-3 所示。

4）负压筛析仪：由筛座、负压源及收尘器组成，如图 9-4 和图 9-5 所示。

图 9-1　负压筛

图 9-2　天平

图 9-3　烘箱

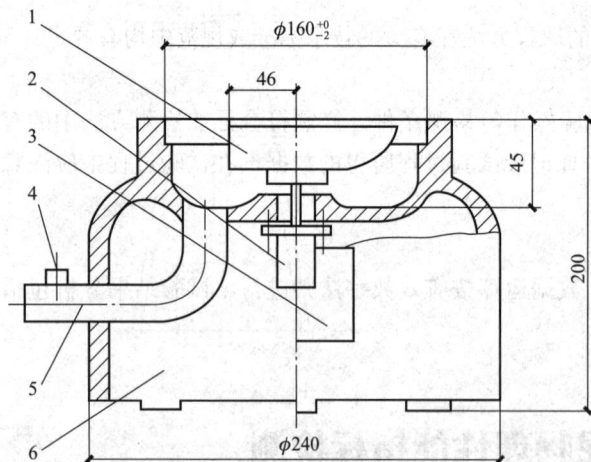

图 9-4　负压筛座示意

1—喷气嘴；2—微电机；3—控制板开口；4—负压表接口；5—负压源及收尘器接口；6—壳体

图 9-5　负压筛析仪

（2）检测步骤。检测前所用试验筛应保持清洁，负压筛和手工筛应保持干燥。试验前，80 μm筛析试验称取试样25 g，45 μm筛析试验称取试样10 g。

检查负压筛析仪系统，调压至4 000～6 000 Pa范围内。称取过筛的水泥试样25 g，置于洁净的负压筛中，盖上筛盖并放在筛座上。启动并连续筛析2 min，在此期间如有试样黏附于筛盖，可轻轻敲击使试样落下。筛毕取下，用天平称量筛余物的质量（g），精确至0.1 g。

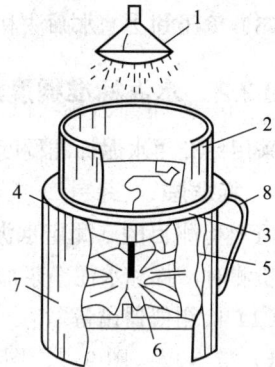

图9-6　水筛法装置系统图

1—喷头；2—标准筛；3—旋转托架；
4—集水斗；5—出水口；6—叶轮；
7—外筒；8—把手

2．水筛法

（1）主要仪器设备。

1）水筛及筛座：水筛采用边长为0.080 mm的方孔铜丝筛网制成，筛框内径为125 mm，高为80 mm，如图9-6所示。

2）喷头：直径为55 mm，面上均匀分布90个孔，孔径为0.5～0.7 mm，喷头安装高度离筛网以35～75 mm为宜。

3）天平：称量为100 g，感量为0.05 g，如图9-2所示。

4）烘箱：温度控制范围为105 ℃±5 ℃，如图9-3所示。

（2）检测步骤。调整好水筛架的位置，使其能正常运转。称取已通过0.9 mm方孔筛的试样50 g，倒入水筛内，立即用洁净的自来水冲至大部分细粉通过筛孔，再将筛子置于筛座上，用水压0.03～0.07 MPa的喷头连续冲洗3 min。筛毕，用少量水把筛余物冲至蒸发皿中，待水泥颗粒全部沉淀后，小心倒出清水。将蒸发皿在烘箱中烘至恒重，称量试样的筛余量，精确至0.1 g。

3．手工干筛法

（1）主要仪器设备。

1）筛子：筛框有效直径为100 mm，高50 mm，方孔边长为0.08 mm。

2）烘箱：温度控制范围为105 ℃±5 ℃，如图9-3所示。

3）天平：称量为100 g，感量为0.05 g，如图9-2所示。

（2）检测步骤。称取烘干的水泥试样50 g倒入干筛内，盖上筛盖，用一只手执筛往复摇动，另一只手轻轻拍打，拍打速度每分钟约120次，每40次向同一方向转动60°，使试样均匀分布在筛网上，直至每分钟通过的试样量不超过0.05 g为止。

4．检测结果计算

（1）水泥试样筛余百分数按下式计算（精确至0.1%）：

$$F = \frac{R_t}{W} \times 100\% \tag{9-1}$$

式中　F——水泥试样的筛余百分数（%）；

　　　R_t——水泥筛余物的质量（g）；

　　　W——水泥试样的质量（g）。

（2）合格评定时，每个样品应称取两个试样分别筛析，取筛余平均值为筛析结果。若两次筛余结果绝对值大于0.5%（筛余大于5.0%时可放至1.0%），应再做一次试验，取两次相近结果的算术平均值，作为最终结果。

筛余结果修正，为使试验结果可比，应采用试验筛修正系数方法修正上述结果，修正系数的确定按《水泥细度检验方法　筛析法》（GB/T 1345—2005）中附录 A 进行。

（3）负压筛法、水筛法和手工干筛法三种检验方法发生争议时，以负压筛法为准。

9.2.2　水泥标准稠度用水量测定

采用标准《水泥标准稠度用水量、凝结时间、安定性检验方法》（GB/T 1346—2011）。

1．标准法

（1）检测目的。测定水泥浆具有标准稠度时需要的加水量，作为水泥凝结时间、体积安定性检测时，拌和水泥净浆加水量的根据。

（2）检测仪器设备。

1）维卡仪：图 9-7、图 9-8 所示为水泥标准稠度与凝结时间测定仪（维卡仪）。标准稠度测定用试杆有效长度为 50 mm±1 mm，由直径为 ϕ10 mm±0.05 mm 的圆柱形耐腐蚀金属制成。初凝用试针由钢制成，其有效长度初凝针为 50 mm±1 mm、终凝针为 30 mm±1 mm，直径为 ϕ1.13 mm±0.05 mm。滑动部分总质量为 300 g±1 g。与试杆、试针连接的滑动杆表面应光滑，能靠重力自由下落，不得有紧涩和旷动现象。盛装水泥净浆的试模应由耐腐蚀的、有足够硬度的金属制成。试模为深 40 mm±0.2 mm、顶内径 ϕ65 mm、底内径 ϕ75 mm±0.5 mm 的截顶圆锥体。每个试模应配备一个边长或直径约为 100 mm、厚度为 4～5 mm 的平板玻璃板或金属底板。

2）水泥净浆搅拌机：净浆搅拌机由搅拌锅、搅拌叶片、传动机构和控制系统组成。搅拌叶片在搅拌锅内作旋转方向相反的公转和自转，转速为 90 r/min，控制系统可以自动控制，也可以人工控制，如图 9-9 所示。

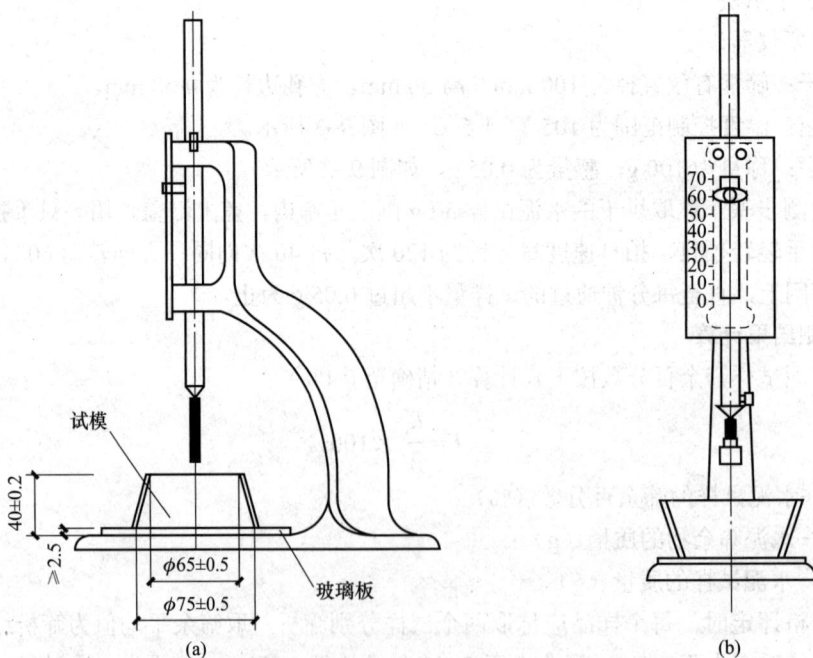

图 9-7　测定水泥标准稠度和凝结时间的维卡仪
（a）初凝时间测定侧视图；（b）终凝时间测定前视图

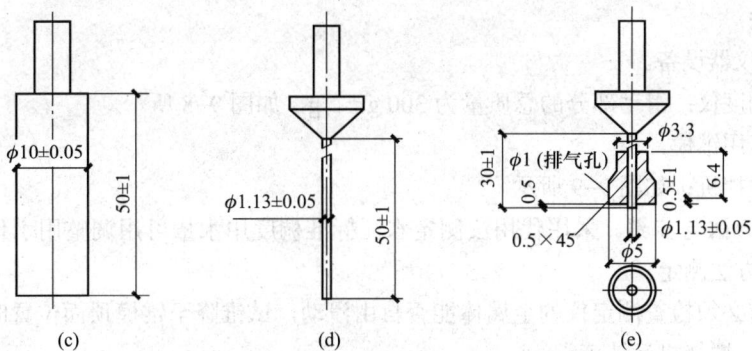

图 9-7 测定水泥标准稠度和凝结时间的维卡仪（续）
（c）标准稠度用针；（d）初凝时间测试用针；（e）终凝时间测试用针

图 9-8 维卡仪   图 9-9 水泥净浆搅拌机

3）天平：最大称量不小于 1 000 g，分度值不大于 1 g。

（3）检测步骤。

1）检测前必须检查维卡仪的金属棒能否自由滑动，调整试杆使试杆接触玻璃板时指针对准标尺零点。

2）称取 500 g 水泥试样；量取拌合水（按经验确定），水量精确至 0.1 mL，用湿布擦抹水泥净浆搅拌机的筒壁及叶片；将拌合水倒入搅拌锅内，然后在 5 ～ 10 s 内将称好的 500 g 水泥加入水中。

将搅拌锅放到搅拌机锅座上，升至搅拌位置，开动机器，低速搅拌 120 s，停拌 10 s，接着再快速搅拌 120 s 后停机。

3）拌和完毕，立即将水泥净浆一次装入试模中，用小刀插捣并振实，刮去多余净浆，抹平后迅速放置在维卡仪底座上，将其中心定在试杆下，将试杆降至净浆表面，拧紧螺钉，然后突然放松，让试杆自由沉入净浆中，在试杆停止沉入或释放试杆 30 s 时记录试杆与底板之间的距离，整个操作应在搅拌后 1.5 min 内完成。

4）调整用水量，以试杆沉入净浆并距底板 6 mm±1 mm 时的水泥净浆为标准稠度净浆，此拌合用水量即水泥的标准稠度用水量（按水泥质量的百分比计）。如超出范围，须另称试样，调整水量，重做检测，直至达到 6 mm±1 mm 时为止。

2．代用法

（1）主要仪器设备。

1）标准稠度仪：滑动部分的总质量为 300 g±2 g，如图 9-8 所示。

2）装净浆用锥模。

3）净浆搅拌机：如图 9-9 所示。

（2）检测方法与步骤。采用代用法测定水泥标准稠度用水量可用调整用水量法和固定用水量法中任一方法测定。

1）检测前必须检查测定仪的金属棒能否自由滑动，试锥降至锥模顶面位置时，指针应对准标尺的零点，搅拌机运转正常。

2）水泥净浆的拌制同标准法。采用调整用水量方法时，按经验确定；采用固定用水量方法时用水量为 142.5 mL，水量精确至 0.1 mL。

3）拌和结束后，立即将净浆一次装入锥模中，用宽约为 25 mm 的直边刀在浆体表面轻轻插捣 5 次，再轻振 5 次，刮去多余净浆；抹平后迅速将其放到试锥下面的固定位置上，将试锥锥尖与净浆表面刚好接触，拧紧螺栓 1～2 s 后突然放松，让试锥自由沉入净浆中。到试杆停止沉入或释放试杆 30 s 时记录试锥下沉深度，整个操作过程应在搅拌后 1.5 min 内完成。

（3）检测结果的计算与确定。

1）用调整用水量法。以试锥下沉深度为 30 mm±1 mm 时的净浆为标准稠度净浆，其拌合用水量即水泥的标准稠度用水量（P），按水泥质量的百分比计。如下沉深度超出范围，须另称试样，调整水量，重做检测，直至达到 30 mm±1 mm 时为止。

2）用固定用水量法。根据式（9-2）（或仪器上对应标尺），计算得到标准稠度用水量 P（%）。当试锥下沉深度小于 13 mm 时，应采用调整用水量法测定。

$$P=33.4-0.185S \qquad\qquad (9-2)$$

式中　P——标准稠度用水量（%）；

　　　S——试锥下沉深度（mm）。

9.2.3　水泥凝结时间检测

采用标准《水泥标准稠度用水量、凝结时间、安定性检验方法》（GB/T 1346—2011）。

1．检测目的

测定水泥初凝时间和终凝时间，以评定水泥的凝结硬化性能是否符合标准要求。

2．主要仪器设备

（1）凝结时间测定仪如图 9-7 所示。

（2）试针和试模如图 9-7 所示。

（3）净浆搅拌机如图 9-9 所示。

3．检测步骤

（1）调整凝结时间测定仪的试针，使其接触玻璃板时，指针对准标尺的零点，将净浆试模内侧稍涂一层机油，放在玻璃板上。

（2）以标准稠度用水量，称取 500 g 水泥，按规定方法拌制标准稠度水泥浆，一次装满试模，振动数次刮平，立即放入湿气养护箱中。记录水泥全部加入水中的时间，作为凝结时间的起始时间。

（3）初凝时间的测定：试件在湿气养护箱养护至加水30 min时进行第一次测定。测定时，从湿气养护中取出试模放到试针下，降低试针，使之与水泥净浆表面接触。拧紧螺栓1～2 s后，突然放松，试针垂直自由地沉入水泥净浆，观察试针停止下沉或释放试针30 s时指针的读数。在最初测定操作时应轻轻扶持金属柱，使其徐徐下降，以防试针撞弯，但结果以自由下落为准。

（4）终凝时间的测定：在完成初凝时间测定后，立即将试模连同浆体以平移的方式从玻璃板取下，翻转180°，直径大端向上、小端向下放在玻璃板上，再放入养护箱中继续养护，临近终凝时每隔10 min测定一次。更换终凝用试针，用同样的测定方法观察指针读数。

测定注意事项：在最初测定操作时应轻轻扶持金属柱，使其徐徐下降，以防试针撞弯，但结果以自由下落为准；整个测试过程中试针沉入的位置距试模内壁大于10 mm。临近初凝时，每隔5 min（或更短的时间）测定一次，临近终凝时每隔15 min（或更短的时间）测定一次，到达初凝或终凝时，应立即重复测一次；每次测定不得让试针落于原针孔内，每次测定完毕，须将试模放回养护箱内，并将试针擦净。整个测试过程中试模不得受到振动。

4. 检测结果

从水泥全部加入水中的时间起，至试针沉至距底板4 mm±1 mm时所经过的时间为初凝时间；至试针沉入试体0.5 mm时，即环形附件开始不能在试体上留下痕迹时所经过的时间为终凝时间。

9.2.4 水泥安定性检测

采用标准《水泥标准稠度用水量、凝结时间、安定性检验方法》（GB/T 1346—2011）。

用沸煮法检验水泥浆体硬化后体积变化是否均匀。检验可分为雷氏法和试饼法，两种方法有争议时以雷氏法为准。

1. 雷氏法（标准法）

（1）仪器设备。

1）雷氏夹：由铜质材料制成，其结构如图9-10所示。当一根指针的根部先悬挂在一根金属丝或尼龙绳上，另一根指针的根部再悬挂上300 g质量的砝码时，两根指针针尖的距离增加应在17.5 mm±2.5 mm范围内，即$2x=17.5$ mm ±2.5 mm（图9-10），当去掉砝码后针尖的距离能恢复至挂砝码前的状态。图9-11所示为雷氏夹。

2）雷氏夹膨胀测定仪标尺最小刻度为0.5 mm，如图9-12所示。

3）沸煮箱如图9-13所示。

4）水泥净浆搅拌机如图9-9所示。

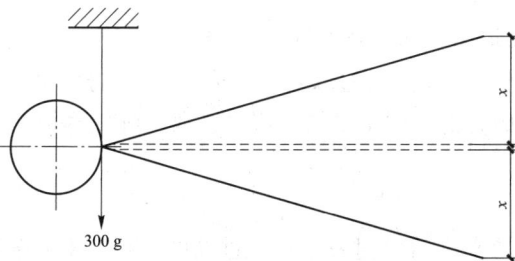

图9-10 雷氏夹受力图

图9-11 雷氏夹

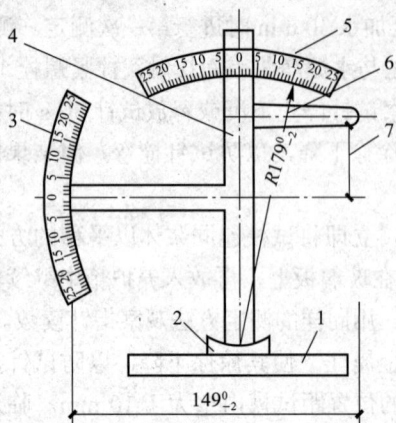

图 9-12　雷氏夹膨胀测量仪　　　　图 9-13　沸煮箱维卡仪

1—底座；2—模子座；3—测弹性标尺；4—立柱；

5—测膨胀值标尺；6—悬臂；7—悬丝

（2）检测步骤。

1）检测前准备工作。每个试样需成型两个试件，每个雷氏夹需配备两个边长或直径约为 80 mm、厚度为 4～5 mm 的玻璃板，凡与水泥净浆接触的玻璃板都要稍稍涂上一层油。

2）雷氏夹试件的成型。将已制好的标准稠度净浆一次装满雷氏夹，装浆时一只手轻扶雷氏夹，另一只手用宽约为 25 mm 的直边刀在浆体表面轻轻插捣 3 次，然后抹平，盖上稍涂油的玻璃板，紧接着将试件移至湿气养护箱内养护 24 h±2 h。

3）沸煮。调整好沸煮箱内的水位，使其能保证在整个沸煮过程中都超过试件，不需中途添补试验用水；同时，又能保证在 30 min±5 min 内升至沸腾。

除去玻璃板取下试件，用膨胀值测定仪测量雷氏夹指针尖端间的距离（A），精确至 0.5 mm，接着将试件放入沸煮箱水中的试件架上，指针朝上，然后在 30 min±5 min 内加热至沸腾并恒沸 180 min±5 min。

4）结果判别。沸煮结束后，立即放掉沸煮箱中的热水，打开箱盖，待箱体冷却至室温，取出试件进行鉴别。测量雷氏夹指针尖端的距离（C），当两个试件煮后增加距离（C-A）的平均值不大于 5.0 mm 时，该水泥安定性合格。当两个试件煮后增加距离（C-A）的平均值大于 5.0 mm 时，应用同一样品立即重新做一次试验。以复验结果为准。

2．试饼法

（1）检测前准备工作。每个样品需准备两块边长约 100 mm 的玻璃板，凡与水泥净浆接触的玻璃板都要稍稍涂上一层油。

（2）试样的成型方法。将制好的标准净浆取出一部分分成两等份，使之成球形，放在已涂过油的玻璃板上，轻轻振动玻璃板并用湿布擦过的小刀由边缘向中央抹动，做成直径为 70～80 mm、中心厚约为 10 mm、边缘渐薄、表面光滑的两个试饼，将试饼放入湿气养护箱内养护 24 h±2 h。

（3）沸煮。

1）调整好沸煮箱内的水位，使其能保证在整个沸煮过程中都超过试件，不需要中途添补试验用水；同时，又能保证在 30 min±5 min 内升至沸腾。

2）除去玻璃板取下试件，用膨胀值测定仪测量雷氏夹指针尖端间的距离（A），精确至 0.5 mm；接着，将试件放入沸煮箱水中的试件架上，指针朝上；然后，在 30 min±5 min 内加热至沸腾并恒沸 180 min±5 min。

（4）结果判别。沸煮结束后，立即放掉沸煮箱中的热水，打开箱盖，待箱体冷却至室温，取出试件进行鉴别。目测试饼未发现裂缝，用钢尺检查也没有弯曲（钢尺和试饼底部靠紧，二者之间不透光为不弯曲）的试饼为安定性合格；反之，为不合格。当两个试饼判别结果有矛盾时，该水泥的安定性为不合格。

9.2.5 水泥胶砂强度检测

采用标准《水泥胶砂强度检验方法（ISO 法）》（GB/T 17671—1999）。

1．主要仪器设备

（1）试模：可装拆的三连模，由隔板、端板和底座组成，如图 9-14 和图 9-15 所示。

（2）水泥胶砂搅拌机：如图 9-16 所示。

（3）振实台：由同步电机带动凸轮转动，使振动部分上升定值后自由落下，产生振动，振动频率为 60（60±2）次 /s，振幅为 10 mm±0.3 mm，如图 9-17 所示。

（4）套模：壁高为 20 mm 的金属模套，当从上向下看时，模套壁与试模内壁应该重叠。

（5）抗折强度检测机：如图 9-18 所示。

（6）抗压检测机及抗压夹具：抗压检测机以 200～300 kN 为宜，应有 ±1% 精度，并具有按 2 400 N/s±200 N/s 速率加荷的能力；抗压夹具由硬质钢材制成，受压面积为 40 mm× 40 mm，如图 9-19 所示。

（7）两个下料漏斗、金属刮平直尺。

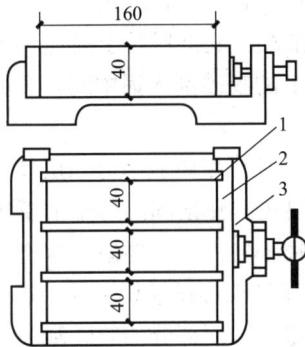

图 9-14　试模

1—隔板；2—端板；3—底座

图 9-15　水泥胶砂试模

图 9-16　水泥胶砂搅拌机

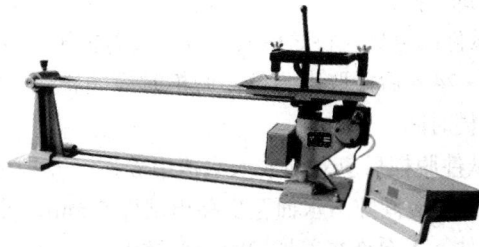

图 9-17　水泥胶砂试件振实台

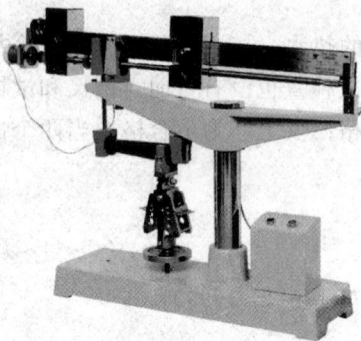

图 9-18　水泥胶砂试件抗折试验机　　　　图 9-19　水泥胶砂试件抗压试验机

2．检测步骤

（1）检测前准备。

1）将试模擦净，四周模板与底座的接触面应涂黄油，紧密装配，防止漏浆，内壁均匀刷一层薄机油。

2）水泥与标准砂的质量比为 1 ∶ 3，水胶比为 0.5。

3）每成型三条试件需称量水泥 450 g±2 g，标准砂 1 350 g±5 g［符合《水泥胶砂强度检验方法（ISO 法）》（GB/T 17671—1999）要求］，拌合用水量为 225 mL±1 mL。

（2）试件制备。

1）把水加入锅里，再加入水泥，把锅放在固定架上固定。然后，立即开动机器，低速搅拌 30 s 后，在第二个 30 s 开始的同时均匀地将砂子加入，把机器转至高速再加拌 30 s。停拌 90 s，在第一个 10 s 内用一胶皮刮具将叶片和锅壁上的胶砂刮入锅中间。在高速下继续搅拌 60 s。各个搅拌阶段，时间误差应在 ±1 s 之内。

2）将空试模和模套固定在振实台上，用铲刀直接从搅拌锅里将胶砂分二层装入试模，装第一层时，每个槽内约放 300 g 胶砂，用大播料器垂直架在模套顶部，沿每个模槽来回一次将料层播平，接着振实 60 次。再装入第二层胶砂，用小播平器播平，再振实 60 次。

3）从振实台上取下试模，用一金属直尺以近 90°的角度架在试模顶的一端，然后沿试模长度方向以横向锯割动作慢慢向另一端移动，一次将超过试模部分的胶砂刮去，并用同一直尺以近乎水平的方式将试体表面抹平。

4）在试模上作标记或加字条表明试件编号。

（3）试件养护。

1）试件编号后，将试模放入雾室或养护箱（温度为 20 ℃ ±1 ℃，相对湿度大于 90%），养护 20 ～ 24 h 后，取出脱模，脱模时应防止试件损伤，硬化较慢的水泥允许延期脱模，但须记录脱模时间。

2）试件脱模后应立即放入水槽中养护，养护水温为 20 ℃ ±1 ℃，养护期间试件之间应留有至少 5 mm 间隙，水面至少高出试件 5 mm，养护至规定龄期，每个养护池只养护同类型的水泥试件，不允许在养护期间全部换水。

（4）强度检测。

1）龄期。各龄期的试件，必须在规定的 3 d±45 min、7 d±2 h、28 d±2 h 内进行强度测定。在强度检测前 10 min 将试件从水中取出，用湿布覆盖至检测为止。

2）抗折强度测定。

①每龄期取出 3 个试件，先做抗折强度测定，测定前须擦去试件表面水分和砂粒，清除夹具上圆柱表面粘着的杂物，将试件放入抗折夹具内，应使试件侧面与圆柱接触。

②调节抗折检测机的零点与平衡，开动电机以 50 N/s±10 N/s 速度加荷，直至试件折断，记录破坏荷载 F_f（N）。

③抗折强度按下式计算（精确至 0.1 MPa）：

$$R_f = \frac{3F_f L}{2b^3} \tag{9-3}$$

式中　F_f——折断时施加于棱柱体中部的荷载（N）；

　　　L——支撑圆柱中心距离（100 mm）；

　　　b——棱柱体正方形截面的边长（mm）。

抗折强度以一组 3 个试件抗折强度的算术平均值作为检测结果；当 3 个强度值中有一个超过平均值的 ±10% 时，应予剔除，取其余 2 个的平均值；如有 2 个强度值超过平均值的10%，应重做检测。

3）抗压强度测定。

①抗压检测利用抗折检测后的断块，抗压强度测定须用抗压夹具进行，试体受压断面为40 mm×40 mm，检测前应清除试件受压面与加压板间的砂粒或杂物；检测时，以试体的侧面作为受压面，底面紧靠夹具定位销，并使夹具对准压力机压板中心。

②开动检测机，控制压力机加荷速度为 2 400 N/s±200 N/s，均匀地加荷至破坏，并记录破坏荷载 F_c（N）。

③抗压强度按下式计算（精确至 0.1 MPa）：

$$R_c = \frac{F_c}{A} \tag{9-4}$$

式中　F_c——破坏时的最大荷载（N）；

　　　A——受压部分面积（mm²）（40 mm×40 mm=1 600 mm²）。

④抗压强度结果的确定是取一组 6 个抗压强度测定值的算术平均值；如 6 个测定值中有1 个超出 6 个平均值的 ±10%，就应剔除这个结果，而以剩下 5 个的平均值作为结果；如果 5个测定值中再有超过它们平均数 ±10% 的，则此组结果作废。

9.3　混凝土用砂、石子物理性能检测

9.3.1　砂、石取样与缩分

采用标准《普通混凝土用砂、石质量及检测方法标准》（JGJ 52—2006）。

1. 取样

使用单位应按砂或石的同产地、同规格分批验收。采用大型工具（如火车、货车或汽车）

运输的，应以 400 m³ 或 600 t 为一验收批；采用小型工具（如拖拉机等）运输的，应以 200 m³ 或 300 t 为一验收批。不足上述量者，应按一验收批进行验收。当砂或石的质量比较稳定、进料量又较大时，可以 1 000 t 为一验收批。

每验收批取样时，取样部位应均匀分布。取样前应先将取样部位表面铲除，然后由各部位抽去大致相等的砂 8 份、石子 16 份，各自组成一组样品。

2. 样品缩分

（1）砂的样品缩分方法可选择下列方法之一：

1）用分料器缩分（图 9-20）：将样品在潮湿状态下拌和均匀，然后通过分料器，留下两个接料斗中的其中一份，并将另一份再次通过分料器。重复上述过程，直至把样品缩分到试验所需量为止。

2）人工四分法：将样品置于平板上，在潮湿状态下拌匀，并摊成厚度约为 20 mm 的"圆饼"状，然后沿互相垂直的两条直径把"圆饼"分成大致相等的四份，取其对角线的两份重新搅拌均匀，再重新堆成"圆饼"状。重复上述过程，直至样品缩分后的材料量略多于试验所需的数量为止。

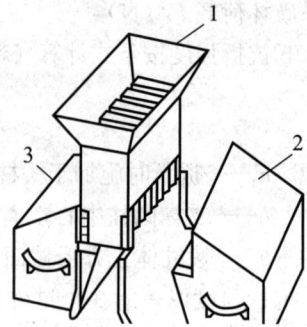

图 9-20　分料器

1—分料漏斗；2、3—接料斗

（2）碎石或卵石缩分时，应将样品置于平板上，在自然状态下搅拌均匀，并堆成锥体，然后沿互相垂直的两条直径把锥体分成大致相等的四份，取其对角的两份重新搅拌均匀，再堆成锥体。重复上述过程，直至样品缩分至试验所需量为止。

（3）砂、碎石或卵石的含水率、堆积密度、紧密密度检验所用的试样，可不缩分，搅拌均匀后直接进行试验。

9.3.2　砂、石筛分析检测

1. 砂的筛分析检测

（1）检测目的。测定砂的颗粒级配，计算细度模数，评定砂的粗细程度。

（2）主要仪器设备。

1）试验筛：公称直径分别为 10.0 mm、5.0 mm、2.50 mm、1.25 mm、630 μm、315 μm、160 μm 的方孔筛各一只，如图 9-21 所示。

2）天平：称量为 1 000 g，感量为 1 g。

3）摇筛机：如图 9-22 所示。

4）烘箱：如图 9-3 所示。

5）浅盘，硬、软毛刷器等。

（3）试样制备。用于筛分析的试样，其颗粒的公称粒径不应大于 10.0 mm。

图 9-21　方孔筛　　　图 9-22　摇筛机

试验前应先将来样通过公称直径为 10.0 mm 的方孔筛，并计算筛余。称取经缩分后样品不少于 550 g 两份，分别装入两个浅盘中，在 105 ℃ ±5 ℃ 的温度下烘干到恒重。冷却至室温备用。

注：恒重是指在相邻两次称量间隙时间不小于 3 h 的情况下，前后两次称量之差小于该项试验所要求的称量精度。

（4）检测步骤。

1）称烘干试样 500 g（特细砂可称 250 g），置于按筛孔大小顺序排列（大孔在上，小孔在下）的套筛的最上一只筛（公称直径为 5.00 mm 的方孔筛）上；将套筛装入摇筛机内固紧，筛析 10 min；然后取出套筛，再按筛孔由大到小的顺序，在清洁的浅盘上逐一进行手筛，直至每分钟通过量小于试样总量 0.1% 时为止。通过的试样并入下一只筛子，并与下一只筛子中的试样一起进行手筛。按这样的顺序依次进行，直至所有的筛子全部筛完为止。

注：1. 当试样含泥量超过 5% 时，应先将试样水洗，然后烘干至恒重，再进行筛分；

　　2. 如无摇筛机，可直接用手筛。

2）砂石材料试验各筛的筛余量不得超过按式（9-5）计算得出的剩余量，否则应将该筛的筛余试样分成两份或数份，再进行筛分，并以其筛余量之和与筛分前的试样总量相比，相差不得超过 1%。

$$m_r = \frac{A \cdot \sqrt{d}}{300} \qquad (9-5)$$

式中　m_r——某一筛上的剩余量（g）；

　　　A——筛面的面积（mm^2）；

　　　d——筛孔边长（mm）。

3）称量各筛筛余量试样的质量（精确至 1 g），所有各筛的分计筛余量和底盘中剩余质量的总和与筛分前的试样质量之比，其差值不得超过 1%。

4）筛分析试验结果计算。

①计算分计筛余百分率（各筛的筛余量除以试样总量的百分率），精确至 0.1%。

②计算累计筛余百分率（该筛上的分计筛余百分率与该筛以上各筛的分计筛余百分率之和），精确至 0.1%。

③根据各筛两次试验累计筛余的平均值，评定该试样的颗粒级配分布情况，精确至 1 g。

④砂的细度模数应按式（9-6）计算，精确至 0.01。

$$\mu_f = \frac{\beta_2 + \beta_3 + \beta_4 + \beta_5 + \beta_6 - 5\beta_1}{100 - \beta_1} \qquad (9-6)$$

式中　μ_f——砂的细度模数；

　　　β_1、β_2、β_3、β_4、β_5、β_6——公称直径 5.00 mm、2.50 mm、1.25 mm、630 μm、315 μm、160 μm 方孔筛上的累计筛余。

⑤以两次试验结果的算术平均值作为测定值，精确至 0.1。当两次试验所得的细度模数之差大于 0.2 时，应重新取样进行试验。

2. 石子的筛分析检测

（1）检测目的。测定粗集料的颗粒级配及粒级规格，便于选择优质粗集料，达到节约水泥和提高混凝土强度的目的，同时为使用集料和混凝土配合比设计提供了依据。

（2）主要仪器设备。

1）试验筛：筛孔公称直径为 100.0 mm、80.0 mm、63.0 mm、50.0 mm、40.0 mm、31.5 mm、20.0 mm、16.0 mm、10.0 mm、5.00 mm 和 2.50 mm 的方孔筛及筛的底座和盖各一只，其规

格和质量要求应符合现行国家标准《试验筛 技术要求和检验 第 2 部分：金属穿孔板试验筛》（GB/T 6003.2—2012）的要求，筛框直径为 300 mm。

2）天平和秤：天平的称量为 5 kg，感量为 5 g；秤的称量为 20 kg，感量为 20 g。

3）烘箱：温度控制范围为 105 ℃ ±5 ℃，如图 9-3 所示。

4）浅盘。

（3）试样制备。试验前，应将来样缩分至表 9-1 所规定的试样最少质量，并冷却至室温备用。

表 9-1　石子筛分析所需试样的最少质量

公称粒径 /mm	10.0	16.0	20.0	25.0	31.5	40.0	63.0	80.0
试样最少质量 /kg	2.0	3.2	4.0	5.0	6.3	8.0	12.6	16.0

（4）检测步骤。

1）按表 9-1 的规定称取试样。

2）将试样按筛孔大小顺序过筛，当每只筛上的筛余层厚度大于试样的最大粒径值时，应将该筛上的筛余试样分成两份，再次进行筛分，直至各筛每分钟通过量不超过试样总量的 0.1%。

注： 当筛余试样的颗粒粒径比公称粒径大 20 mm 以上时，在筛分时允许用手拨动试样颗粒。

3）称取各筛上的筛余量，精确至试样总质量的 0.1%。各筛分计筛余量和筛底剩余量的总和与筛分前测定的试样总量相比，其相差不得超过 1%。

4）根据各筛的累计筛余，评定该试样的颗粒级配。

9.3.3　砂、石表观密度检测

1．砂的表观密度检测（标准法）

（1）主要仪器设备。

1）天平：称量为 1 000 g，感量为 1 g。

2）容量瓶：容量为 500 mL。

3）烘箱：温度控制范围为 105 ℃ ±5 ℃，如图 9-3 所示。

4）干燥器、浅盘、铝制料勺、温度计等。

（2）试样制备。经缩分后不少于 650 g 的试样装入浅盘，在温度为 105 ℃ ±5 ℃的烘箱中烘干至恒重，并在干燥器内冷却至室温。

（3）检测步骤。

1）称取烘干的试样 300 g（m_0），装入盛有半瓶冷开水的容量瓶中。

2）摇转容量瓶，使试样在水中充分搅动以排除气泡，塞紧瓶塞后静置 24 h；然后用滴管加水至与瓶颈刻度线平齐，再塞紧瓶塞，擦干容量瓶外壁的水分，称其质量（m_1）。

3）倒出瓶中的水和试样，将瓶的内外表面洗净。再向瓶内注入与前面水温相差不超过 2 ℃的冷开水至瓶颈刻度线。塞紧瓶塞并擦干瓶外水分，称其质量（m_2）。

（4）结果计算。按式（9-7）计算砂的表观密度（精确至 10 kg/m³）：

$$\rho = \left(\frac{m_0}{m_0 + m_2 - m_1} - \alpha_t' \right) \times 1\,000 \tag{9-7}$$

式中 ρ ——表观密度（kg/m^3）；

m_0 ——试样的烘干质量（g）；

m_1 ——试样、水及容量瓶总质量（g）；

m_2 ——水及容量瓶总质量（g）；

α_t ——水温对表观密度影响的修正系数，见表9-2。

表 9-2　不同水温对砂的表观密度影响的修正系数

水温 /℃	15	16	17	18	19	20
α_t	0.002	0.003	0.003	0.004	0.004	0.005
水温 /℃	21	22	23	24	25	—
α_t	0.005	0.006	0.006	0.007	0.008	—

以两次检测结果的算术平均值作为测定值。当两次结果之差大于 20 kg/m^3 时，应重新取样进行检测。

2．砂的表观密度检测（简易法）

（1）主要仪器设备。

1）天平：称量为 1 000 g，感量为 1 g。

2）李氏瓶：容量为 250 mL。

3）烘箱：温度控制范围为 105 ℃ ±5 ℃。

4）干燥器、浅盘、铝制料勺、温度计等。

（2）试样制备。将试样缩分至不少于 120 g，在 105 ℃ ±5 ℃的烘箱中烘干至恒重，并在干燥器内冷却至室温，分成大致相等的两份备用。

（3）检测步骤。

1）向李氏瓶中注入冷开水至一定刻度处，擦干瓶颈内部附着水，记录水的体积（V_1）。

2）称取 50 g（m_0），徐徐加入盛水的李氏瓶中。

3）试样全部倒入瓶中后，用瓶内的水将黏附在瓶颈和瓶壁的试样洗入水中，摇转李氏瓶以排气泡，静置约 24 h 后，记录瓶中水面升高后的体积（V_1）。

（4）结果计算。按式（9-8）计算砂的表观密度 ρ（精确至 10 kg/m^3）：

$$\rho = \left(\frac{m_0}{V_2 - V_1} - \alpha_t \right) \times 1\,000 \tag{9-8}$$

式中 ρ ——表观密度（kg/m^3）；

m_0 ——试样的烘干质量（g）；

V_1 ——水的原有体积（mL）；

V_2 ——倒入试样后的水和试样的体积（mL）；

α_t ——水温对表观密度影响的修正系数，见表9-2。

以两次检测结果的算术平均值作为测定值。当两次结果之差大于 20 kg/m^3 时，应重新取样进行检测。

3. 石子表观密度检测（标准法）

（1）主要仪器设备。

1）液体天平：称量为 5 kg，感量为 5 g，如图 9-23 和图 9-24 所示。

2）吊篮：直径和高度均为 150 mm，由孔径为 1～2 mm 的筛网或钻有孔径为 2～3 mm 的孔洞的耐锈蚀金属板制成。

3）盛水容器：有溢流孔。

4）烘箱：温度控制范围为 105 ℃ ±5 ℃。

5）试验筛：筛孔公称直径为 5.00 mm 的方孔筛一只。

6）温度计：0 ℃～100 ℃。

7）带盖容器、浅盘、刷子、毛巾等。

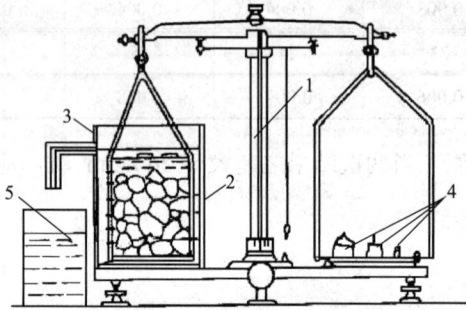

图 9-23　液体天平示意图

1—5 kg 天平；2—吊篮；
3—带有溢流孔的金属容器；4—砝码；5—容器

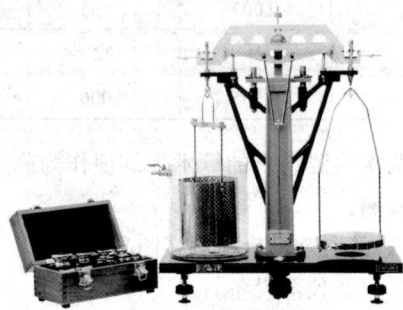

图 9-24　液体天平

（2）试样制备。将试样筛除公称粒径为 5.00 mm 以下的颗粒，并缩分至略大于两倍于表 9-3 所规定的最少质量，冲洗干净后分成两份备用。

表 9-3　石子表观密度试验所需试样最少质量

最大公称粒径 /mm	10.0	16.0	20.0	25.0	31.5	40.0	63.0	80.0
试样最少质量 /kg	2.0	2.0	2.0	2.0	3.0	4.0	6.0	6.0

（3）检测步骤。

1）按表 9-3 的规定称取试样。

2）取试样一份装入吊篮，并浸入盛水的容器中，水面至少高出试样 50 mm。

3）浸水 24 h 后，移动到称量用的盛水容器中，并用上下升降吊篮的方法排除气泡（试样不得露出水面）。吊篮每升降一次约 1 s，升降高度为 30～50 mm。

4）测定水温（此时吊篮应全浸在水中），用天平称取吊篮及试样在水中的质量（m_2），称量时盛水容器中水面的高度由容器的溢流孔控制。

5）提起吊篮，将试样置于浅盘中，放入 105 ℃ ±5 ℃的烘箱中烘干至恒重；取出来放在带盖的容器中冷却至室温后，称重（m_0）。

6）称取吊篮在同样温度的水中的质量（m_1），称量时盛水容器的水面高度仍应由溢流口控制。

（4）结果计算。按下式计算石子的表观密度，精确至 10 kg/m³：

$$\rho=\left(\frac{m_0}{m_0+m_1-m_2}-\alpha_{\mathrm{t}}\right)\times 1\,000 \tag{9-9}$$

式中　ρ——表观密度（kg/m³）；

　　　m_0——试样的烘干质量（g）；

　　　m_1——吊篮在水中的质量（g）；

　　　m_2——吊篮及试样在水中的质量（g）；

　　　α_{t}——水温对表观密度影响的修正系数，见表 9-4。

表 9-4　不同水温下碎石或卵石的表观密度影响的修正系数

水温 /℃	15	16	17	18	19	20	21	22	23	24	25
α_{t}	0.002	0.003	0.003	0.004	0.004	0.005	0.005	0.006	0.006	0.007	0.008

以两次检测结果的算术平均值作为测定值。当两次结果之差大于 20 kg/m³ 时，应重新取样进行检测。对颗粒材质不均匀的石子试样，两次试验结果之差值超过 20 kg/m³，可取四次测定结果的算术平均值作为测定值。

4．石子表观密度检测（简易法）

注：本方法适用于测定碎石或卵石的表观密度，不宜用于测定最大粒径超过 40 mm 的卵石或碎石的表观密度。

（1）主要仪器设备。

1）烘箱：如图 9-3 所示。

2）秤：称量为 20 kg，感量为 20 g。

3）广口瓶：容量为 1 000 mL，磨口，并带有玻璃片。

4）干燥器、浅盘、铝制料勺、温度计等。

5）试验筛：筛孔公称直径为 5.00 mm 的方孔筛一只。

6）毛巾、刷子等。

（2）试样制备。检测前将试样筛除公称粒径 5.00 mm 以下的颗粒，并缩分至略大于两倍于表 9-4 所规定的最少质量，冲洗干净后分成两份备用。

（3）检测步骤。

1）按表 9-3 的规定称取试样。

2）将试样浸水饱和，然后装入广口瓶中。装试样时，广口瓶应倾斜放置，注入饮用水，用玻璃片覆盖瓶口，上下左右摇晃广口瓶以排除气泡。

3）气泡排尽后，向瓶中添加饮用水直至水面凸出到瓶口边缘，然后用玻璃片沿瓶口迅速滑行，使其紧贴于瓶水面。擦干瓶外水分后，称取试样、水、瓶和玻璃片的质量（m_1）。

4）将瓶中的试样倒入浅盘中，放在 105 ℃ ±5 ℃ 的烘箱中烘干至恒重；取出，放在带盖的容器中冷却至室温后称出试样的质量（m_0）。

5）将瓶洗净，重新注入饮用水，用玻璃片紧贴瓶口水面，擦干瓶外水分后称出质量（m_2）。

（4）结果计算。按下式计算石子的表观密度 ρ，精确至 10 kg/m³：

$$\rho = \left(\frac{m_0}{m_0 + m_2 - m_1} - \alpha_t \right) \times 1\,000 \qquad (9-10)$$

式中　ρ——表观密度（kg/m³）；

　　　m_0——试样的烘干质量（g）；

　　　m_1——试样、水、瓶和玻璃片的质量（g）；

　　　m_2——水、瓶和玻璃片的质量（g）；

　　　α_t——水温对表观密度影响的修正系数，见表9-4。

以两次检测结果的算术平均值作为测定值。当两次结果之差大于 20 kg/m³ 时，应重新取样进行检测。对颗粒材质不均匀的石子试样，两次试验结果之差值超过 20 kg/m³，可取四次测定结果的算术平均值作为测定值。

9.3.4　砂、石堆积密度和紧密密度检测

堆积密度是指粉状或颗粒状材料，在堆积状态下，单位体积（包括组成材料的孔隙、堆积状态下的空隙和密实体积之和）的质量。堆积密度的测定根据所测定材料的粒径不同，而采用不同的方法，但原理相同。实际工程中主要测试砂和石子的堆积密度。

1. 砂堆积密度和紧密密度检测

（1）主要仪器设备。

1）秤：称量为 5 kg，感量为 5 g。

2）容量筒：金属制，圆柱形（图9-25）。

3）漏斗：标准漏斗（图9-26和图9-27）或铝制料勺。

4）烘箱：如图9-3所示。

5）直尺、浅盘等。

图9-25　容量筒

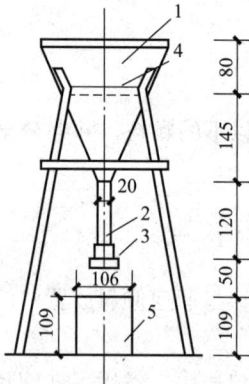

图9-26　砂堆积密度漏斗

1—漏斗；2—ϕ20 mm 管子；3—活动门；4—筛子；5—容量筒

图9-27　漏斗

（2）试样制备。先用公称直径 5.00 mm 的筛子过筛，然后取经缩分后的样品不少于 3 L，装入浅盘，在温度为 105 ℃ ±5 ℃ 的烘箱中烘至恒重，取出冷却至室温，分为大致相等的两份备用。试样烘干后若有结块，应在试验前先予捏碎。

（3）检测步骤。

1）堆积密度：取试样一份，用漏斗或铝制勺将它徐徐装入容量筒（漏斗出料口或料勺距容量筒筒口不应超过 50 mm）直至试样装满并超出容量筒筒口。然后用直尺将多余的试样沿筒口中心线向相反方向刮平，称其质量（m_2）。

2）紧密密度：取试样一份，分两次装入容量筒。装完一层后，在筒底垫放一根直径为 10 mm 的钢筋，将筒按住，左右交替颠击地面 25 下，然后再装入第二层；第二层装满后用同样方法颠实（但筒底所垫钢筋的方向应与第一次放置方向垂直）；二层装完并颠实后，加料直至试样超出容量筒筒口，然后用尺将多余的试样沿筒口中心线向相反方向刮平，称其质量（m_2）。

（4）结果计算。试样的堆积密度（ρ_L）及紧密密度（ρ_c）按下式计算，精确至 10 kg/m³：

$$\rho_L（\rho_c）= \frac{m_2 - m_1}{V} \times 1\,000 \tag{9-11}$$

式中　ρ_L（ρ_c）——堆积密度（紧密密度）（kg/m³）；

　　　m_1——容量筒的质量（kg）；

　　　m_2——容量筒和砂总质量（kg）；

　　　V——容量筒容积（L）。

以两次试验结果的算术平均值作为测定结果。

2．石子堆积密度和紧密密度试验

（1）主要仪器设备。

1）秤：称量为 100 kg，感量为 100 g。

2）容量筒：金属制，圆柱形。

3）平头铁锹。

4）烘箱：温度控制范围为 105 ℃ ±5 ℃，如图 9-3 所示。

（2）试样制备。按表 9-5 的规定称取试样，放入浅盘，在 105 ℃ ±5 ℃ 的烘箱中烘干，也可摊在清洁的地面风干，搅拌均匀后分成两份备用。

表 9-5　每一单项检验项目所需碎石或卵石的最少取样质量　　　　　　　　kg

试验项目	最大公称粒径 /mm							
	10.0	16.0	20.0	25.0	31.5	40.0	63.0	80.0
筛分析	8	15	16	20	25	32	50	64
表观密度	8	8	8	8	12	16	24	24
含水率	2	2	2	2	3	3	4	6
吸水率	8	8	16	16	16	24	24	32
堆积密度、紧密密度	40	40	40	40	80	80	120	120
含泥量	8	8	24	24	40	40	80	80
泥块含量	8	8	24	24	40	40	80	80
针、片状集料含量	1.2	4	8	12	20	40	—	—
硫化物及硫酸盐	1.0							

注：有机物含量、坚固性、压碎值指标及碱-集料反应检验，应按试验要求的粒级及质量取样。

（3）检测步骤。

1）堆积密度：取试样一份，置于平整干净的地板（或铁板）上，用平头铁锹铲起试样，使石子自由落入容量筒内。此时，从铁锹的齐口至容量筒上口的距离为50 mm左右。装满容量筒，除去凸出筒口表面的颗粒，并以合适的颗粒填入凹陷部分，使表面稍凸起部分和凹陷部分的体积大致相等，称取试样和容量筒总质量（m_2）。

2）紧密密度：取试样一份，分三层装入容量筒。装完一层后，在筒底垫放一根直径为25 mm的钢筋，将筒按住，左右交替颠击地面各25下，然后再装入第二层；第二层装满后用同样方法颠实（但筒底所垫钢筋的方向应与第一层放置方向垂直），然后再装入第三层，如法颠实；待第三层试样装完并颠实后，加料直至试样超出容量筒筒口，然后用钢筋沿筒口边缘滚转，刮下高出筒口的颗粒，用合适的颗粒填平凹处，使表面稍凸起部分和凹陷部分的体积大致相等。称取试样和容量筒总质量（m_2）。

（4）结果计算。试样的堆积密度ρ_L和紧密密度ρ_c按下式计算精确至10 kg/m³：

$$\rho_L\,(\rho_c)=\frac{m_2-m_1}{V}\times1\,000 \tag{9-12}$$

式中　$\rho_L\,(\rho_c)$——堆积密度（紧密密度）（kg/m³）；

　　　m_1——容量筒的质量（kg）；

　　　m_2——容量筒和砂总质量（kg）；

　　　V——容量筒容积（L）。

堆积密度应用两份试样测定，并以两次结果的算术平均值作为测定结果。

9.3.5　砂、石的含水率检测

1. 砂的含水率检测（标准法）

（1）检测目的。测定混凝土用砂的含水率，作为混凝土施工配合比计算的依据。

（2）主要仪器设备。

1）烘箱：温度控制范围为105 ℃±5 ℃。

2）天平：称量为1 000 g，感量为1 g。

3）容器：如浅盘等。

（3）试验步骤。从密封的样品中取各重500 g的试样两份，分别放入已知质量的干燥容器（m_1）中称重，记下每盘试样与容器的总质量（m_2）。将容器连同试样放入105 ℃±5 ℃的烘箱中烘干至恒重，称量烘干后的试样与容器的总质量（m_3）。

（4）结果计算。含水率按下式计算，精确至0.1%：

$$w_{wc}=\frac{m_2-m_3}{m_3-m_1}\times100\% \tag{9-13}$$

式中　w_{wc}——砂的含水率（%）；

　　　m_1——容器质量（g）；

　　　m_2——未烘干的试样与容器的总质量（g）；

　　　m_3——烘干后的试样与容器的总质量（g）。

以两次结果的算术平均值作为测定结果。

2. 砂的含水率检测（快速法）

（1）本方法适用于快速测定砂的含水率。对含泥量过大及有机杂质含量较大的砂不宜采用。

（2）主要仪器设备。

1）电炉（或火炉）。

2）天平：称量为 1 000 g，感量为 1 g。

3）炒盘（铁制或铝制）。

4）油灰铲、毛刷等。

（3）检测步骤。

1）从密封的样品中取 500 g 的试样放入干净的炒盘（m_1）中，称取试样与炒盘的总质量（m_2）。

2）置炒盘于电炉（或火炉）上，用小铲不断地翻拌试样，到试样表面全部干燥，切断电源（或移出火外），再继续翻拌 1 min，稍予冷却（以免损坏天平）后，称干样与炒盘的总质量（m_3）。

（4）结果计算。含水率按下式计算，精确至 0.1%：

$$w_{wc} = \frac{m_2 - m_3}{m_3 - m_1} \times 100\%$$ (9-14)

式中　w_{wc}——砂的含水率（%）；

　　　m_1——炒盘质量（g）；

　　　m_2——未烘干的试样与炒盘的总质量（g）；

　　　m_3——烘干后的试样与炒盘的总质量（g）。

以两次结果的算术平均值作为测定结果。

3．石子的含水率检测

（1）检测目的。测定混凝土用的石子含水率，作为混凝土施工配合比计算的依据。

（2）仪器设备。

1）烘箱：温度控制范围为 105 ℃ ±5 ℃。

2）天平：称量为 1 000 g，感量为 1 g。

3）容器：如浅盘等。

（3）检测步骤。

1）按表 9-5 的要求称取试样，分两份备用；

2）将试样置于干净的容器中，称取试样和容器的总质量（m_1），并在 105 ℃ ±5 ℃的烘箱中烘干至恒重；

3）取出试样，冷却后称取试样与容器的总质量（m_2），并称取容器的质量（m_3）。

（4）结果计算。含水率按下式计算，精确至 0.1%：

$$w_{wc} = \frac{m_1 - m_2}{m_2 - m_3} \times 100\%$$ (9-15)

式中　w_{wc}——砂的含水率（%）；

　　　m_1——烘干前试样与容器的总质量（g）；

　　　m_2——烘干后的试样与容器的总质量（g）；

　　　m_3——容器质量（g）。

以两次结果的算术平均值作为测定结果。

9.3.6 砂、石的含泥量、泥块含量检测

1. 砂的含泥量检测

（1）检测目的。测定粗砂、中砂和细砂的含泥量。

（2）主要检测仪器。

1）天平：称量为 1 000 g，感量为 1 g。

2）烘箱：温度控制范围为 105 ℃ ±5 ℃。

3）试验筛：筛孔公称直径 80 μm 及 1.25 mm 的方孔筛各一个。

4）洗砂用的容器及烘干用的浅盘等。

（3）试样制备。样品缩分至 1 100 g，置于温度为 105 ℃ ±5 ℃的烘箱烘干至恒重，冷却至室温后，称取各为 400 g（m_0）的试样两份备用。

（4）检测步骤。

1）取烘干的试样一份置于容器中，注入饮用水，使水面高出砂面约 150 mm，充分搅拌均匀后，浸泡 2 h，然后用手在水中淘洗试样，使尘屑、淤泥和黏土与砂粒分离，并使之悬浮或溶于水中。缓缓地将浑浊液倒入公称直径为 1.25 mm、80 μm 的方孔套筛（1.25 mm 筛放置于上面）上，滤去小于 80 μm 的颗粒。试验前筛子的两面应先用水润湿，在整个试验过程中应避免砂粒丢失。

2）再次加水于容器中，重复上述过程，直到筒内洗出的水清澈为止。

3）用水淋洗剩留在筛上的细粒，并将 80 μm 筛放在水中（使水面略高于筛中砂粒的上表面）来回摇动，以充分洗除小于 80 μm 的颗粒。然后将两只筛上剩留的颗粒和容器中已经洗净的试样一并装入浅盘，置于温度为 105 ℃ ±5 ℃的烘箱中烘干至恒重。取出来冷却至室温后，称试样的质量（m_1）。

（5）结果计算与评定。砂中含泥量应按下式计算，精确至 0.1%：

$$w_c = \frac{m_0 - m_1}{m_0} \times 100\% \qquad (9-16)$$

以两个试样试验结果的算术平均值作为测定值。两次结果之差大于 0.5% 时，应重新取样进行试验。

2. 砂的泥块含量检测

（1）检测目的。用于测定砂中泥块含量。

（2）试验仪器。

1）天平：称量为 1 000 g，感量为 1 g；称量为 5 000 g，感量为 1 g。

2）烘箱：温度控制范围为 105 ℃ ±5 ℃。

3）试验筛：筛孔公称直径为 630 μm 及 1.25 mm 的方孔筛各一只。

4）洗砂用的容器及烘干用的浅盘。

（3）试样制备。将样品缩分至 5 000 g，置于温度为 105 ℃ ±5 ℃的烘箱中烘干至恒重。取出来冷却至室温后，用公称直径 1.25 mm 的方孔筛筛分，取筛上的砂不少于 400 g 分为两份备用。特细砂按实际筛分量取用。

（4）检测步骤。

1）称取试样约 200 g（m_1）置于容器中，注入饮用水，使水面高出砂面约 150 mm，充分搅拌均匀后，浸泡 24 h，然后用手在水中碾碎泥块，再把试样放在公称直径 630 μm 的方孔筛

上，用水淘洗，直至水清澈为止。

2）保留下来的试样应小心地从筛里取出，装入水平浅盘后，置于温度为 105 ℃ ±5 ℃ 的烘箱中烘干至恒重。冷却后称重（m_2）。

（5）结果计算。砂中泥块含量应按下式计算，精确至 0.1%：

$$w_{c,L} = \frac{m_1 - m_2}{m_1} \times 100\% \tag{9-17}$$

以两次试样试验结果的算术平均值作为测定值。

3．石子的含泥量检测

（1）试验目的。用于测定碎石或卵石中的含泥量。

（2）试验仪器。

1）秤：称量为 20 kg，感量为 20 g。

2）烘箱：温度控制范围为 105 ℃ ±5 ℃。

3）试验筛：筛孔公称直径为 80 μm 及 1.25 mm 的方孔筛各一只。

4）容器：容积约 10 L 的瓷盘或金属盒。

5）浅盘。

（3）试样制备。将样品缩分至表 9-6 所规定的量（注意防止细粉丢失），并置于温度为 105 ℃ ±5 ℃ 的烘箱中烘干至恒重，冷却至室温后分成两份备用。

表 9-6 石子含泥量试样取样质量

最大公称粒径 /mm	10.0	16.0	20.0	25.0	31.5	40.0	63.0	80.0
试样量不少于 /kg	2	2	6	6	10	10	20	20

（4）检测步骤。

1）称取试样一份（m_0）装入容器中摊平，并注入饮用水使水面高出砂面约 150 mm，充分搅拌均匀后，浸泡 2 h，然后用手在水中淘洗试样，使尘屑、淤泥和黏土与较粗颗粒分离，并使之悬浮或溶于水中。缓缓地将浑浊液倒入公称直径为 1.25 mm、80 μm 的方孔套筛（1.25 mm 筛放置于上面）上，滤去小于 80 μm 的颗粒。试验前筛子的两面应先用水润湿，在整个试验过程中应避免砂粒丢失。

2）再次向容器中注水，重复上述过程，直到筒内洗出的水清澈为止。

3）用水淋洗剩留在筛上的细粒，并将 80 μm 筛放在水中（使水面略高于筛中砂粒的上表面）来回摇动，以充分洗除小于 80 μm 的颗粒。然后将两只筛上剩留的颗粒和容器中已经洗净的试样一并装入浅盘中，置于温度为 105 ℃ ±5 ℃ 的烘箱中烘干至恒重。取出来冷却至室温后，称试样的质量（m_1）。

（5）结果计算与评定。碎石或卵石中含泥量应按下式计算，精确至 0.1%：

$$w_c = \frac{m_0 - m_1}{m_0} \times 100\% \tag{9-18}$$

以两个试样试验结果的算术平均值作为测定值。两次结果之差大于 0.2% 时，应重新取样进行试验。

4．石子中泥块含量检测

（1）检测目的。用于测定碎石或卵石中泥块的含量。

（2）试验仪器。

1）秤：称量为 20 kg，感量为 20 g。

2）烘箱：温度控制范围为 105 ℃ ±5 ℃。

3）试验筛：筛孔公称直径为 2.50 mm 及 5.00 mm 的方孔筛各一只。

4）水筒及浅盘等。

（3）试样制备。将样品缩分至略大于表 9-6 所示的量，缩分时应防止所含黏土块被压碎。缩分后的试样在 105 ℃ ±5 ℃ 烘箱内烘至恒重，冷却至室温后分成两份备用。

（4）检测步骤。

1）筛去公称粒径 5.00 mm 以下颗粒，称取质量（m_1）。

2）将试样在容器中摊平，加入饮用水使水面高出试样表面，24 h 后把水放出，用手碾压泥块，然后把试样放在公称直径为 2.5 mm 的方孔筛上摇动淘洗，直至洗出的水清澈为止。

3）将筛上的试样小心从筛里取出，置于温度为 105 ℃ ±5 ℃ 的烘箱中烘干至恒重。冷却后称重（m_2）。

（5）结果计算与评定。泥块含量 $w_{c,L}$ 应按下式计算，精确至 0.1%：

$$w_{c,L} = \frac{m_1 - m_2}{m_1} \times 100\%$$

(9-19)

以两个试样试验结果的算术平均值作为测定值。

9.4　普通混凝土性能检测

9.4.1　混凝土取样及试样制备

采用标准《普通混凝土拌合物性能试验方法标准》（GB/T 50080—2016）。

（1）混凝土取样。

1）同一组混凝土拌合物的试样应从同一盘混凝土或同一车混凝土中取用。取样量应多于试验所需量的 1.5 倍，且不宜小于 20 L。

2）混凝土拌合物的取样应具有代表性，宜采用多次采样的方法。一般在同一盘混凝土或同一车混凝土中的约 1/4 处、1/2 处和 3/4 处分别取样，并搅拌均匀；从第一次取样到最后一次取样的时间间隔不宜超过 15 min。

3）从取样完毕到开始做各项性能试验不宜超过 5 min。

（2）试样的制备。

1）在试验室制备混凝土拌合物时，拌和时试验室的温度应保持在 20 ℃ ±5 ℃，所用材料的温度应与试验室温度保持一致。

注：需要模拟施工条件下所用的混凝土时，所用原材料的温度宜与施工现场保持一致。

2）试验室拌和混凝土时，材料用量应以质量计。称量精度：集料为 ±0.5%；水、水泥、掺合料、外加剂均为 ±0.2%。

3）混凝土拌合物的制备应符合《普通混凝土配合比设计规程》（JGJ 55—2011）中的有关规定。

4）从试样制备完毕到开始做各项性能试验不宜超过 5 min。

9.4.2 混凝土拌合物试验室拌和方法

（1）一般规定。

1）原材料应符合技术要求，并与施工实际用料相同，水泥若有结块现象，需用 0.9 mm 的方孔筛将结块筛除。

2）拌制混凝土的材料用量以质量计。混凝土试配最小搅拌量是：当集料最大粒径小于 31.5 mm 时，拌制数量为 10 L，最大粒径为 40 mm 时取 25 L；当采用机械搅拌时，搅拌量不应小于搅拌机额定搅拌量的 1/4。称料精确度为：集料 ±0.5%，水、水泥、外加剂 ±0.2%。

3）混凝土拌和时，原材料与拌合场地的温度宜保持在 20 ℃ ±5 ℃。

（2）主要仪器设备。

1）搅拌机：容积为 50 ～ 100 L，如图 9-28 所示。

2）磅秤：称量为 50 kg，感量为 50 g。

3）天平、拌合钢板、钢抹子、量筒、拌铲等。

（3）拌合方法。

1）人工拌合法。

①按配合比备料，以干燥状态为基准，称取各材料用量。

图 9-28　混凝土搅拌机

②先将拌板和拌铲用湿布润湿，将砂倒在拌板上后，加入水泥，用拌铲自拌板一端翻拌至另一端，如此反复，直至颜色均匀，再放入称好的粗集料与之拌和，至少翻拌三次，直至混合均匀为止。

③将干混合物堆成锥形，在中间挖一凹坑，将已称量好的水，倒入一半左右（勿使水流出），然后仔细翻拌并徐徐加入剩余的水，继续翻拌，每翻拌一次，用铲在混合料上铲切一次，至少翻拌六次。拌合时间从加水完毕时算起，在 10 min 内完毕。

2）机械搅拌法。

①按所定的配合比备料，以干燥状态为基准。一次拌合量不宜少于搅拌机容积的 20%。

②拌前先对混凝土搅拌机挂浆，避免在正式拌和时水泥浆的损失，挂浆所多余的混凝土倒在拌合钢板上，使钢板也粘有一层砂浆。

③将称好的石子、砂、水泥按顺序倒入搅拌机内，干拌均匀，再将需用的水徐徐倒入搅拌机内一起拌和，全部加料时间不得超过 2 min，水全部加入后，再拌和 2 min。

④将拌合物从搅拌机中卸出，倾倒在钢板上，再经人工拌和 2 ～ 3 次。

9.4.3 混凝土拌合物和易性测定

采用标准《普通混凝土拌合物性能试验方法标准》（GB/T 50080—2016）。

1．检测目的

检测所设计的混凝土配合比是否符合施工和易性要求，以作为调整混凝土配合比的依据。

2．坍落度与坍落扩展度法

（1）适用范围。本试验方法适用于坍落度值不小于 10 mm、集料最大粒径不大于 40 mm 的混凝土拌合物的坍落度测定。

（2）主要仪器设备。

1）坍落度筒：由薄钢板或其他金属制成，形状及尺寸如图 9-29 和图 9-30 所示。

2）捣棒：如图 9-29 和图 9-30 所示。

3）小铲、木尺、钢尺、拌板、抹刀、下料斗等。

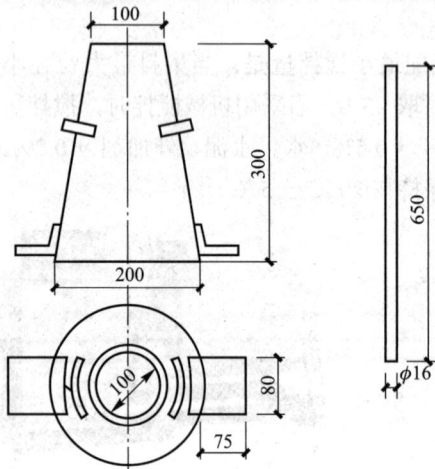

图 9-29　坍落度筒和捣棒

图 9-30　坍落度筒、喂料斗和捣棒

（3）检测步骤。

1）湿润坍落度筒及底板，坍落度筒内壁和底板上应无明水。底板应放置在坚实水平面上，并把筒放在底板中心，然后用脚踩住两边的脚踏板，坍落度筒在装料时应保持固定的位置。

2）把按要求取得的混凝土试样用小铲分三层均匀地装入筒内，使捣实后每层高度为筒高的三分之一左右。每层用捣棒插捣 25 次。插捣应沿螺旋方向由外向中心进行，各次插捣应在截面上均匀分布。插捣筒边混凝土时，捣棒可以稍稍倾斜。插捣底层时，捣棒应贯穿整个深度，插捣第二层和顶层时，捣棒应插透本层至下一层的表面；浇灌顶层时，混凝土应灌到高出筒口。在插捣过程中，如混凝土沉落到低于筒口，则应随时添加。顶层插捣完成后，刮去多余的混凝土，并用抹刀抹平。

3）清除筒边底板上的混凝土后，垂直平稳地提起坍落度筒。坍落度筒的提离过程应在 3～7 s 内完成；从开始装料到提坍落度筒的整个过程应不间断地进行，并应在 150 s 内完成。

4）提起坍落度筒后，测量筒高与坍落后混凝土试体最高点之间的高度差，即为该混凝土拌合物的坍落度值；坍落度筒提离后，如混凝土发生一边崩坍或剪坏现象，则应重新取样另行测定；如第二次试验仍出现上述现象，则表示该混凝土和易性不好，应予记录备查。

（4）检测结果。混凝土拌合物和易性的评定：以坍落度值表示，测量精确至 1 mm，结果表达修约至 5 mm。

3. 维勃稠度法

适用于集料最大粒径不大于 40 mm，维勃稠度在 5～30 s 之间的混凝土拌合物稠度测定。

（1）仪器设备。

1）维勃稠度仪：振动台（台面长为 380 mm，宽为 260 mm，频率为 50 Hz±3 Hz）、容器（内径为 240 mm±5 mm，高为 200 mm±2 mm，筒壁厚为 3 mm，筒底厚为 7.5 mm）、坍落度筒、旋转架、透明圆盘，如图 9-31 和图 9-32 所示。

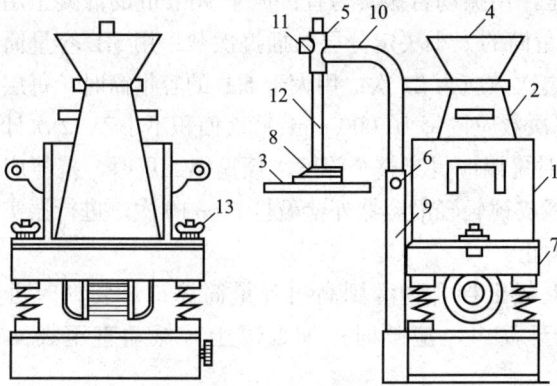

图 9-31　维勃稠度仪
1—容器；2—坍落度筒；3—透明圆盘；4—喂料斗；5—套筒；
6—定位螺钉；7—振动台；8—荷重；9—支柱；10—旋转架；
11—测杆螺栓；12—测杆；13—固定螺栓

图 9-32　维勃稠度仪

2）捣棒、小铲和秒表。

（2）检测步骤。

1）将维勃稠度仪放在坚实水平面上，用湿布把容器、坍落度筒内壁及其他用具润湿。

2）将喂料口提到坍落度筒上方扣紧，校正容器位置，使其中心与喂料中心重合，然后拧紧固定螺栓。

3）把按要求取得的混凝土拌合物用小铲分三层经喂料口均匀地装入筒内，装料及插捣的方法同坍落度试验。

4）把喂料口转离，垂直提起坍落度筒，注意不能使混凝土试体产生横向的扭动。

5）把透明圆盘转到混凝土圆台体顶面，放松测杆螺栓，降下圆盘，使其轻轻接触到混凝土顶面。

6）拧紧定位螺钉，检查测杆螺栓是否完全放松。

7）开启振动台的同时用秒表计时，当振动到透明圆盘的底面被水泥浆布满的瞬间停止计时，关闭振动台。

（3）试验结果。由秒表读出的时间为混凝土拌合物的维勃稠度值，精确至 1 s。

9.4.4　混凝土拌合物表观密度检测

采用标准《普通混凝土拌合物性能试验方法标准》（GB/T 50080—2016）。

（1）适用范围。适用于测定混凝土拌合物捣实后的单位体积质量（即表观密度）。

（2）试验仪器。

1）容量筒。

2）台秤：称量为 50 kg，感量为 10 g。

3）振动台：应符合《混凝土试验用振动台》（JG/T 245—2009）中有关技术要求的规定。

4）捣棒：应符合《混凝土坍落仪》（JG/T 248—2009）中有关技术要求的规定。

（3）检测步骤。

1）用湿布把容量筒内外擦干净，称出容量筒质量（m_1），精确至 10 g。

2）对坍落度不大于 90 mm 的混凝土，用振动台振实为宜；大于 90 mm 的混凝土用捣棒捣实为宜。采用捣棒捣实时，应根据容量筒的大小决定分层与插捣次数：用 5 L 容量筒时，混凝土拌合物应分两层装入，每层的插捣次数应为 25 次；用大于 5 L 的容量筒时，每层混凝土的高度不应大于 100 mm，每层的插捣次数应按每 10 000 mm² 截面面积不小于 12 次计算。应由边缘向中心均匀地插捣，插捣底层时捣棒应贯穿整个深度，插捣第二层时，捣棒应插透本层至下一层的表面；每一层捣完后用橡皮锤轻轻沿容器外壁敲打 5～10 次，进行振实，直至拌合物表面插捣孔消失并不见大气泡为止。

当用振动台振实时，应一次性将混凝土拌合物灌到高出容量筒筒口。装料时可用捣棒稍加插捣，振动过程中如混凝土低于筒口，应随时添加混凝土，振动直至表面出浆为止。

3）用刮刀将筒口多余的混凝土拌合物刮去，表面应刮平，将容量筒外壁擦干净，称出混凝土试样与容量筒的总质量（m_2），精确至 50 g。

（4）试验结果处理。按下式计算拌合物表观密度，精确至 10 kg/m³：

$$\rho = \frac{m_2 - m_1}{V} \times 1\,000 \tag{9-20}$$

式中　ρ——表观密度（kg/m³）；

　　m_1——容量筒质量（kg）；

　　m_2——容量筒和试样总质量（kg）；

　　V——容量筒容积（L）。

9.4.5　混凝土立方体抗压强度检测

采用标准《混凝土物理力学性能试验方法标准》（GB/T 50081—2019）。

（1）检测目的。学会制作混凝土立方体试件，测定其抗压强度，为确定和校核混凝土配合比、控制施工质量提供依据。

（2）仪器设备。

1）压力试验机：如图 9-33 所示。

2）振动台：应符合《混凝土试验用振动台》（JG/T 245—2009）中技术要求的规定，如图 9-34 所示。

3）试模：如图 9-35 所示。

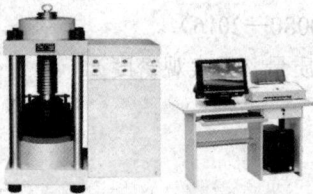

图 9-33　混凝土压力试验机　　图 9-34　混凝土振动台　　图 9-35　混凝土立方体试模

4）钢垫板：平面尺寸应不小于试件的承压面积，厚度应不小于 25 mm。

5）捣棒、小铁铲、钢尺等。

（3）试件制作。

1）试件成型前，应检查试模的尺寸并应符合标准的有关规定；应将试模擦拭干净，在其内壁上均匀地涂刷一薄层矿物油或其他不与混凝土发生反应的隔离剂，试模内壁隔离剂应均匀分布，不应有明显沉积。

2）混凝土拌合物在入模前应保证其匀质性。

3）宜根据混凝土拌合物的稠度或试验目的确定适宜的成型方法，混凝土应充分密实，避免分层离析。

①用振动台振实制作试件应按下述方法进行：

a．将混凝土拌合物一次性装入试模，装料时应用抹刀沿试模内壁插捣，并使混凝土拌合物高出试模上口；

b．试模应附着或固定在振动台上，振动时应防止试模在振动台上自由跳动，振动应持续到表面出浆且无明显大气泡溢出为止，不得过振。

②用人工插捣制作试件应按下述方法进行：

a．混凝土拌合物应分两层装入模内，每层的装料厚度应大致相等。

b．插捣应按螺旋方向从边缘向中心均匀进行。在插捣底层混凝土时，捣棒应达到试模底部；插捣上层时，捣棒应贯穿上层后插入下层 20～30 mm；插捣时捣棒应保持垂直，不得倾斜，插捣后应用抹刀沿试模内壁插拔数次。

c．每层插捣次数按 10 000 mm² 截面面积内不得少于 12 次。

d．插捣后应用橡皮锤或木槌轻轻敲击试模四周，直至插捣棒留下的空洞消失为止。

③用插入式振捣棒振实制作试件应按下述方法进行：

a．将混凝土拌合物一次装入试模，装料时应用抹刀沿试模内壁插捣，并使混凝土拌合物高出试模上口。

b．宜用直径为 25 mm 的插入式振捣棒；插入试模振捣时，振捣棒距离试模底板宜为 10～20 mm 且不得触及试模底板，振动应持续到表面出浆且无明显大气泡溢出为止，不得过振；振捣时间宜为 20 s；振捣棒拔出时应缓慢，拔出后不得留有孔洞。

4）试件成型后刮除试模上口多余的混凝土，待混凝土临近初凝时，用抹刀沿着试模口抹平。试件表面与试模边缘的高度差不得超过 0.5 mm。

5）制作的试件应有明显和持久的标记，且不破坏试件。

（4）试件养护。

1）试件成型抹面后应立即用塑料薄膜覆盖表面，或采取其他保持试件表面湿度的方法。

2）试件成型后应在温度为 20 ℃±5 ℃、相对湿度大于 50% 的室内静置 1～2 d，试件静置期间应避免受到振动和冲击，静置后编号标记、拆模，当试件有严重缺陷时，应按废弃处理。

3）试件拆模后应立即放入温度为 20 ℃±2 ℃、相对湿度为 95% 以上的标准养护室中养护，或在温度为 20 ℃±2 ℃ 的不流动氢氧化钙饱和溶液中养护。标准养护室内的试件应放在支架上，彼此间隔为 10～20 mm，试件表面应保持潮湿，但不得用水直接冲淋试件。

4）试件的养护龄期可分为 1 d、3 d、7 d、28 d、56 d 或 60 d、84 d 或 90 d、180 d 等，

也可根据设计龄期或需要进行确定，龄期应从搅拌加水开始计时，养护龄期的允许偏差宜符合表 9-7 的规定。

表 9-7 养护龄期允许偏差

养护龄期	1 d	3 d	7 d	28 d	56 d 或 60 d	≥ 84 d
允许偏差	±30 min	±2 h	±6 h	±20 h	±24 h	±48 h

（5）立方体抗压强度测定。

1）试件到达试验龄期时，从养护地点取出后，应检查其尺寸及形状，尺寸公差应满足标准规定，试件取出后应尽快进行试验。

2）试件放置在试验机前，应将试件表面与上、下承压板面擦拭干净。

3）以试件成型时的侧面为承压面，应将试件安放在试验机的下压板或垫板上，试件的中心应与试验机下压板中心对准。

4）启动试验机，试件表面与上、下承压板或钢垫板应均匀接触。

5）试验过程中应连续均匀加荷，加荷速度应取 0.3 ~ 1.0 MPa/s。当立方体抗压强度小于 30 MPa 时，加荷速度宜取 0.3 ~ 0.5 MPa/s；立方体抗压强度为 30 ~ 60 MPa 时，加荷速度宜取 0.5 ~ 0.8 MPa/s；立方体抗压强度不小于 60 MPa 时，加荷速度宜取 0.8 ~ 1.0 MPa/s。

6）手动控制压力机加荷速度时，当试件接近破坏开始急剧变形时，应停止调整试验机油门，直至破坏，并记录破坏荷载。

（6）立方体试件抗压强度试验结果计算。

1）混凝土立方体试件抗压强度应按下式计算：

$$f_{cc} = \frac{F}{A} \tag{9-21}$$

式中　　f_{cc}——混凝土立方体试件抗压强度（MPa），计算结果应精确至 0.1 MPa；

　　　　F——试件破坏荷载（N）；

　　　　A——试件承压面积（mm²）。

2）立方体试件抗压强度值的确定应符合下列规定：

①取 3 个试件测值的算术平均值作为该组试件的强度值，应精确至 0.1 MPa；

②当 3 个测值中的最大值或最小值中有一个与中间值的差值超过中间值的 15% 时，则应把最大及最小值剔除，取中间值作为该组试件的抗压强度值；

③当最大值和最小值与中间值的差值均超过中间值的 15% 时，该组试件的试验结果无效。

3）混凝土强度等级小于 C60 时，用非标准试件测得的强度值均应乘以尺寸换算系数，对 200 mm×200 mm×200 mm 试件，可取为 1.05；对 100 mm×100 mm×100 mm 试件，可取为 0.95。

4）当混凝土强度等级不小于 C60 时，宜采用标准试件；当使用非标准试件时，混凝土强度等级不大于 C100 时，尺寸换算系数宜由试验确定，在未进行试验确定的情况下，对 100 mm×100 mm×100 mm 试件，可取为 0.95；混凝土强度等级大于 C100 时，尺寸换算系数应经试验确定。

9.4.6　轴心抗压强度检测

采用标准《混凝土物理力学性能试验方法标准》（GB/T 50081—2019）。

（1）检测目的。用于测定棱柱体混凝土试件的轴心抗压强度。

（2）检测仪器。压力试验机、防崩裂网罩等。

（3）检测试件。

1）边长为 150 mm×150 mm×300 mm 的棱柱体试件是标准试件。

2）边长为 100 mm×100 mm×300 mm 和 200 mm×200 mm×400 mm 的棱柱体试件是非标准试件。

3）每组试件应为 3 块。

（4）试验步骤。

1）试件从养护地点取出后应及时进行试验，用干毛巾将试件表面与上下承压板面擦干净。

2）将试件直立放置在试验机的下压板或钢垫板上，并使试件轴心与下压板中心对准。

3）开动试验机，当上压板与试件或钢垫板接近时，调整球座，使其接触均衡。

4）应连续均匀地加荷，不得有冲击。所用加荷速度应符合"立方体抗压强度试验"中的规定。

5）试件接近破坏而开始急剧变形时，应停止调整试验机油门，直至破坏。然后记录破坏荷载。

（5）试验结果计算。混凝土试件轴心抗压强度应按下式计算：

$$f_{cp} = \frac{F}{A} \tag{9-22}$$

式中　f_{cp}——混凝土轴心抗压强度（MPa）；

　　　F——破坏荷载（N）；

　　　A——试件承压面积（mm^2）。

9.4.7　抗折强度检测

采用标准《混凝土物理力学性能试验方法标准》（GB/T 50081—2019）。

（1）检测目的。用于测定混凝土的抗折强度。

（2）检测仪器。

抗折试验机：能施加均匀、连续、速度可控的荷载，并带有能使两个相等荷载同时作用在试件跨度 3 分点处的抗折试验装置（图 9-36 和图 9-37）。

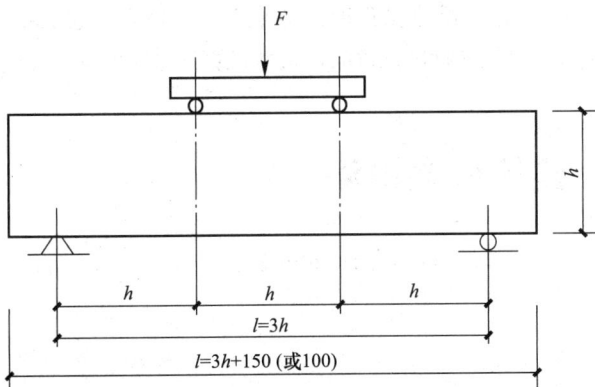

图 9-36　抗折试验装置

图 9-37　混凝土抗折试验机

试件的支座和加荷头应采用直径为 20 ~ 40 mm、长度不小于 b+10 mm 的硬钢圆柱，支座立脚点固定铰支，其他应为滚动支点。

（3）检测试件。在长向中部 1/3 区段内不得有表面直径超过 5 mm、深度超过 2 mm 的孔洞。

（4）检测步骤。

1）试件从养护地点取出后应及时进行试验，将试件表面擦干净。

2）装置试件，安装尺寸偏差不得大于 1 mm。试件的承压面应为试件成型时的侧面。支座及承压面与圆柱的接触面应平稳、均匀，否则应垫平。

3）在试验过程中应连续均匀地加荷，当对应的立方体抗压强度小于 30 MPa 时，加载速度宜取 0.02 ~ 0.05 MPa/s；对应的立方体抗压强度为 30 ~ 60 MPa 时，加载速度宜取 0.05 ~ 0.08 MPa/s，对应的方体抗强度不小于 60 MPa 时，加载速度宜取 0.08 ~ 0.10 MPa/s。

4）手动控制压力机加荷速度时，当试件接近破坏时，应停止调整试验机油门，直至破坏，并应记录破坏荷载及试件下边缘断裂位置。

（5）试验结果计算及确定。

1）若试件下边缘断裂位置处于两个集中荷载作用线之间，则试件轴心抗折强度应按下式计算：

$$f_f = \frac{Fl}{bh^2} \tag{9-23}$$

式中 f_f——混凝土抗折强度（MPa）；

   F——试件破坏荷载（N）；

   l——支座间跨度（mm）；

   h——试件截面高度（mm）；

   b——试件截面宽度（mm）。

抗折强度计算应精确至 0.1 MPa。

2）三个试件中若有一个折断面位于两个集中荷载之外，则混凝土抗折强度值按另两个试件的试验结果计算。若这两个测值的差值不大于这两个测值的最小值的 15%，则该组试件的抗折强度值按这两个测值的平均值计算，否则该组试件的试验无效。若有两个试件的下边缘断裂位置位于两个集中荷载作用线之外，则该组试件试验无效。

3）当试件为 100 mm×100 mm×400 mm 的非标准试件时，应乘以尺寸换算系数 0.85；当混凝土强度等级 ≥ C60 时，宜采用标准试件；使用非标准试件时，尺寸换算系数应由试验确定。

9.5　建筑砂浆检测

采用标准《建筑砂浆基本性能试验方法标准》（JGJ/T 70—2009）。

9.5.1　拌合物取样和制备

1. 取样

（1）建筑砂浆试验用料应从同一盘砂浆或同一车砂浆中取样，取样量不应少于试验所需量的 4 倍。

（2）当施工过程中进行砂浆试验时，砂浆取样方法应按照相应的施工验收规范执行，并宜在现场搅拌点或预拌砂浆卸料点的至少 3 个不同部位及时取样。对于现场所取的试样，试验前应人工搅拌均匀。

（3）从取样完毕到开始进行各项性能试验不宜超过 15 min。

2．试样制备

（1）在试验室制备砂浆试样时，所有原材料应提前 24 h 进入试验室。拌和时，试验室温度为 20 ℃ ±5 ℃。当需要模拟施工条件下所用的砂浆时，所用原材料的温度宜与施工现场保持一致。

（2）试验材料与施工现场所用材料一致。砂应通过 4.75 mm 的筛。

（3）试验室拌制砂浆时，材料用量以质量计。水泥、外加剂、掺合料等的称量精度应为 ±0.5%，细集料的称量精度应为 ±1%。

（4）在试验室搅拌砂浆时应采用机械搅拌，搅拌机应符合现行标准《试验用砂浆搅拌机》（JG/T 3033—1996）的规定，搅拌的用量宜为搅拌机容量的 30% ～ 70%，搅拌时间不应少于 120 s。掺有掺合料和外加剂的砂浆，其搅拌时间不应少于 180 s。

9.5.2 砂浆稠度检测

1．检测目的

通过稠度检测，可以测定达到设计稠度时的加水量，或在施工期间控制砂浆用水量以保证施工质量。

2．主要仪器设备

（1）砂浆稠度仪：应由试锥、容器和支座三部分组成。试锥应由钢材或铜材制成，试锥高度应为 145 mm，锥底直径应为 75 mm，试锥连同滑杆的质量应为 300 g±2 g；盛浆容器应由钢板制成，筒高应为 180 mm，锥底内径应为 150 mm；支座应包括底座、支架及刻度显示三部分，应由铸铁、钢或其他金属制成（图 9-38 和图 9-39）。

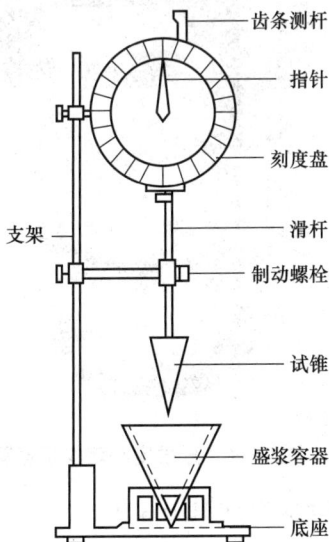

图 9-38　砂浆稠度测定仪示意图

图 9-39　砂浆稠度仪

（2）钢制捣棒：直径为 10 mm，长度为 350 mm，端部磨圆。

（3）秒表。

3．试验方法及步骤

（1）应先用少量润滑油轻擦滑杆，再将滑杆上多余的油用吸油纸擦净，使滑杆能自由滑动。

（2）应先用湿布擦净盛浆容器和试锥表面，再将拌好的砂浆拌合物一次装入容器中；砂浆表面宜低于容器口约 10 mm，用捣棒自容器中心向边缘均匀地插捣 25 次，然后轻轻将容器摇动或敲击 5 ～ 6 下，使砂浆表面平整，随后将容器移置于砂浆稠度仪台座上。

（3）拧开制动螺栓，向下移动滑杆，当试锥尖端和砂浆表面刚接触时，应拧紧制动螺栓，使齿条测杆下端刚接触滑杆上端，将指针对准零点。

（4）拧开制动螺栓，同时计时间，10 s 时立即拧紧螺栓，将齿条测杆下端接触滑杆上端，从刻度盘上读出下沉深度（精确至 1 mm），即为砂浆的稠度值。

（5）圆锥体内砂浆只允许测定一次稠度，重复测定时应重新取样。

4．试验结果评定

（1）同盘砂浆应取两次试验结果的算术平均值作为测定值，并应精确至 1 mm；

（2）当两次测定值之差大于 10 mm 时，应重新取样测定。

9.5.3　砂浆分层度检测

1．检测目的

测定砂浆拌合物的分层度，以确定在运输及停放时砂浆拌合物的稳定性。

2．主要仪器设备

（1）分层度测定仪（图 9-40 和图 9-41），应用钢板制成，内径应为 150 mm，上节高应为 200 mm，下节高带底应为 100 mm，两节的连接处应加宽 3 ～ 5 mm，并应设有橡胶垫圈。

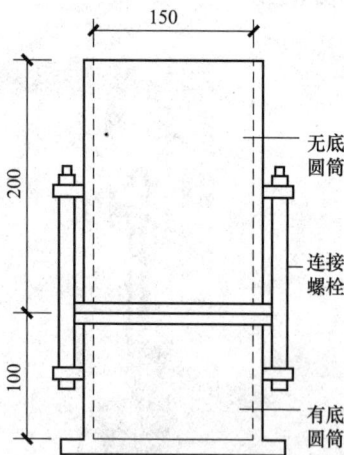

图 9-40　砂浆分层度筒

图 9-41　分层度测定仪示意图

（2）振动台：振幅应为 0.5 mm±0.05 mm，频率应为 50 Hz±3 Hz。

（3）砂浆稠度仪、木槌等。

3．检测步骤

分层度的测定可采用标准法和快速法。当发生争议时，应以标准法的测定结果为准。

（1）应将砂浆拌合物一次注入分层度筒内，待装满后，用木槌在分层度筒周围距离大致相等的四个不同地方轻轻敲击 1～2 下；当砂浆沉落到分层度筒口以下，应随时添加，然后刮去多余的砂浆，并用抹刀抹平。

（2）静置 30 min 后，去掉上层 200 mm 砂浆，然后取出底层 100 mm 砂浆重新拌和 2 min，再按照标准的规定测定其稠度。前后测得的稠度之差即为砂浆的分层度。也可采用快速法，将分层度筒放在振动台上，振动 20 s 即可。

4．试验结果评定

应取两次试验结果的算术平均值作为该砂浆的分层，精确至 1 mm；当两次分层度试验值之差大于 10 mm 时，应重新取样测定。

9.5.4　砂浆保水性检测

1．检测目的

砂浆保水性检测适用于测定大部分预拌砂浆的保水性能。

2．检测仪器

（1）金属或硬塑料圆环试模（内径 100 mm、内部高度 25 mm）。

（2）可密封的取样容器：应清洁、干燥。

（3）2 kg 的重物。

（4）金属滤网：网格尺寸 45μm，圆形，直径为 110 mm±1 mm。

（5）超白滤纸：应采用现行国家标准《化学分析滤纸》（GB/T 1914—2017）规定的中速定性滤纸，直径应为 110 mm，单位面积质量应为 200 g/m²。

（6）2 片金属或玻璃的方形或圆形不透水片，边长或直径大于 110 mm。

（7）天平：量程为 200 g，感量应为 0.1 g；量程为 2 000 g，感量应为 1 g。

（8）烘箱。

3．检测步骤

（1）称量底部不透水片与干燥试模质量（m_1）和 15 片中速定性滤纸质量（m_2）。

（2）将砂浆拌合物一次性填入试模，并用抹刀插捣数次，当装入的砂浆略高于试模边缘时，用抹刀以 45°角一次将试模表面多余的砂浆刮去，然后再用抹刀以较平的角度在试模表面反方向将砂浆刮平。

（3）抹掉试模边的砂浆，称量试模、底部不透水片与砂浆总质量（m_3）。

（4）用金属滤网覆盖在砂浆表面，再在滤网表面放 15 片滤纸，用上部不透水片盖在滤纸表面，以 2 kg 的重物把不透水片压住。

（5）静止 2 min 后移走重物及上部不透水片，取出滤纸（不包括滤网），迅速称量滤纸质量（m_4）。

（6）按照砂浆的配合比及加水量计算砂浆的含水率。当无法计算时，可按式（9-25）的规定测定砂浆的含水率。

4．结果评定

砂浆保水率应按下式计算：

$$W=\left[1-\frac{m_4-m_2}{\alpha\times(m_3-m_1)}\right]\times100\%\qquad(9-24)$$

式中 W——砂浆保水率（%）；

m_1——底部不透水片与干燥试模质量（g），精确至 1 g；

m_2——15 片滤纸吸水前的质量（g），精确至 0.1 g；

m_3——试模、底部不透水片与砂浆总质量（g），精确至 1 g；

m_4——15 片滤纸吸水后的质量（g），精确至 0.1 g；

α——砂浆含水率（%）。

取两次试验结果的平均值作为砂浆保水率，精确至 0.1%，且第二次试验应重新取样测定。当两个测定值之差超过 2% 时，则此组试验结果无效。

5. 砂浆含水率测试方法

称取 100 g±10 g 砂浆拌合物试样，置于一干燥并已知称重的盘中，放入 105 ℃ ±5 ℃的烘箱中烘干至恒重，砂浆含水率按下式计算：

$$\alpha=\frac{m_6-m_5}{m_6}\times100\%\qquad(9-25)$$

式中 α——砂浆含水率（%）；

m_5——烘干后样本的质量（g），精确至 1 g；

m_6——砂浆样本总质量（g），精确至 1 g。

取两次试验结果的算术平均值作为砂浆含水率，精确至 0.1%。当两个测定值之差超过 2% 时，则此组试验结果无效。

9.5.5 砂浆抗压强度检测

1. 检测目的

检验砂浆的实际强度是否满足设计要求。

2. 主要检测设备

（1）压力试验机（图 9-42）。

（2）试模：规格为 70.7 mm×70.7 mm×70.7 mm 的带底试模（图 9-43）。

（3）垫板、振动台、捣棒、抹刀等。

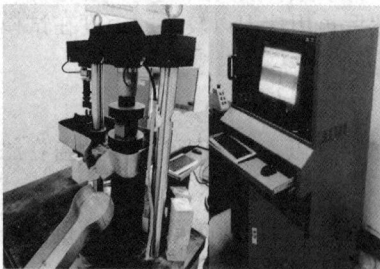

图 9-42 砂浆压力试验机　　　　　　　图 9-43 砂浆三联试模

3. 试件制作

（1）采用立方体试件，每组试件三个。

（2）应用黄油等密封材料涂抹试模的外接缝，试模内涂抹机油或脱模剂，将拌制好的砂浆一次性装满砂浆试模，成型方法根据稠度而确定。当稠度大于 50 mm 时，应采用人工振捣成型；当稠度不大于 50 mm 时，宜采用振动台振实成型。

1）人工振捣：用捣棒均匀地由边缘向中心按螺旋方式插捣 25 次，插捣过程中如砂浆低于试模口，应随时添加砂浆，可用油灰刀插捣数次，并用手将试模一边抬高 5 ～ 10 mm 各振动 5次，使砂浆高出试模 6 ～ 8 mm。

2）机械振动：砂浆一次性装满砂浆试模，放置在振动台上，振动时试模不得跳动，振动5 ～ 10 s 或持续到表面泛浆为止，不得过振。

（3）待表面水分稍干后，再将高出试模部分的砂浆沿试模顶面刮去并抹平。

（4）试件制作后应在 20 ℃ ±5 ℃温度下停置 24 h±2 h，对试件进行编号、拆模。当气温较低时，或者凝结时间大于 24 h 的砂浆，可适当延长时间，但不应超过 2 d，试件拆模后应立即放入温度为 20 ℃ ±2 ℃、相对湿度为 90% 以上的标准养护室中养护。养护期间，试件彼此间间隔不小于 10 mm，混合砂浆试件应覆盖，防止有水滴在试件上。

（5）从搅拌加水开始计时，标准养护龄期应为 28 d，也可根据相关要求增加 7 d 或 14 d。

4．砂浆立方体抗压强度测定

（1）试件从养护室取出后应尽快进行试验。试验前先将试件擦拭干净，测量尺寸，并检查其外观，并应计算试件的承压面积。如实测尺寸与公称尺寸之差不超过 1 mm，可按公称尺寸进行计算。

（2）将试件放在试验机的下压板上或下垫板上，试件承压面应与成型时的顶面垂直，试件中心应与试验机下压板或下垫板中心对准。开动试验机，当上压板（或上垫板）与试件接近时，调整球座，使接触面均衡受压。承压试验应连续而均匀地加荷，加荷速度应为 0.25 ～ 1.5 kN/s；砂浆强度不大于 2.5 MPa 时，宜取下限。当试件接近破坏而开始迅速变形时，停止调整试验机油门，直至试件破坏，然后记录破坏荷载。

5．试验结果计算

（1）砂浆立方体抗压强度应按下式计算（精确至 0.1 MPa）：

$$f_{m,cu} = k\frac{N_u}{A} \tag{9-26}$$

式中 $f_{m,cu}$——砂浆立方体抗压强度（MPa），精确至 0.1 MPa；

N_u——立方体破坏荷载（N）；

A——试件承压面积（mm²）；

k——换算系数，取 1.35。

（2）立方体抗压强度试验的试验结果应按下列要求确定：

1）以三个试件测值的算术平均值作为该组的砂浆立方体抗压强度平均值（f_2），精确至0.1 MPa；

2）当三个测值的最大值或最小值中有一个与中间值的差值超过中间值的 15% 时，则把最大值及最小值一并舍除，取中间值作为该组试件的抗压强度；

3）如有两个测值与中间值的差值均超过中间值的 15%，则该组试验结果无效。

9.6　砌筑材料检测

9.6.1　普通砖的尺寸偏差检测

采用标准《砌墙砖试验方法》（GB/T 2542—2012）。

本检测适用于烧结砖和非烧结砖。每 3.5 万～10 万块为一批，不足 3.5 万块按一批计。

检验样品数为 20 块，按《砌墙砖试验方法》（GB/T 2542—2012）规定的检验方法进行。其中每一尺寸测量不足 0.5 mm 者按 0.5 mm 计，每一方向尺寸以两个测量值的算术平均值表示。

1．检测目的

测定烧结普通砖的尺寸偏差，评定质量等级。

2．检测仪器设备

砖用卡尺（图 9-44），分度值为 0.5 mm。

3．检测步骤

在砖的两个大面中间处，分别测量两个长度尺寸和两个宽度尺寸，在两个条面的中间处分别测量两个高度尺寸，如图 9-45 所示。当被测处有缺损或凸出时可在其旁边测量，应选择不利的一侧。精确至 0.5 mm。

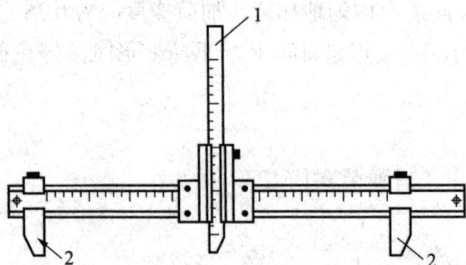

图 9-44　砖用卡尺　　　　　图 9-45　尺寸量法
1—垂直角；2—支脚

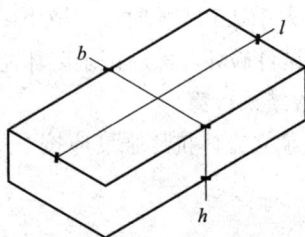

4．检测结果的计算与确定

每一方向尺寸以两个测量值的算术平均值表示。

9.6.2　烧结普通砖的外观质量检测

1．检测目的

作为评定砖的产品质量等级的依据。

2．主要仪器设备

（1）砖用卡尺：分度值为 0.5 mm；

（2）钢直尺：分度值不应大于 1 mm。

3．检测步骤

（1）缺损测量。缺棱掉角在砖上造成的缺损程度以缺损部分对长、宽、高三个棱边的投影尺寸来度量，称为破坏尺寸，如图9-46所示。缺损造成的破坏面是指缺损部分对条、顶面的投影面积，如图9-47所示。

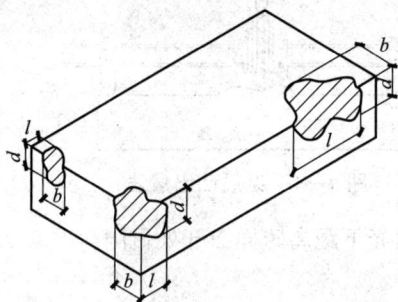

图 9-46　缺棱掉角破坏尺寸测量方法
l—长度方向的投影尺寸；b—宽度方向的投影尺寸；
d—高度方向的投影尺寸

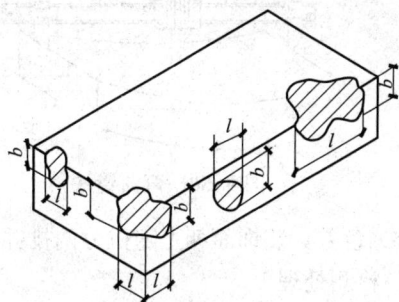

图 9-47　条、面缺损破坏尺寸测量方法
l—长度方向的投影尺寸；b—宽度方向的投影尺寸

（2）裂纹测量。裂纹可分为长度、宽度、水平方向三种，以投影方向的投影尺寸来表示，以mm计。如果裂纹从一个面延伸到其他面上，累计其延伸的投影长度，如图9-48所示。多孔砖的孔洞与裂纹相通时，则将孔洞包括在裂纹内一并测量，裂纹应在三个方向上分别测量，以测得的最长裂纹作为测量结果，如图9-49所示。

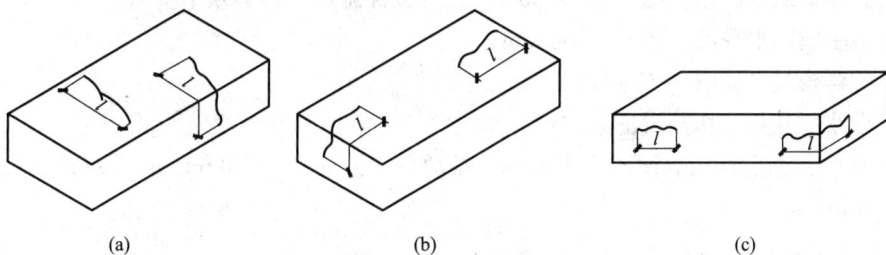

(a)　　　　　　　　　　(b)　　　　　　　　　　(c)

图 9-48　裂纹长度量法
（a）宽度方向裂纹长度量法；（b）长度方向裂纹长度量法；（c）水平方向裂纹长度量法

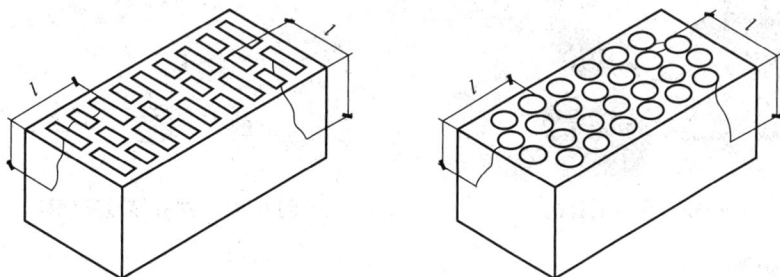

图 9-49　多孔砖裂纹通过空洞时长度量法

（3）弯曲测量。分别在大面和条面上测量，测量时将砖用卡尺的两支脚置于两端，选择弯曲最大处将垂直尺推至砖面，如图9-50所示。以弯曲中测得最大值作为测量结果，不应将因杂质或碰伤造成的凹处计算在内。

（4）杂质凸出高度。杂质在砖面上造成的凸出高度，以杂质距砖面的最大距离表示。测量时，将砖用卡尺的两支脚置于凸出两边的砖面上以垂直尺测量，如图9-51所示。

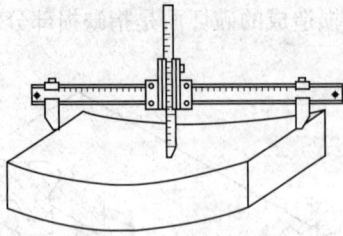

图 9-50　弯曲量法

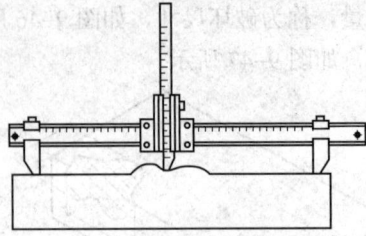

图 9-51　杂质凸出量法

（5）色差。装饰面朝上随机分两排并列，在自然光下距离砖样 2 m 处目测。

4．检测处理

外观测量以 mm 为单位，不足 1 mm 者以 1 mm 计。

9.6.3　烧结普通砖的抗压强度检测

1．检测目的

测定烧结普通砖的抗压强度，用以评定砖的强度等级合格性。

2．检测仪器设备

（1）压力试验机（图 9-52）：示值误差不大于 ±1%，上、下压板至少应有一个球绞支座，预期最大破坏荷载应在量程的 20% ～ 80%；抗压试件制作平台必须平整水平，可用金属材料或其他材料制成；水平尺（250 ～ 300 mm）。

（2）制样模具：如图 9-53 所示。

（3）砂浆搅拌机、切割设备。

（4）其他。钢直尺（分度值为 1 mm）；振动台（振幅 0.3 ～ 0.6 mm，振动频率 2 600 ～ 3 000 次 /min）。

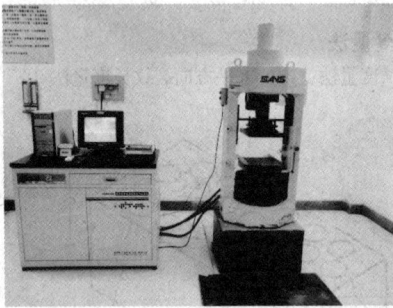

图 9-52　压力试验机

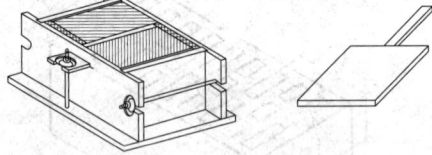

图 9-53　制样模具及插板

3．试件制备

（1）一次成型制样。一次成型制样适用于采用样品中间部位切割，交错叠加灌浆制成强度试验试样的方式。将试样锯成两个半截砖，两个半截砖用于叠合部分的长度不得小于 100 mm，如图 9-54 所示。如果不足 100 mm，应另取备用试样补足。将已切割开的半截砖放入室温的净水中浸 20 ～ 30 min 后取出，在铁丝网架上滴水 20 ～ 30 min，以断口相反方向装入制样模具中。用插板控制两个半砖间距，不应大于 5 mm，砖大面与模具间距不应大于 3 mm，模具内表面涂油或脱膜剂。将净浆材料按照配制要求，置于搅拌机中搅拌均匀。将装好试样的模具置于振动台上，加入适量搅拌均匀的净浆材料，振动时间为 0.5 ～ 1 min，停止振动，静置至净浆材料达到初凝时间（为 15 ～ 19 min）后拆模。

（2）二次成型制样。二次成型制样适用于采用整块样品上下表面灌浆制成强度试验试样的方式。将整块试样放入室温的净水中浸 20 ～ 30 min 后取出，在铁丝网架上滴水 20 ～ 30 min。按照净浆材料配制要求，置于搅拌机中搅拌均匀。模具内表面涂油或脱膜剂，加入适量搅拌均匀的净浆材料，将整块试样一个承压面与净浆接触，装入制样模具中，承压面找平层厚度不应大于 3 mm。接通振动台电源，振动 0.5 ～ 1 min，停止振动，静置至净浆材料初凝（为 15 ～ 19 min）后拆模。按同样方法完成整块试样另一承压面的找平。二次成型制样模具如图 9-55 所示。

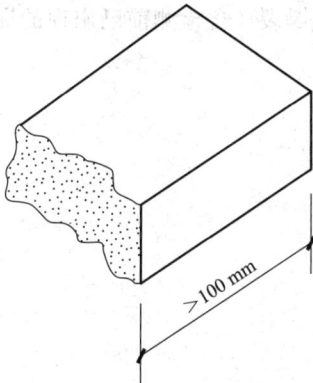

图 9-54　断开的半截砖　　　　图 9-55　二次成型制样模具

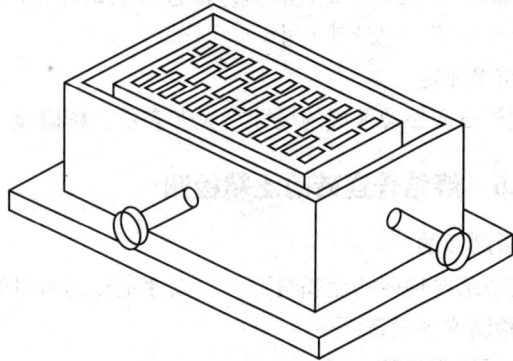

4. 试件养护

一次成型制样、二次成型制样在不低于 10 ℃的不通风室内养护 4 h。

5. 检测步骤

（1）测量每个试样连接面或受压面的长、宽尺寸各两个，分别取其平均值，精确至 1 mm。

（2）将试样平放在加压板的中央，垂直于受压面加荷，应均匀平稳，不得发生冲击或振动。加荷速度以 2 ～ 6 kN/s 为宜，直至试样破坏为止，记录最大破坏荷载 P。

6. 结果计算与评定

每块试样的抗压强度（R_p）按下式计算：

$$R_p = \frac{P}{LB} \tag{9-27}$$

式中　R_p——抗压强度（MPa）；

　　　P——最大破坏荷载（N）；

　　　L——受压面（连接面）的长度（mm）；

　　　B——受压面（连接面）的宽度（mm）。

试验结果以试样抗压强度的算术平均值和标准值或单块最小值表示。

9.6.4 烧结普通砖的石灰爆裂检测

1．检测目的

测定烧结普通砖的石灰爆裂情况，用以评定砖的质量等级。

2．检测仪器设备

蒸煮箱；钢直尺，分度值为 1 mm。

3．试样

试样为未经雨淋或浸水，且近期生产的外观完整的砖样，试样数量为 5 块。检测前检查每块试样，将不属于石灰爆裂的外观缺陷作标记。

4．检测步骤

将试样平行侧立于蒸煮箱内的篦子板上，试样间隔不得小于 50 mm，箱内水面应低于篦上板 40 mm。加盖蒸 6 h 后取出。检查每块试样上因石灰爆裂（含检测前已出现的爆裂）而造成的外观缺陷，记录其尺寸。

5．结果评定

以试样石灰爆裂区域的尺寸最大者表示，精确至 1 mm。

9.6.5 烧结普通砖的泛霜检测

1．检测目的

测定烧结普通砖的泛霜情况，用以评定砖的质量等级。

2．检测仪器设备

（1）鼓风干燥箱。

（2）耐磨蚀的浅盘：容水深度为 25 ~ 35 mm。

（3）能盖住浅盘的透明材料，在其中间部位开有大于试样宽度、高度或长度尺寸为 5 ~ 10 mm 的矩形孔。

（4）温、湿度计。

3．试样

试样数量为 5 块。

4．检测步骤

清理试样表面，然后置于 105 ℃ ±5 ℃鼓风干燥箱中干燥 24 h，取出冷却至常温。将试样顶面或有孔洞的面朝上分别置于浅盘中，往浅盘中注入蒸馏水，水面高度不低于 20 mm。用透明材料覆盖在浅盘上，并将试样暴露在外面，记录时间。试样浸在盘中的时间为 7 d，开始 2 d 内经常加水以保持盘内水面高度，以后则保持浸在水中即可。检测过程中要求环境温度为 16 ℃~ 32 ℃，相对湿度为 35% ~ 60%。7 d 后取出试样，在同样的环境条件下放置 4 d，然后在 105 ℃ ±5 ℃鼓风箱中干燥至恒量。取出冷却至常温。记录干燥后的泛霜程度。

5．结果评定

泛霜程度划分如下：

无泛霜：试样表面的盐析几乎看不见。

轻微泛霜：试样表面出现一层细小明显的霜膜，但试样表面仍清晰。

中等泛霜：试样部分表面或棱角出现明显霜层。

严重泛霜：试样表面出现起砖粉、掉屑及脱皮现象。

9.6.6 蒸压加气混凝土砌块抗压检测

采用标准《蒸压加气混凝土性能试验方法》（GB/T 11969—2020）。

1. 仪器设备

（1）压力机：300 ～ 500 kN。

（2）锯砖机（图 9-56）或切砖器（图 9-57）、直尺等。

图 9-56 锯砖机

图 9-57 切砖器

试件的制备采用机锯。锯切时不应将试件弄湿。试件应沿制品发气方向在中心部分按上、中、下顺序锯取一组，"上"块的上表面距离制品顶面 30 mm，"中"块在制品正中处，"下"块的下表面距离制品底面 30 mm。试件锯取部位如图 9-58 所示。试件表面应平整，不得有裂缝或明显缺陷，尺寸允许偏差应为 ±1 mm，平整度应不大于 0.5 mm，垂直度应不大于 0.5 mm。试件应逐块编号，从同一块试样中锯切出的试件为同一组试件，以"Ⅰ、Ⅱ、Ⅲ…"表示组号；当同一组试件有上、中、下位置要求时，以下标"上、中、下"注明试件锯取的位置；当同一组试件没有位置要求时，则以下标"1、2、3…"注明，以区别不同试件；平行试件以"Ⅰ、Ⅱ、Ⅲ…"加注上标"+"以示区别。试件以"↑"标明发气方向。

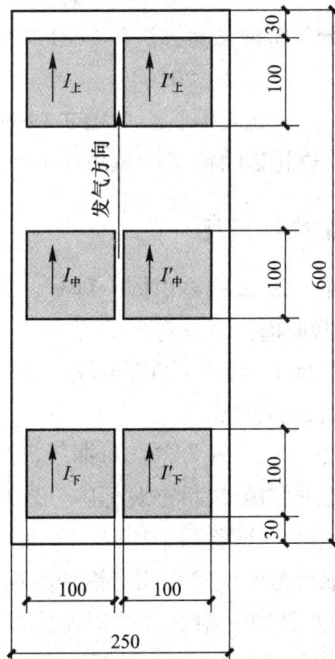

图 9-58 抗压强度、劈裂抗拉强度试件锯取部位

试件为 100 mm×100 mm ×100 mm 立方体试件 1 组，平行试件 1 组。试件受压面的平整度应小于 0.1 mm，相邻面的垂直度应小于 1 mm。试件应在含水率 10% ±2% 下进行试验。如果含水率超出以上范围，宜在 60 ℃ ±5 ℃条件下烘至所要求的含水率，并应在室内放置 6 h 以后进行抗压强度试验。

2．检测步骤

检查试件外观。测量试件的尺寸，精确至 0.1 mm，并计算试件的受压面积（A_1）。将试件放在材料试验机的下压板的中心位置，试件的受压方向应垂直于制品的发气方向。开动试验机，当上压板与试件接近时，调整球座，使接触均衡。以 2.0 kN/s±0.5 kN/s 的速度连续而均匀地加荷，直至试件破坏，记录破坏荷载（p_1）。试验后应立即称取破坏后的全部或部分试件质量，然后在 105 ℃ ±5 ℃下烘至恒重，计算其含水率。

3．结果计算与评定

抗压强度按下式计算：

$$f_{cc}=\frac{p_1}{A_1} \tag{9-28}$$

式中 f_{cc}——试件的抗压强度（MPa）；

$\quad\quad p_1$——破坏荷载（N）；

$\quad\quad A_1$——试件受压面积（mm^2）。

按三块试件检测值的算术平均值进行评定，精确至 0.1 MPa。

9.7 钢筋检测

采用标准如下：

《金属材料 拉伸试验 第 1 部分：室温试验方法》（GB/T 228.1—2010）。

《金属材料 弯曲试验方法》（GB/T 232—2010）。

《钢筋混凝土用钢 第 1 部分：热轧光圆钢筋》（GB/T 1499.1—2017）。

《钢筋混凝土用钢 第 2 部分：热轧带肋钢筋》（GB/T 1499.2—2018）。

9.7.1 钢筋取样、验收复检与判定

（1）钢筋按批进行检查与验收，每批钢材由同一牌号、炉罐号、规格和交货状态的钢筋组成，如炉罐号不同组成混合批验收时，各炉罐号含碳量之差应不大于 0.02%，含锰量之差应不大于 0.15%。每批质量不大于 60 t，超出 60 t 的部分，每增加 40 t（不足 40 t 以 40 t 计），增加一个拉伸试验试样和一个弯曲试验试样。

（2）钢筋应有出厂质量证明书或试验报告单，每捆（盘）钢筋均应有标牌，进场时应按炉罐（批）号及直径分批验收，验收内容包括查对标牌、外观检查，并按有关规定抽取试样做机械性能试验，包括拉伸试验和冷弯试验两个项目，如两个项目中有一个项目不合格，该批钢筋即为不合格。检验项目与取样数量应符合相应钢种的规定。

在拉伸试验的两根试件中，如其中一根试件的屈服强度、抗拉强度和伸长率三个指标中，有一个指标达不到钢筋标准中规定的数值，或冷弯试验中有一根试件不符合标准要求，

应取双倍（4 根）钢筋，重做试验。如仍有一根试件的指标达不到标准要求，则该试验项目不合格。

9.7.2 钢筋拉伸性能检测

1．检测目的

测定低碳钢的屈服强度、抗拉强度与伸长率，评定钢筋质量。试验时注意观察拉应力与应变之间的关系，为确定和检验钢材的力学及工艺性能提供依据。

2．仪器设备

（1）万能试验机：示值误差不大于 1%，如图 9-59 所示。

（2）游标卡尺：精度为 0.1 mm，如图 9-60 所示。

（3）钢筋打点机：如图 9-61 所示。

图 9-59　万能试验机　　　　图 9-60　游标卡尺　　　　图 9-61　钢筋打点机

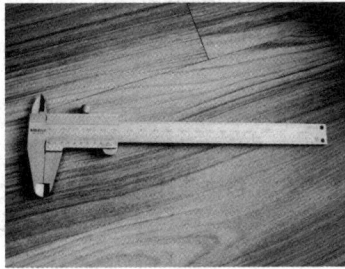

3．试件的制作

（1）钢筋试件一般不经切削（图 9-62）。

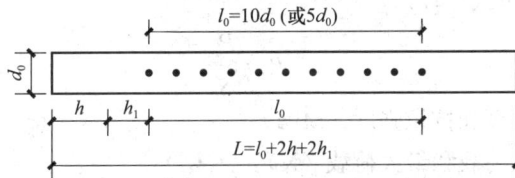

图 9-62　不经切削的试件

（2）在试件表面，选用小冲点、细画线或有颜色的记号做出两个或一系列等分格的标记，以表明标距长度，测量标距长度 L_0（$L_0=10d_0$ 或 $L_0=5d_0$）（精确至 0.1 mm）。

4．检测步骤

（1）调整试验机刻度盘的指针，对准零点，拨动副指针与主指针重叠。

（2）将试件固定在试验机夹头内，开动试验机加荷，应变速率不应超过 0.008。

（3）钢筋在拉伸试验时，读取刻度盘指针首次回转前指示的恒定力或首次回转时指示的最小力，即屈服点荷载 F_{eL}（N）；钢筋屈服之后继续施加荷载直至将钢筋拉断，从刻度盘上读取试验过程中的最大力 F_m（N）。

（4）拉断后标距长度 L_u（精确至 0.1 mm）的测量。将试件断裂的部分对接在一起使其轴线处于同一直线上。如拉断处到邻近标距端点的距离大于 $1/3L_0$，可直接测量两端点的距离；如拉断处到邻近的标距端点的距离小于或等于 $1/3L_0$，可用移位方法确定 L_u。在长段上从拉断

处 O 点取基本等于短段格数，得 B 点，接着取等于长段所余格数（偶数）之半得 C 点；或者取所余格数（奇数）减 1 与加 1 之半，得到 C 与 C_1 点，移位后的 L_u 分别为 $AO+OB+2BC$ 或 $AO+OB+BC+BC_1$（图 9-63）。

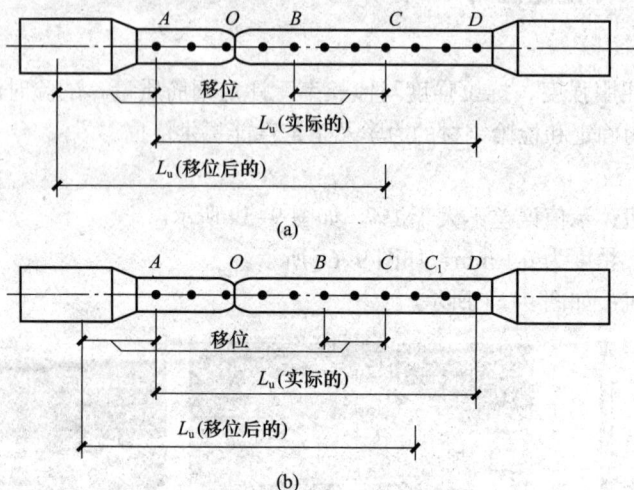

(a)

(b)

图 9-63　移位法计算标距

（a）剩余段格数为偶数；（b）剩余段格数为奇数

5．结果计算与评定

（1）屈服强度 R_{eL} 按下式计算：

$$R_{eL} = \frac{P_{eL}}{S_0} \tag{9-29}$$

（2）抗拉强度 R_m 按下式计算：

$$R_m = \frac{P_m}{S_0} \tag{9-30}$$

式中　R_{eL}，R_m——屈服强度和抗拉强度（MPa）；

　　　　P_{eL}，P_m——屈服点荷载和最大荷载（N）。

（3）伸长率按下式计算（精确至 0.5%）：

$$A = \frac{L_u - L_0}{L_0} \times 100\% \tag{9-31}$$

如试件拉断处位于标距之外，则断后伸长率无效，应重做试验。

在拉伸试验的两根试件中，如其中一根试件的屈服点、抗拉强度和伸长率三个指标中，有一个指标达不到钢筋标准中规定的数值，应取双倍钢筋进行复检，若仍有一根试件的指标达不到标准要求，则钢筋拉伸性能为不合格。

9.7.3　钢材冷弯性能检测

1．检测目的

检验钢筋常温下承受规定弯曲程度的变形能力，从而确定其塑性和可加工性能，并显示其缺陷。

2. 主要仪器设备

压力试验机或万能试验机、冷弯压头等。

3. 检测步骤

（1）冷弯试样长度为 $L_0=5d_0+100$，d_0 为试件的计算直径。弯心直径和弯曲角度按热轧钢筋分级及相应的技术要求表选用。

（2）调整两支辊间距离 $L=(d+3d_0)\pm0.5d_0$，此距离在试验期间保持不变（图 9-64），d 为弯心直径。

（3）将试件放置于两支辊上，试件轴线应与弯曲压头轴线垂直，弯曲压头在两支座之间的中点处对试件连续施加压力使其弯曲，直至达到规定的弯曲角度，如图 9-65 所示。

试件弯曲至两臂直接接触的试验，应首先将试件初步弯曲（弯曲角度尽可能大），然后将其置于两平行压板之间，连续施加力压其两端，使其进一步弯曲，直至两臂直接接触。

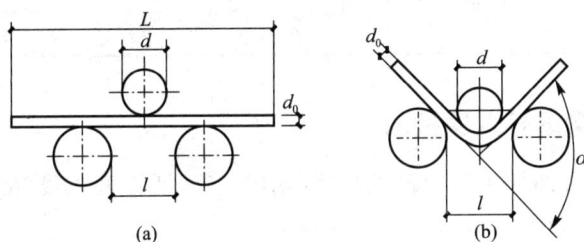

图 9-64　支辊式弯曲装置

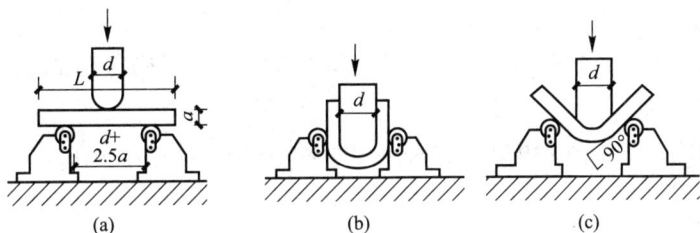

图 9-65　钢筋冷弯试验
（a）装好的试件；（b）弯曲 180°；（c）弯曲 90°

4. 结果评定

试件弯曲后，检查弯曲处的外缘及侧面，如无裂缝、断裂或起层现象，即认为冷弯试验合格，否则为不合格。

若钢筋在冷弯试验中，有一根试件不符合标准要求，同样抽取双倍钢筋进行复验，若仍有一根试件不符合要求，则判冷弯试验项目为不合格。

9.8　建筑防水材料检测

9.8.1　石油沥青取样

采用标准《沥青取样法》（GB/T 11147—2010）。

固态、半固态取样：从桶、袋、箱中取样应在样品表面以下及容器侧面以内至少 75 mm 处采取。若沥青是可以打碎的，则用干净锤头打碎后取样，若沥青是软的，则用干净的适宜工具切割取样。当能确认是同一批生产的产品时，随机取一件按规定取 4 kg 供检验用。

当不能确认是同一批生产的产品或按同批产品要求取出的样品经检验不符合规范要求时，则应按随机取样原则选出若干件再按上述规定取样，其件数等于总件的立方根。表 9-8 给出了不同装载件数所要取出的样品件数。当取样件数超过一件时，每个样品质量应不少于 0.1 kg，这样取出的样品，经充分混合均匀后取出 4 kg 供检验用。当不是一批产品且批次可以明显分出时，从每一批次中取出 4 kg 样品供检验。

表 9-8　石油沥青试样选取

装载件数	2～8	9～27	28～64	65～125	126～216	217～343	344～512	513～729	730～1 000	100～11 331
选取件数	2	3	4	5	6	7	8	9	10	11

9.8.2　石油沥青的针入度检测

采用标准《建筑石油沥青》（GB/T 494—2010）、《沥青针入度测定法》（GB/T 4509—2010）。

标准规定了针入度范围为（0～500）1/10 mm 的标准针、试样皿和其他检测条件，适用于测定针入度范围为（0～500）1/10 mm 的固体和半固体沥青材料的针入度。

1．检测目的

通过针入度的测定可以确定石油沥青的稠度，同时，也可以确定石油沥青的牌号。

2．主要仪器设备

针入度仪（图 9-66、图 9-67）、标准针、试样皿、温度计、恒温水浴、平底玻璃皿、计时器。

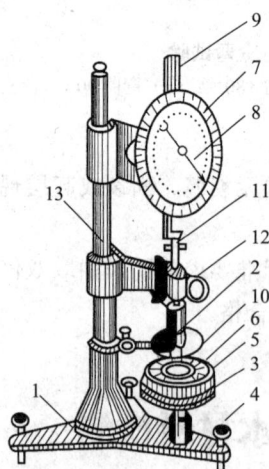

图 9-66　针入度仪　　　　　　　　　　图 9-67　针入度仪

1—底座；2—小镜；3—圆形平台；4—调平螺栓；5—保温皿；6—试样；

7—刻度盘；8—指针；9—活杆；10—标准针；11—连杆；12—按钮；13—砝码

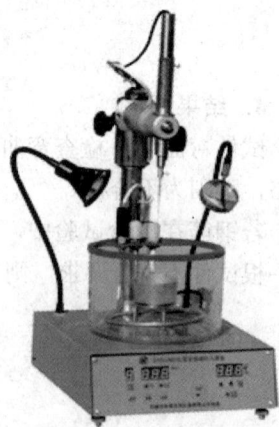

3．试样制备

（1）小心加热样品，不断搅拌以防局部过热，加热到使样品能够易于流动。加热时焦油沥青的加热温度不超过软化点的 60 ℃，石油沥青不超过软化点的 90 ℃。加热时间在保证样品充分流动的基础上尽量少。加热、搅拌过程中避免试样中进入气泡。

（2）将试样倒入预先选好的试样皿中，试样深度应至少是预计锥入深度的 120%。如果试样皿的直径小于 65 mm，而预期针入度高于 200，每个试验条件都要倒三个样品。如果样品足够，浇筑的样品要达到试样皿边缘。

（3）松盖试样皿防灰尘落入。在 15 ℃～30 ℃的室温下，小的试样皿（φ33 mm×16 mm）中的样品冷却 45 min～1.5 h，中等试样皿（φ55 mm×35 mm）中的样品冷却 1.0～1.5 h；较大试样皿中的样品冷却 1.5～2.0 h，然后将试样皿和平底玻璃皿放入恒温水浴中，水面没过试样表面 10 mm 以上。在规定的检测温度下恒温，小皿恒温 45 min～1.5 h，中皿恒温 1.0～1.5 h，更大的试样皿恒温 1.5～2.0 h。

4．检测步骤

（1）调节针入度仪的水平，检查针连杆和导轨，确保上面没有水和其他物质。如果预测针入度超过 350 应选择长针，否则用标准针。先用合适的溶剂将针擦干净，再用干净的布擦干，然后将针插入针连杆中固定。按检测条件选择合适的砝码并放好。

（2）如果测试时针入度仪是在水浴中，则直接将试样皿放在浸在水中的支架上，使试样完全浸在水中。如果试验时针入度仪不在水浴中，将已恒温到检测温度的试样皿放在平底玻璃皿中的三角支架上，用与水浴相同温度的水完全覆盖样品，将平底玻璃皿放置在针入度仪的平台上。慢慢放下针连杆，使针尖刚刚接触到试样的表面，必要时用放置在合适位置的光源观察针头位置使针尖与水中针头的投影刚刚接触为止。轻轻拉下活杆，使其与针连杆顶端相接触，调节针入度仪上的表盘读数指零或归零。

（3）在规定时间内快速释放针连杆，同时启动秒表或计时装置，使标准针自由下落穿入沥青试样中，到规定时间使标准针停止移动。

（4）拉下活杆，再使其与针连杆顶端相接触，此时表盘指针的读数即为试样的针入度，或以自动方式停止锥入，通过数据显示设备直接读出锥入深度数值，得到针入度，用 1/10 mm表示。

（5）同一试样至少重复测定三次。每一检测点的距离和检测点与试样皿边缘的距离都不得小于 10 mm。每次检测前都应将试样和平底玻璃皿放入恒温水浴中，每次测定都要用干净的针。当针入度小于 200 时，可将针取下用合适的溶剂擦净后继续使用；当针入度超过 200时，每个试样皿中扎一针，三个试样皿得到三个数据。或者每个试样至少用三根针，每次检测用的针留在试样中，直到三根针扎完时再将针从试样中取出。但是这样测得的针入度的最高值和最低值之差，不得超过如下规定：同一操作者在同一试验室用同一台仪器对同一样品测得的两次结果不超过平均值的 4%；不同操作者在不同试验室用同一类型的不同仪器对同一样品测得的两次结果不超过平均值的 11%。

5．检测结果的计算与确定

取三次测定针入度的平均值（取整数）作为检测结果。三次测定的针入度值相差不应大于表 9-9 中的规定，否则应重新进行检测。

表 9-9　石油沥青针入度测定值的最大允许差值　　　　　　1/10 mm

针入度	0～49	50～149	150～249	250～350	250～350
允许最大差值	2	4	6	8	20

注：如果误差超过了这一范围，利用第二个样品重复检测；如果结果再次超过允许值，则取消所有的检测结果，重新进行检测。

9.8.3　石油沥青的延度检测

采用标准《沥青延度测定法》（GB/T 4508—2010）。

1．检测目的

延度是沥青塑性的指标，是沥青成为柔性防水材料的最重要性能之一。

2．主要仪器设备

（1）延度仪：如图 9-68 和图 9-69 所示。

（2）试样模具：如图 9-70 和图 9-71 所示。

（3）温度计、水浴、隔离剂、支撑板等。

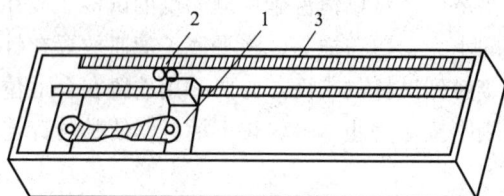

图 9-68　沥青延度仪示意图

1—滑板；2—指针；3—标尺

图 9-69　沥青延度仪

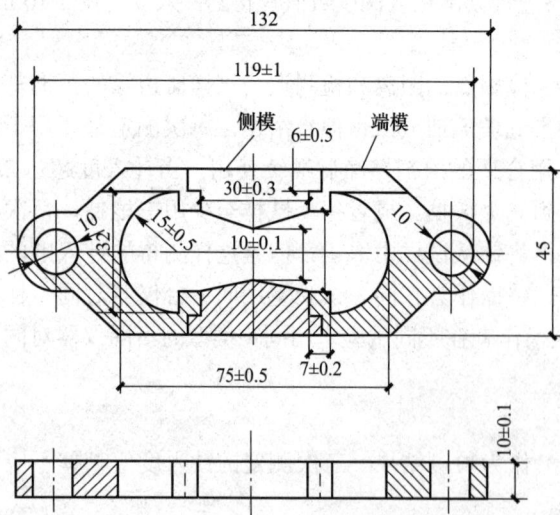

图 9-70　沥青延度仪试件模具示意

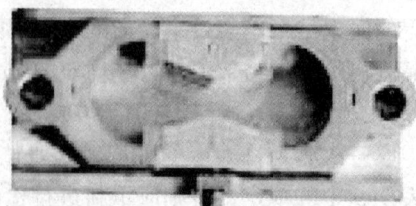

图 9-71　沥青延度仪试件模具

3．试样制备

（1）将模具组装在支撑板上，将隔离剂涂于支撑板表面及图 9-53 中的侧模的内表面，以防沥青粘在模具上。板上的模具要水平放好，以便模具的底部能够充分与板接触。

（2）小心加热样品，充分搅拌以防局部过热，直到样品容易倾倒。石油沥青加热温度不超过预计石油沥青软化点 90 ℃；煤焦油沥青样品加热温度不超过煤焦油沥青预计软化点 60 ℃。样品的加热时间在不影响样品性质和在保证样品充分流动的基础上尽量短。将熔化后的样品充分搅拌之后倒入模具中，在组装模具时要小心，不要弄乱了配件。在倒样时使试样呈细流状，自模的一端至另一端往返倒入，使试样略高出模具，将试件在空气中冷却 30 ～ 40 min，然后放在规定温度的水浴中保持 30 min 取出，用热的直刀或铲将高出模具的沥青刮出，使试样与模具齐平。

（3）将支撑板、模具和试件一起放入水浴中，并在试验温度下保持 85 ～ 95 min，然后从板上取下试件，拆掉侧模，立即进行拉伸试验。

4．检测步骤

（1）将模具两端的孔分别套在试验仪器的柱上，然后以一定的速度拉伸，直到试件拉伸断裂。拉伸速度允许误差在 ±5% 以内，测量试件从拉伸到断裂所经过的距离，以 cm 表示。检测时，试件与水面和水底的距离不小于 2.5 cm，并且要使温度保持在规定的温度的 ±0.5 ℃ 范围以内。

（2）如果沥青浮于水面或沉入槽底，则检测不正常。应使用乙醇或氯化钠调整水的密度，使沥青材料既不浮于水面，又不沉入槽底。

（3）正常的检测应将试样拉成锥形、线形或柱形，直至在断裂时实际横断面面积接近于零或均匀断面。如果三次检测得不到正常结果，则报告在该条件下延度无法测定。

5．检测处理

若三个试件测定值在其平均值的 5% 内，取平行测定三个结果的平均值作为测定结果。若三个试件测定值不在其平均值的 5% 以内，但其中两个较高值在平均值的 5% 之内，则弃去最低测定值，取两个较高值的平均值作为测定结果，否则重新测定。

9.8.4 石油沥青的软化点检测

1．检测目的

通过测定石油沥青的软化点，了解其耐热性和温度稳定性。

本检测按《沥青软化点测定法 环球法》(GB/T 4507—2014) 规定进行。

2．检测仪器设备

软化点检测仪、可调温的电炉或加热器、玻璃板（或金属板）、800 mL 烧杯、测定架、温度计等，如图 9-72 和图 9-73 所示。

3．检测步骤

（1）选择下列一种加热介质。

1）新煮沸过的蒸馏水适用于软化点为 30 ℃～ 80 ℃ 的沥青，起始加热介质温度应为 5 ℃ ±1 ℃。

2）甘油适用于软化点为 80 ℃～ 157 ℃ 的沥青，起始加热介质的温度应为 30 ℃ ±1 ℃。

3）为了进行仲裁，所有软化点低于 80 ℃ 的沥青应在水浴中测定，而软化点在 80 ℃～

157 ℃的沥青材料在甘油浴中测定。仲裁时采用标准中规定的相应的温度计。或者上述内容由买卖双方共同决定。

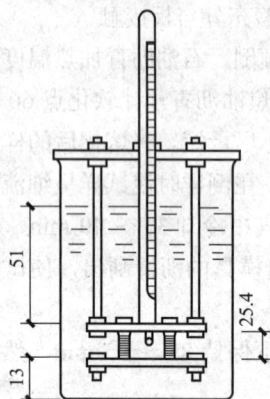

图 9-72　沥青软化点测定仪示意图

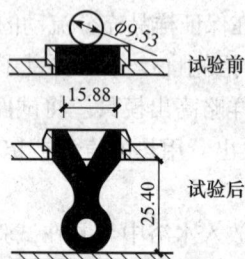

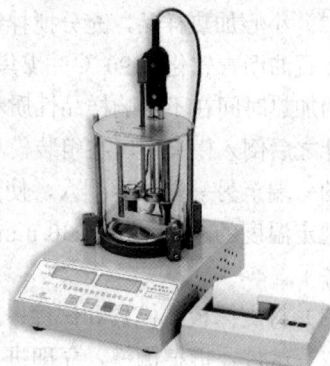

图 9-73　沥青软化点测定仪

（2）把仪器放在通风橱内并配置两个样品环、钢球定位器，并将温度计插入合适的位置，浴槽装满加热介质，并使各仪器处于适当位置。用镊子将钢球置于浴槽底部，使其同支架的其他部位达到相同的起始温度。

（3）如果有必要，将浴槽置于冰水中，或小心加热并维持适当的起始浴温达 15 min，并使仪器处于适当位置，注意不要沾污浴液。

（4）再次用镊子从浴槽底部将钢球夹住并置于定位器中。

（5）从浴槽底部加热使温度以恒定的速率 5 ℃/min 上升。为防止通风的影响有必要时可用保护装置。检测期间不能取加热速率的平均值，但在 3 min 后，升温速度应达到 5 ℃/min±0.5 ℃/min，若温度上升速率超过此限定范围，则此次检测失败。

（6）当包着沥青的钢球刚触及下支撑板时，分别记录温度计所显示的温度。无需对温度计的浸没部分进行校正。取两个温度的平均值作为沥青的软化点。当软化点在 30 ℃～157 ℃时，如果两个温度的差值超过 1 ℃，则重新检测。

4．结果计算及评定

（1）因为软化点的测定是条件性的检测方法，对于给定的沥青试样，当软化点略高于 80 ℃时，水浴中测定的软化点低于甘油浴中测定的软化点。

（2）软化点高于 80 ℃时，从水浴变成甘油浴时的变化是不连续的。在甘油浴中所报告的最低可能沥青软化点为 84.5 ℃，而煤焦油沥青的最低可能软化点为 82 ℃。当甘油浴中软化点低于这些值时，应转变为水浴中的软化点，并在报告中注明。

附录一　水泥检测

水泥品种：_____　强度等级：_____　水泥用途：_____　出厂日期：_____

水泥细度检测

（一）检测目的

（二）主要仪器设备

（1）_____；（2）_____；（3）天平：最大称量为_____，分度值不大于_____g。

（三）结果评定

水泥细度检测记录表　　　检测日期：____年____月____日

检测方法	检测次数	水泥用量/g	筛余量/g	筛余百分率/%	细度平均值/%	细度评定
负压筛法						
水筛法						
手工干筛法						

标准稠度用水量检测

（一）检测目的

（二）主要仪器设备

（1）_____；（2）_____；（3）_____；（4）_____。

（三）结果评定

1. 调整用水量法

水泥标准稠度用水量检测记录表   检测日期：____年____月____日

检测次数	水泥用量 /g	用水量 /mL	试锥距底板的距离 /mm	标准稠度用水量 P/%

2. 固定用水量法

水泥标准稠度用水量检测记录表   检测日期：____年____月____日

水泥用量 /g	用水量 /mL	试锥下沉深度 /mm	标准稠度用水量 P/%

水泥凝结时间检测

（一）检测目的

（二）主要仪器设备

（1）_____；（2）_____；（3）_____；（4）_____。

（三）结果评定

水泥凝结时间检测记录表   检测日期：____年____月____日

标准稠度用水量 /%	加水时间 t_1/（时：分）	初凝时刻 t_2/（时：分）	初凝时间 t_2-t_1/min	终凝时刻 t_3/（时：分）	终凝时间 t_3-t_1/min	结论

安定性检测

（一）检测目的

（二）使用仪器设备

（1）_____；（2）_____；（3）_____；（4）_____；

（5）_____。

（三）结果评定

1. 标准法（雷氏夹法）

水泥安定性检测记录表　　检测日期：＿＿＿年＿＿＿月＿＿＿日

试样编号	沸煮前指针间间距 /mm	沸煮后指针间间距 /mm	平均值 /mm	结论
1				
2				

2. 代用法（试饼法）

试样编号	试验观察与记录		结论
	沸煮前情况	沸煮后情况	

水泥胶砂强度检测

（一）检测目的

（二）主要仪器设备

（1）＿＿＿＿＿＿＿；（2）＿＿＿＿＿＿；（3）＿＿＿＿＿＿＿；（4）＿＿＿＿＿＿；（5）＿＿＿＿＿＿。

（三）结果评定

水泥胶砂强度试验结果记录表　检测日期：＿＿＿年＿＿＿月＿＿＿日

受力种类	3 d				28 d		
	编号	破坏荷载 /N	强度 /MPa	平均强度 /MPa	破坏荷载 /N	强度 /MPa	平均强度 /MPa
抗折							
抗压							

附录二 混凝土用砂石检测

砂筛分析检测

（一）检测目的

（二）主要仪器设备

（1）_____；（2）_____；（3）_____；（4）_____；（5）_____。

（三）结果计算

砂筛分析检测记录（干砂试样质量500 g）检测日期：____年____月____日

方孔筛公称直径 /mm	5.00	2.50	1.25	0.63	0.315	0.16	0.16 以下
筛余量 /g							
分计筛余百分率 /%							
累计筛余百分率 /%							

（1）计算砂的细度模数。按细度模数大小，评定砂的粗细程度。

$$\mu_f = \frac{\beta_2 + \beta_3 + \beta_4 + \beta_5 + \beta_6 - 5\beta_1}{100 - \beta_1}$$

（2）绘制砂的筛分曲线。

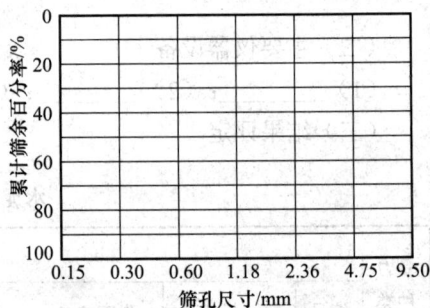

砂表观密度检测——标准法

（一）检测目的

（二）主要仪器设备

（1）_____；（2）_____；（3）_____。

（三）结果评定

砂的表观密度记录表　　　　　　　　日期：____年____月____日

试样编号	试样质量 m_0/g	试样＋水＋容量瓶总质量 m_1/g	水＋容量瓶总质量 m_2/g	表观密度 /（kg·m⁻³）	表观密度平均值 /（kg·m⁻³）
1					
2					

注：以两次试验结果的算术平均值作为测定值，两次结果之差大于 20 kg/m³ 时，应重新取样进行检测。

砂堆积密度检测

（一）检测目的

（二）主要仪器设备

（1）_____；（2）_____；（3）_____。

（三）结果计算与数据处理

砂表观密度　　　　　　　　检测日期：____年____月____日

检测方法	试样编号	容量筒容积 V/L	容量筒质量 m_1/kg	容量筒与试样总质量 m_2/kg	堆积密度 / (kg·m^{-3})	堆积密度平均值 / (kg·m^{-3})	空隙率 /%
堆积密度	1						
	2						
紧密密度	1						
	2						

砂子含水率测定

（一）检测目的

（二）主要使用仪器设备

（1）_____；（2）_____；（3）_____。

（三）结果计算

砂含水率测定记录表　　　　　　检测日期：____年____月____日

试样编号	未烘干试样质量 m_1/g	烘干试样质量 m_2/g	试样中水分质量（m_2-m_1）/g	砂子含水率 w/%	平均含水率 /%
1					
2					

石子筛分析检测

（一）检测目的

（二）主要使用仪器设备

（1）_____；（2）_____；（3）_____；（4）_____。

试样制备应符合规定：检测前，应将试样缩分至规定的试样最少质量，并烘干或风干备用。

（三）结果评定

石子筛分析检测记录表　　　检测日期：____年____月____日

公称粒径 /mm	100.0	80.0	63.0	40.0	31.5	25.0	20.0	16.0	10.0	5.00	2.50
分计筛余量 /g											
分计筛余百分率 /%											
累计筛余 /%											
标准颗粒级配范围累计筛余 /%											
结果评定	最大粒径 /mm										
	级配情况										

石子表观密度测定

（一）检测目的

（二）主要仪器设备

（1）＿＿＿＿＿；（2）＿＿＿＿＿；（3）＿＿＿＿＿；（4）＿＿＿＿＿。

（三）结果评定

广口瓶法石子表观密度　　　检测日期：＿＿＿年＿＿＿月＿＿＿日

试样编号	试样质量 m_0/g	试样＋水＋广口瓶＋玻璃片总质量 m_1/g	水＋广口瓶＋玻璃片总质量 m_1/g	表观密度 $/(kg \cdot m^{-3})$	表观密度平均值 $/(kg \cdot m^{-3})$
1					
2					

石子堆积密度检测

（一）检测目的

（二）主要仪器设备

（1）＿＿＿＿＿；（2）＿＿＿＿＿；（3）＿＿＿＿＿；（4）＿＿＿＿＿；（5）＿＿＿＿＿。

按标准的规定取样并缩分，风干后筛除＿＿＿mm的颗粒，然后洗刷干净，分大致相同的两份备用。

（三）结果评定

石子堆积密度、紧密密度检测记录表　　　检测日期：＿＿＿年＿＿＿月＿＿＿日

检测方法	试样编号	容量筒容积 V/L	容量筒质量 m_1/kg	容量筒与试样总质量 m_2/kg	堆积密度 $\rho_L/(kg \cdot m^{-3})$	紧密密度 $\rho_c/(kg \cdot m^{-3})$	平均值 $/(kg \cdot m^{-3})$	空隙率 $v_L/\%$	空隙率 $v_c/\%$
堆积密度	1								
	2								
紧密密度	1								
	2								

石子含水率检测

（一）检测目的

（二）主要仪器设备

（1）＿＿＿＿＿；（2）＿＿＿＿＿；（3）＿＿＿＿＿；（4）＿＿＿＿＿；（5）＿＿＿＿＿。

（三）结果计算

石子含水率记录表　　　检测日期：＿＿＿年＿＿＿月＿＿＿日

试样编号	未烘干试样与容器总质量 m_1/g	烘干试样与容器质量 m_2/g	容器质量 m_3/g	烘干试样质量 $(m_2-m_3)/g$	试样中水分质量 $(m_1-m_2)/g$	石子含水率 $w_{wc}/\%$	平均含水率 /%
1							
2							

附录三 混凝土检测

混凝土坍落度校核

（一）检测目的

（二）主要仪器设备

（1）_____；（2）_____；（3）_____；（4）_____。

（三）检测结果评定

坍落度小于等于 220 mm 时，混凝土拌合物和易性的评定：_____

稠度：以坍落度值表示，测量精确至 1 mm，结果表达修约至 5 mm。$T=$_____。

混凝土拌合物表观密度测定

（一）检测目的

（二）主要仪器设备

（1）_____；（2）_____；（3）_____；（4）_____；（5）_____。

（三）检测结果处理

按下式计算拌合物表观密度，精确至 10 kg/m³。

$$\rho_{oh}=\frac{m_2-m_1}{V}\times 1\,000$$

混凝土基准配合比调整为_____。

混凝土立方体抗压强度检测

（一）检测目的

（二）主要仪器设备

（1）_____；（2）_____；（3）_____；（4）_____。

（三）检测结果处理

混凝土抗压检测报告

检测编号	试件代表部位	强度等级	制作日期试压日期	养护方法龄期 /d	规格/mm	破坏荷载 /kN	抗压强度 /MPa		
							单个值	代表值	标准试件值
备注									

附录四　建筑砂浆检测

砂浆稠度检测

（一）检测目的

（二）主要仪器设备

（1）_____；（2）_____；（3）_____；（4）_____。

（三）结果评定

（1）砂浆稠度取两次试验结果的算术平均值，计算精确至 1 mm。

（2）两次结果之差大于 10 mm，则应另取砂浆搅拌后重新测定。

砂浆拌合物沉入度记录表　　　检测日期：____年____月____日

检测次数	第一次读数 /mm	第二次读数 /mm	沉入度 /mm	沉入度平均值 /mm
1				
2				

砂浆分层度检测

（一）检测目的

（二）主要仪器设备

（1）_____；（2）_____；（3）_____；（4）_____。

（三）结果计算与数据处理

（1）取两次检测结果的算术平均值作为该砂浆的分层度值，单位为 mm。

（2）两次检测分层度之差大于 10 mm，应重做检测。

砂浆分层度测定记录　　　检测日期：____年____月____日

检测次数	沉入度 /mm		分层度 /mm	分层度平均值 /mm
	静置前沉入度 /mm	静置后沉入度 /mm		
1				
2				

和易性能满足要求，所以将此配合比确定为砂浆的基准配合比。

砂浆保水性检测

（一）检测目的

（二）主要仪器设备

（1）_____；（2）_____；（3）_____；（4）_____。

（三）结果评定

砂浆含水率检测记录表　　　检测日期：＿＿＿年＿＿＿月＿＿＿日

试样编号	砂浆样本质量 m_6/g	烘干试样质量 m_5/g	试样中水分质量（m_6-m_5）/g	砂浆含水率 α/%	砂浆平均含水率/%
1					
2					

砂浆含水率检测记录表　　　检测日期：＿＿＿年＿＿＿月＿＿＿日

检测次数	底部不透水片与干燥试模质量 m_1/g	15片滤纸吸水前的质量 m_2/g	试模、底部不透水片与砂浆总质量 m_3/g	15片滤纸吸水后的质量 m_4/g	砂浆含水率 α/%	保水性/%	平均保水性/%
1							
2							

砂浆强度检测

（一）检测目的

（二）主要仪器设备

（1）＿＿＿＿＿＿＿；（2）＿＿＿＿＿＿＿；（3）＿＿＿＿＿＿＿；（4）＿＿＿＿＿＿＿。

（三）结果计算

砂浆强度试验结果记录表

砂浆种类		设计强度等级		工程结构部位		水泥强度		
试件成型日期		拌和方法		捣实方法		养护方法		
检测日期	龄期	试件尺寸/mm		受压面积/mm²	破坏荷载/kN	立方体抗压强度/MPa	抗压强度平均值/MPa	达到设计强度/%
		a	b					
检测依据								
备注								

附录五　砌体材料的检测

普通砖的尺寸偏差检测

（一）检测目的

（二）主要仪器设备

（1）＿＿＿＿＿；（2）＿＿＿＿＿。

（三）结果评定

普通砖的尺寸偏差检测记录表

项目	长度			宽度			高度		
	第1次 (0.5 mm)	第2次 (0.5 mm)	平均值 (1 mm)	第1次 (0.5 mm)	第2次 (0.5 mm)	平均值 (1 mm)	第1次 (0.5 mm)	第2次 (0.5 mm)	平均值 (1 mm)
1									
2									
3									
4									
5									
6									
7									
8									
长度方向平均值				宽度方向平均值			高度方向平均值		
样本平均偏差				样本平均偏差			样本平均偏差		
样本极差				样本极差			样本极差		

检测者：＿＿＿＿＿　　记录者：＿＿＿＿＿　　校核者：＿＿＿＿＿　　日期：＿＿＿＿＿

烧结普通砖的外观质量检测

（一）检测目的

（二）主要仪器设备

（1）＿＿＿＿＿；（2）＿＿＿＿＿。

（三）结果评定

普通砖的外观质量检测记录表

项目			1	2	3
缺棱掉角 /mm		长度			
		宽度			
		高度			
缺损破坏面		条面面积 /mm²			
		顶面面积 /mm²			
裂纹长度		大面上宽度方向及其延伸至条面的长度			
		大面上长度方向及其延伸至顶面的长度或条、顶面上水平裂纹的长度			
		杂质凸出高度			
		弯曲			
		色差（20块）			
		两条面高度差			

检测者：_____　　记录者：_____　　校核者：_____　　日期：_____

烧结普通砖抗压强度检测

（一）检测目的

（二）主要仪器设备

（1）_____；（2）_____；（3）_____；（4）_____；（5）_____。

（三）结果评定

砖（砌块）强度检验记录表

	编号	烧结普通砖			
检测结果	1	受压面积 /mm²	最大破坏荷载 /N	抗压强度 /MPa	变异系数 δ
	2				
	3				
	4				
	5				
	6				
	7				
	8				
	9				
	10				
抗压强度平均值		变异系数 $\delta \leqslant 0.21$		变异系数 $\delta \leqslant 0.21$	
		强度标准值 f_k/MPa		单块最小强度值 f_k/MPa	

检测者：_____　　记录者：_____　　校核者：_____　　日期：_____

烧结普通砖的石灰爆裂检测

（一）检测目的

（二）主要使用仪器设备

（1）_____；（2）_____；（3）_____；（4）_____。

（三）结果评定

烧结普通砖的石灰爆裂检测记录表

爆裂区域	小于 2 mm	大于 2 mm，且小于 10 mm	大于 2 mm，且小于 15 mm	大于 15 mm
1				
2				
3				

检测者：_____ 记录者：_____ 校核者：_____ 日期：_____

烧结普通砖的泛霜检测

（一）检测目的

（二）主要使用仪器设备

（1）_____；（2）_____；（3）_____；（4）_____。

（三）检测结果

烧结普通砖的泛霜检测记录表

泛霜	一等品	合格品	实测泛霜程度
	不允许出现中等泛霜	不允许出现严重泛霜	

检测者：_____ 记录者：_____ 校核者：_____ 日期：_____

附录六　建筑钢材的检测

钢筋拉伸检测

（一）检测目的

（二）主要仪器设备

（1）_____；（2）_____；（3）_____；（4）_____。

（三）结果计算与数据处理

试样编号	屈服荷载 /N	断裂时最大荷载 /N	屈服强度 /MPa	抗拉强度 /MPa	标距 L_0/mm	测量断后标距 L_u/mm	伸长率 A
1							
2							

钢筋冷弯检测

（一）检测目的

（二）主要仪器设备

（1）_____；（2）_____；（3）_____；（4）_____；（5）_____。

（三）结果计算

钢筋冷弯至规定的角度后，观察其弯曲处外面，做出合格与否的判断：_____。

附录七　建筑防水材料检测

石油沥青针入度检测

（一）检测目的

（二）主要仪器设备

（1）＿＿＿＿＿＿；（2）＿＿＿＿＿＿；（3）＿＿＿＿＿＿；（4）＿＿＿＿＿＿；（5）＿＿＿＿＿＿。

（三）结果评定

石油沥青针入度记录表

检测温度 /℃	试针荷重 /g	贯入时间 /s	刻度盘初读数	刻度盘终读数	针入度（0.1 mm）	
					测定值	平均值

检测者：＿＿＿＿＿＿　　记录者：＿＿＿＿＿＿　　校核者：＿＿＿＿＿＿　　日期：＿＿＿＿＿＿

石油沥青延度检测

（一）检测目的

（二）主要仪器设备

（1）＿＿＿＿＿＿；（2）＿＿＿＿＿＿；（3）＿＿＿＿＿＿；（4）＿＿＿＿＿＿。

（三）结果评定

沥青延度检测记录表

检测温度 /℃	检测速度 /（cm·min^{-1}）	测定值 /mm	平均值 /mm

检测者：＿＿＿＿＿＿　　记录者：＿＿＿＿＿＿　　校核者：＿＿＿＿＿＿　　日期：＿＿＿＿＿＿

石油沥青软化点检测

（一）检测目的

（二）主要仪器设备

（1）_____；（2）_____；（3）_____；（4）_____；（5）_____。

（三）结果评定

沥青软化点检测记录表

起始温度	第1 min	第2 min	第3 min	第4 min	第5 min	第6 min	第7 min	第8 min	测定值/℃	平均值/℃

检测者：_____ 记录者：_____ 校核者：_____ 日期：_____

参 考 文 献

[1] 宋岩丽.建筑材料与检测[M].上海：同济大学出版社，2010.

[2] 卢经扬，解恒参，朱超.建筑材料与检测[M].北京：中国建筑工业出版社，2010.

[3] 郭爱云.试验员[M].北京：中国电力出版社，2011.

[4] 张冬秀.建筑工程材料的监测与选择[M].天津：天津大学出版社，2011.

[5] 梅杨，夏文杰，于全发.建筑材料与检测[M].北京：北京大学出版社，2010.

[6] 曹文达，曹栋.建筑工程材料[M].北京：金盾出版社，2000.

[7] 宋岩丽，周仲景.建筑材料与检测（第三版）[M].北京：人民交通出版社，2015.

[8] 傅刚斌.土木工程材料[M].北京：高等教育出版社，2014.

[9] 王秀花.建筑材料[M].北京：机械工业出版社，2017.

[10] 张冬秀.建筑工程材料检测与选择[M].天津：天津大学出版社，2011.

[11] 中华人民共和国住房和城乡建设部，中华人民共和国国家质量监督检验检疫总局.GB/T 50080—2016 普通混凝土拌合物性能试验方法标准[S].北京：中国建筑工业出版社，2016.

[12] 中华人民共和国住房和城乡建设部，国家市场监督管理总局.GB/T 50081—2019 混凝土物理力学性能试验方法标准[S].北京：中国建筑工业出版社，2019.

[13] 中华人民共和国住房和城乡建设部.JGJ/T 98—2010 砌筑砂浆配合比设计规程[S].北京：中国建筑工业出版社，2010.

[14] 中华人民共和国国家质量监督检验检疫总局，中国国家标准化管理委员会.GB/T 699—2015 优质碳素结构钢[S].北京：中国标准出版社，2015.

[15] 中华人民共和国住房和城乡建设部，中华人民共和国国家质量监督检验检疫总局.GB/T 50082—2009 普通混凝土长期性能和耐久性能试验方法标准[S].北京：中国建筑工业出版社，2009.

[16] 国家市场监督管理总局，中国国家标准化管理委员会.GB/T 1591—2018 低合金高强度结构钢[S].北京：中国标准出版社，2018.

[17] 中华人民共和国住房和城乡建设部.JGJ/T 70—2009 建筑砂浆基本性能试验方法标准[S].北京：中国建筑工业出版社，2007.